风光储电站控制技术研究与应用

孙长平　毕天姝　邹祖冰　刘念　等　编著

中国三峡出版传媒
中国三峡出版社

图书在版编目（CIP）数据

风光储电站控制技术研究与应用 / 孙长平等编著
. —北京：中国三峡出版社，2022.9
ISBN 978-7-80223-796-4

Ⅰ. ①风… Ⅱ. ①孙… Ⅲ. ①储能-电站-控制系统
-研究 Ⅳ. ①TK02

中国版本图书馆 CIP 数据核字（2022）第 184955 号

责任编辑：李　东

中国三峡出版社出版发行
（北京市通州区新华北街156号　101100）
电话：（010）57082635 57082577
http://media.ctg.com.cn

北京世纪恒宇有限公司印刷　新华书店经销
2022 年 12 月第 1 版　2022 年 12 月第 1 次印刷
开本：787 毫米 ×1092 毫米 1/16　印张：18
字数：379千字
ISBN 978-7-80223-796-4　定价：100.00元

编　委　会

前言

Preface

能源安全问题是关系到国家可持续发展的重大战略问题，尤其是目前正处于能源转型的关键节点，低碳化已成为全球能源结构调整的大趋势。随着百年未有之大变局加速演进，新一轮能源革命和产业变革将深入发展。在新形势下，我国提出在“十四五”期间要加快构建现代能源体系，推动能源高质量发展，保障国家能源安全，以最大限度地开发利用可再生能源和最大程度地提高可再生能源利用率，推动社会经济高质量发展，落实应对气候变化国家自主贡献目标。

现代能源体系是以电力为中心，打破传统以单一能源为主的发电结构，采用可再生能源优先、因地制宜的多元能源结构，采用集中分布并举、互相协同的可靠能源生产和供应模式，实现各类能源的综合利用、供需互动、节约高效的用能方式。新型储能有望规模化发展并带动能源系统形态根本性变革，构建新能源占比逐渐提高的新型电力系统蓄势待发，能源转型技术路线和发展模式趋于多元，新型的多能互补一体化发电系统势必会成为未来发展的方向之一。如何在一体化发电系统规划中综合考虑储能和新能源之间协调联动，实现系统的合理配置和高效运行；如何结合现货市场、辅助服务市场等多元市场交易机制，发挥多能互补优势，通过控制加强源荷互动，满足发电企业和用户侧供需要求；如何在以新能源为主的现代能源体系下，增强源侧对电网的主动支撑力度，维持电网稳定性，实现新能源友好并网；如何搭建适用风光储一体化仿真模型和风光储电站一体化集控平台等。这些问题在现代能源体系建设的过程中需要产业界和学术界在未来要不断关注和深入研究。

针对上述问题，本书充分结合国家相关政策及实际情况，在综合分析国内外风光储电站控制系统发展概况的基础上，从风光功率联合预测、风光储电站实时控制保护、风光储电站仿真建模技术、风光储电站一体化集控平台等多个方面进行了深入研究，可为风光储电站领域的工程技术人员、运维人员和业主用户提供有益参考，对于加快推动风光储一体化工程，建设以新能源为主体的新型电力系统具有较为重要的意义。

本书主要分 7 章：第 1 章 概论：回顾了风力发电、光伏发电和储能发电的发展历程，分析了风光储电站控制系统发展概况，阐述了我国建设风光储一体化电站的必要性和风光储电站控制系统关键科学 / 技术问题。

第 2 章 风光功率预测系统：分析了风光功率预测技术原理，介绍了面向风光功率预测的数值天气预报及修正方法，提出了风光发电短期 / 超短期功率预测方法，构建了风光联合功率预测结果评价体系。

第 3 章 风光储电站实时控制：分析了风光储系统运行特性，对风光储一体化电站的 AGC、AVC 运行模式进行了探索，提出了风光储电站 AGC 和 AVC 的多运行模式优化控制技术；分析了风光储参与调频的方式，提出了风光储电站调频控制技术。

第 4 章 风光储电站群协同调控与市场运行：从源网双向友好互动的角度，阐述了风光储电站群调控运行模式以及风光储电站群对内各发电单元协调优化控制方法；分析了典型市场模式的运行方式与机理，提出了风光储电站群参与电力市场的调控方法。

第 5 章 风光储电站仿真建模技术：阐述了双馈异步风力发电机、光伏电池、储能系统的数学模型，分析了风电、光伏、储能的运行控制策略，并进行了仿真验证。

第 6 章 风光储电站一体化集控平台：设计了风光储电站一体化集控平台的基本构架；分别对平台监控运维数据模型标准化技术、基于服务总线的应用交互技术等关键技术进行了阐述，并阐明了平台的应用意义。

第 7 章 总结与展望：对未来的风光储一体化电站的建设，以及集控系统的应用进行了分析。

由于时间仓促，书中难免存在不足，请读者批评指正。

目录
Contents

前　言

第 1 章　概　论 1

1.1　风光储电站的基本概念 2

1.1.1　风力发电发展概述 2

1.1.2　光伏发电发展概述 10

1.1.3　储能发电发展概述 18

1.2　风光储电站控制系统发展概况 25

1.2.1　风光功率预测 26

1.2.2　风光储电站实时控制保护 28

1.2.3　风光储电站智能调控 30

1.2.4　同步相量测量及主动支撑 32

1.3　国内已建和在建的风光储电站 34

1.3.1　国内已建成投产的风光储电站 34

1.3.2　国内在建 / 已规划的风光储电站 35

1.4　风光储电站控制系统关键科学及技术问题 41

第 2 章　风光功率预测系统 47

2.1　风光功率预测技术原理 47

2.1.1　风电功率预测技术概述 48

2.1.2　光伏功率预测技术概述 49

2.2　面向风光功率预测的数值天气预报 51

2.2.1　数值天气预报产品综述 51

2.2.2　数值天气预报修正 52

2.2.3　深度置信网络 53

2.2.4 深度全连接神经网络........55

2.3 风力发电短期和超短期功率预测方法........58

2.3.1 风力发电短期功率预测方法........58

2.3.2 风力发电超短期功率预测方法........64

2.4 光伏发电超短期 / 分钟级功率预测技术........73

2.4.1 卷积编码器........74

2.4.2 区域光伏场站群集中式功率超短期预测方法........78

2.4.3 光伏发电功率分钟级预测........79

2.5 光伏发电短期功率预测技术........86

2.5.1 光伏场站不良数据修正策略........86

2.5.2 基于辐照度特征参数的天气状态模式识别分类建模方法........88

2.5.3 基于生成对抗网络模型的样本空间扩充技术........94

2.5.4 各气象影响因子数据与光伏功率间的关联模式........95

2.5.5 基于日前天气状态预判的光伏发电功率短期预测方法........98

2.6 风光联合功率预测结果评价........102

2.6.1 电力系统运行灵活性评估模型........106

2.6.2 TOPSIS 多对象客观赋权法........107

2.6.3 熵权法........109

2.6.4 使用小波变换、模糊 C 均值聚类和极限学习机的概率预测........109

2.6.5 功率预测性能评价研究........114

第 3 章 风光储电站实时控制........117

3.1 风光储系统运行特性........117

3.1.1 风电出力特性分析........117

3.1.2 光伏发电出力特性分析........119

3.1.3 风光互补特性分析........121

3.1.4 储能技术分析........124

3.2 风光储电站 AGC 多运行模式优化控制技术........126

3.2.1 新能源并网有功控制架构........127

3.2.2 新能源并网有功控制模式........128

3.2.3 新能源并网有功控制策略........129

3.2.4 主站与子站闭环控制过程........134

3.3 风光储电站 AVC 控制技术........135

3.3.1 AVC 分级控制模式........135

3.3.2 主站 AVC 控制策略........138

3.3.3 子站 AVC 控制策略......140

3.4 风光储电站调频控制技术......140

3.4.1 风电机组调频参与调频的方式......141

3.4.2 光伏发电单元参与调频的方式......143

3.4.3 电池储能电源参与调频的方式......145

第 4 章 风光储电站群协同调控与市场运行......151

4.1 风光储电站群调控运行模式......151

4.1.1 顶峰供电运行......151

4.1.2 系统调峰......152

4.1.3 最大化消纳利用功率跟踪......153

4.1.4 平整风光储电站出力波动......153

4.1.5 参与电力市场运行......154

4.2 风光储电站群对内协调优化控制......154

4.2.1 有功功率协同优化控制技术......155

4.2.2 无功功率协同优化控制技术......157

4.3 典型市场模式的运行方式与机理......159

4.3.1 调频市场模式......159

4.3.2 现货市场模式......168

4.4 风光储电站参与电力市场的调控方法......185

4.4.1 风光储电站群参与调频市场的调控方法......185

4.4.2 风光储电站参与现货市场的调控方法......189

第 5 章 风光储电站仿真建模技术......195

5.1 双馈式异步风力发电机数学模型及控制建模......195

5.1.1 双馈式异步风力发电机基本工作原理......196

5.1.2 双馈异步风力发电机的功率传输关系......196

5.1.3 双馈异步风力发电机的数学模型......198

5.1.4 双馈异步风力发电机的并网控制......203

5.1.5 双馈异步风力发电机的运行控制......207

5.1.6 仿真分析......218

5.2 光伏电池数学模型及控制建模......220

5.2.1 光伏电池的发电原理......220

5.2.2 光伏电池的数学模型......221

5.2.3 光伏逆变器的控制与建模......223

5.2.4 最大功率点跟踪控制策略……231
5.2.5 仿真分析……234

5.3 储能系统数学模型及控制建模……237

5.3.1 储能变换器基本原理……237
5.3.2 储能系统数学模型……240
5.3.3 储能系统控制……244
5.3.4 仿真分析……247

第 6 章 风光储电站一体化集控平台……251

6.1 总体架构……251

6.1.1 平台架构……251
6.1.2 功能架构……252
6.1.3 硬件架构……253
6.1.4 软件架构……253

6.2 系统特点……254

6.3 关键技术……255

6.3.1 监控运维数据模型标准化技术……255
6.3.2 基于服务总线的应用交互技术……258
6.3.3 基于中台技术的业务平台架构……259
6.3.4 应用的敏捷构建技术……260
6.3.5 实时数据库技术……262
6.3.6 通信框架技术……262
6.3.7 历史存储管理技术……263
6.3.8 图形可视化技术……264
6.3.9 安全防护技术……265

第 7 章 总结与展望……267

参考文献……269

第1章 概 论

二氧化碳排放力争于2030年前达到峰值，努力争取2060年前实现碳中和。

近年来，随着化石能源的短缺以及环境污染和气候变化问题的日益严重，能源革命势在必行，必须推进清洁能源发展，进行能源转型。在第七十五届联合国大会上，中国国家主席习近平向世界宣布：二氧化碳排放力争于2030年前达到峰值，努力争取2060年前实现碳中和；2020年12月12日，国家主席习近平在气候雄心峰会上进一步宣布：到2030年，中国非化石能源占一次能源消费比重将达到25%左右。风电、太阳能发电总装机容量将达到12亿kW以上。2020年12月18日，中央经济工作会议确定全力做好“碳达峰、碳中和”工作，抓紧制定2030年前碳排放达峰行动方案，加快调整优化产业结构、能源结构，大力发展新能源；同时确定增强产业链供应链自主可控能力，针对产业薄弱环节，实施好关键核心技术攻关工程，加强顶层设计、应用牵引、整体带动，强化共性技术供给，深入实施质量提升行动。

为响应党中央号召，完成国家重点任务，各大发电集团全力发展新能源业务，争抢具备度电成本优势的大规模新能源发电资源，开发建设具备并网友好特性的风光储联合电站，提升电站智慧化控制技术水平，追求高质量发展，将迎来我国新能源电站新的建设高峰。新能源电站从建成并网持续到电站生命周期结束，通常贯穿十几年到几十年，集控系统是保障正常运行、发挥装机潜力、满足用电需求、创造经济效益的中枢环节。电网友好型的风光储一体化电站智慧型联合集控系统，不仅对于解决区域电力供应紧张问题具有重要作用，同时，可以有效地改善常规集控系统智慧化程度不高、国产化替代不全、信息安全存在风险、优化运行策略缺失的工程现状。此外，通过风光储一体化电站的建设与智慧联合集控系统的研发，实现支撑顶峰电力与调峰需求的电网友好型目标，提高地区整体新能源消纳水平的低碳绿色发展思想，实现大规模风光储协同优化与智能高效运行的创新发展。同时，借助智慧联合集控的市场模式下风光储电站优化调控功能，将有助于完善我国电力市场、辅助服务市场的建设，助力于探索电力系统乃至能源系统转型。依据规划，“十四五”期间国内新能源年均增长规模预计将超过 1 亿 kW，大规模电网友好型新能源电站的建设将使该系统拥有非常广阔的市场前景。

1.1 风光储电站的基本概念

风光储电站是一种新型的联合发电单元，利用风力发电和光伏发电的时空互补特性及储能单元对功率的平抑等作用，减少对电网的冲击，增强系统的稳定性，提高新能源发电的电能质量。下面对风力发电、光伏发电和储能的相关情况进行介绍。

1.1.1 风力发电发展概述

1.1.1.1 风力发电的基础理论

风是最常见的自然现象之一，风能资源的储量非常大，一年之中风所产生的能量大约相当于 20 世纪 90 年代初全世界每年所消耗燃料的 3000 倍。风力发电技术是可再生能源技术中最成熟的一种能源技术，对于应对那些与传统能源有关的迫在眉睫的环境和社会问题，风力发电是个切实可行而且立竿见影的解决方案。风力发电由于环保清洁、无废弃物排放、施工周期短、使用历史悠久，受到了广泛重视和大力推广。

风力发电就是利用风力机获取风能并转化为机械能，再利用发电机将风力机输出的机械能转化为电能输出的生产过程。具体技术原理是：风使风力叶片转动，并使发电机内部旋转而切割磁场，最后能量积累装置以电能的形式保持恒定的电流输出。风力发电机通常由风力发电机叶片、风轮低速轴、高速轴、风速计、塔楼、发电机、液压系统组成。其中，风轮是一种将风能转化为机器的装置，可根据风向的变化改变风轮的方向，从而最大限度地利用风能。塔楼是连接和支撑风轮和发电机的支座，其高度取决于周围地形和风轮的大小，以确保风轮的正常运行。

在风力发电机结构中，风力发电叶片尖的线性速度与风速的关系被定义为顶点速度比。这是风力发电机的重要参数，其尺寸也是影响风力发电机功率系数的重要参数。风力涡轮机中的电力调节是风力发电系统的关键技术工具，主要包括距离失速控制，失速控制支架可以调整固定间距，叶片倾斜角不能按风速调整，设计比较简单可靠。风机输出功率随着风的速度而变化，在低风速下使用系数较低，螺杆调整的目的是改变倾斜角，调节风能转换效率，当达到最大化能量转换效率时，可以保证风力发电机电力稳定输出。[1]

风力发电系统中的风力机及其控制系统的作用是将风能转换为机械能，而发电机及其控制系统则是将机械能转换为电能。作为风力发电系统的关键部件之一的风力机，其工作特性从空气动力学及机械力学方面影响着整个风力发电系统的运行性能和能量利用效率。发电机及其控制系统是风电机组中的另一核心部分，它负责将机械能转换为电能，同样也影响着整个发电系统的运行性能、发电效率和输出电能质量。风力发电系统的配置结构如图 1–1 所示。[1]

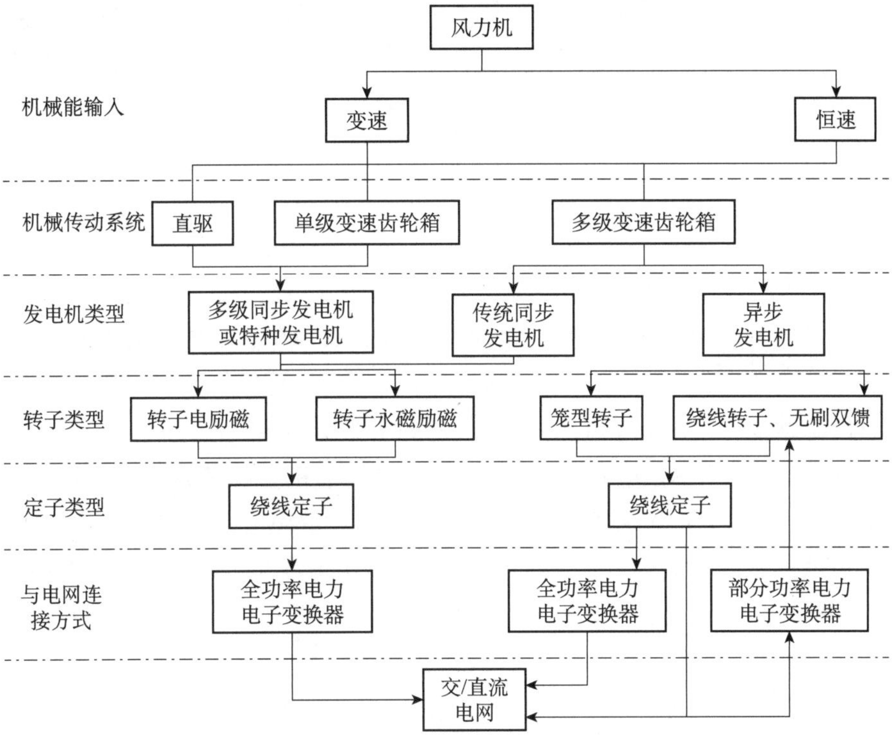

图 1–1　风力发电系统的配置结构

风力发电机有很多种类型，但是其基本能量转换过程都是一样的，如图 1–2 所示。用于实现该能量转换过程的成套设备称为风力发电机组。风力发电机组输出的电能经由特定电力线路送给用户或接入电网。风力发电机组与电力用户或电网的联系是通过风电场中的电气部分得以实现的。

风力发电机组包括风轮、发电机，风轮由叶片、轮毂、加固件等组成，叶片受风力旋转发电，使发电机机头转动。风力发电电源由风力发电机组、支撑发电机组的塔架、蓄电池充电控制器、逆变器、卸荷器、并网控制器、蓄电池组等组成。

风力发电机组进行发电时，都要保证输出频率恒定。这无论对于风机并网发电，还是风光互补发电都非常必要。要保证风电的频率恒定，一种方式就是保证发电机的恒定转速，即恒速恒频的运行方式，因为发电机由风力机经过传动装置进行驱动运转，所以这种方式无疑要恒定风力机的转速，这种方式会影响到风能的转换效率；另一种方式就是发电机转速随风速变化，通过其他的手段保证输出电能的频率恒定，即变速恒频运行。[1]

图 1-2 风力发电的能量转换过程

目前，在内陆地区采用的单台大型风力发电机组的额定功率为 1.5MW 或 2MW，最大可达到 4.5MW，海上风电机组的主流单机容量在 2.3 ～ 5MW，最大已达到 10MW，国内首台 10MW 海上风电机组已于 2020 年 7 月在三峡集团福建福清兴化湾二期海上风电场成功并网发电。

1.1.1.2 风力发电的发展趋势

为应对能源短缺、降低碳排放、促使风电作成为化石能源的关键替代能源，风电装备和控制技术在过去 20 年得到了快速发展。现阶段，风电在能源供给中发挥着越来越重要的作用[2-4]，应对日益严重的电力负荷需求的同时，可减轻发电污染、增强能源安全、改善能源结构。根据全球风能理事会（Global Wind Energy Council，GWEC）发布的历年统计数据[5]，全球风电累计装机容量和年新增装机容量正快速增加，如图 1–3 所示，2001 年至 2020 年，全球风电累计装机容量已从 24GW 增长了 31 倍到 743GW，其中，海上风电占比从 1% 增长到 4.5%。而历年全球新增装机容量呈现为长期稳步增长，其中，风电的年新增装机容量从 21 世纪初 1% 增长到如今的 10%。较之国际社会的发展水平，近年来我国的风力发电产业更为迅速。过去 20 年，随着我国发展水平和国民经济的提升，迅速扩大的用电需求与日益紧缺的能源供给形成了影响国民经济发展的一个重要矛盾[6]。与此同时，我国政府为积极应对全球碳排放问题、展现大国担当，主动进行了政策层面的能源结构调整推动措施，先后颁布和修订了《可再生能源法》《中华人民共和国环境保护法》《中华人民共和国能源法（征求意见稿）》等相关法规。在“十二五”和“十三五”期间，“积极发展可再生能源”“促进风电产业发展”被列入了国民经济发展指导纲要。在政策指导和工业需求的双重刺激下，风电产业成为近年来主力发展的可再生能源发电产业之一。从 2010 年到 2020 年，我国风电装机容量已由 2010 年的 44.7GW 增长到 282GW，如图 1–4 所示，我国已经成为世界风机累计装机容量最大的国家，其中，2020 年我国全年风电新增装机容量达到 72GW，风电并网装机容量的快速提升，标志着我国风电产业正迅猛发展。

与此同时，我国风电产业正将发展聚焦点从追求装机容量转变为追求并网发电量。近 10 年来，风电并网发电量在总发电量中的占比显著提升，原煤、原油发电量在总发电量中的占比逐步下降。我国风电全年发电量从 2010 年的 500 万 GW · h，占总发电

图 1-3　全球历年风电装机总量

数据来源：GWEC

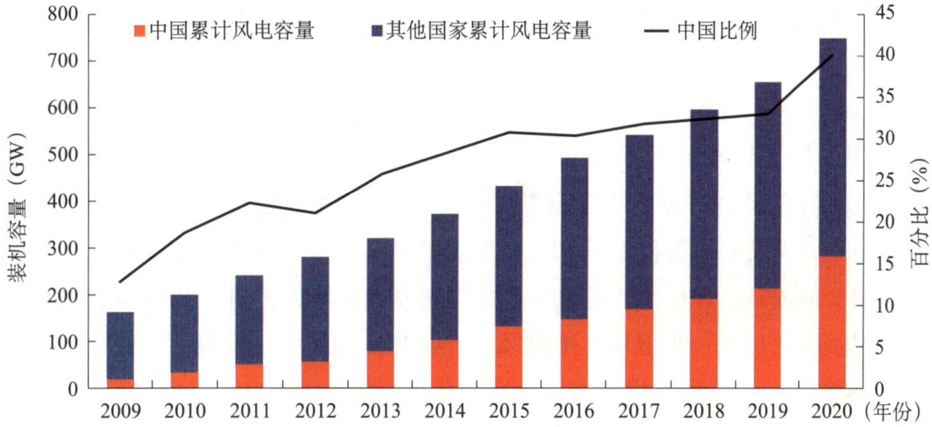

图 1-4　中国风电装机总量及装机占比历年变化情况

数据来源：国家能源局、GWEC

量的 1.4%，增长为 2020 年的 4057 万 GW · h，占总发电量的 5.5%，火电机组全年发电量则从 81.8% 降低至 68.9% [7,8]。风电发电量和风电利用率的逐年提升，表明我国的能源结构调整措施正稳步推进并获得成效。全球各国际组织和各国政府对未来风电产业的发展也持积极态度。国际能源署（International Energy Agency，IEA）指出：推动可再生能源发电产业是未来全球能源发展的正确方向，可再生能源应在 2025 年取代煤炭成为主要发电方式，至 2030 年应承担全球近 40% 的电力供应 [9,10]。得益于全世界范围风电产业的持续性支持政策和趋势性成本走低，预计至 2040 年，风能发电量将增加 190%，至 4000TW · h。英国政府于 2020 年底发布的能源白皮书指出：当前能源转型规划迫在眉睫，并制定了 2030 年实现彻底的电力脱碳，其中海上风电装机容量将不低于 40GW[11] 的发展计划。欧盟则制定了《可再生能源指令》，要求 2030 年前实现超过 32% 的风力发电或光伏发电占比 [12]。美国能源信息署（Energy Information Administration，

EIA）提出，至2050年，美国应实现可再生能源发电占比提升19%～38%，其中风力发电量需要增长123%，至677TW·h[13]。基于全球范围的风电发展进程和各国家及地区的未来政策，GWEC预测了全球各地区未来短期的风电年新增装机容量，如图1-5所示。数据表明，全球范围内各地区的风电装机容量还将进一步持续增加。

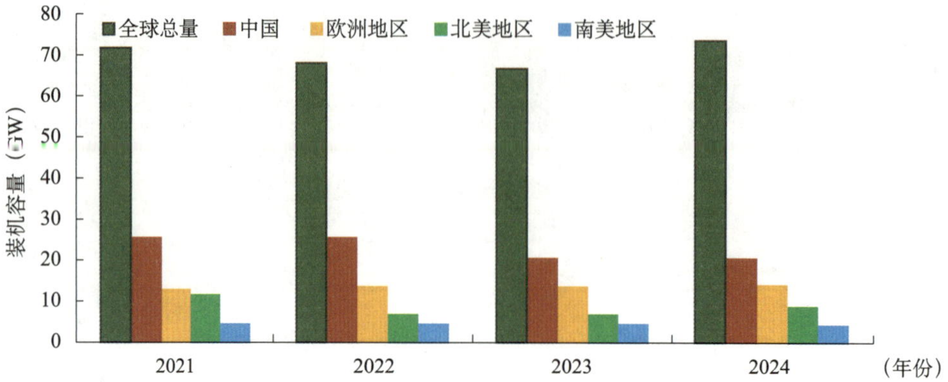

图1-5　全球各地区未来风电新增装机容量预测

数据来源：GWEC、IEA

事实上，我国风电产业所表现出发展势头远比GWEC的预测更加强势。我国政府发布的《中华人民共和国国民经济和社会发展第十四个五年规划纲要》指出，提升新能源并网消纳、加强新能源电力生产能力，以促进基建的统筹推进是我国接下来的发展任务之一。国家能源局进一步强调，推进风电产业开发与利用是我国下一阶段能源发展战略的核心关键之一[14]。基于我国当前的发展状况和未来的“3060”发展目标，《风能北京宣言》指出：为实现“十四五”能源发展中指定的完成碳中和目标实现的起步衔接，“十四五”期间需要保证年均新增装机不低于50GW，2025年后，我国风电年均新增装机容量应保持在60GW以上，总装机容量到2030年应达到800GW，到2060年应超过3000GW[15]。《风能北京宣言》制定的发展计划数据远超图1-5中GWEC对中国风电装机水平的发展预估。而2020年我国的风电新增装机容量超额完成预定任务，这充分表明了我国风电产行业对风电未来发展巨大潜力的认可。

总结而言，当前包括风电在内的可再生能源发电系统，已经成为了电力网络中的重要组成，我国未来风电产业的进一步扩大发展，将导致风电机组并网容量不断增大，电力系统风电占比进一步提高。因此，保证风电机组可在实际复杂的电网环境下实现稳定、高效的并网运行，是大规模风电并网电网消纳的关键基础[16]。

1.1.1.3　风力发电系统的拓扑结构

风力发电系统的能量传输单元包含机械部分和电气部分，前者依靠风能带动机械轴承转动产生机械能，后者负责实现机械能向电能的转换。其中，发电机及其控制系统是连接机械和电气部分的关键组件，其运行性能直接决定了机组整体效率和输出电能质量。

1. 风力发电系统的分类

现有的风电发电系统根据发电机转速的运行范围，可以分为恒速恒频风电系统和变速恒频风电系统。前者要求发电机保持恒定的电机转速，从而得到恒定的发电频率以实现并网；后者则基于电力电子功率变流器，以实现在不同的电机转速下的恒定发电频率。其中，依据所用电力电子变换器相对于发电机的功率大小，变速恒频风电系统又可分为全功率变换器系统和部分功率变换器系统两类。[1]

在变速恒频风电系统中，若按风力机与发电机之间机械传动系统的不同，可分为有齿轮箱系统和无齿轮箱直驱系统。其中，有齿轮箱的风电系统又可分为传统齿轮箱系统（包括一套多级齿轮箱和一台高速发电机）和所谓的“半直驱”系统（包括一套单级齿轮箱和一台较低速发电机）。

2. 风力发电系统的组成结构和特点

1）恒速恒频风电系统

（1）组成结构。恒速恒频风电系统凭借结构简单可靠、制造成本低廉、方便安装维护等优点，成为风电发展早期的主流机型，其拓扑结构如图 1–6 所示。最初的恒速恒频风电系统的发电机部分为笼型异步发电机，发电机通过变压器直接与交流电网连接，其转速取决于齿轮变速比、发电机极对数及电网频率，发电机为固定转速状态。由于发电机转速固定，风速波动会转化为发电机转矩波动，导致发电机处于非理想运行状态。为了拓宽发电机转速的运行范围，基于变级异步发电机和可变转子电阻的改进，拓扑结构得到了一定的应用，其中变级异步发电机改变了笼型发电机极对数，进而满足发电机运

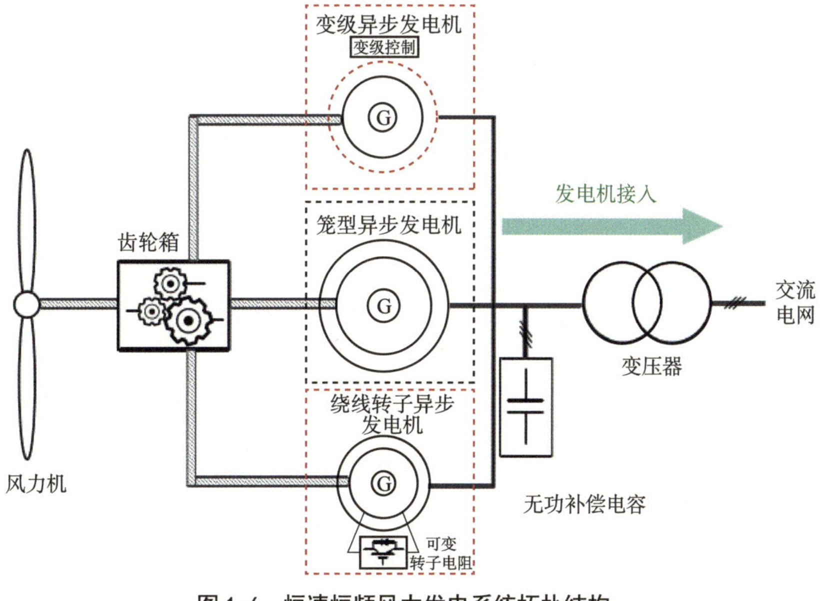

图 1–6 恒速恒频风力发电系统拓扑结构

行对于转速调节的要求；可变转子电阻则通过在转子绕组上引入电力电子装置，对转子绕组的等效阻值进行调整，从而调节发电机运行对于转速的要求。对于改进的拓扑结构，发电机组需要加装附加装置，且变级异步发电机只能改变运行同步速，可变转子电阻只能在同步速附近进行小范围的运行速度调整，只能实现“受限变速”。同时，由于变级异步发电机励磁会从电网中吸收无功功率，发电机还需在机端安装无功补偿装置。

（2）特点。恒速恒频发电机组在实际运行中存在电机性能不佳、风电机组转速不可控、电网友好度差、需配置多级齿轮箱和需从电网中吸收大量无功功率等问题。

2）变速恒频风力发电系统

（1）组成结构。变速恒频风电系统通过引入电力电子变流器，实现了风电机组在不同的电机转速下的恒定发电频率。电力电子变流器实现了发电机与电网的“柔性连接”，显著提升了风力发电机并网运行的适应性。根据电力电子拓扑结构的不同，变速恒频风电系统又可以分为基于双馈变流器的风电机组（双馈风电机组）和基于全功率变流器的风电机组（全功率风电机组），如图 1–7 所示。

全功率风电机组中发电机通过背靠背变流器与电网连接，其中，网侧变流器处于“直流母线电压＋功率因数”控制模式，负责维持直流母线电压平衡，实现电机和电网之间能量的柔性流通，调节机组输出的功率因数；机侧变流器控制发电机输出电流，实现发电机功率的柔性控制。由于全功率风电机组完全通过电力电子变流器实现并网，故其可实现全速范围的发电机并网运行，且发电机可以灵活地使用电励磁同步发电机、永磁同步发电机、异步发电机等不同机型。双馈风电机组采用绕线式感应发电机，定子绕组直接连接电网，转子绕组通过双馈变流器与电网实现柔性连接，两个端口均可对电网进行能量馈送，因此，这种感应发电机通常称为双馈感应发电机（Doubly-Fed Inducution Generator，DFIG），双馈机组则被称为 DFIG 机组。双馈变流器负责提供电机励磁、调节电磁转矩，通过向电网馈送转差功率实现发电机变速运行，其中，转子侧变流器（Rotor Side Converter，RSC）负责电机励磁及发电机有功、无功功率的柔性控制，网侧变流器（Grid Side Converter，GSC）一方面维持直流母线电压的恒定，从而将转差功率馈送至电网；另一方面可根据自身运行状态调节网侧功率因数。

由于双馈风电机组中变流器只负责调控转差功率，而 DFIG 转差通常在额定转速的 ±1/3 范围内运行，因此，变流器容量只需为发电机额定容量的 1/3。比较而言，全功率风电机组可以避免使用集电环，甚至避免使用齿轮箱，电机控制更为简单，具有更强的转速、功率调节能力及电网支撑能力，但全功率风电机组存在高器件要求、高电机成本、高运行损耗等问题。

目前，两者均为风电市场的主流机型，其中 DFIG 机组在现有装机和市场占有率上占据着主导地位。由于 DFIG 机组并网接口既有发电机特性，又有电力电子装置特性，因此，DFIG 系统并网时既有类似于恒速恒频风电机组中的发电机与电网的耦合作用，又有类似于全功率风电机组中的电力电子装置与电网的交互作用。[1]

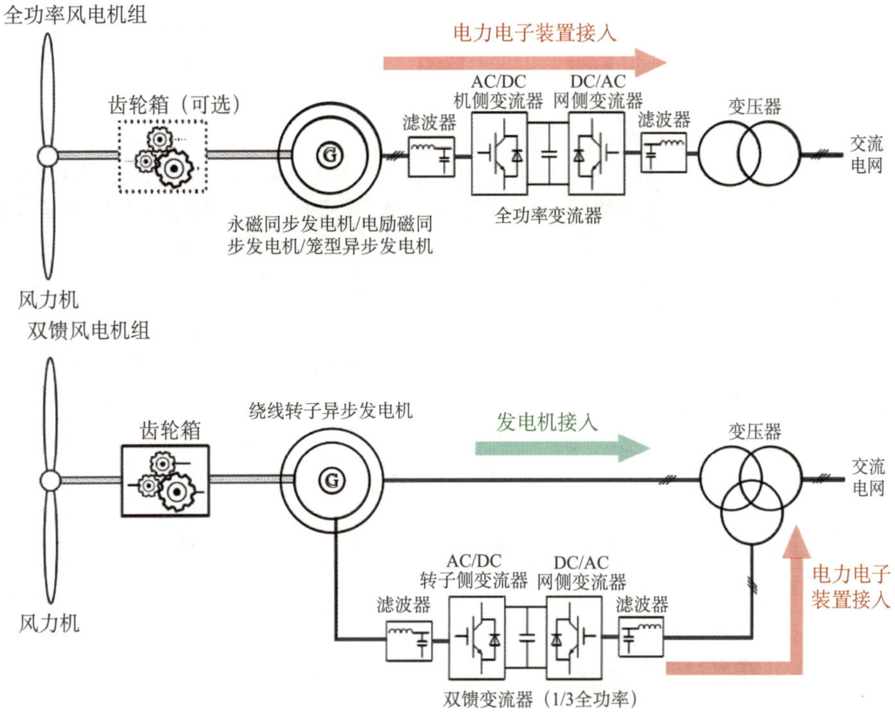

图 1-7　变速恒频风力发电系统拓扑结构

（2）特点。通过适当的控制，根据风速的变化调节风力机的转速，可实现各种风速下最大风能捕获，使风力机的叶尖速比达到或者接近最佳值，而不影响输出电能的频率，最大限度地利用风能。变速变频风力发电机组的功率调节不完全依靠叶片的气动特性，它要依靠于叶片相匹配的叶片功角的改变来进行调节，从而使叶轮重量减轻，整机的受力状况大为改善。

3）恒速恒频风力发电系统与变速恒频风力发电系统的比较

恒速恒频风力发电系统与变速恒频风力发电系统相比较，主要区别在于发电机转速是否恒定。恒速恒频风力发电系统是指在风力发电过程中保持发电机的转速不变，从而得到和电网频率一致的恒频电能；而变速恒频发电机系统是指在风力发电过程中发电机的转速随风速而变化，通过其他的控制方式而得到和电网频率一致的恒频电能。表 1-1 是恒速恒频风力发电系统与变速恒频风力发电系统的不同点比较。[1]

表 1-1　恒速恒频风力发电系统与变速恒频风力发电系统的不同点比较

比较项目	恒速恒频风力发电系统	变速恒频风力发电系统
控制方式	对发电机的控制要求比较简单	控制复杂

续表

比较项目	恒速恒频风力发电系统	变速恒频风力发电系统
风能利用率	风力机转速不能随风速而变，从而降低了对风能的利用率	风轮的转速随风速的变化而变化，使其保持在一个恒定的最佳叶尖速比，使风力机的风能利用系数在额定风速以下的整个运行范围内都处于最大值，从而可比恒速运行获取更多的能量
机械应力	当风速突变时，巨大的风能变化将通过风力机传递给主轴、齿轮箱和发电机等部件，在这些部件上会产生很大的机械应力	风速跃升时，所产生的风能也部分被风轮吸收，以动能的形式储存于高速运转的风轮中，从而避免了主轴及传动机构承受过大的扭矩及应力
电流冲击	并网时可能产生较大的电流冲击	在电力电子装置的调控下，将高速风轮所释放的能量转变为电能，送入电网，从而使能量传输机构所受应力比较平稳，风力机组运行更加平稳和安全
成本	不需要采用大功率全控开关器件进行变频控制，降低整个机组的成本和控制复杂程度	由于变频器在定子侧，变频器的容量需要与发电机的容量相同，使得整个系统的成本、体积和重量显著增加

1.1.2 光伏发电发展概述

1.1.2.1 光伏发电的基础理论

太阳能是一种可再生能源，指太阳的热辐射能，主要表现就是常说的太阳光线，一般用作发电或者为热水器提供能源。太阳能的利用有光热转换和光电转换两种方式，目前，太阳能光伏发电系统是主要的应用。

光伏发电技术是一种直接将太阳光的辐射转化为电能的发电模式，利用了太阳能电池半导体 PN 结的光生伏打效应。当太阳光照射在 PN 结上，部分光被反射，其余部分或变成热能，或使光子与半导体的原子价电子发生碰撞形成空穴电子对。由于存在扩散运动，P 区带正电，N 区带负电，PN 结两端产生电势差，如果将多个电池串联或并联在一起，接通外电路就会形成电压和电流，太阳能便被转化为电能。[17]

光伏组件是基于电池整合的具有封装及内部联结的，能单独提供直流电输出的、最小不可分割的光伏电池组合装置。光伏发电技术最重要的组件就是太阳能电池，根据电池材料类型分为以下几种：① 晶体硅。单晶硅太阳能电池、多晶硅太阳能电池；② 非晶硅。薄膜太阳能电池；③ 多元化合物。CdTe 太阳能电池、CulnGaSe$_2$ 太阳能电池、GaAs 太阳能电池等；④ 化学染料。染料敏化太阳能电池、有机太阳能电池。

根据电池材料的研发阶段，光伏技术大致可分为三代。由于半导体材料的类型不同，每一代的转换效率和性能差别很大。第一代和第二代光伏电池技术较为成熟，已投入大规模的商业化生产；第三代电池技术则多处于研发阶段。不同太阳能电池材料的特性如表 1–2 所示。

表 1–2 太阳能电池材料特性

光伏技术	材料类型	实验室转换效率（%）	量产转换效率（%）	优点	缺点
第一代（硅片技术）	单晶硅	24.7	23	转换效率高、使用寿命长、技术成熟	成本高、受环境因素影响大、高污染、耗能大
	多晶硅	20.3	18.5		
第二代（薄膜技术）	非晶硅	12.8	8	成本低、质量轻、弱光下可发电	转换效率低、Cd 含剧毒，污染环境；In 和 Se 是稀有元素，难以大规模生产
	$CuInGaSe_2$	19.8	12		
	CdTe	19.6	13		
第三代（多结技术）	染料敏化	22.7	18	染料敏化与有机成本低、无污染、聚光电池效率高有关	处于探索开发阶段，稳定性差；聚光电池需要跟踪器，成本高

1.1.2.2 光伏发电的发展趋势

近年来，我国太阳能发电量持续提高。数据显示，2019 年我国太阳能发电量为 1172.2 亿 kW · h。另外，据最新数据显示，2020 年 1 ～ 9 月我国太阳能发电量累计达 1070.6 亿 kW · h。2016—2020 年全国太阳能发电量数据统计见图 1–8。

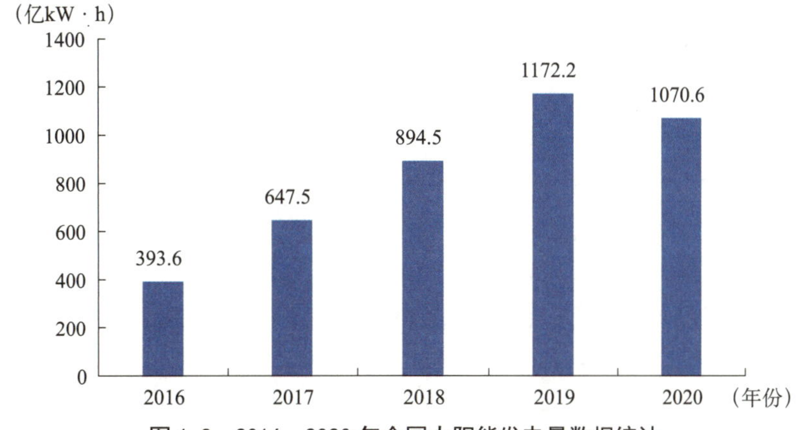

图 1–8 2016—2020 年全国太阳能发电量数据统计

光伏发电有独立运行和并网运行两种方式。太阳能光伏发电系统分为两类，一种是集中式，如大型西北地面光伏发电系统；一种是分布式，如工商企业厂房屋顶光伏发电系统、民居屋顶光伏发电系统。据行业统计，2020 年上半年，全国新增光伏发电装机 1152 万 kW，其中，集中式光伏新增装机 708.2 万 kW，分布式光伏新增装机

443.5 万 kW。截至 2020 年 6 月底，光伏发电累计装机达到 2.16 亿 kW，其中，集中式光伏 1.49 亿 kW，分布式光伏 6707 万 kW。从新增装机布局来看，华北、华东地区新增装机较多，分别达 439 万 kW 和 219 万 kW[18]。

光伏组件是太阳能发电系统中的核心部分，也是太阳能发电系统中最重要的部分。随着我国光伏新增装机容量不断增加，光伏组件产量也不断增加，2020 年我国光伏组件产量达 124.6GW，较 2019 年的 98.6GW 同比增长 26.4%（见图 1-9）。

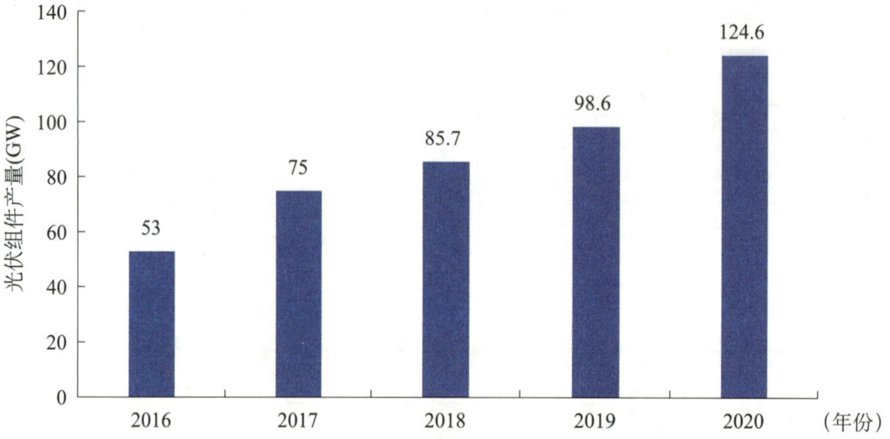

图 1-9　2016—2020 年全国光伏组件产量情况

光伏发电技术起步较早，美国的贝尔实验室在 1954 年就首先利用硅片技术成功将太阳能转化为电能。在分布式光伏发电方面，美国和德国在政策和资金投入上给予了很大支持，其技术水平长期处于世界前列。为推广太阳能发电，美国在政策上出台了最高达 30% 的太阳能投资税收减免优惠。自 2006 年以来，美国太阳能装机量猛增，截至 2017 年，美国累计光伏发电装机容量达到了 50GW 以上，2018 年第一季度新增光伏发电装机容量为 2.5GW 左右，同比增长 13%。

德国在 1991 年和 2000 年先后制定和颁布了《电力入网法》和《可再生能源法》，并在 2004—2014 年间进行了 4 次修订，从法律制度层面上推动太阳能发电技术的发展，2012 年光伏装机容量 7.6GW，累计光伏装机容量 32.3GW，居世界第一位。但因为补贴额巨大，财政负担沉重，德国从 2013 年开始缩小光伏建设规模，2015—2017 年间，每年的光伏装机容量只占高峰期的 1/5。日本对太阳能发电也是持以政策支持、财政补贴的态度，光伏装机容量紧追世界水平，同时，在太阳能电池相关技术领域有很大的突破，特别是在柔性可弯曲太阳能电池（钙钛矿）的研究上，处于全球领先水平。作为太阳能市场新秀，印度 2018 年上半年的太阳能新增产能达到 4.9GW，超过美国的 4.7GW，成为世界第二大太阳能市场。印度地域辽阔、光照条件好，无疑具有推动太阳能快速发展的自然优势。

随着光伏发电技术的进步，太阳能发电系统的转换效率越来越高，成本越来越低，有望在不久的将来大幅度补充能源的短缺，甚至替代化石燃料，在保护环境和节能减排上发挥重要且积极的作用。据可靠资料显示，未来 12 ～ 22 年，光伏总发电量将从全球发电总量的 1% 提升至 20%。在太阳能电池材料的使用上，国内 90% 左右的生产制造商采用晶硅材料，因为其转换效率高，性能更加稳定。其中，单晶硅的实验室最高转换效率达到 24.7%，受到业界人士的青睐。

随着技术的进步，单晶硅系统可采取减薄硅材料厚度的方式减少硅材料的使用[19]，降低成本，这种可弯曲单晶硅通过化学蚀刻方法来制备，当硅片厚度小于 100μm 时，在外力作用下可弯曲不损坏，并在外力去除时百分百恢复原貌。除此之外，减薄了的硅材料具备了柔性特质，可弯折甚至卷曲，不仅易于携带，还不易损坏，是单晶硅材料领域最新的技术，具有良好的前景。柔性可弯曲电池除了减薄的单晶硅，还有传统的非晶硅薄膜以及新一代有机太阳电池和染料敏化电池、钙钛矿电池，近几年对这类电池的研究已成为热门，加速了建筑一体化和便携式太阳能的发展。

光伏发电技术应用于许多领域，比如通信、建筑、交通、电信、太阳能道路和农村偏远地区等。根据应用形式，可将光伏发电分为以下几种：① 大型并网电站。发电主要用于并网，占地大、光照条件好、规模大、度电成本低、远距离传输，需进行无功补偿；② 离网型光伏电站。用于解决无电区、偏远地区的用电问题，不并网，需要配备蓄电池等储电装置，在阴雨天气时也能持续供电；③ 分布式光伏电站。结合建筑特点而设计，比如屋顶太阳能发电、窗式太阳能发电等，可用于家庭照明及用电，也可接入配电网。其中，并网电站正趋于大型化，数量上增长缓慢；离网型光伏的覆盖范围正逐步扩大；分布式光伏的应用形式趋于多样化，呈高速增长趋势。当前，材料的转换效率越来越高，新型太阳能电池正在研发阶段，柔性电池的应用逐步进入大规模商业化[20]。

1.1.2.3 光伏发电系统的拓扑结构

光伏电站是利用一定数量太阳能电池组件串联后接收太阳光，将辐射能转换为一定电压（逆变器额定电压）和电流的直流电，再将若干电池组串在汇流箱内进行并联以提高电流，并联后电流达到逆变器额定电流的数个汇流箱接入一台并网逆变器，通过并网逆变器将电池组件发出的直流电逆变成符合电网需求的交流电，经过配电装置后接入电站升压变压器，通过变压器将电压升高至符合电网要求的电压等级后并入电网。[21-23]

1. 光伏电站的分类

1）按装机容量来划分

按装机容量来划分，可以分为小型光伏电站、中型光伏电站和大型光伏电站。其中，小型光伏电站是指装机容量小于或等于 1MW 的光伏电站；中型光伏电站是指装机容量大于 1MW，小于或等于 30MW 的光伏电站；大型光伏电站是指装机容量大于 30MW 的光伏电站。

2）按光伏电站接入电网的电压等级来划分

按光伏电站接入电网的电压等级来划分，可以分为低压电网、中压电网和高压电网接入的光伏电站。其中，低压电网接入的光伏电站是指通过380V电压及以下等级接入电网的光伏电站，该类电站所发电能一般是即发即用。将多余的电能送入电网；中压电网接入的光伏电站是指通过10kV或35kV电压等级接入电网的光伏电站，该类电站要通过升压装置将电能馈入电网；高压电网接入的光伏电站是指通过66kV及以上电压等级接入电网的光伏电站，该类电站也要通过升压装置才能将电能馈入电网，并且要进行远距离的电能传输。

3）按光伏电站是否并网来划分

按光伏电站是否并网，可以分为离网光伏电站和并网光伏电站。其中，并网光伏电站又可以分为地面大型并网光伏电站和分布式并网光伏电站，离网光伏电站和并网光伏电站的具体分类如图1–10所示。

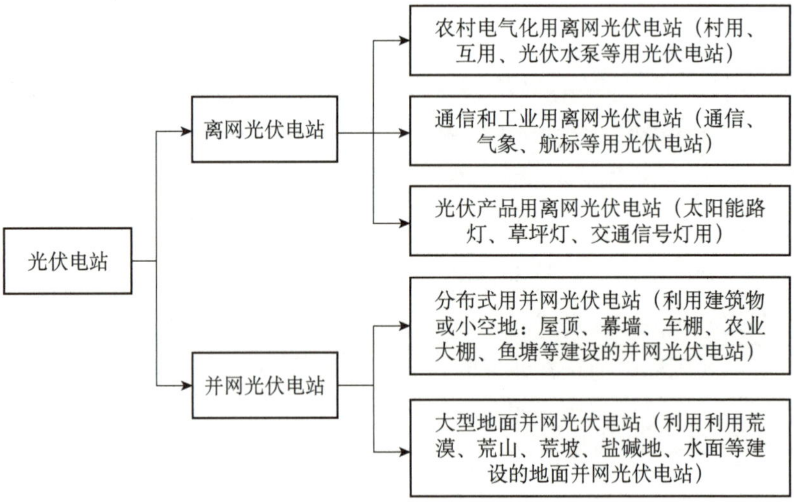

图1–10　离网光伏电站和并网光伏电站的具体分类

2. 光伏电站的组成结构和特点

1）离网光伏电站的组成结构和特点

（1）组成结构。离网光伏电站主要由光伏阵列、控制器和蓄电池等组成，若要为交流负载供电，还需要配置交流逆变器。离网光伏电站包括边远地区的村庄供电系统、太阳能户用电源系统，以及通信信号电源、太阳能路灯等各种带有蓄电池的可以独立运行的光伏发电系统[21]。离网光伏电站的组成结构如图1–11所示。

（2）特点。离网光伏电站适用于无电网供电或电网不稳定的地区。在阳光充足时，离网光伏电站产生的直流电储存在蓄电池中，在夜间或阴雨天气时为用户负载提供电力。

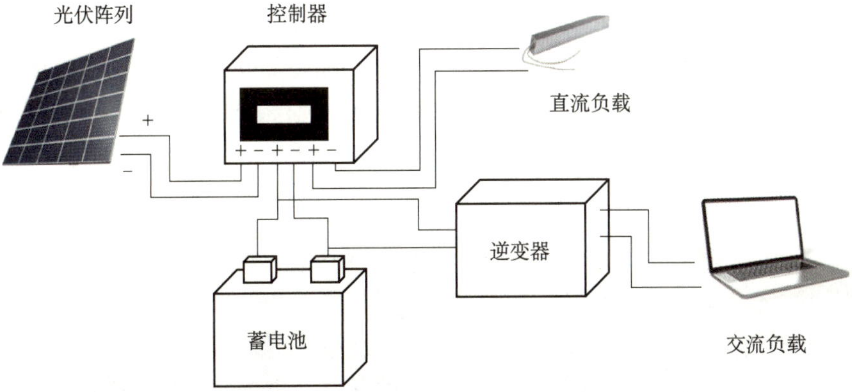

图 1-11　离网光伏电站的组成结构

2）并网光伏电站的组成结构和特点

（1）组成结构。并网光伏电站由光伏组件阵列、直流汇流箱、直流配电柜、并网逆变器和监控数据采集器等组成。其运行模式是在有太阳辐射的条件下，光伏电站中的光伏阵列将太阳能转换成直流电能，经过直流汇流箱送入直流配电柜，直流配电柜再将直流电送入并网逆变器变成交流电后，根据光伏电站接入电网技术规定和光伏电站容量，确定光伏电站接入电网的电压等级，再经变压器升压后接入电网。并网光伏电站的组成结构如图 1-12 所示。[21,22]

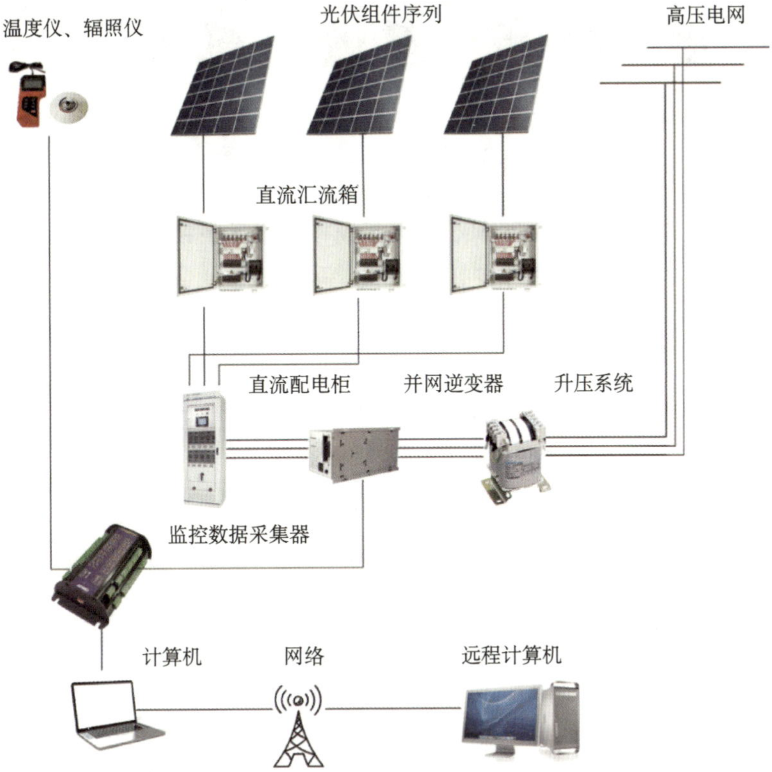

图 1-12　并网光伏电站的组成结构

（2）特点。并网光伏电站可以分为大型地面并网光伏电站和分布式并网光伏电站。其中，大型地面并网光伏电站的主要特点是将所发电能全部输送给电网，由电网统一调配给用户供电。大型地面并网光伏电站的一次设备主要包括光伏阵列、直流汇流箱、直流配电柜、集中式逆变器、箱式变压器、交流配电柜、主升压变压器和并网开关柜；二次设备和其他附属设备包括通信管理机、上位机和远程终端、箱式变压器（将电网电压降至 380V 或 220V 以供电站内部的设备和负载用电）、不间断电源等，其实物构成图如图 1–13 所示。

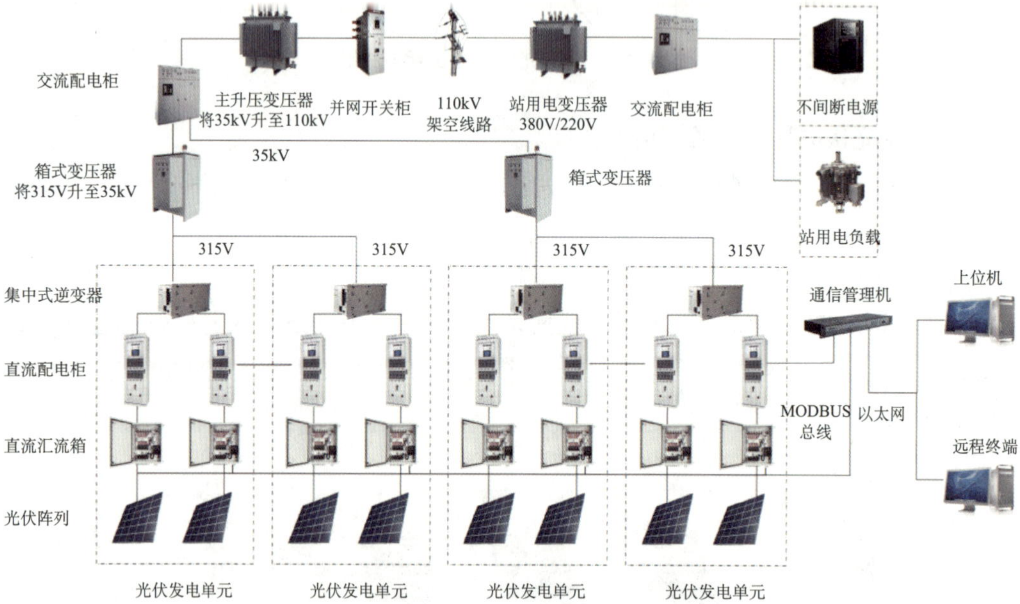

图 1–13　大型地面并网光伏电站的实物构成图

分布式并网光伏电站的工作原理是光伏组件将太阳能转化为直流电能，然后再通过并网逆变器将直流电转化为与电网同电压同频率的交流电，供电用户直接使用或输送至国家电网，并通过电度表计量进行电量的结算[22]。分布式光伏电站主要由光伏直流部分、逆变部分、计量部分等组成，其中，光伏直流部分由光伏阵列组成，逆变部分为逆变器，计量部分则包括光伏发电计量电度表和双向电度表，图 1–14 是装机容量大于 200kWp 小于 30MWp 的分布式并网光伏电站的实物构成图。

大型地面并网光伏电站投资大、建设周期长、占地面积大，而分布式并网光伏电站由于处于用户侧，光伏电站所发电能优先供给当地负载使用，多余的电能输入电网，由电网统一调配给用户负载使用，这使得分布式光伏电站可以有效地减少对电网供电的依赖及电路损耗。除此之外，分布式并网光伏电站具有投资小、建设快、占地面积小、政策支持力度大等优点，是并网光伏电站的主流。[23]

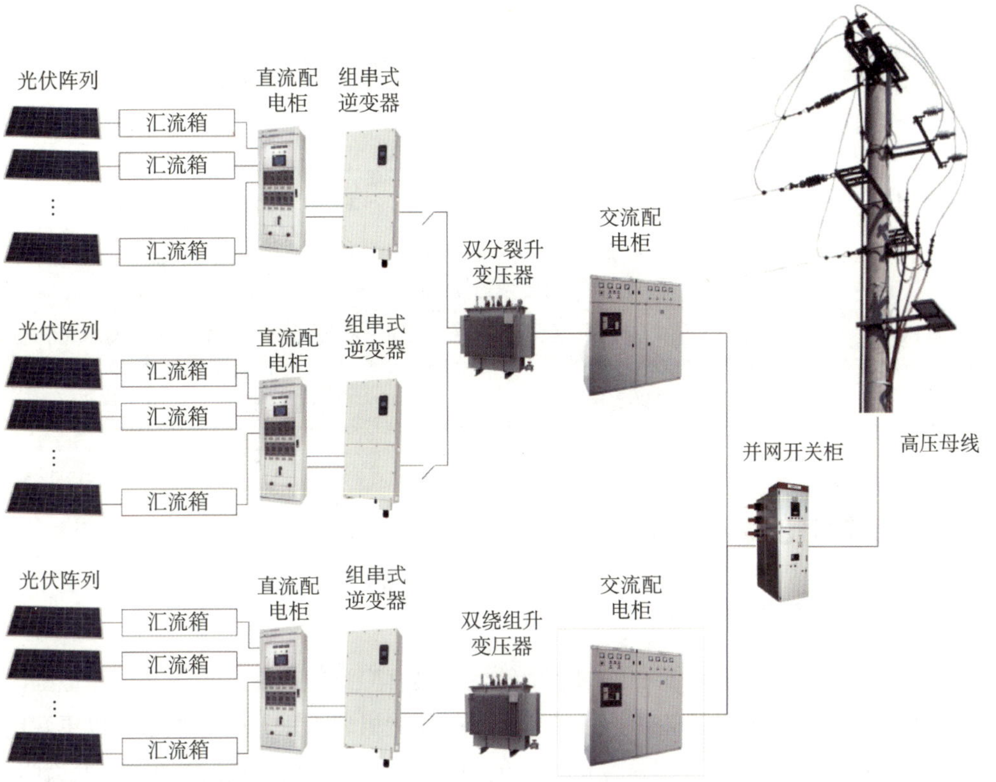

图 1-14 装机容量大于 200kWp 小于 30MWp 的分布式并网光伏电站的实物构成图

3）大型地面并网光伏电站与分布式并网光伏电站的比较

大型地面并网光伏电站与分布式并网光伏电站相比较，主要区别在于电站的规模。大型地面并网光伏电站离负荷中心较远，规模较大；而分布式并网光伏电站一般位于负荷中心附近，可就地消纳，规模较小。表 1-3 是大型地面并网光伏电站与分布式并网光伏电站的不同点比较。[21]

表 1-3 大型地面并网光伏电站与分布式并网光伏电站的不同点比较

比较项目	大型地面并网光伏电站	分布式并网光伏电站
安装地点	多为荒漠、荒山，环境影响小，容量一般较大	多为城镇、建筑物，环境影响较大，容量受限多
安装方式	可以发展跟踪、聚光等技术	一般为固定安装，倾角、朝向、间距时常受限
申报程序	较繁琐，需一定的费用	较简化，前期费用小
电网接入方式	高压侧接入，需升压和专用输电线路，增加投资及损耗	一般低压侧接入，不需升压设备，就地接入，损耗少
初始投资	单位千瓦初始投资一般高于分布式并网光伏电站，适合集中投资	除 BIPV 成本较大，一般情况下初始投资低，适合分散投资

续表

比较项目	大型地面并网光伏电站	分布式并网光伏电站
与负荷中心的距离	由于远离负荷中心，所发电能不能就地消纳，在用电低谷时段，会导致弃光、弃电；需要依赖远距离输电线路送电入网，同时自身也是电网的一个较大的干扰源，输电线路的损耗 / 电压跌落 / 无功补偿等问题会更加突出	处于用户侧，发电供给当地负荷，可以有效减少对电网供电的依赖，减少线路损耗；分布式自发自用，多余上传，能够确保电站的足额发电，不存在弃光风险
电压、无功调节	运行方式较为灵活，可以更方便地进行无功和电压控制，参加电网频率调节也更容易实现	电压和无功调节困难，大容量光伏接入后功率因数的控制存在技术性难题，短路电力也将增大

1.1.3 储能发电发展概述

1.1.3.1 储能发电的基础理论

储能技术在包括电力系统在内的多个领域中具有广泛的用途，近年来世界范围内的电力工业重组给各种各样的储能技术带来了新的发展机遇，采用这些技术可以更好地实现电力系统的能量管理，尤其是在可再生能源和分布式发电领域，这种作用尤为明显，在传统的发电和输配电网络中，这些新技术同样可以得到应用[23]。以下简要介绍各种储能技术的基本理论。

1. 抽水蓄能技术

抽水蓄能电站在应用时必须配备上、下游两个水库。在负荷低谷时段，抽水储能设备工作在电动机状态，将下游水库的水抽到上游水库保存。在负荷高峰时，抽水储能设备工作于发电机的状态，利用储存在上游水库中的水发电。一些高坝水电站具有储水容量，可以将其用作抽水蓄能电站进行电力调度。利用矿井或者其他洞穴实现地下抽水储能在技术上也是可行的，海洋有时也可以当作下游水库用。

抽水储能是在电力系统中应用最为广泛的一种储能技术，其主要应用领域包括能量管理、频率控制以及提供系统的备用容量。目前，全世界共有超过 90GW 的抽水储能机组投入运行，约占全球总装机容量的 3%。然而，限制抽水蓄能电站更广泛应用的一个重要制约因素是建设工期长，工程投资较大。

2. 蓄电池储能技术

据估计，全球每年对蓄电池的市场需求大约为 150 亿美元，在工业用蓄电池方面，如用于 UPS（不间断电源）、电能质量调节、备用电池等，其市场总量可达 50 亿美元。

铅酸电池是最古老、也是最成熟的蓄电池技术。它是一种低成本的通用储能技术，可用于电能质量调节和 UPS 等。然而，由于这种蓄电池寿命较短，因此限制了其在能量管理领域中的应用。

与其他蓄电池相比，锂离子电池的主要优点是储能密度高（300 ～ 400kW · h/m^3，130kW · h/t）、储能效率高（接近 100%）和使用寿命长（每次放电不超过储能的 80% 时可充 3000 次）。由于具有上述优点，锂离子电池得到快速发展。但是，尽管在几年之内锂电池已经占有小型移动设备电源市场份额的 50%，生产大容量锂离子电池仍然面临一些挑战，主要的障碍在于其居高不下的成本，由于它需要特殊的包装和配备必要的内部过充电保护电路。

在所有的蓄电池中，Metal-air 电池结构最为紧凑，并且可望成为成本最低的蓄电池，这是一种对于环境无害的蓄电池。其主要的缺点是这种电池的充电非常困难，而且效率很低。

3. 飞轮储能技术

大多数现代飞轮储能系统都由一个圆柱形旋转质量块和通过磁悬浮轴承组成的支撑机构组成。采用磁悬浮轴承的目的是消除摩擦损耗，提高系统的寿命。为了保证足够高的储能效率，飞轮储能系统应该运行于真空度较高的环境中，以减少风阻损耗。飞轮与电动机或者发电机相连，通过某种形式的电力电子装置，可进行飞轮转速的调节，实现储能装置与电网之间的功率交换。

飞轮储能的一个突出优点就是几乎不需要运行维护，设备寿命长（20 年或者数万次深度充放能量过程）且对环境没有不良的影响。飞轮具有优秀的循环使用以及负荷跟踪性能，它可以用于那些在时间和容量方面介于短时储能应用和长时间储能应用之间的应用场合。

在实现飞轮储能装置时，可采用固体钢结构飞轮，也可采用复合材料飞轮，具体采用何种飞轮需要进行经济技术比较，在系统成本、重量、尺寸以及材料性能等指标之间进行折中。采用高密度钢材料，其边缘线速度可达 200 ～ 375m/s；而采用重量更轻、强度更高的复合材料，其边缘线速度可达 600 ～ 1000m/s。飞轮实际可输出的能量取决于其速度变化范围，它不可能在很低的转速下输出额定功率。

4. 超导磁储能技术

早在 1911 年人们就发现了超导现象，但直到 20 世纪 70 年代，才有人首次提出将超导磁储能作为一种储能技术应用于电力系统。超导磁储能（SMES）由于具有快速电磁响应特性和很高的储能效率（充 / 放电效率超过 95%），很快吸引了电力领域和军方的注意。SMES 在电力系统中的应用包括负荷均衡、动态稳定、暂态稳定、电压稳定、频率调整、输电能力提高以及电能质量改善等方面。

SMES 单元由一个置于低温环境的超导线圈组成，低温是由包含液氮或者液氦容器的深冷设备提供的。功率变换 / 调节系统将 SMES 单元与交流电力系统相连接，并且可以根据电力系统的需要对储能线圈进行充放电。通常使用两种功率变换系统将储能线圈与交流电力系统相连：一种是电流源型变流器，另一种是电压源型变流器。

和其他的储能技术相比，目前SMES的价格仍很昂贵，除了超导体本身的费用外，维持低温所需要的费用也相当可观。然而，如果将SMES线圈与现有的柔性交流输电装置（FACTS）相结合，可以降低变流单元的费用，这部分费用一般在整个SMES成本中占最大份额。已有的研究结果表明，对输配电应用而言，微型（< 0.1MW·h）和中型（0.1 ～ 100MW·h）SMES系统可能更为经济。使用高温超导体可以降储能系统对于低温和制冷条件要求，从而使SMES的成本进一步降低。目前，在世界范围内有许多SMES工程正在进行或者处于研制阶段。

5. 超级电容器储能技术

电容器是电力系统中广泛应用的一种设备。与常规电容器相比，超级电容器具有更高的介电常数、更大的表面积或者更高的耐压能力。例如，陶瓷超级电容器具有相当高的耐压水平（大约1kV）和绝缘强度，这使它们成为未来储能应用的很好候选方案。

目前，超级电容器大多用于高峰值功率、低容量的场合。由于能在充满电的浮充状态下正常工作十年以上，因此，超级电容器可以在电压跌落和瞬态干扰期间提高供电水平。超级电容器安装简单、体积小，可在各种环境下运行（热、冷和潮湿），现在已经为低功率水平的应用提供商业服务。

6. 压缩空气储能技术

压缩空气储能（CAES）并不是像电池储能那样简单，它是一种调峰用燃气轮机发电厂，对于同样的电力输出，它所消耗的燃气要比常规燃气轮机少40%。这是因为常规燃气轮机在发电时大约需要消耗输入燃料的2/3进行空气压缩，而CAES则可利用电网负荷低谷时的廉价电能预先压缩空气，然后根据需要释放储存的能量加上一些燃气进行发电。压缩空气常常储存在合适的地下矿井或者溶岩下的洞穴中。建造这样的溶岩洞穴大约需要1年半到两年的时间。

1.1.3.2 储能发电的发展趋势

随着新能源产业的兴起，储能应用日益受到世界各国的重视，由于各国技术发展阶段不同，储能产业政策各具特色。储能产业初始阶段，政府多采用税收优惠或补贴政策，促进储能成本下降和规模应用；储能应用较广泛时，政府通常鼓励储能企业深入参与辅助服务市场，以实现多重价值。近年来，北美以政策和补贴形式鼓励发展分布式储能，例如美国各州关注储能部署。美国能源和自然资源委员会推出的《更好的储能技术法案》（BEST）修订版由一系列储能法案构成，包括2019年《促进电网储能法案》《降低储能成本法案》《联合长时储能法案》等，采购储能系统流程、回收储能系统材料（例如锂、钴、镍和石墨）的激励机制，以及联邦能源管理委员会（FERC）制定的收回储能系统部署成本的规则与流程。在税收方面，美国政府为鼓励绿色能源投资，2016

年出台了投资税收减免（Investment Tax Credit，ITC）政策，提出先进储能技术都可以申请投资税收减免，可以通过独立方式或并入微网和可再生能源发电系统等形式运行。补贴方面，自发电激励计划（SGIP）是美国历时最长且最成功的分布式发电激励政策之一，用于鼓励用户侧分布式发电。储能也被纳入 SGIP 的支持范围，储能系统可获得 2 美元 /W 的补贴支持。SGIP 至今经历多次调整和修改，对促进分布式储能发展发挥了重要作用[24]。

而欧洲主要国家储能部署已趋饱和，政策偏重引导新需求。欧洲电力市场的发展方向明确：更多的可再生能源、更便宜的储能系统、更少的基本负荷，热力和运输领域实现电气化。2019 年，欧盟 17 个成员国成功实现电力网络互联，对部署天然气和柴油峰值发电设施的审查更加严格，储能系统部署备受青睐。补贴和发展光伏是欧洲储能产业发展的最大推手。为了给可再生能源介入日益增高的欧洲电网做支撑，德国、荷兰、奥地利和瑞士等国开始尝试推动储能系统参与辅助服务市场，为区域电力市场提供高价值服务。随着分布式光伏的推广，欧洲许多国家以补贴手段扶持本地用户侧储能市场，意大利实施了补贴及减税政策。

亚洲主要国家储能部署以分散为主，政策与补贴关注用户与交通储能。印度 2022 年智能城市规划中，将可再生能源的装机目标增加到 175GW。为此，政府发布光储计划、电动汽车发展目标、无电地区的供电方案等。很多海外电池厂商在印度建厂，印度希望不断提升电池制造能力，陆续启动储能技术在电动汽车、柴油替代、可再生能源并网、无电地区供电等领域的应用。韩国持续推动储能在大规模可再生能源领域的应用，政府主要通过激励措施，例如为商业和工业用户提供电费折扣优惠等方式，支持储能系统部署[24]。

中国的储能产业虽然起步较晚，但近几年发展速度令人瞩目。据伍德麦肯兹（Wood Mackenzie）预测，到 2024 年，中国储能部署基数将增加 25 倍，储能功率和储电量分别达到 12.5GW 和 32.1GW · h，将成为亚太地区最大的储能市场。政府在储能领域的积极政策激励是促进行业快速发展的主要原因，也是储能部署的主要推动力。

截至 2020 年年底，在中国储能市场中，抽水蓄能的累计装机规模最大，占比达到了 89.3%；其次是电化学储能，装机规模占比为 9.2%，熔融盐储热装机规模占比为 1.5%，压缩空气储能和飞轮储能装机规模占比小于 0.04%（见图 1–15）。

2003 年以前，我国抽水蓄能领域相关技术研究还处于一片空白，抽水蓄能电站的设备都依靠进口。2003 年 3 月，我国正式提出“技术引进—掌握优化—自主创新”的“三步走”发展战略，通过产、学、研、用的勠力同心“总体战”，逐步实现我国抽水蓄能电站机组及成套设备制造自主化。同时，技术转让标”谈判后，设备制造商承诺无条件、无保留转让其核心技术。这种将设备与技术“打捆招标”的模式，为我国抽水蓄能技术的快速发展开辟了道路。

截至 2020 年年底，我国抽水蓄能的累计装机规模达到 31.79GW，同比增长 4.9%（见图 1–16）。因抽水蓄能相对其他储能方式成本较低，短期看来，其在储能应用中的主导地位不会被动摇[25]。

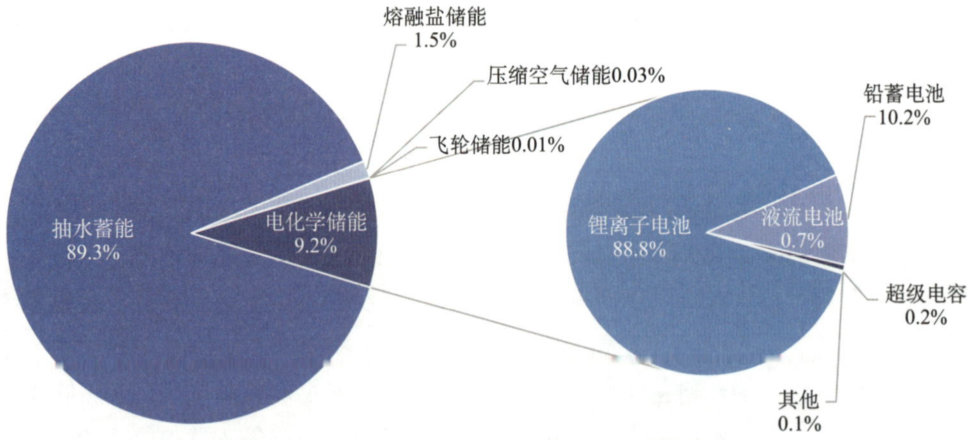

图 1-15　2020 年中国储能市场累计装机规模构成

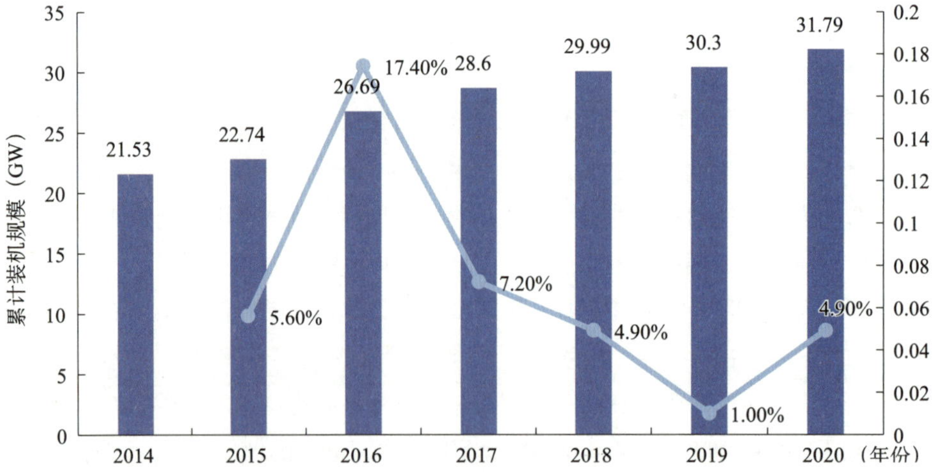

图 1-16　2014—2020 年中国抽水蓄能项目累计装机规模及增速

电化学储能是利用化学电池将电能储存起来，并在需要时释放的储能技术及措施。在中国新能源发电规模大幅增长、锂电池成本持续下降推动下，中国电化学储能装机规模一直保持高速增长的趋势。截至 2020 年年底，电化学储能累计装机规模为 3269.2MW，同比增长 91.2%（见图 1-17）。未来五年，随着分布式光伏、分散式风电等分布式能源的大规模推广，电化学储能行业将面临更广阔的市场机遇。

根据《储能产业研究白皮书 2021》，2021—2025 年我国储能市场趋势及前景如下：

1）2025 年抽水蓄能装机量累计可达 65GW

2021 年，全国能源工作会议明确提出要大力提升新能源消纳和储存能力，大力发展抽水蓄能和储能产业。作为电力系统安全稳定经济运行的重要调节工具，抽水蓄能在“十四五”将迎来更快的发展速度。有专家指出，“十四五”期间，电力系统对储能设施的需求将更强烈，抽水蓄能电站规模化储能的优势也将有更大的发挥空间。《储能产业

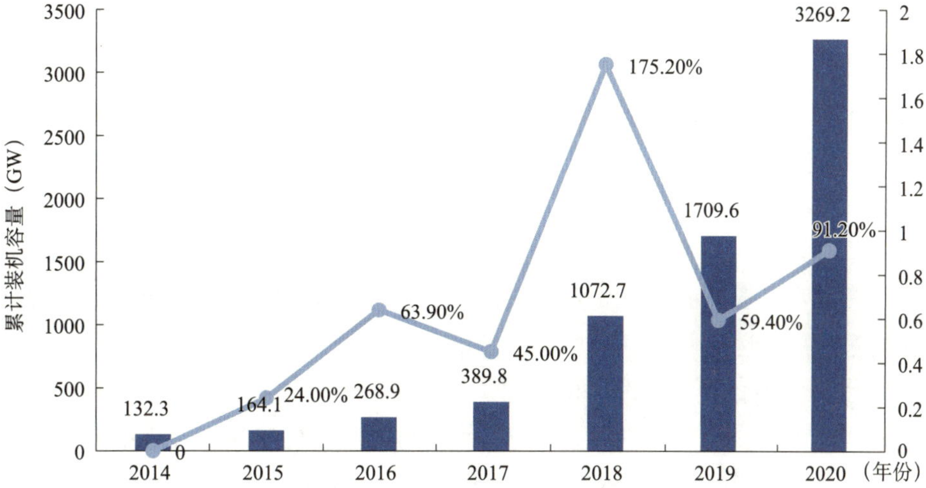

图 1-17　2014—2020 年中国电化学储能项目累计装机规模及增速

研究白皮书 2021》预计到 2025 年总投运装机规模可达到 65GW。

2）熔融盐储能积极拓展新应用

2021 年，国家能源局首批光热示范项目仍有 13 个项目尚未完成，规模共计 899MW。随着可再生能源的大规模发展加速，多种能源协同发展的趋势日趋明显，光热发电未来可能会在多能互补及综合能源基地项目中迎来新的发展机遇。

3）电化学储能重启高速增长

《储能产业研究白皮书 2021》基于保守和理想场景，对 2021—2025 年电化学储能的规模进行了预测。在保守场景下，“十四五”期间是储能探索和实现市场“刚需”应用、系统产品化和获取稳定商业利益的重要时期，2021—2025 年电化学储能规模将以 57.4% 的复合增长率增长，到 2025 年累计投运规模有望达到 35.52GW。

1.1.3.3　储能发电系统的拓扑结构

目前，用于削峰填谷的大型储能电站主要是抽水蓄能电站和大型电化学储能电站。[23-25] 以下针对这两种类型电站的拓扑结构进行说明。

1. 抽水蓄能储能电站的组成结构和特点

抽水蓄能电站一般分为纯抽水蓄能电站和混合式抽水蓄能电站两类。纯抽水蓄能电站，其上池没有水源或天然水流量很小，需将水由下池抽到上池储存，用于电力系统负荷处于高峰时发电。水在上池、下池循环使用，抽水和发电的水量基本相等。流量和历时按电力系统调峰填谷的需要来确定。纯抽水蓄能电站一般没有综合利用的要求，仅用于调峰、调频，故不能作为独立电源存在，必须与电力系统中承担基本负荷的火电厂、核电厂协调运行。

混合式抽水蓄能电站的上水库有一定的天然水流量，下水库按抽水蓄能需要的容积在河道下游修建。在混合式抽水蓄能电站内，既安装普通水轮发电机组，利用江河径流调节发电，又安装抽水蓄能机组，可从下水库抽水蓄能发电，进行储能发电，承担调峰、调频、调相任务。

从上述来看，抽水蓄能电站的基本组成包括上下水库、输水系统、地下厂房、GIS开关站及出线场。

（1）抽水蓄能电站的上水库是蓄存水量的工程设施，电网负荷低谷时段可将抽上来的水储存在库内，负荷高峰时段由水库放下来发电。输水系统是输送水量的工程设施，在水泵工况（抽水）把下水库的水量输送到上水库，在水轮机工况（发电）将上水库放出的水量通过厂房输送到下水库。

（2）输水系统连接上下水库，由上库进/出水口及事故检修闸门井、隧洞或竖井、压力管道和调压室、岔管、分岔后的水平支管、尾水隧洞及检修闸门闸门井和下水库进/出水口组成。抽水蓄能电站有抽水和发电两种工况，上（下）池的进水口在发电时是出（进）水口，但到抽水时变成进（出）水口，故称进/出水口。

（3）地下厂房包括主副厂房、安装场、主变压器洞、尾水闸门洞、母线洞、主变压器运输洞、交通洞、排风竖井等洞室。厂房是放置蓄能机组和电气设备等重要机电设备的场所，也是电厂生产的中心。抽水蓄能电站无论是完成抽水、发电等基本功能，还是发挥调频、调相、升荷爬坡和紧急事故备用等重要作用，都是通过厂房中的机电设备来完成的。

（4）500kV GIS 开关站及出线场。开关站是一种通过开关装置将电力系统（电网）及其用户的用电设备有选择地连接或切断的电力设施，其作用是分配高、中压电能。出线场是电站送出工程的一部分，主要是用于布置送出线路和开关设备。

（5）抽水蓄能电站的下水库也是蓄存水量的工程设施，负荷低谷时段可满足抽水水源的需要，负荷高峰时段可蓄存发电放水的水量。

2. 大型电化学储能电站的组成结构和特点

电化学储能电站结构主要由电池、电器元件、机械支撑、加热和冷却系统（热管理系统）、双向储能变流器（PCS）、能源管理系统（EMS）以及电池管理系统（BMS）共同组成。电池通过 PCS 与电网进行能量交换，PCS 即为储能变流器，作为蓄电池与电网之间的接口设备，控制电池储存或释放能量（见图 1–18）。

图 1–18　电化学储能电站的组成结构

（1）电化学储能电站使用的能量型电池能量密度高，一次充电可以提供很长的使用时间，并且寿命长，这一点对储能系统是至关重要的。消除昼夜峰谷差是储能系统的主要应用场景，而产品使用时间直接影响到项目收益。

（2）双向储能变流器（PCS）的基本特点是双向逆变，是具有一系列特殊性能和功能的并网变流器。在储能系统中，PCS 作为电能执行装置，负责对各种能量进行转换，并对电池系统进行有效充放电。因此，PCS 与电池系统匹配良好是让储能系统工作安全、稳定可靠的关键所在。通常 PCS 工种模式有：

① 功率模式：提供功率支撑，以设定的有功、无功输出功率值为参考。

② 调频模式：根据频率设定值吸收或发出有功功率，从而调节系统频率。

③ 调压模式：根据电压设定值注入容性或感性无功。

④ 孤岛模式：脱离大电网，自行组网运行，实现调频调压、同步并网等。

在不同的工作模式下，蓄电池组及 BMS 都是处于不同工况，因此，要求 PCS 应能在 BMS 中控制好电压、电流等指标使其平抑过渡，平衡 PCS 充放，充分利用 BMS 与 PCS 间的通信及控制策略，将 BMS 与 PCS 各自保护机制做到划分准确、干净实施等。目前市场上可见的 PCS 最大支流功率和交流侧额定功率多为几十千瓦到几百千瓦，最大可达到 1MW 以上，效率一般在 95% 左右。其直流侧电压一般都在几百伏甚至上千伏，因此，电池组的组电压（电池单体串联数量）应匹配 PCS 的工作电压范围。

（3）能源管理系统（EMS）主要作用是将储能系统内各子系统的信息汇总，全方位地掌控整套系统的运行情况，并作出相关决策，保证系统安全运行。EMS 会将数据上传云端，为运营商的后台管理人员提供运营工具。同时，EMS 还负责与用户进行直接的交互，用户的运维人员可通过 EMS 实时地查看储能系统的运行情况，做到实时实施监管。

（4）电池管理系统（BMS）主要用于监测、评估及保护单体电池及电池组的运行状态。BMS 主要由如下设备单元组成：充放电保护单元、储能电池管理模块 BMU、组端采集模块、储能系统管理单元。BMS 检测到电压、电流和温度三个数据，并根据复杂的算法推测出系统的 SOC（荷电状态）、热管理系统的启停、系统绝缘检测和电池间的均衡。BMS 应以安全作为设计初衷，遵循“预防为主，控制保障”的原则，系统性地解决储能电池系统的安全管控。

1.2 风光储电站控制系统发展概况

风光储一体化电站的控制系统承担着新能源电站与电网调度、交易中心的自主化交互通信，主动感知和决策分析，运行模式灵活调整，场站内设备统筹优化联合调度控制、设备监控、运行检修等重要功能。

风光储一体化电站控制系统的设计过程中，需要考虑大规模区域风光功率联合预测、新能源场站的风光储协同优化控制与保护、电网友好型风光储场站群“网 - 源”协调关键机制、快速一次调频和虚拟惯量支撑等关键技术，研发相应的软硬件系统，形成一套电网友好性的一体化集控系统。这套系统将对风光储一体化电站的顺利并网运行、实现电网友好特性、参与电力市场交易、最大化提升收益水平等具有至关重要的影响和基础性支撑作用。

下面对相关技术的概况、水平及发展趋势进行分析。

1.2.1 风光功率预测

中华人民共和国能源行业标准《风电功率预测系统功能规范》（NB/T 31046—2013）及《光伏发电站功率预测系统技术要求》（NB/T 32011—2013）规定，风光功率预测的时间分辨率为 15min，根据时间尺度划分为短期预测和超短期预测。前者要求预测次日零时至未来 72h 的风光功率，是制订发电计划的依据；后者则针对未来 15min ～ 4h 的风光功率进行预测，作为电网实时调度控制的参考。

通过回顾现有的基于统计方法的风光功率预测研究，可知大多数现有研究还是基于单一场站的分散式独立式预测，从该领域的技术发展进程来看，主要经历了两个发展阶段：

1. 以算法为核心的发展阶段

注重使用学习能力更强的回归算法、概率性方法，或使用 4 寻优算法对模型参数进行优化。对于确定性风光功率预测，常用算法有两类：神经网络算法（如 BP 神经网络、灰色神经网络 [22]、动态神经网络 [23]、递归神经网络等）和核学习算法（如支持向量机 [24-25]、相关向量机 [26]、极限学习机 [27]、高斯过程 [28] 等）。对于不确定性预测，常用方法有参数型方法（假设未来时刻单点预测值对应的误差区间为固定的历史经验值，或者假设误差分布服从高斯等参数型函数 [29-30]）和非参数型方法（如分位数回归 [10-11]、重取样法、核密度估计 [33] 等 [34-40]）。建模思路方面短期单点预测主要是以单点 NWP 为输入，映射单一机组 / 场站的输出功率；短期不确定性预测主要是以单点 NWP/ 预测功率为输入、以对应的单点预测误差为输出，或使用历史样本进行误差概率分布的拟合和估计。先进的预测和优化算法推动了风光功率预测精度的提高，但对于天气系统随机性强、季节变化多样、机组数量众多导致流场相关性复杂的场站，这种静态的、非条件性、独立性的预测模型的适应性尚显不足。

2. 以精细化建模为核心的发展阶段

为了提高模型适应性，现阶段许多学者开始重视研究精细化的预测方法。根据天气条件对训练样本进行分组建模 [41-43]，或针对风速、辐照度各频率分量 [44-46] 分别建模，增强了模型对特定时刻“当前”场景的适应性。对于季节性明显的场站也可直接根据月份/季节建立细化的预测模型，或者采用不同的预测算法。

上述场站级风光功率预测方法已经取得了很好的实际应用效果，但对于地形复杂或区域广阔的场站群，无法获得场间实际风况的空间相关性信息，导致单一位置处 NWP 的精度和代表性不足，难以全面模拟整场流动，需要对风况、辐照度与功率间的相关性和 NWP 点位数量加以考虑。

目前对区域级场站群功率预测的研究较少，在现有文献中，可以通过直接叠加、代表性映射、统计升尺度、多对多映射方法来预测区域内的风光功率 [47-49]。

（1）直接加和法：最为常见的区域风光功率预测方法，区域内每个场站通过自身的 NWP 数据预测其未来功率，叠加所有场站预测结果即获得未来区域内的发电功率预测结果。但是该方法受限于单个场站的预测偏差，当区域内部分场站不能提供预测结果时，也无法使用该方法。

（2）代表性映射法：选择一个代表性场站，通过训练获得代表性场站输出功率与区域输出功率间的映射关系，进而通过代表性场站功率预测结果，获得区域功率预测结果。

（3）统计升尺度法：通过筛选一个或多个场站外推来获得区域风光功率预测结果。场站筛选依据可以是各场站出力与区域出力的相关性、场站预测精度或场站数据质量。在这种方式下，研究区域可以通过区域特征、等效容量或气候相似程度分为多个子区域，来提升预测精度并且降低计算量。

（4）区域集中式预测：为了考虑空间相关性等区域效应，以及 NWP 代表性不足的问题 [50-52]，采用多对多映射的网络架构 [53] 和深度学习算法，实现区域内多个风电场站的集中式功率预测，即通过一个模型同时获得多个场站的功率预测结果。

对于风功率预测系统，国内外同类产品较为成熟的有丹麦 Risoe 国家实验室的风电功率预报系统 Prediktor、美国的 EWind 风电功率预报系统、丹麦 Risoe 国家实验室与丹麦技术大学的专家共同开发的 Zephry 系统、中国电科院风电功率预测系统 WPFS、湖北气象中心的 WPPS 系统、中国气象局公共服务中心的 WINPOP 系统、远景能源科技有限公司的新能源功率预测产品孔明等 [32]。以上系统主要用于小型或分布式风电场，对于风电场群大多使用“一场一测”的方式进行，系统算法主要为物理方法及统计学方法，如 Prediktor 系统、Zephry 系统基于物理方法对风电场输出功率的边界层相关物理现象进行建模，EWind 系统基于适应性统计学方法建立了风速与机组功率的映射模型，部分国产系统基于神经网络建立了风功率预测模型。即目前主流预测系统在适用场景及算法上较少涉及大规模风电场群的集中式预测。

对于光伏功率预测，目前，美国加州大学圣地亚哥分校、中国电科院、天津大学等利用地基观测设备对天空中的云团进行直接观测，分析云团遮挡对地表辐照度的削减程度，计算地表辐照度数值，预测光伏发电功率 [54-59]。上述相关研究必须使用具有高时空分辨率的地基天空观测设备。例如，TSI-880 全天空成像仪，但该设备的观测范围有限，预测时间范围很难超过未来 1h，且价格昂贵，需要定期维护。与地基全天空图像相比，近年来，随着卫星观测技术的不断发展，卫星云图的观测时间、空间分辨率得到了迅速提升。但是，卫星云图仍存在若干核心缺陷，限制了其在光伏发电功率超短期预测中的应用。此外，为了实现基于天气分类的光伏发电功率日前预测，需首先研究基于光伏电站本地历史监测数据的天气模式分类识别模型。然而，对于新建光伏电站，由于其并网运行时间较短，所能采集到的本地监测数据极为有限，严重制约了已有光伏电站天气状态模式识别研究成果的应用。

1.2.2 风光储电站实时控制保护

针对风光储电站的并网运行控制，国内外开展了一系列示范工程。意大利 Ginostra 村 2010 年建设了光储孤岛发电系统，重点研究孤岛模式下的储能控制策略。2019 年，通用电气公司与发电商 NextEra Energy 联合建设了美国首个风光储项目——俄勒冈州 300MW 级风光储项目，为客户提供经济实惠、清洁、低碳的能源。在我国的东福山岛、南麂岛、大万山岛、担杆岛、桂山岛、鹿西岛等陆续建设微电网风光储系统，试验并改进新能源与储能系统联合运行策略。2011 年建设投运的张北风光储基地，是目前世界上规模最大的集风力发电、光伏发电、储能系统、智能输电于一体的新能源示范电站，重点测试储能技术在提高新能源并网能力方面的作用。此类示范工程为风光储一体化电站的发展提供了一定借鉴意义，给出了基本运行模式和框架，但距离大型化和集群化落地应用仍有距离，并且工程重心在于电网调度分配和储能支撑层面，未能充分考虑发电运营利益和底层多能联动逻辑，风光储调节能力有待挖掘。现有国内外相关理论研究多架构于虚拟电厂或综合能源系统的概念框架，相关文献总结如下：

新能源功率波动平滑控制方面，国内外已进行了深入研究，其基本原理是设计储能自动平滑程序控制储能吞吐风光功率，将功率波动控制在设计范围内，实现多时间尺度平滑风光发电出力。文献 [60] 在传统的一阶低通滤波器并网控制策略基础上，设计了储能系统荷电状态反馈和功率限幅环节，根据储能外特性得到优化的有功功率参考值，能有效地兼顾储能系统的寿命和并网功率的平滑度，但该实验只针对简单仿真对象，没有充分考虑复杂的工况。文献 [61] 采用超级电容与电池混合储能系统进行了可再生能源发电出力平滑。文献 [62–63] 采用蓄电池储能系统（BESS）配合风电场平滑短时波动的 SOC 反馈控制方法，应用于日本 Hokkaido 风电场示范工程项目，结果验证了该方法能够有效减少 BESS 容量并达到预期的平滑效果，但该工程储能规模不大，且没有光伏系统参与。文献 [64] 提出了配备混合储能装置的并网光伏电站结构，分析了混合储能进行功率平滑前后光伏电源处理的变化，以及混合储能系统的功率吞吐情况，但是该方法未能充分考虑储能的调节代价。文献 [65] 以某风电场风机的功率数据为例，采用低通滤波结合风储联合控制的方法保证风电场输出功率的稳定性。文献 [66] 提出有功储备模式下考虑场内电压稳定的风电场功率分配方案，结合超短期风功率预测，实现风电场功率的高精度滚动控制，并将这种控制策略成功应用于南非 245MW 大型风电项目，可有效地降低风电项目并网点的功率波动，提高场内电压稳定性，顺利通过南非电网公司的现场测试并进入商业化运行，该方法在平抑风电波动方面具有一定借鉴意义，但该项目没有光伏系统参与，与光伏系统结合的调节方式有待挖掘。

关于风光储综合能源有功指令跟踪控制技术，文献 [67] 采用的是通过全景监控系统基于日前风光预测功率情况，制订风光储的调度计划，储能电站监控系统依据上层调度下发的当日调度计划，通过控制储能电站的充放电功率，实现跟踪调度发电计划的功能。文献 [68] 采用储能系统实时补偿联合发电实际功率与风光储发电计划间的差值，使得风光发电由一个出力波动电源转化为出力确定的电源，实现风光储联合发电像常规电源一样可以完成计划发电工作。以上研究对风光储跟踪控制有了整体框架，但是相关策略基本只考虑调节储能，没有充分考虑风、光参与调节的能力。关于风、光有功指令跟踪控制的策略研究，文献 [69] 提出一种以向电网输送净电能最多为目标的新的最大功率点跟踪控制策略，该控制策略在不检测风速情况下，能够自动寻找并跟随最大功率点，且不依赖风力机最佳功率特性曲线，提高了发电系统的运行效率，具有良好的动、静态性能和鲁棒性。文献 [70] 提出了一种光伏电站有功功率优化分配策略，将设定功率按照一定的优先策略分配至各光伏逆变器，以提高光伏电站对电网调度指令跟踪的准确度，最后，通过对一座光伏电站进行现场测试，验证有功功率优化策略的可行性和有效性。文献 [71] 提出一种基于变步长功率跟踪的有功备用式光伏虚拟同步发电机策略，通过有功备用方式实现虚拟同步功能，节省改造成本，所提方法克服了固定步长跟踪方法快速性和稳定性不能兼容的问题，并且使光伏虚拟同步发电机快速精确地提供惯性及阻尼支撑控制。为了达到快速准确地跟踪有功指令，文献 [72] 提出了一种工程实用性高的 PCC 点功率跟踪双闭环控制策略，该策略主要由外环控制和内环控制两个部分组成，其中前者通过功率比较的方法确定功率补偿的方向和大小，后者通过有功无功解耦控制（PQ 控制）的方法实现功率的精确跟踪。以上策略针对风电场或者光伏电站在准确跟踪指令方面有一定借鉴意义，但是目前国内外针对大型风光储场站有功指令跟踪的研究仍不完善，还有很大挖掘空间。

在短路电流特征方面，国内外主要对系统的控制器算法、参数设计、联结变阀侧交流母线区域故障机理和特征等方面进行了深入研究。文献 [73] 研究了交流系统故障时系统采用的控制策略，对控制系统中的具体环节进行了设计。文献 [74] 对系统的故障机理进行了分析和仿真验证，对换流器交流出口处单相接地故障特征进行分析，说明交流侧故障对直流侧的影响，指出直流侧电压会出现工频共模波动，讨论了电抗器参数及电容大小对电压波动的影响。文献 [75] 提出了新型交流母线差动保护方法，该方法可在不增配测点的情况下可靠正确的动作，实现对保护区域内所有接地短路等故障的有效保护。文献 [76] 在 RTDS 实时仿真平台中搭建新能源仿真系统模型，就阀侧母线单相接地故障对系统的影响进行了深入的研究分析，并提出了针对性的控制保护策略。

基于新故障特征的保护，新原理可分为基于参数辨识的保护、基于行波波形特征的保护、基于高频量测的保护。基于参数辨识的保护原理，针对风电交流并网场景，通过引入电压信息，分别基于时域 R–L 模型或传输线频域方程进行模型参数辨识，以辨识结果作为故障特征量，从而提出保护新原理[77]。基于行波波形特征的保护，该方法采用小波变换提取模极大值，并用于本侧与对侧行波的重构，并定义了电流能量比的差动判据，以构成保护新原理，从而解决传统差动保护易受分布式电容电流影响的问题[78]。基于高频量测的保护，通过分析故障后换流器高频段等效模型，证实了换流器高频段阻抗呈现线性特征，故该方法提出利用高频阻抗构造保护新原理，以缓解换流器不同控制策略对保护的影响[79]。

1.2.3 风光储电站智能调控

对于风光储电站智能协同调控的研究，包括有功协调优化调控、无功协调优化调控及市场模式下的风光储电站优化调控三个方面。

1. 有功协调优化调控

许多国家的电力系统运营商在新的电网规范中都要求发电系统具有可控性与快速响应能力，即满足 AGC 要求，有些地区要求机组并网前必须进行调频试验[80]。现有的 AGC 一般通过计算区域控制偏差 ACE 反映控制区域当前的发电功率偏差值，控制模式一般分为恒定频率控制、恒定联络线交换功率控制与联络线和频率偏差控制三种。省级调度一般采用联络线与偏差频率控制，而对于大规模的新能源电站，调度一般要求通过恒功率方式控制有功出力。

对风光储一体化电站的优化调控，国内外主要集中在独立风、光、储系统的联合优化运行与控制，并未对一体化风光储电站的广域协调优化问题进行研究。蔡国伟[81]构建了风光储联合发电系统模型，并提出有效抑制功率变动及改善低电压穿越的并网控制策略。李建林[82]提出一种考虑储能投资成本、充放电功率及荷电状态波动的风光储系统储能容量优化配置的双层模型，以提升风光储系统运行的经济性及稳定性，但仅考虑了单一的风光储系统。任洛卿[83]提出“风–光捆绑、储能解耦”的协调跟踪策略，并构建由联合调度层、场站监控层和设备层组成的风光储系统运行架构，但其仍是基于传统的集中式控制方法进行讨论，并未考虑集群风光储系统的协调调度问题。Kaabeche A[84]构建了多目标优化调度模型，以期以经济性最优及功率波动最小实现对各独立风光储系统的协调优化调度。

2. 无功协调优化调控

一方面，在《风电场接入电力系统技术规定》（GB/T 19963—2011）[85]、《光伏发电站接入电力系统技术规定》（GB/T 19964—2012）[86]、《电化学储能系统接入电网技术规定》（GB/T 36547—2018）[87] 等各项标准中，明确规定了风光储的无功调节能力。随着我国风电、光伏装机容量的增加，风光储的无功调节能力非常可观，如何合理利用这一部分无功能力为电网提供无功电压支撑，是当前研究的热点。另一方面，单一风光场站的研究重点在于无功功率在无功源之间的分配[88]，以及风、光与无功补偿设备的协调[68,89,91]。在工程应用中常见的直接分配方式有按照剩余无功容量分配[88]、按照风机对并网点电压灵敏度分配[70]、按照等功率因数分配[93]、按照等网损微增率原则进行分配[94]、按照与并网点距离分配[95] 等。较为复杂地利用优化方法计算场站内各类无功源最优无功调节量，以满足不同的调压目标，包括最小化电压偏差[96]、最小化场站内功率损耗[97] 等。

站内多种能源之间、多电站之间的有效协调，在提高电网安全性和经济性方面具有较大的优势。然而，对于多源及多电站的建模与优化调控，现有研究未能深入考虑这种大规模风光储联合电站的集群特性。同时，现有对于风光储联合系统协调控制的研究主要集中在对储能的优化控制上，未能考虑与风电、光伏的协调配合。

3. 市场模式下的风光储电站优化调控

现有研究分析了风光储一体化电站响应上级电网调频、调峰、调压等多元调控需求的潜力，剖析了不同储能类型及容量配比对提升风光储一体化发电系统效能的作用。

风储联合系统市场模式下的优化调控方面：目前王杰等[98] 进行了风储联合系统参与能量市场和调频辅助服务市场协同优化的探索，建立了风储联合系统参与能量市场和调频服务市场联合收益模型，得出风电的随机性会导致运营商在实时市场的收益受损，通过配置储能可以拓展收益来源。徐国栋等[99] 给出一种考虑电网调峰能力限制的风储联合系统概率综合效益评价方法，利用风电功率预测误差反映风电出力的不确定性，给出风储联合系统概率综合效益与储能系统最佳配置方案参考值，同时指出储能投资成本高是现阶段制约其工程应用的瓶颈。杨朋朋等[100] 考虑利用储能削峰填谷作用提高系统负调峰能力以促进系统新能源消纳。研究建立了风光储联合系统优化调度模型，将系统低谷时段负调峰能力极限作为求解目标，得到满足一定新能源波动性与不确定性下系统新能源的可消纳空间，进一步说明了风储系统响应多元服务潜力。

对于光储联合系统市场模式下的优化调控方面，目前关于光储系统参与多元市场服务的尝试，主要有谢云云等[101-103] 提出的光储系统参与实时能量 - 调频市场的运行策略，该策略考虑了光伏发电的出力及实时市场价格的不确定性，不仅可以缓解高比例光伏接入带来的调频压力，还可以为光储系统带来更高的经济效益。

但目前我国的电力市场处在初期发展阶段，考虑风光储一体化电站集群参与现货市场、辅助服务市场等多元市场的运行模式仍需探索。

1.2.4 同步相量测量及主动支撑

1. 同步测量技术

国内外的同步测量技术多集中在同步相量测量方面。已有文献提出了不同同步相量测量方法，主要包括改进 DFT 相量测量方法、最小二乘法、高斯 - 牛顿法等[104-108]。一般可分为静态相量模型和动态相量模型法。静态相量模型以 DFT 算法及其改进算法为代表[109-111]，传统 DFT 算法可提取基频分量并对整数次谐波进行有效抑制，但存在频谱泄露等问题，在频率偏移和动态条件下的精度较差[109]。i-IpDFT（Iterative Interpolated DFT）[109]、克拉克变换[110]、IpD2FT（Interpolated Dynamic DFT）[111]等方法对 DFT 方法进行了改进，提高了频率偏移条件下的测量精度，但仍基于静态相量模型，动态性能不足，且未充分考虑噪声、间谐波的影响[111]。动态相量模型以 TWLS 算法及其改进算法为代表，TWLS 用泰勒级数逼近动态变化的幅值和相角，建立了动态相量模型，但该方法易受频率偏移、谐波和间谐波等干扰信号的影响[112]。IpDFT[113]和压缩感知算法[114]等方法消除了上述问题，但这些方法无法兼顾抗干扰能力和动态性能。因此，国内外现有算法不适用于风光储电站的宽频测量，无法为新能源电力系统提供精确有效的同步测量数据。

2. 惯量评估

电力系统惯量是衡量系统频率稳定的重要参数之一，在线评估风光储场站群惯量水平对于电力系统的频率稳定分析与控制具有重要意义。根据惯量评估的空间尺度来划分，现有惯量评估的研究工作主要针对以下层级开展：

（1）评估同步发电机惯量。对于一台同步发电机，惯量评估的对象是同步发电机的惯量常数，惯量常数直接反映同步发电机机械旋转动能的大小，动能越大，则抵抗功率扰动的能力越强[115]。根据具有不同惯量常数的发电机组在地理上的空间分布，可以粗浅地反映系统的惯量空间分布特性[116]。

（2）对于一个区域 / 系统，通常将所有发电机等效为一个刚体，等效惯量由所有发电机惯量加权求和表示，这种多刚体聚合等效的思想来自于频率响应模型，该模型假设全网频率统一，用惯性中心频率描述，无法体现区域 / 系统内的惯量空间分布特征。文献 [117] 基于 ARMAX 辨识技术，对系统中的同步发电机组惯性时间常数进行了辨识。文献 [118] 根据多次大扰动事件下电网的实测扰动数据估计实际电网的惯量大小，由于 PMU 数量有限，估计结果精度不高。文献 [119] 根据地理位置对系统进行分区，采集区域间联络线功率变化和系统频率，对区域惯量进行评估。文献 [120] 基于参数辨识方法，通过系统实时运行的稳态功率与频率数据估计系统等效惯量大小，实现稳态运行情况下的系统惯量估计。

（3）对于考虑惯量空间分布特性的惯量评估问题，核心问题是在惯量指标的概念建立上，现有的文献一般称之为“节点惯量”，节点惯量可以直接反映系统中每个节点的惯量水平，表示节点抵抗功率扰动的能力。文献 [121] 通过扰动数据对欧洲电网区域惯量进行研究，结果表明在区域等效惯量满足系统要求情况下，由于大规模新能源接入，区内惯量差异极其明显，频率响应特性差异显著。为了评估惯量分布特性，文献 [122] 用节点频率与惯量中心频率的累计偏差表示节点惯量的大小，定义节点惯量大小为节点频率与系统惯性中心频率的偏差，但无法量化该节点的频率和惯量特性。文献 [123] 用节点频率的频谱集中程度反映节点惯量。以上的节点惯量指标只能表示节点的惯量水平，无法定量反映节点受到功率扰动后的频率特性。文献 [124] 用节点的初始频率变化率表示节点惯量的大小，节点惯量反映的是所有发电机施加单位功率扰动后，系统中任意节点的初始频率变化率。

现有的惯量评估方法主要存在的问题包括：

（1）研究对象以同步发电机构成的交流电网为主，无法准确刻画新能源高占比电网中新能源和负荷提供的惯量；

（2）评估指标通常为全网或区域电网惯量水平，无法准确刻画惯量的空间分布特性；

（3）算法计算量大、需要大扰动数据等，且大多尚未在实际电力系统中验证有效性。

3. 一次调频能力评价

发电机组的一次调频能力是维护电网功率平衡和安全稳定的第一道重要屏障，其调节能力和性能对电网的动态稳定性显得尤为重要。现有一次调频能力评估的研究工作主要围绕传统电力系统，通过建立一种评价指标来全面反映电网一次调频静态和动态特性。文献 [125] 基于远程终端控制装置（Remote Terminal Unit，RTU）建立了一次调频调节量的在线监测系统。文献 [126] 同样基于 RTU 系统进行机组信号的采集，并提出了使信号时间同步的算法。文献 [127] 以经典的一次调频指标（调频死区和调速不等率）作为监测对象，但对应的计算方法易受信噪比较小的频率和功率信号的制约。文献 [128] 提出了电网的一次调频能力评价指标及其在线估计计算方法，但未给出衡量单个机组一次调频能力的指标。文献 [126,129] 以一次调频贡献电量为主要性能评价指标，提出了机组一次调频能力的考核及补偿方法。该贡献电量属于积分量，对信号噪声和积分时间起始点的误差具有较强的鲁棒性。文献 [130] 采用基于参数辨识的方法，通过辨识动态调速不等率及其响应延时，并将其作为评价指标，提出了一种衡量机组一次调频快速响应能力的评价指标及其算法，适用于衡量机组应对电网扰动时的快速支援能力，并且在 AGC 指令变化时仍能进行较好的在线分析。文献 [131,132] 是对一次调频的动作次数、动作积分量以及经济补偿为指标进行考核，评价指标仅基于静态频率。文献 [133] 定义一次调频能力指标，利用方差分析得到了电网一次调频能力在静态及动态情况下的数学表达式，用于一次调频能力的在线估计，但是没有考虑一次调频死区的影响。文献 [134] 进一步研究了含调频死区的一次调频能力指标，定义了一次调频能力评价指标 PFMA，使一次调频能力评价指标能够更加全面地反映电网的一次调频能力。

1.3 国内已建和在建的风光储电站

1.3.1 国内已建成投产的风光储电站

风能、太阳能都是清洁可再生能源，有着广泛的应用前景。但是由于其波动性、间歇性和随机性的特性，使得风力发电、光伏发电独立运行都很难提供连续稳定的能量输出。因此，大规模建设风力发电和光伏发电对当地电网的安全稳定运行势必会产生较大的负面影响。这已经成为全球范围内制约可再生能源大规模开发利用的技术瓶颈。为了研究并解决这一问题，国家电网公司在张家口着手建设第一个国家级大型风光储输示范工程，旨在通过采用科学创新的技术手段，实现风力发电、光伏发电、储能系统以及电网输电的友好互动和智能化调度，进而破解大规模可再生能源发电并网运行的技术瓶颈，提高电网对大规模可再生能源发电的接纳能力，为可再生能源集约化发展提供有力的支撑。

1. 张家口国家风光储输示范工程

张家口国家风光储输示范工程于 2011 年 12 月 25 日在河北省张北县建成投产。该工程由国家电网公司自主设计、建造，通过风光互补、储能调节、智能调度，实现新能源发电稳定可控，有效破解新能源并网技术难题。该工程建成风电 50 万 kW、光伏发电 10 万 kW、储能 7 万 kW，配套建设风光储输联合控制中心及一座 220kV 智能变电站。该工程建成了当时国内首个智能源网友好型风电厂、国内容量最大的功率调节型光伏电站、世界上规模最大的多类型化学储能电站，在世界范围内首创了新能源发电的风光储输联合运行模式。国家电网公司自主研发的联合发电智能全景优化控制系统，可根据电网用电需要及风速、光照预测，对风电场、光伏电站、储能系统和变电站进行全景监测、智能优化，对风光储系统运行实现全面控制和平滑切换，完成新能源发电平滑输出、计划跟踪、削峰填谷和调频等控制目标。截至 2019 年 9 月底，国家风光储输示范电站累计发电量 58.32 亿 kW · h，其中，风电 49.05 亿 kW · h，光伏发电 9.27 亿 kW · h。

2. 深圳宝清储能电站

目前，国内已建成（投产）的典型大型风光储电站除张家口国家风光储输示范工程外，还有深圳宝清储能电站，其地点位于深圳市龙岗区宝龙工业区，占地 3900m^2，总储能 10MW/22MW·h，是中国第一座兆瓦级电池储能电站。深圳宝清储能电站 2011 年 1 月 23 日投产，接入 110kV 碧岭变电站，工程定位为科研示范、配网侧应用研究。宝清储能电站具备削峰填谷、系统调频、系统调压和孤岛运行模式，目前仅发挥了削峰填谷功能，前期储能站按一充一放调度，根据深圳市特点，充分发挥储能优势，现阶段按两充两放调度，可缩小碧岭变电站峰谷差 15%。宝清储能电站目前采用电网直调方式，通过接受远方调度信息，借助储能监控系统，根据电池健康状况设置的优先级，跟随指令调整出力。宝清储能电站建立了世界上首个 10kV 无变压器直挂电网的大容量电池储能系统，该系统采用全新的三相 H 桥级联式结构，该结构从 SVG 结构上演变过来，每个 H 桥内为 AC/DC，结构应用效率很高，响应速度快。该结构减少了主用变压器，实测综合效率 89.9%（首期储能系统含变压器最优效率 87%），系统使用寿命更长，电池模块循环寿命大于 6000 次。

3. 华能蒙城风电 40MW/40MW·h 储能项目

2020 年 8 月 27 日，由南京南瑞继保电气有限公司以 EPC 方式交付的华能蒙城风电 40MW/40MW·h 储能项目顺利通过了国网安徽省电力有限公司组织的并网验收。该项目是目前国内容量最大的风电配套储能项目。其集装箱式储能电池系统由国轩高科供货。华能国际安徽分公司蒙城县内陆平原风电场项目共装机 200MW，储能的配比为 20%，时长为 1h。该储能电站控层全部采用 IEC-61850 标准规约，通过统一软硬件平台的协调控制系统和变流器群实现快速功率控制功能，一次调频和调压响应时间小于 30ms。本项目在国内首次实现了储能在新能源应用场合的稳态、暂态、紧急的多维度复合控制功能，最大程度发挥了储能在新能源场景的应用价值，为新能源储能的多重功能实现提供了示范。

1.3.2 国内在建 / 已规划的风光储电站

2021 年 3 月，国家发展改革委、国家能源局发布了《关于推进电力源网荷储一体化和多能互补发展的指导意见》，明确积极实施存量“风光水火储一体化”提升，稳妥推进增量“风光水（储）一体化”，探索增量“风光储一体化”，严控增量“风光火（储）一体化”。此后，各地围绕风光储一体化项目如雨后春笋一般，能源领域央企、国企、民企开始纷纷布局。2021 年 7 月 23 日，国家发展改革委、国家能源局正式联合发布《国家发展改革委国家能源局关于加快推动新型储能发展的指导意见》。指导意见提出探索利用退役火电机组的既有厂址和输变电设施建设储能或风光储设施，建设电网侧储能或风光储电站，以提高电网供电能力，健全“新能源 + 储能”项目激励机制，预计到 2025 年，新型储能装机规模达 3000 万 kW 以上，接近当前新型储能装机规模的 10 倍。

这意味着国内“风光储一体化”发展渐成趋势。据不完全统计，2021 年 1 月至 9 月 26 日，全国共签约规划风光储一体化项目 45 个，已明确的项目规模为 69.578GW，已明确的投资 1847 亿元。其中，12 家央企和国企签约风光储一体化项目 39 个，占 86%，规模共计 37.578GW，投资总额 1739 亿元。表 1–4 是 2021 年企业签约风光储一体化项目统计表。

表 1–4　2021 年企业签约风光储一体化项目统计表

序号	企业	企业性质	项目数量	规模（GW）	金额（亿元）
1	中国能建	央企	10	12.038	1119
2	中国华能	央企	8	13.44	20
3	国家能源集团	央企	5	1.5	20
4	国家电投	央企	4	7.3	218
5	中国大唐	央企	2	—	30
6	中国华电	央企	3	—	131
7	山西国际能源	国企	2	2.3	90
8	中国三峡	央企	1	2.55	—
9	华润电力	央企	2	1	75
10	国家电网	央企	3	—	—
11	上海电气	国企	4	—	—
12	安徽海螺集团	国企	5	—	36
13	水发兴业能源	民营	6	5	—
14	林洋能源	民营	7	2	108
15	天津滨海光热	民营	8	2	—
16	嘉寓集团	民营	9	3	—
17	正泰	民营	10	—	—
18	甘肃光热发电	民营	11	20	—

其中，中国能建共签约规划 10 个风光储一体化项目，达到 12.038GW，投资金额约为 1119 亿元（见表 1–5）。该项目范围涉及风光储一体化、风光水火储一体化、光储氢一体化、风光储氢一体化、水光储多能互补复合利用、“生物治沙 + 乡村振兴 + 风光储一体化”多产融合等方面。其中，规模和投资金额皆已明确的最大项目是青海海西光储氢一体化项目，规模为 4GW，投入资金 214 亿元。4 月 27 日，中国能建规划设计集团与青海省海西州政府签署 4000MW 风光储氢一体化项目投资合作框架协议，项目涉及光伏发电、风力发电、电化学储能、氢能等建设内容，总投资额 214 亿元。项目全容量建成后，年均发电量 65 亿 kW · h，年均可减少二氧化碳排放 538 万 t，相当于青海地区 5380 万亩（3.59 万 km^2）森林的碳汇量，约为海西州现有森林碳汇量的 1.44 倍。

表 1–5　2021 年中国能建风光储一体化项目统计表

序号	项目	规模（GW）	金额（亿元）	合作方	内容
1	风光火储一体化项目	1.958	100	安徽马鞍山	涉及光伏发电、天然气发电、电化学储能等项目，在文化旅游、新能源装备制造等项目上与和县开展合作
2	“风光水火储一体化”综合	4	180	新疆胡杨河	涉及风电、光伏、煤电、气电和电化学储能等建设内容
3	光储氢一体化项目	4	214	青海海西	涉及光伏发电、风力发电、电化学储能、氢能等建设内容
4	风光储氢一体化项目	—	500	山东潍坊滨海、葛洲坝	涉及光伏发电、电化学储能、氢能等建设内容，后期将根据发展需要投资建设海上风力发电项目
5	综合能源基地	1	120	黑龙江肇东	包括 500MW 光伏、500MW 风电、储能、充电桩、氢能等一体化项目的开发建设，推进国际农产品加工产业园等基础设施类项目的开发建设
6	风光＋农畜＋储能新能源项目	—	—	辽宁北票	与华能、大湾区央企联盟、北票聚电签约了 5GW 风光＋农畜＋储能新能源项目
7	光储氢综合应用一体化	1	—	甘肃张掖	涉及 1000MW 能源发电，以及储能、氢能、加注站等建设内容
8	风光储一体化新能源基地项目	—	—	湖北黄石	以此次签约为新的起点，加大投资力度，围绕“十四五”综合能源规划、综合交通、新型城镇化、乡村振兴、生态环境治理、绿色建材、水利设施、氢能、储能、装备制造等领域，与黄石市开展全方位合作
9	水光储多能互补复合利用发电项目	0.08	5	云南丽水	建设 80MW 光伏 +8MW·h 储能 +35kV 集电线路 +1kW 制氢制天然气系统，同时配套建设 110kV 升压站
10	“生物治沙＋乡村振兴＋风光储一体化”多产融合基地示范项目	—	—	内蒙古呼和浩特、国家电网	项目拟在内蒙古阿拉善地区以光伏、风电等新能源为切入点，充分利用新能源资源和沙生生物，将阿拉善地区生态环境改善、植被建设、荒漠化防治、矿山治理以及产业发展有机结合，把防沙治沙从简单的提升固沙能力逐步转移到沙漠资源的全面开发

中国华能共签约（规划）8 个风光储一体化项目，总规模 13.44GW（见表 1–6），仅一个项目明确了规模和投资金额——山西芮城风光储氢项目基地。2022 年 2 月 1 日，华能与山西芮城县达成协议，将在年内全速启动 64 万 kW 风、光、储项目建设，力争完成年度投资 20 亿元；到“十四五”末，华能芮城基地总规模将达到 195 万 kW，总投资约 150 亿元，具体项目包括平价风电、平价光伏、抽水蓄能、化学储能、氢能、生

物质能、供热改造和智慧中心。

表 1-6 华能风光储一体化项目统计表

序号	项目	规模（GW）	金额（亿元）	合作方	内容
1	“风光储氢”一体化大型综合能源基地	—	—	辽宁营口	围绕营口玉石抽水蓄能电站项目、“风光储氢”一体化大型综合能源基地、海上风力发电基地、氢能及零碳城市开发示范项目四方面内容开展合作
2	风光储高比例耦合绿电制氢示范项目	1.5	—	内蒙古巴林右旗	开展风光储高比例耦合绿电制氢示范项目，初步规划建设 100 万 kW 风电储能电站，利用沙化、荒漠化土地新建 50 万 kW 光伏发电项目，对建设区域进行沙化治理、生态修复
3	风光储氢项目基地	0.64	20	山西芮城	全速启动 64 万 kW 风、光、储项目建设，力争完成年度投资 20 亿元
4	环江风光气储百万千瓦一体化基地项目	1.3	—	广州环江	打造环江区域风光气储百万千瓦一体化基地项目，力争在“十四五”期间，环江风电项目装机达到 80 万 kW，光伏项目装机达到 40 万 kW，天然气热电联产发电项目 14 万 kW，配置储能装机 10 万 kW，以及带动关联产业项目
5	风光氢储综合利用示范园区	3	—	黑龙江大庆	建设大型风能、太阳能发电等新能源项目，配套建设大型储能、制氢及氢能全产业链项目，初期规划 300 万 kW 风光资源，按照“发、储、运、用”一体化发展模式，建设风光氢储综合利用示范园区，形成氢能产业发展基地
6	新能源综合基地	5	—	大连皮杨中心产业区、大连嘉运电子科技	三方将共同打造风电＋光伏＋储能＋海水制氢＋智能养殖＋清洁能源港口的 5GW 新能源综合基地
7	风光储一体化新能源基地	2	—	安徽蒙城	三方将围绕蒙城县“近（零）碳”智慧新能源装备制造产业园，打造风光储一体化新能源基地
8	风光＋农畜＋储能新能源项目	—	—	辽宁北票	与中国能建、大湾区央企联盟、北票聚电签约了 5GW 风光＋农畜＋储能新能源项目

国家能源集团共签约（规划）5 个风光储一体化项目，已明确 2 个项目规模为 1.5GW，仅 1 个项目明确投资金额，共 20 亿元（见表 1-7）。国家电投共签约（规划）4 个风光储项目，全部明确了项目规模，共计 7.3GW，明确投资金额共计 218 亿元（见表 1-8）。国家电投的战绩主要得益于一次拿下青海的 2 个项目，即青海海南州光储一

体化实证基地项目和青海海西州德令哈220万kW多能互补项目。青海海南州光储一体化实证基地项目终期规模为光伏200万kW，储能435万kW·h，配置机械类、电化学类、电气类储能等多种新型储能技术，其中一期工程拟建设光伏50万kW，储能100万kW·h，涵盖13种储能技术类型，建设投资68亿元。青海海西州德令哈220万kW多能互补项目，包括光伏200万kW、风电20万kW、储能88万kW·h，并配套建设园区基础设施，项目总投资150亿元，其中一期工程总规模105万kW，光伏100万kW、风电5万kW、储能21万kW·h，并配套建设园区整体基础设施，建设投资60亿元。

表1-7 国家能源集团风光储一体化项目统计表

序号	项目	规模（GW）	金额（亿元）	合作方	内 容
1	“水风光蓄储”一体化基地	—	—	青海	加大在青海项目投资和产业发展力度，打造“水风光蓄储”一体化基地。推进“生态治理+新能源”项目
2	光储氢综合应用一体化项目	—	20	西安咸阳秦都	主要建设屋顶分布式光伏发电、储能电站及电解水制氢项目
3	风光互补光伏项目	0.3	—	山西忻州代县	项目将充分利用雁门关风电场现有土地资源和已建成的升压站、送出线路及配电设备实施“风光储”发电模式，实现风光互补，计划增加开发300MW光伏项目
4	“光、氢、储”多能互补一体化项目	—	—	河北沧州	“光、氢、储”多能互补一体化开发
5	“风光火储”一体化示范项目	1.2	—	云南宣威	该项目利用云南宣威电厂“破产清算”关停4台机组120万kW装机容量，申请火电关停容量替代新能源开发建设指标，总投资60亿元，在“十四五”期间建成大于120万kW的“风光火储”一体化示范项目，其中包括104万kW光伏发电、15万kW风电、1万kW储能

表1-8 国家电投风光储一体化项目统计表

序号	项目	规模（GW）	金额（亿元）	合作方	内 容
1	风光储一体化多能互补项目	1.3	—	辽宁朝阳	加大推进已在朝规划建设的中国朝阳1300MW风光储一体化多能互补、数字化综合智慧能源、整县屋顶分布光伏试点、朝阳市风储一体化、氢能源开发及200万t污泥处置等项目建设和投资进度

续表

序号	项目	规模（GW）	金额（亿元）	合作方	内容
2	农牧光储一体化示范基地项目	2	—	黑龙江齐齐哈尔梅里斯达斡尔族区、北京鑫隆广丰农业科技有限公司	项目本着“总体规划、分期建设”的原则，在梅里斯区域内进行投资开发“奶牛、肉牛养殖结合 2000MW 农牧光储一体化”示范基地
3	光储一体化实证基地项目	2	68（一期）	青海海南州	规模为光伏 200 万 kW，储能 435 万 kW · h，配置机械类、电化学类、电气类储能等多种新型储能技术
4	多能互补项目	2	150	青海海西州德令哈	包括光伏 200 万 kW、风电 20 万 kW、储能 88 万 kW · h，并配套建设园区基础设施

华电共签约（规划）3 个风光储一体化项目，明确项目规模 2GW，明确投资金额 131 亿元（见表 1–9）。大唐共签约（规划）2 个风光储一体化项目，明确投资金额共计 30 亿元，没有明确项目规模。

表 1–9　华电风光储一体化项目统计表

序号	项目	规模（GW）	金额（亿元）	合作方	内容
1	“风光储一体化”基地	—	70	湖北黄冈浠水	协议拟投资 70 亿元，在浠水建设“风光储一体化”基地
2	风光热储一体化项目	2	—	甘肃、滨海光热	双方将共同开发河西走廊的“风光热储一体化”项目资源，总装机容量达到 200 万 kW，其中一期装机容量为 100 万 kW
3	智慧能源项目合作协议	—	61	长沙望城	新项目包括燃气发电调峰机组、风光储充一体化和远距离供热综合利用三部分

山西国际能源 2022 年在山西盂县签约了 2 个风光储一体化项目，明确规模共计 2.3GW（见表 1–10），仅一个项目明确投资金额。其中，阳泉至京津风光水火一体化外送项目，明确规模 1.8GW，投资金额 90 亿元。该项目包括盂县电厂二期 2 × 100 万 kW 点对网送河北南网发电项目，计划 2023 年完成核准，2025 年建成投产，预计投资 70 亿元。项目还规划建设 180 万 kW 风光储打捆外送新能源配套项目，其中，光伏 120 万 kW、风电 60 万 kW，预计投资 90 亿元，分 3 期建设，全部风光项目在 2025 年建设投产；同时，风光项目同步配备建设 40 万 kW 电化学储能项目，投资 16 亿元。另外，该项目的盂县龙华口 40 万 kW 抽水蓄能电站项目为“一体化”外送基地的调峰调

频配套工程，计划2022年完成核准，“十四五”期间建成投产，投资26亿元。

表 1–10　山西国际能源风光储一体化项目统计表

序号	项目	规模（GW）	金额（亿元）	合作方	内　容
1	风光储一体化清洁能源项目	0.5	—	山西晋中和顺	500MW 风光储一体化清洁能源项目
2	阳泉至京津风光水火一体化外送项目	1.8	90	山西盂县	规划建设180万kW风光储打捆外送新能源配套项目，其中，光伏120万kW、风电60万kW，项目总投资预计90亿元，分3期建设，全部风光项目在2025年建设投产；风光项目同步配备建设40万kW电化学储能项目，投资16亿元

据不完全统计，2021年有10家企业签约了一个风光储一体化项目（见表1–11），包括安徽海螺集团、水发兴业能源、林洋能源、天津滨海光热、甘肃光热发电嘉寓集团、正泰、华润、国家电网和上海电气。其中，林洋能源与安徽海螺集团签订投资合作协议，通过“风光储+”模式与地方特色相结合的方式，共同投资建设1.5GW光伏发电项目、0.5GW风力发电项目、400MW/800MW·h集中式共享储能电站，项目总投资108亿元；并据此通过产业延伸，在五河经济开发区内投资建设年产2.5GW高效太阳能光伏发电用双面电池组件项目，项目总投资9亿元。风光储一体化项目通过以集中式共享储能的模式，配置规模达400MW/800MW·h的电化学储能系统，通过“风、光、储”融合互动，集成优化，打造电网友好型清洁能源多能互补示范项目。华润在广西上思也拿下了一个明确规模为1GW，投资金额为75亿元的“风光储氢”一体化基地项目。根据协议内容，华润电力将投资75亿元，在上思县建立“风光储氢”100万kW一体化基地，主要规划为容量40万kW的风电项目、规划容量50万kW的光伏项目、计划配套储能总容量约10万kW的储能项目以及分布式光伏、综合能源服务、氢能产业六大模块。

1.4 风光储电站控制系统关键科学及技术问题

不同于传统火电和水电，新能源机组尚不具备与传统电源机组相当的电网安全稳定支撑能力，耐受电网扰动能力较低，无法完全满足系统调峰、调频的需求。目前，已经出现了动态及暂态无功支撑不足、频率调节和稳定不足、短路电流超标、传统同步稳定

表 1-11　2021 年签约的风光储一体化项目企业统计表

序号	企业	项目	规模（GW）	金额（亿元）	合作方	内　容
1	安徽海螺集团	“风光储一体化”项目	—	36	福建三明	安徽海螺集团将在智能水泥制造、新型建材、节能环保、新能源、环保编织袋等方面投建一批项目，并延伸上下游产业链合作，签约总额达 116 亿元，其中，包括总投资 56 亿元的海螺（尤溪）绿色建材产业园项目，总投资 36 亿元的‘风光储一体化”新能源项目等
2	水发兴业能源	风光储一体新能源基地	5	—	内蒙古苏尼特右旗	水发兴业能源将在“十四五”期间于内蒙古苏尼特右旗开发建设总规模 5GW 以上风光储一体新能源基地项目
3	林洋能源	风光储一体化项目	2	108	安徽蚌埠五河	通过“风光储＋”模式与地方特色相结合的方式，共同投资建设 15GW 光伏发电项目、0.5GW 风力发电项目、400MW/800MW · h 集中式共享储能电站
4	天津滨海光热	风光热储一体化项目	2	—	甘肃、华电	双方将共同开发河西走廊的“风光热储一体化”项目资源，总装机容量达到 200 万 kW，其中，一期装机容量为 100 万 kW
5	甘肃光热发电	风、光、热储一体化项目	20	—	青海格尔木市	该项目拟建设 100 万 kW 光热、800 万 kW 光伏、100 万 kW 风电项目，其中，一期项目将建设 10 万 kW 光热、80 万 kW 光伏、10 万 kW 风电项目
6	嘉寓集团	国家级新能源基地建设（风光储能）项目	3	—	内蒙古赤峰市敖汉旗	该项目包括光热＋清洁能源采暖系统、节能门窗幕墙生产、新能原材料生产项目、国家级新能源基地建设（风光储能）项目及相关产业投资等项目
7	正泰	碳中和项目	—	—	浙江乐清	碳中和项目将建设“光伏＋风电＋储能＋渔业”绿能源示范基地、5 ～ 10 个综合区域能源站、配置 2 万台超算服务器的绿色能源赋能中心和园区源网荷储智慧能源系统
8	华润电力	“风光储氢”一体化基地项目	1	75	广西上思	主要规划为容量 40 万 kW 的风电项目、规划容量 50 万 kW 的光伏项目、计划配套储能总容量约[illegible]0 万 kW 的储能项目，以及分布式光伏、综合能源服务、氢能产业六大模块
9	国家电网	“生物治沙＋乡村振兴＋风光储一体化”多产融合基地示范项目	—	—	内蒙古呼和浩特、能建	项目拟在内蒙古阿拉善地区以光伏、风电等新能源为切入点，充分利用新能源资源和沙生生物，将阿拉善地区生态环境改善、植被建设、荒漠化防治、矿山治理以及产业发展有机结合，把防沙治沙从简单的提升固沙能力逐步转移到沙漠资源的全面开发
10	上海电气	风光储新能源全产业链项目	—	—	云南易门	易门县人民政府与上海电气风电集团股份有限公司就易门风光储新能源全产业链项目举行签约仪式

和新形态稳定交织的宽频振荡等安全问题。此外，新能源的随机性、波动性、反调峰特点，导致电力系统协调运行控制难度持续增大。因此，在研究风光储电站的控制过程中可能会遇到以下几个问题：

1. 如何提升面向区域场群的数值天气预报分辨率和风电功率预测精度

常规数值天气预报数据的空间分辨率在 3km × 3km 以上，时间分辨率在 1h 以上，无法满足电网考核功率预测系统的 15min 分辨率要求，也难以反映详细的区域气候信息。如何在保证数值天气预报计算时效性的前提下，提升数值天气预报时空分辨率及其对我国复杂气象条件的适应性与代表性，是研究的第一个难点。目前，风电场群仍更多地采用“一场一测”的方法，忽略了各场彼此之间的气象联系与时空关联特性，严重限制了预测精度的提升，造成了较大的考核经济损失和发电量损失。如何提升风电功率预测精度，减少发电量损失，这是研究的第二个难点。

2. 如何实现云团非线性复杂运动下的高精度超短期光伏功率预测

随着光伏发电并网装机容量的增加与集群化规模的扩大，在多云等特殊天气情况下，光伏发电功率因云团运动及其对太阳的遮挡而发生的分钟级快速剧烈波动，会对电网的稳定带来巨大冲击，而传统的基于光伏电站历史气象功率数据驱动的机器学习、时间序列等预测模型，受算法原理与数据精细度限制，难以实现对这种由云团运动导致的超短期功率波动的准确预测。

3. 面向风光储场站的运行模式分析、控制策略制定及实时控制技术

充分利用风光储在不同时空尺度下的出力互补特性，确定风光储出力的时序特性和相关性，设计可灵活组态的多场景运行模式，发挥风光储场站相应调节容量或约束下的电网支撑功能，是实现并网友好型风光储场站的关键所在。其次，在保证并网友好型指标提升的前提上，如何基于风光储调节代价量化分析，制定多目标协同优化控制策略，提升场站运行经济性，是一个较为复杂的问题。

4. 探究风光储场站新短路特征，构造保护新原理

风光储电源短路电流特征多变，难以正确认知。风光储电源并网电力电子换流设备故障期间采用差异化控制，等效阻抗时变，畸变的短路电流波形特征难以合理解释，工程短路电流计算只能将其短路电流等效为零或者最大额定值，计算误差大。风光储并网的电力电子换流设备耐受故障冲击能力差，短路电流受限、畸变，保护赖以生存的故障特征发生了本质变化，导致原本基于幅值比较的传统差动保护动作性能严重下降，甚至部分保护退出运行。因此，需要对风光储场站新短路特征，构造保护新原理进行探究。

5. 如何从时空两个维度实现风光储场站群的协同优化控制，解决控制协同性问题

传统风光新能源电站调度运行模式单一。配置大规模储能后，考虑到储能的充放电

特性，风光储场站群的总体出力可灵活调节，其时空功率调节能力大大提升，风光储场站群可与电网进行友好地双向互动，具有顶峰供电运行模式、系统调峰电站运行模式、最大化消纳利用功率跟踪运行模式、平整风光出力波动以及参与电力市场优化运行模式等多种调度运行模式。所以，需要根据风光资源状况及储能的运行状态，灵活地选择、调整和切换风光储场站群的调度运行模式，并针对多种调度运行模式进行风光储场站有功、无功功率指令的快速精准分配与优化计算，实现风光储场站群有功功率及无功功率多时间尺度的协同优化控制，实现电网友好性功能特性。

6. 如何形成风光储场站群有效响应市场服务的运行机制和调控体系，解决生产经济性问题

相较在现有电力市场运营规则下参与市场的火电机组，风光机组由于自身稳定性和市场规则的约束，参加电力市场服务时受到很大限制。而通过配置大规模储能，可以有效提升风光储电站的出力稳定性。但由于储能在市场服务中定位不明确，且运行维护成本较大，参与单一市场服务收益不可观等问题制约了储能投资运行的积极性。因此，风光储场站参与调频、现货等市场的优化调控方法，成为风光储场站群投运后获取更大利益所必须进行的研究。但由于目前国内调频、现货市场机制尚不明确，所以，结合现有的市场运营机制，合理评估风光储场站参与调频、现货等多元市场的收益，形成风光储场站群有效响应市场服务的运行机制和调控体系，以及探究市场在风光储资源优化配置中的作用，都将是非常复杂的问题。

7. 如何同时兼顾算法抗噪性与相量复杂动态变化条件下提升电气量测量精度

风光储场站电气量频域宽，一定频带内多分量叠加成的动态相量变化速度快（振荡频率大于 10Hz）。现有相量算法可测量的最高带宽为 5Hz 左右，但无法准确表示宽频域动态相量的快速变化过程，容易造成测量误差过大；部分基于时域拟合的相量测量方法通过增加拟合阶数提高动态精度，但难以兼顾抗干扰能力，算法适用场景受限。对于大规模的风光储场站，需要同时兼顾算法抗噪性与相量复杂动态变化条件下，提升设备级电气量高精度同步测量。

8. 如何精准量化评估各层级控制对象对频率的主动支撑能力

惯量与一次调频能力的精准评估，是风光储场站群参与调频市场，实现多源协调频率主动支撑控制的基础。风光储场站群惯量与一次调频能力评估，不仅需要实现对输入信息的时间尺度、采样间隔、精度的一致化处理，还需要综合考虑复杂场站群控制算法的速度和精度，以及风光储的响应速度。因此，需要对风光储场站群惯量与一次调频能力进行在线评估，精准量化各层级控制对象对频率的主动支撑能力，并实现工程化应用。

9. 如何实现受控单元 - 风光储异质调频资源 - 场群多级协调的频率主动支撑

由于系统频率失稳的过程是快速的，因此对风光储场站惯量与一次调频的支撑速度

和控制精度提出了更高的要求。然而，风光储场站群包含多个场站，每个场站中包含多层控制结构，从控制指令下发到整个风光储场站，对外体现调频能力需要经过一定延时，严重影响了风光储场站的主动支撑速度和控制精度。现有关于新能源主动调频的工程项目均未能有效解决这一问题，使得场站响应滞后时间长、控制精度低。因此，如何结合多种预测手段对通信延时进行超前补偿，构建考虑通信延时的优化模型并设计快速求解算法，是实现受控单元－风光储异质调频资源－场群多级协调的频率主动支撑的关键。

第 2 章 风光功率预测系统

2.1 风光功率预测技术原理

随着新能源的装机容量和并网规模的不断增加，风电和光伏并网给电力系统带来的影响也越来越大。同时，电力系统稳定运行的一个重要前提是，保证负载消耗和电力生产之间的平衡。然而，由于风电和光伏出力具有随机性、波动性和间歇性，当大规模接入电网中时，会破坏电力系统初始平衡，因此不同时间尺度下的功率预测是风电和光伏规模化并网前的必要准备，这对电力系统后续的稳定运行、负载平衡和机组维修计划的制定有关键性作用。此外，风电和光伏作为"特殊电源"接入电网时，应该提供本身在未来一段时间内准确预估的发电量，这将为后续发电计划、维修计划的制订提供有力保障。因此，研究准确高效的风光功率预测模型，不论是从经济性还是长久性考虑都是十分必要的。

无论是风电和光伏，在功率预测方法上大致分为直接预测法和间接预测法。直接预测法就是根据历史风电、光伏出力数据和气象数据，对功率进行直接预测。一般分为两步来实现：第一步是寻找气象数据与风电和光伏出力数据之间的内在联系；第二步是基于数据之间的内在联系建立预测模型。直接预测法思路简便，容易实现，而且准确率较高，是目前国内外研究者非常看重的预测方法。而间接预测法（又称物理模型）在实际中一般较少应用，因为它需要将实际气象因素通过精细化的流场计算来实现，技术门槛高，尤其在复杂地形风电场很难保证精度，其优点在于无需历史数据进行模型训练。因此，风电和光伏的功率预测研究主要集中在对历史运行数据、气象数据等的分析和预测建模研究上。

2.1.1 风电功率预测技术概述

2.1.1.1 风能特性

1. 风的形成与风能

空气在水平方向的运动就是风，其主要是由于高低纬度之间温度不同而形成的。低纬度区域太阳辐射（光照）较强，导致地表和空气温度较高；高纬度区域太阳辐射（光照）较弱，导致地表和空气温度较低。区域温度差异引起了气压梯度的变化，这种变化使得空气在水平方向不断运动。因此，风形成的关键因素是高低纬度间的温度差。

在实际情况中，地面风还会受到海峡、丘陵、海洋、山地等地形的影响。复杂的地理环境和空间特性引起了风速的显著变化。风在形成过程中产生的动能也叫风能，具有可利用性。

2. 基于统计学方法的风速特性分析

风速变化是指风速的大小和方向具有可变性，时刻变化。由于海拔与风速之间存在联系，风速值随高度的演变服从一定数学规律，对风速自身特性的变化进行分析时，需要用统计的方法进行研究。当前，在风电领域中对风速进行分析是一个关键的环节。然而，在不同时刻和不同情况下，风速值的大小也不尽相同。由于风速一般具有正偏态分布特性，所以尽管风速在时空分布上会呈现随机性，其分布可有多种形式进行描述，但整体上可以用双参数威布尔（Weibull）分布这一应用广泛的模型进行表示，可以根据该概率分布模型估计年发电量，进而为风电场工程可行性提供保障。一般可用风速平均值和方差来计算和确定 Weibull 概率密度的参数。

2.1.1.2 风电功率预测方法分类

根据预测的时间尺度，风电功率一般可分为超短期预测、短期预测和中长期预测。超短期预测一般面向提前 1 ～ 6h 的预测，时间分辨率为 15min；短期预测一般是提前 24 ～ 72h 的预测，主要为优化运行成本和安排发电计划；中长期预测一般是以天或月为单位，进行提前周、月、旬、年的发电量预测，主要为制定风电机组检修计划提供基础等。

根据风电场发电功率预测模型的不同，可分为物理方法、统计方法以及组合预测方法三种，下面对这三种方法进行简要介绍。

1. 物理方法

主要是运用大气边界层动力学和边界层气象理论，将数值天气预报系统输出的基础数据精细化为基于风电场风电机组、实际地形地貌下的数字化描述，并将预报风向、风速转化为风电场涡轮机组高度的风向、风速，在综合风电涡轮机组尾流效应后，得出风电场最终的功率曲线。

2. 统计方法

一般不考虑风力发电的物理过程，主要是通过机器学习算法来建立数值天气预报数据与风电场输出功率之间的映射关系。统计方法一般分为三步：首先，选取合适的输入输出，建立相关的学习映射模型；然后，根据模型误差对模型进行参数调整，当模型精度达到预期设定值后，模型训练完成；最后，将该训练好的预测模型投入到风电功率预测中。

3. 组合预测方法

综合考虑各方面的影响因素，更加全面地来建立预测模型，期望综合各预测方法的优点并同时克服各模型的缺点，从而使预测模型获得全局最优的预测性能。但是组合预测对于选定的各预测模型精度要求较高，当某个模型误差较大时，可能影响整体的预测结果。

2.1.2　光伏功率预测技术概述

光伏发电过程的影响因素众多，包括太阳辐照度、温度、湿度及风速等，不同环境因素之间又存在着强度不同的相互作用关系，其中，辐照度和温度占据最重要的位置。利用回归分析，可以消除光伏发电输出功率中对气象信息敏感的分量，但简单的回归分析并不能充分反映其内在特性。而且不同的气象条件下，各个气象因素所占据的重要程度并不完全相同，上述影响因素与季节、早晚时刻都有关系。

2.1.2.1　光伏出力影响因素

光伏电站输出功率和许多参数有关，同时也受到多种因素的影响，如光照强度、光伏阵列的摆放角度、转换效率、标准大气压、温度、日类型等。由于影响因素多且复杂，大大增加了分析难度，考虑到光伏电站运行的实际情况，无法对所有的影响因素全部考虑在内，只需对主要影响因素进行分析即可。

由于光伏电池在出厂时都已进行各项检测，转换效率大多差别不大且比较稳定，现场安装人员在安装时依据国家标准和相关规定，把转换效率、安装角度不作为主要变量因素考虑，作为一个可控的常量来对待即可。

1. 辐照强度

辐照强度是指单位时间内，垂直投射在地球表面某一单位面积上的太阳辐射能量。辐照强度时时刻刻影响着光生伏打效应的输出效率，因为光伏电池材料的主要元素是硅，有了太阳辐射强度，电子和空穴会在硅材料中进行移动，这时，在硅材料电池内就可产生电场。由于电场的作用在外部存在负载接入时，进而产生电流，输出电功率。输出电功率的大小取决于光照强度的强弱，当太阳辐照强度增大时，光伏电池呈现显著的伏安特性。如果在外界气象条件下恒温恒压，辐照度在一定区间内变化（$400 < t < 1000\mathrm{W/m^2}$），

对于光伏电池板的开路电压几乎不会带来什么影响。此外，太阳辐照强度同光伏发电输出功率的关系呈现正相关。

2. 光伏电池板的表面温度

目前光伏电池板的主要原材料为单晶体硅，光伏电池硅板是构成光伏发电的首要和重要的组成元件。光伏电池硅材料的特性决定了光伏电池板的性能和效率。而光伏电池板的表面温度作为影响光伏电池板性能的首要因素是不可忽视的。一般情况下，光伏电池板的表面温度分为两个部分温度的和，一个是由天气预报或实际测量给出的环境温度，环境温度通常具有相似性的特点，在一定范围内环境温度越高，光伏电池板的输出功率越大。另外一个组成部分是光伏电池板的工作温度，由于光伏电池板的温升效应，当光伏电池板的温度达到一定的数值，输出功率反而下降，这是光伏电池板的固有工作特性。综上所述，对于任何光伏电池板组件或者额定工作性能的计算，必须要考虑光伏电池板表面温度的影响。

3. 日类型

当日的天气气象类型在预报中都已涵盖在内，如光照强度和温度等数据。把当天的具体光照强度和温度变化限定在一定范围之内，不可能将时时刻刻的天气状态完全反映出来，所以对光伏电站的输出功率变化规律有所缺失。按照光伏电站的实际运行情况，光伏输出一般集中在 8:00 ～ 19:00 这个范围内，不同日类型下，光伏电站每天的总输出功率和每一个小时输出功率都存在很大的不同。不同日类型下的输出功率值大不相同，例如多云和雨天情况下，输出功率值有着很大的差异性，雨天的输出功率值明显偏低，最大输出功率为多云天的一半，而且除了整体上绝对偏低之外，雨天的输出功率曲线呈现出很大的波动性；相比之下，多云天的输出功率稳定很多。值得注意的是，选取了两个同一个月内两日的输出功率曲线，我们可清晰地发现，两个多云天的整体输出功率曲线轮廓趋势大体相同，不同的是在 14:00 以后，两个多云天的输出功率有较大差异，输出功率大小变化比较明显。综上所述，虽然日类型限定了光照强度和温度等影响因素，但仍可清晰地得出不同日类型下输出功率差异较大的结论，所以，为了提高光伏电站出力预测的精度，把日类型作为一个主要影响因素考虑在内是非常必要的。

4. 光伏电池板的工作效率

光伏电池板的组成原材料为硅，分为单晶硅、多晶硅和混合型。效率最高的莫过于单晶硅电池板，其转换效率最高可达 24%，通常也在 17% 左右。从工艺的角度讲，钢化玻璃和防水树脂是密封单晶硅的常用处理方法。所以，单晶硅的质量稳定，在实际环境中的寿命也优于其他产品。虽然单晶硅从转换效率、质量和寿命三个方面都具有较大的优势，但单晶硅电池板的劣势也伴随着优势真实存在，劣势在于其制作成本太高，价格昂贵，并没有被大量地使用。现在光伏电站大多采用多晶硅电池板，其转换效率稍逊于单晶硅，约为 15%，它的主要优点是价格便宜，工艺简单，因此很受欢迎。

5. 太阳能板清洁程度

光伏电站几乎全部都在户外环境下，风吹日晒必然使其表面附着灰尘和污垢，这必然会影响太阳能板的光电转换效率，通常情况下，光伏电站每隔一段时间会有专人对太阳能板表面的灰尘和污垢进行处理，这样做可以使整个光伏电站的效率增加 15% 左右。

6. 其他因素对光伏出力的影响

除了上述 5 个影响光伏出力的因素之外，还存在外界环境条件下的其他影响因素，比如湿度、风速和云层厚度等。虽说这几个因素区别很大，但实际上又联系紧密，在每天气候条件下变化多端，研究起来相对复杂一些。通过分析上述各个影响因素，排除人为和内部因素，着重把气象条件下的外界因素作为主要影响因素来研究，确定了将季节、日类型和温度看作为主要影响因素。

2.1.2.2　光伏功率预测方法分类

目前，光伏功率预测在时间尺度主要可划分为短期与超短期。其中，短期预测范围为未来 1 ～ 3d，预测结果用于电网日前发电计划制订；超短期预测范围一般为未来 15min ～ 4h，预测结果是电网实时调度的重要参考，预测时间分辨率一般均为 15min。近年来，随着光伏发电并网装机容量的增加与集群化规模的扩大，光伏发电功率因云团运动及其对太阳的遮挡而发生的分钟级快速剧烈波动，也会对电网的稳定带来巨大冲击，而传统的基于光伏电站历史气象功率数据驱动的机器学习、时间序列等预测模型，受算法原理与数据精细度限制，难以实现对这种由云团运动导致的分钟级功率波动的准确预测，因此，从超短期预测中进一步细化出了“分钟级”这一预测时间尺度。此外，还有作为电量平衡及检修计划参考的中长期光伏发电功率预测，然而由于时间尺度范围过大，相关预测方法的精度还十分有限。从空间尺度角度看，目前多数研究均是针对单一光伏电站的场站级光伏功率预测，但以电站集群为对象的预测研究也在不断发展。

2.2　面向风光功率预测的数值天气预报

2.2.1　数值天气预报产品综述

数值天气预报（Numerical Weather Prediction，NWP）是风光功率预测及其不确定性分析的关键输入，提高数值天气预报精度是提高风光功率预测精度的关键环节。目前常用数值天气预报数据有：中国气象局 GRAPES 产品、欧洲中期天气预报中心 ECMWF 产品、美国大气海洋局 NOAA-GFS 产品、IBM 全球高分辨率大气预报系统 GRAF 产品等，产品特点及相关参数如表 2-1 所示。

表 2-1 常用数值天气预报产品及相关参数

数据源	空间分辨率	时间分辨率	更新频率
欧洲中期天气预报中心 ECMWF	9km × 9km	3h	6h/ 次
美国大气海洋局 NOAA-GFS	25km × 25km	3h	6h/ 次
德国气象局 DWD	10km × 10km	3h	6h/ 次
加拿大气象局 CMC	25km × 25km	3h	6h/ 次
IBM 全球高分辨率大气预报系统 GRAF	3km × 3km	1h	3h/ 次
中国气象局 GRAPES	15km × 15km	1h	6h/ 次

2.2.2 数值天气预报修正

目前主流 NWP 产品空间分辨率大多低于 3km × 3km，时间分辨率大多低于 1h，难以满足高精度预测的需求。因此，需要对已有 NWP 数据进行降尺度处理。物理降尺度方法可以得到高时空分辨率的 NWP 数据，但耗时过长，难以响应电网对功率上报频率的需求。因此，考虑基于深度神经网络及多源 NWP 融合的方式，使用统计方法构建精细化 NWP 模式。为实现此目的，以风速为例，提出了数值天气预报修正技术路线，流程如下：

（1）以风电场数值天气预报数据，包括风速、风向、气压、温度、相对湿度等作为输入，由受限玻尔兹曼机（Restricted Boltzmann Machine，RBM）网络的可见层接受输入特征，并由 RBM 网络的隐含层输出学习到的新特征。在训练过程中，RBM 网络的参数被随机初始化，通过 sigmoid 函数将可见层的特征向量传输至隐含层，然后又将隐含层的特征向量通过相同的 sigmoid 函数进行重构，利用重构特征学习隐含层的新特征，通过输入特征和重构特征的距离修改 RBM 网络参数。

（2）重复以上过程，直至重构特征趋向于稳定，隐含层学习到的新特征与输入特征的联合概率分布最大，使得隐含层保留了输入特征的重要信息和学习概念化特征。

（3）分析多源数值天气预报数据集合结果与相应实际测风数据间的相关性，通过计算两者的皮尔逊相关系数，构建二维相关性评价矩阵。

（4）对最相近的场景构建深度全连接神经网络，以该场景下各源、各尺度的数值天气预报数据，包括风速、风向、气压、温度、相对湿度等作为输入，通过前馈网络的激活函数将输入数据的特征传递至隐含层，并通过设置不同算法作为优化器对网络模型进行优化，直至满足损失函数需求，确定模型各隐含层影响因子。

（5）以实测风速作为最顶层输出，有监督地训练最顶层的网络，同时微调整个网络，从而消除数值模拟过程中的系统性误差，减小未来时刻数值天气预报中包含的随机误差，同时，可以将原始数值天气预报数据降尺度到与实测风速同样的时空分辨率。

2.2.3　深度置信网络

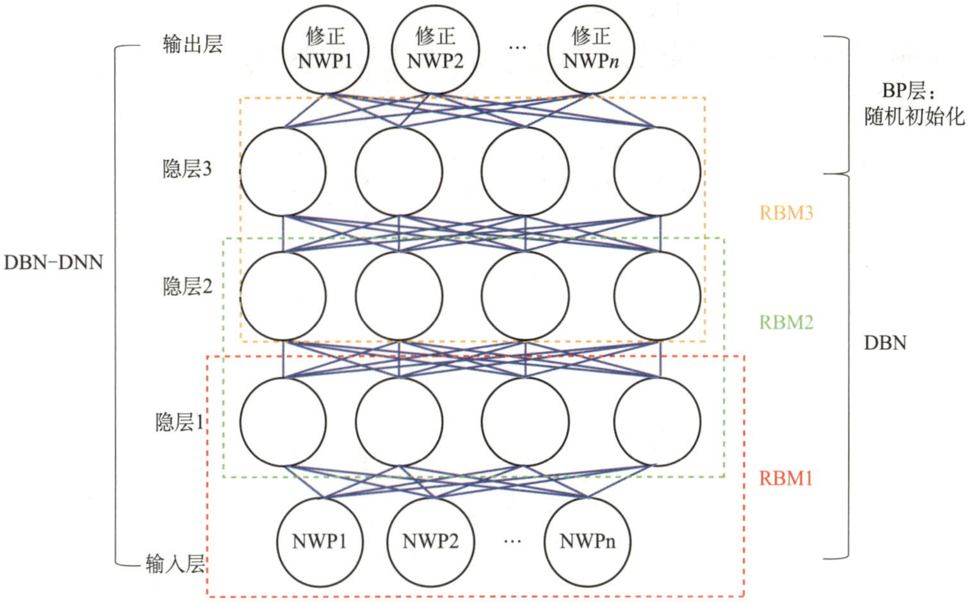

图 2-1　深度置信网络

深度置信网络（Deep Belief Network，DBN）（见图 2-1）是一种由多组受限玻尔兹曼机网络堆栈而成，高效地深度学习神经网络模型，在多维、大规模数据处理问题上应用广泛。神经元的激活与否分别用二进制的 0 和 1 表示。状态 (v,h) 确定的 RBM 系统所具有的能量可表示为

$$E(v,h|\theta)=-\sum_{i=1}^{n}a_i v_i-\sum_{j=1}^{m}b_j h_j-\sum_{i=1}^{n}\sum_{j=1}^{m}v_i w_{ij} h_j \tag{2-1}$$

式中：v、h 分别为可见层和隐含层；w 为可见层与隐含层之间的连接权重；n、m 分别为可见层与隐含层的神经元数量；i、j 为序号。

由能量函数，可以得到（v,h）的联合概率分布为

$$p(v,h|\theta)=\frac{1}{Z(\theta)}\exp\left[-E(v,h|\theta)\right] \tag{2-2}$$

式中：$Z(\theta)$ 为归一化因子，且

$$Z(\theta)=\sum_{v}\sum_{h}\exp\left[-E(v,h|\theta)\right] \tag{2-3}$$

利用最大对数似然函数计算参数 θ，即

$$\theta^* = \arg\underbrace{\max}_{\theta} \mathrm{L}(\theta) = \arg\underbrace{\max}_{\theta} \sum_{n=1}^{N} \ln\left[p\left(v^n \mid \theta\right) \right] \tag{2-4}$$

$$p(v \mid \theta) = \frac{1}{Z(\theta)} \sum_{h} \exp\left[-E\left(v, h \mid \theta\right) \right] \tag{2-5}$$

式中：$p(v \mid \theta)$ 为观测数据的似然函数。

RBM 层内各神经元状态之间是不相关的，由可见层神经元状态计算隐含层神经元的激活概率为

$$p(h_j = 1 \mid v, \theta) = \left[1 + \exp\left(-b_j - \sum_{i} v_i w_{ij} \right) \right]^{-1} \tag{2-6}$$

由隐含层重建可见层神经元的激活概率为

$$p(v_j = 1 \mid h, \theta) = \left[1 + \exp\left(-a_j - \sum_{j} h_j w_{ij} \right) \right]^{-1} \tag{2-7}$$

各参数变化量计算准则为

$$\begin{cases} \Delta w_{ij} = v_i h_{j\text{origin}} - v_i h_{j\text{recon}} \\ \Delta a_i = v_{i\text{origin}} - v_{i\text{recon}} \\ \Delta b_j = h_{j\text{origin}} - h_{j\text{recon}} \end{cases} \tag{2-8}$$

式中：$\cdot_{\text{origin}}$ 为原始观测数据模型定义的分布；$\cdot_{\text{recon}}$ 为重构后模型定义的分布。

考虑学习率的参数更新准则如下

$$\begin{cases} w_{ij}^{\ k+1} = w_{ij}^{\ k} + \varepsilon \Delta w_{ij} \\ a_i^{\ k+1} = a_i^{\ k} + \varepsilon \Delta a_i \\ b_j^{\ k+1} = b_j^{\ k} + \varepsilon \Delta b_j \end{cases} \tag{2-9}$$

DBN 网络的模型训练过程主要分为两步：第一步，分别逐层无监督地训练每一层 RBM 网络，确保特征向量映射到不同特征空间时，都尽可能多地保留特征信息，形成更加概念化的特征。具体来说，先用未包含标注信息的训练数据训练第一层 RBM 网络，它由输入层 V_0 和第一层隐含层 H_0 组成，输入层接收的是原始的特征向量，训练时先学习输入层和第一层隐含层（第一层 RBM 网络）之间的参数 W_0。当训练好第一层 RBM 网络后，将第一层 RBM 网络的隐含层 H_0 作为第二层 RBM 网络的可视层 V_1，与第二层隐含层 H_1 组成第二层 RBM 网络。第一层 RBM 网络的输出等于第二层 RBM 网络的输入，即 $V_1=H_0$，然后继续无监督地训练第二层 RBM 网络的参数 W_1。同理，在学习得到第 n-1 层 RBM 网络后，将第 n-1 层 RBM 网络的输出作为第 n 层 RBM 网络的输入，训练第 n 层 RBM 网络的参数 W_{n-1}，由此可以初始化 DBN 网络中各隐含层之间的参数。

RBM 网络只能确保层内的权值对该层的特征向量映射达到最优，并不是对整个 DBN 的特征向量映射达到最优，即 RBM 学习到的是普遍的概念化特征，不是针对某一具体任务的特征。所以 DBN 网络的第二步训练过程，是利用神经网络（Back Propagation，BP）算法有监督地训练最顶层的网络，利用 RBM 网络学习到的特征进行预测，同时微调整个 DBN 网络，即将梯度信息反向传递至所有 RBM 网络，微调 RBM 网络层间的参数。最后的结果即是 DBN 网络的最优参数。BP 算法是传统的神经网络训练方法，利用网络的误差或能量函数梯度下降更新网络参数，是一种确定型的“贪恋”搜索算法。DBN 网络利用 RBM 网络先进行无监督训练，使得模型能够学习到数据本身的结构信息，那么在有监督地学习之前，DBN 网络的参数已经通过无监督学习靠近最优区域，避免陷入局部最优，而且减少了有监督学习的时间。

2.2.4　深度全连接神经网络

全连接神经网络结构与传统 BP 神经网络近似，与传统神经网络相比，更强调网络的深度，前馈神经网络相邻的两层神经元之间为全连接关系。隐含层和输出层层数之和为网络的深度，记为 d，隐含层可由多层构成，记为 h_i，隐含层对应的激活函数记为 A_i。隐含层第一层的输出值 h_1 为

$$h_1 = A_1\left(W_1 x + b_1\right) \tag{2-10}$$

隐含层其他层的输出值 h_i 为

$$h_i = A_i\left(W_i h_{i-1} + b_i\right), 1 < i < d \tag{2-11}$$

式中：W_i 为权重值；b_i 为偏置。

常见的激活函数包括 Sigmoid 型函数、ReLU 型函数及 Swish 型函数。Sigmoid 型函数为两端饱和函数（满足 $\lim\limits_{x\to\infty} f'(x) = 0$ 即为饱和函数），常用类型有 Logistic 函数和 Tanh 函数。

Logistic 函数
$$\sigma(x) = \frac{1}{1+\mathrm{e}^{-x}} \tag{2-12}$$

Tanh 函数
$$\tanh(x) = \frac{\mathrm{e}^{x} - \mathrm{e}^{-x}}{\mathrm{e}^{x} + \mathrm{e}^{-x}} = 2\sigma(2x) - 1 \tag{2-13}$$

ReLU 型函数式（2-14）计算高效，具有很好的符合生物学特性的稀疏激活性，但输出是非零中心化的。此外，还比较容易出现死亡 ReLU 问题（Dying ReLU Problem），即在训练时，如果参数在一次不恰当地更新后，隐藏层中的某个 ReLU 神经元在所有的训练数据上都不能被激活，那么这个神经元自身参数的梯度永远都会是 0，在以后的训练过程中永远不能被激活。Leaky ReLU 是为解决这一问题提出的改进函数［式（2-

15）]，在输入$x<0$时，保持一个很小的梯度γ，这样当神经元非激活时也能有一个非零的梯度可以更新参数，以免永远不能被激活。

$$ReLU(x)=\begin{cases}x, x\geqslant 0\\0, x<0\end{cases}=\max(x,0) \tag{2-14}$$

$$LeakyReLU(x)=\begin{cases}x, x\geqslant 0\\\gamma x, x<0\end{cases}=\max(x,0)+\gamma\min(x,0) \tag{2-15}$$

Swish 函数是一种自门控（self-gated）激活函数，式中β是可学习的参数或一个固定的超参数。

$$Swish(x)=x\sigma(\beta x) \tag{2-16}$$

梯度下降法是目前使用最为广泛的优化算法，也是传统神经网络和机器学习最常用的优化方法，主要包括批量梯度下降法（Batch Gradient Descent，BGD）和随机梯度下降法（Stochastic Gradient Descent，SGD）。其中，BGD 的每步迭代使用全部的训练数据，所以参数更新方向比较稳定，但收敛速度较慢，比较耗时；而 SGD 的每步迭代随机选取训练样本，收敛速度较快，但由于训练样本的随机性，参数更新不稳定，因此，二者均存在比较大的缺陷。随着深度学习的兴起，很多深度优化算法被提出并用于对网络的优化训练。小批量梯度下降法（Mini-batch Gradient Descent，MBGD）是 BGD 和 SGD 两种梯度下降法的综合体现，在每步迭代过程中从n个训练样本中随机抽取m（$m<n$）个样本。该方法结合了 BGD 和 SGD 各自的优点，相对于 BGD，每次学习的速率有所提升；相对于 SGD，降低了收敛波动性，参数更新方向更加稳定。动量法（Momentum）是为解决 SGD 更新方向完全依赖当前 batch 从而导致更新十分不稳定而提出的。在更新时通过动量因子保留之前的更新方向，并加入该轮的梯度，从而提高学习效率，增加稳定性，能有效避免模型陷入局部最优。具体迭代更新公式为

$$g\leftarrow\frac{1}{m}\nabla_{\theta}\sum_{i=1}^{m}L\left(f\left(x^{(i)};\theta\right),y^{(i)}\right) \tag{2-17}$$

$$v\leftarrow\gamma v+\eta g \tag{2-18}$$

式中：γ为动量因子，一般设置为 0.9；η为学习率；θ为初始参数；v为下降动量。

自适应学习率的优化算法（AdaGrad）是借鉴模型引入正则化项以缓减过拟合现象的思路提出的，该算法可以解决梯度消失的问题。参数更新的迭代过程为

$$g\leftarrow\frac{1}{m}\nabla_{\theta}\sum_{i=1}^{m}L\left(f\left(x^{(i)};\theta\right),y^{(i)}\right) \tag{2-19}$$

$$r\leftarrow r+g\odot g \tag{2-20}$$

$$\Delta\theta\leftarrow-\frac{\eta}{\sqrt{r}+\delta}\odot g \tag{2-21}$$

$$\theta \leftarrow \theta + \Delta\theta \tag{2-22}$$

式中：η为学习率；δ为数值稳定量；θ为初始参数；r为梯度累计量。

RMSProp 算法是 AdaGrad 算法的扩展算法，将 AdaGrad 算法迭代过程式（2–20）修改为式（2–23），能有效克服 AdaGrad 算法梯度急剧减小的问题。

$$r = \rho r + (1-\rho) g \odot g \tag{2-23}$$

式中：ρ为指数衰减率。

自适应矩估计优化算法（Adam）是利用梯度的一阶矩估计和二阶矩估计动态调整每个参数的学习率，将 Momentum 法和 RMSProp 算法的优势相结合。参数更新的迭代过程为

$$g \leftarrow \frac{1}{m} \nabla_\theta \sum_{i=1}^{m} L\left(f\left(x^{(i)};\theta\right), y^{(i)}\right)$$

$$m \leftarrow p_1 m + (1-p_1) g \tag{2-24}$$

$$v \leftarrow p_2 v + (1-p_2) g \odot g \tag{2-25}$$

由于m和v的初始值取 0，所以需要对m和v进行纠正

$$\hat{m} \leftarrow \frac{m}{1-p_1^{\,t}} \tag{2-26}$$

$$\hat{v} \leftarrow \frac{v}{1-p_2^{\,t}} \tag{2-27}$$

$$\Delta\theta \leftarrow -\eta \frac{\hat{m}}{\sqrt{\hat{v}} + \delta} \tag{2-28}$$

$$\theta \leftarrow \theta + \Delta\theta$$

式中：m和v分别为对梯度的一阶矩估计和二阶矩估计，$\hat{m}$和$\hat{v}$为对m、v的修正；η为学习率；δ为数值稳定量；θ为初始参数；p_1为一阶矩估计的指数衰减率；p_2为二阶矩估计的指数衰减率。

基于深度全连接神经网络的建模步骤如下：

（1）数据预处理：训练样本和测试样本的划分及数据标准化处理；

（2）网络构建：确定网络结构，激活函数和损失函数的选取；

（3）优化算法选取：将经过标准化处理的训练样本数据输入步骤 2 的网络模型，经过多轮调试，设置 MBGD 算法、Momentum 算法、RMSprop 算法和 Adam 算法的相关参数，利用设置好的 4 种深度优化学习算法对网络模型进行优化训练，通过观察训练损失函数值的变化曲线，选取最合适的优化学习算法；

（4）模型应用：将测试样本数据中各影响因子输入步骤（3）的网络模型，得到相

应结果。

2.3 风力发电短期和超短期功率预测方法

2.3.1 风力发电短期功率预测方法

现有的风功率预测系统及研究方法大多为一场一测的分散式、独立式预测，忽略了区域内各位置处天气系统的相关性与出力的耦合关系，既不利于精度的进一步提高，也不便于对省内和区域内多个风电场站功率预测系统的及时维护、调整。因此，揭示大规模可再生能源电站内及场群间的风资源相关性和出力聚合耦合特征，确定场站与场站间的时空依赖关系，对区域风电场群集中式功率预测至关重要，可以为短期预测提供关键输入。为实现这一目的，提出了如图2–2 所示的短期功率预测模型建模思路。首先，通过研究不同场站内及场间出力的时空依赖关系，建立空间嵌入模块；其次，为了避免过拟合导致的局部最优解，通过随机森林算法的投票机制产生多组数值天气预报及场站实测数据（风速、功率等）构成的训练集，通过不确定性信息的提取，实现对于预测结果数学期望的计算和估计，提高各场站功率预测精度。以下将分别介绍每一步中的算法详情及具体实施方案。

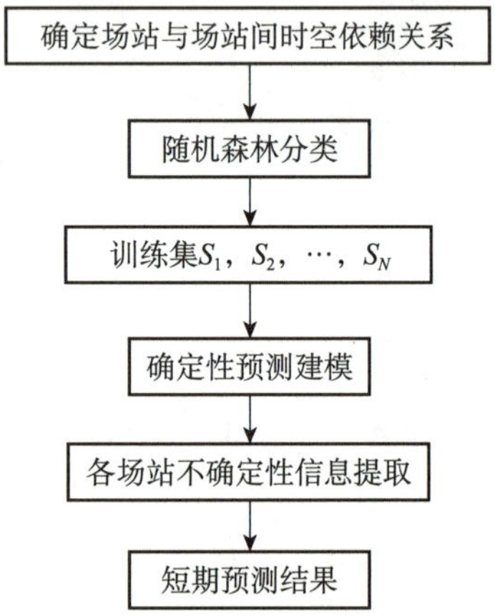

图 2–2　短期功率预测建模流程图

2.3.1.1 基于降噪自动编码机的空间嵌入模块

降噪自动编码机（Denoisingauto-encode，DAE）是自编码机（Auto-encoder，AE）的变形算法。AE 是一种无监督的深度学习底层算法，用于深度学习的逐层训练；DAE 是在 AE 的基础之上，为了防止过拟合问题而对输入的数据加入噪声干扰，从而使学习得到的编码器具有较强鲁棒性，增强了模型的泛化能力。自动编码器结构示意图如图2–3 所示。模型参数采用最小化重构数据与原始数据间平均误差的策略进行优化。

设 $x\in[0,1]^{d}$ 为输入向量、$x\in[0,1]^{d'}$ 为输出向量，f_θ 为隐层映射函数。

$$y=f_\theta=\sigma(\boldsymbol{W}x+\boldsymbol{b}) \tag{2–29}$$

式中：σ 是 Sigmoid 函数；$\boldsymbol{W}$ 是 $d*d'$ 的权重矩阵；$\boldsymbol{b}$ 是偏置向量；f 的网络参数为 θ，

$\theta=\{W,b\}$。

将各训练数据 $x^{(i)}$ 映射到相应 $y^{(i)}$ 再重构成向量 $z^{(i)}\left(z\in[0,1]^{\mathrm{d}}\right)$，该映射结构如式（2–30）所示

$$z=g_{\theta'}(x)=s\left(\boldsymbol{W}'x+b'\right) \tag{2–30}$$

式中：g 的网络参数为 θ'；$\theta=\{\boldsymbol{W}',b'\}$；权重矩阵 $\boldsymbol{W}'$ 通过限定满足 $\boldsymbol{W}'=\boldsymbol{W}^{\mathrm{T}}$。

自动编码器基本结构示意图如图 2–3 所示。

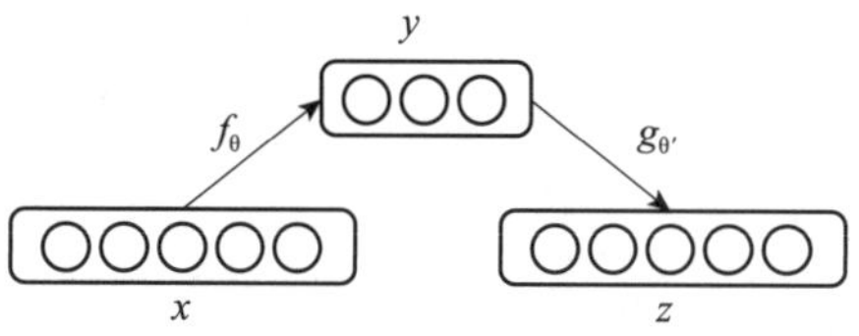

图 2–3　自动编码器基本结构示意图

$$\begin{aligned}\theta^{*}&=\arg\underbrace{\min}_{\theta}\frac{1}{n}\sum_{i=1}^{n}L\left(x^{(i)},z^{(i)}\right)\\ \theta'^{*}&=\arg\underbrace{\min}_{\theta'}\frac{1}{n}\sum_{i=1}^{n}L\left(x^{(i)},g_{\theta'}\left(f_{\theta}\left(x^{(i)}\right)\right)\right)\end{aligned} \tag{2–31}$$

$$L(x,z)=x-z^{2} \tag{2–32}$$

其中，L 是损失函数

或将 x 和 y 视为满足伯努利分布的位向量并使用交叉熵作为损失函数，见下式

$$L_{\mathrm{H}}(x,z)=H(B_{\mathrm{x}}\,||B_{\mathrm{z}})=-\sum_{k=1}^{d}\left[x_k\log z_k+(1-x_k)\log(1-z_k)\right] \tag{2–33}$$

从 AE 中提取特征的方式之一是通过限制 y 的维度小于 x 的维度。这样的结构迫使 AE 从训练数据中捕捉最显著的特征，其效果类似于主成分分析（Principal Component Analysis，PCA）。然而，如果隐藏神经元数量较大时，AE 的编码和解码过程可能沦为单纯的对数据进行复制，而没有学到有用的特征。因此，为了在隐含层节点数很大时仍然能学到有用的特征，可以对 AE 加上稀疏性限制。

为实现稀疏性限制，在优化目标中需要加入一个新的惩罚项来惩罚 $\widehat{\rho_j}$ 偏离 ρ 的程度；惩罚项如下：

$$\begin{aligned}&\sum_{j=1}^{s_2}KL\left(\rho\widehat{\rho_j}\right)=\sum_{j=1}^{s_2}\rho\log\frac{\rho}{\widehat{\rho_j}}+(1-\rho)\log\frac{1-\rho}{1-\widehat{\rho_j}}\\ &\widehat{\rho_j}=\frac{1}{n}\sum_{i=1}^{n}\left[a_j^{(h)}\left(x^{(i)}\right)\right]\end{aligned} \tag{2–34}$$

式中：$a_j^{(h)}$表示给定输入x时隐藏神经元的激活度；ρ是稀疏性参数，一般设置为接近于零（如$\rho = 0.05$）。

$\sum_{j=1}^{s_2} KL\left(\rho \widehat{\rho_j}\right)$是分别以$\rho$和$\widehat{\rho_j}$为均值的两个伯努利随机变量间的相对熵。相对熵是一种标准的用来测量两个分布之间差异的方法。

根据稀疏性限制，损失函数可改写为

$$J_{\text{sparse}} = \frac{1}{n}\sum_{i=1}^{n} L\left[x^{(i)}, g_{\theta'}\left(f_\theta\left(x^{(i)}\right)\right)\right] + \beta \sum_{j=1}^{s_2} KL\left(\rho \widehat{\rho_j}\right) \tag{2-35}$$

式中：β是稀疏性限制惩罚项的权重。

优化目标可改写为

$$\theta^*, \theta'^* = \arg\underbrace{\min}_{\theta,\theta'}\left[\frac{1}{n}\sum_{i=1}^{n} L\left(x^{(i)}, g_{\theta'}\left(f_\theta\left(x^{(i)}\right)\right)\right) + \beta \sum_{j=1}^{s_2} KL\left(\rho \widehat{\rho_j}\right)\right] \tag{2-36}$$

与 AE 不同的是，DAE 将经过加噪污染的数据作为输入，重构得到原始的无污染数据。DAE 的基本结构示意图如图 2-4 所示。

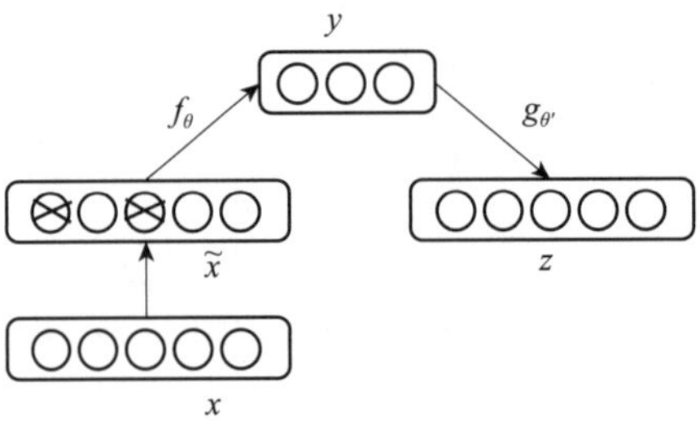

图 2-4　降噪自动编码器基本结构示意图

DAE 通过随机映射$\tilde{x} \sim q_{\text{D}}(\tilde{x} \mid x)$将输入数据$x$变为$\tilde{x}$。对于任意$x$，将$vd$个特征归零，其余特征不变，$v$是噪声率。被选择的特征的信息将移除，而 DAE 将会用来逼近该人为引入噪声的模型。

$\tilde{x}$通过原始 AE 映射到隐含层输出

$$y = f_\theta\left(\tilde{x}\right) = s\left(W\tilde{x} + b\right) \tag{2-37}$$

重构结果为

$$z = g_{\theta'}\left(y\right) = s\left(W'y + b'\right) \tag{2-38}$$

可见，AE 和 DAE 的区别在于概率性$\tilde{x}$带来的随机性映射。

DAE 的优化目标可写为

$$\theta^*,\theta'^* = \arg\min_{\theta,\theta'}\left(\frac{1}{n}\sum_{i=1}^{n}L\left[x^{(i)},g_{\theta'}\left(f_\theta\left(\tilde{x}^{(i)}\right)\right)\right]+\beta\sum_{j=1}^{s_2}KL\left(\rho\widehat{\rho_j}\right)\right) \tag{2-39}$$

2.3.1.2　随机森林

决策树模型是运用于分类以及回归的一种决策树结构（见图 2-5）。决策树由节点和有向边组成，一般一棵决策树包含一个根节点、若干内部节点和若干叶节点。决策树的决策过程需要从决策树的根节点开始，待测数据与决策树中的特征节点进行比较，并按照比较结果选择下一比较分支，直到叶节点作为最终的决策结果。

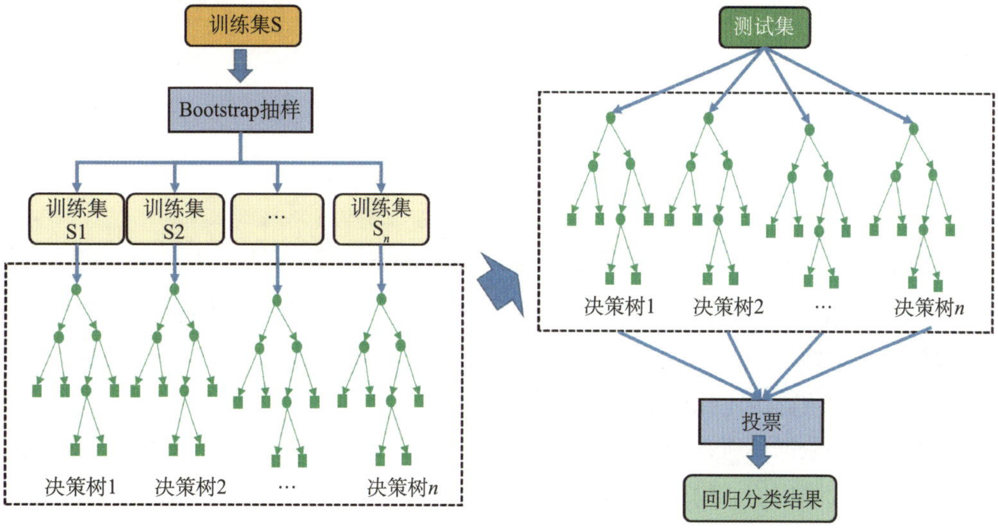

图 2-5　回归决策树结构

内部节点：对应于一个属性测试；

叶节点：对应于决策结果；

根节点包含样本全集；

每个节点包括的样本集合根据属性测试的结果被划分到子节点中；

根节点到每个叶节点的路径对应了一个判定测试路径。

目标变量可以采用一组离散值的树模型称为分类树（常用的分类树算法 ID3、C4.5、CART），而目标变量可以采用连续值（通常是实数）的决策树被称为回归树，决策树算法本质上就是要找出每一列的最佳划分以及不同列划分的先后顺序及排布。划分的过程也就是建立树的过程，每划分一次，随即确定划分单元对应的输出，也就多了一个结点。当根据停止条件划分终止的时候，最终每个单元的输出也就确定了，也就是叶结点。

假设 X 和 Y 分别为输入和输出变量，并且 Y 是连续变量，给定训练数据集为 $D=\{(x_1,y_1),(x_2,y_2),\cdots,(x_N,y_N)\}$，其中 $x_i=\left(x_i^{(1)},x_i^{(2)},\cdots,x_i^{(n)}\right)$ 为输入特征变量，n 为特征个数，$i=1,2,\cdots,N$ 为样本容量。

对特征空间的划分采用启发式方法，每次划分逐一考察当前集合中所有特征的所有取值，根据平方误差最小化准则选择其中最优的一个作为切分点。如对训练集中第 j 个特征变量 $x^{(j)}$ 和它的取值 s，作为切分变量和切分点，并定义两个区域 $R_1(j,s)=\{x \mid x^{(j)} \leqslant s\}$ 和 $R_2(j,s)=\left\{x \middle| x^{(j)} \rangle s\right\}$，为找出最优的 j 和 s，对下式求解

$$\underbrace{\min}_{j,s}\left[\underbrace{\min}_{c_1}\sum_{x_i \in R_1(j,s)}(y_i-c_1)^2+\underbrace{\min}_{c_2}\sum_{x_i \in R_1(j,s)}(y_i-c_2)^2\right] \tag{2-40}$$

式中，c_1，c_2 为划分后两个区域内固定的输出值，方括号内的两个 min 意为使用的是最优的 c_1 和 c_2，也就是使各自区域内平方误差最小的 c_1 和 c_2，易知这两个最优的输出值就是各自对应区域内 Y 的均值，所以上式可写为

$$\underbrace{\min}_{j,s}\left[\sum_{x_i \in R_1(j,s)}(y_i-\widehat{c_1})^2+\sum_{x_i \in R_1(j,s)}(y_i-\widehat{c_2})^2\right] \tag{2-41}$$

$$\widehat{c_1}=\frac{1}{N_1}\sum_{x_i \in R_1(j,s)} y_i,\widehat{c_2}=\frac{1}{N_2}\sum_{x_i \in R_2(j,s)} y_i \tag{2-42}$$

找到最优的切分点 (j,s) 后，依次将输入空间划分为两个区域，接着对每个区域重复上述划分过程，直到满足停止条件为止。这样就生成了一棵回归树，这样的回归树通常称为最小二乘回归树。

则回归决策树算法步骤如下：

（1）在训练数据集所在的输入空间中，递归地将每个区域划分为两个子区域并决定每个子区域上的输出值，构建二叉决策树。

（2）求解式（2-40），选择最优切分变量 j 与切分点 s。

（3）用选定的对 (j,s) 划分区域并决定相应的输出值

$$\widehat{c_m}=\frac{1}{N_m}\sum_{x_i \in R_m(j,s)} y_i, x \in R_m, m=1,2 \tag{2-43}$$

（4）继续对两个子区域调用步骤（1）、（2），直至满足停止条件。

（5）将输入空间划分为 M 个区域 $R_1,R_2,\cdots,R_M$，生成决策树

$$f(x)=\sum_{m=1}^{M}\hat{c}_m I(x_i \in R_m) \tag{2-44}$$

I 为指示函数：

$$I=\begin{cases}1, x_i \in R_m \\ 0, x_i \notin R_m\end{cases} \tag{2-45}$$

随机森林是通过集成学习的思想将多棵树集成的一种算法，该算法可以产生高准确度的分类器，对大量数据进行分类并且评估变数的重要性，具有很快的学习速度。它的基本单元是决策树，每棵决策树都是一个分类器，那么对于一个输入样本，N 棵树会有 N 个分类结果，而随机森林集成了所有的分类投票结果，将投票次数最多的类别指定为

最终的输出。

随机森林算法中，每棵决策树按照如下规则生成：

（1）如果训练集大小为 N，对于每棵树而言，随机且有放回地从训练集中的抽取 N 个训练样本（这种采样方式称为 bootstrap sample 方法），作为该树的训练集，即每棵树的训练集都是不同的，而且里面包含重复的训练样本。

（2）如果每个样本的特征维度为 M，指定一个常数 $m \ll M$，随机地从 M 个特征中选取 m 个特征子集，每次树进行分裂时，从这 m 个特征中选择最优的。

（3）每棵树都尽最大程度地生长，并且没有剪枝过程。

由于规则（1）、（2）中两部分"随机"的引入，使得随机森林不容易陷入过拟合，并且具有很好的抗噪能力。

2.3.1.3　集中式短期功率预测建模

集中式短期功率预测建模思路如图 2-6 中所示，通过输入各场站数值天气预报数据及场内机组功率等数据建立空间嵌入模块，实现对风电场内部与风电场群内部复杂依赖关系的特征提取，之后将结果输入混合密度网络得到多个风电场站的不确定信息，通过混合 beta 核密度网络输出多场站的概率分布参数，依靠分布参数可直接获得不同场站不同时刻的概率密度分布，从而实现多个场站一体化的时空预测建模。同时，利用 Bootstrap 抽样方法从数值天气预报与实际运行数据训练集合 S 中随机选取 N 个训练样本子集 S_1，S_2,…，S_N，用于构建 N 棵分类回归树，每个训练子集的大小均为原始训练集的三分之二，每次抽样均为随机且放回抽样，这样使得训练子集中的样本存在一定的重复，目的是为了使森林中的决策树不至于产生局部最优解；然后将这些决策树组合在一起，通过投票得出最终分类或预测的结果。

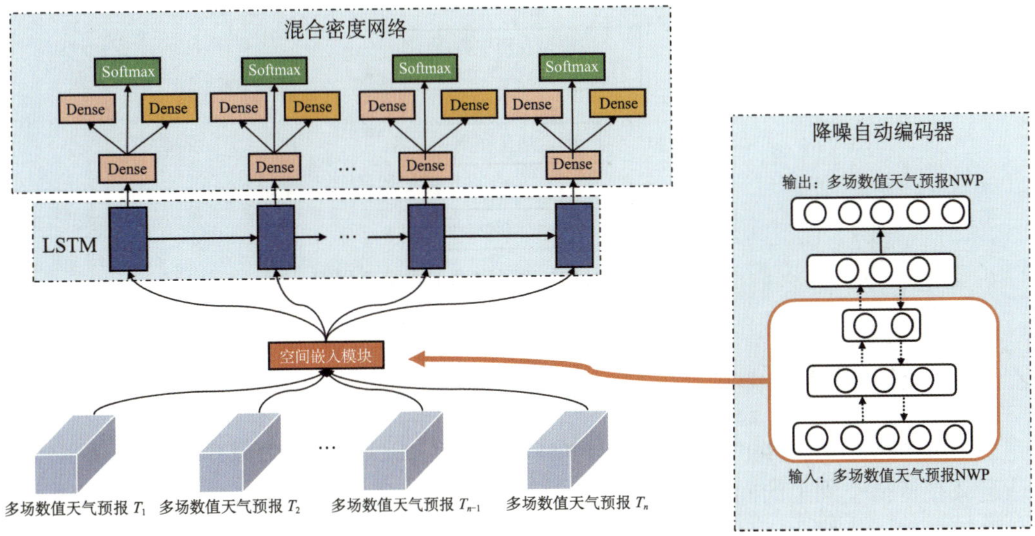

图 2-6　集中式短期功率预测模型架构

为保证决策树构建时的随机性，避免过拟合问题，在每一棵决策树构建时，从 m 种属性中随机选取 F 种作为随机特征变量参与决策树节点的分裂过程，称为随机属性子空间抽样，其中 F 取小于或等于 $\log_2(m+1)$ 的最大正整数。此外，随机决策树的数量 N 需要进行调整。最后基于随机森林算法的回归结果采用投票方式产生，据此建立的预测模型可以快速服务于多个场站的集中式短期功率预测任务，可同时提供各个场站未来 0 ～ 168h 内 15min 分辨率的预测结果。

2.3.2 风力发电超短期功率预测方法

考虑到不同算法对于不同外部条件的预测适应性有所差异，可建立多种基于人工智能的风力发电超短期功率预测模型，利用历史数据进行模型在不同场站和不同时间的误差情况分析，确定最适合各场站当地条件的超短期功率预测模型，以保证在各个场站都可以使用最可靠的预测模型。依据外部风况条件，匹配和调用相应的预测模型，从而实现区域风电场群时空滚动式超短期功率预测方法，如图 2-7 所示为超短期预测模型建模思路，可以快速服务于多个场站的超短期预测任务，可提供未来 4h 内 15min 分辨率的预测结果。具体步骤为：首先，基于场站功率序列的时空特征分析，利用多种算法为每个场站建立超短期功率预测模型，以临近 4h 功率数据映射未来 4h 的功率数据；其次，通过分析各模型预测结果与实测功率间的相关性及误差，确定各场站最适用的预测模型；最后，在实际预测中选择最适用的模型，以提高模型的适应性。

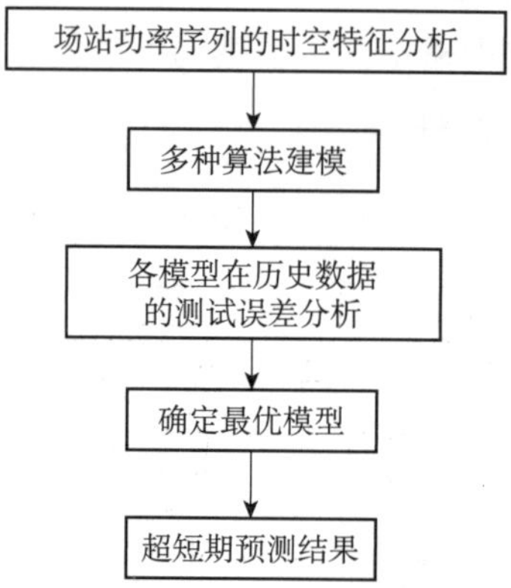

图 2-7　超短期功率预测模型建模流程图

2.3.2.1 支持向量机

支持向量机（Support Vector Machines，SVM）是一种二分类模型，它的基本模型是定义在特征空间上的间隔最大的线性分类器，间隔最大使它有别于感知机；SVM 还包括核技巧，这使它成为实质上的非线性分类器。SVM 的学习策略就是间隔最大化，可形式化为一个求解凸二次规划的问题，也等价于正则化的合页损失函数的最小化问题。SVM 的学习算法就是求解凸二次规划的最优化算法。

SVM 学习的基本想法是求解能够正确划分训练数据集，并且几何间隔最大的分离超平面，如图 2-8 所示。

$$w \cdot x + b = 0 \tag{2-46}$$

即为分离超平面，对于线性可分的数据集来说，这样的超平面有无穷多个（即感知机），但是几何间隔最大的分离超平面却是唯一的。

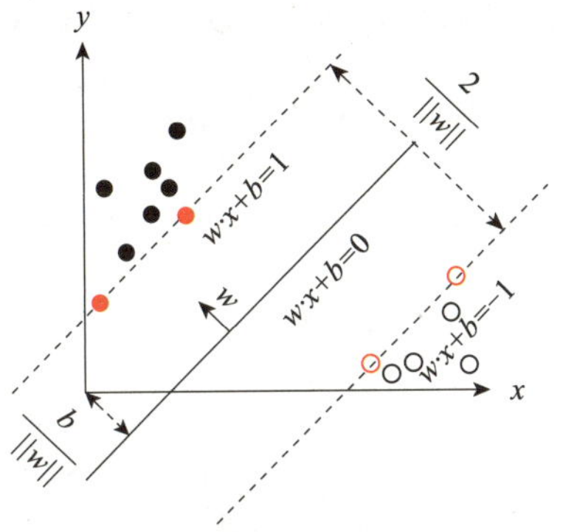

图 2-8　SVM 原理示意图

假设给定一个特征空间上的训练数据集 $T=\{(x_1,y_1),(x_2,y_2),\cdots,(x_N,y_N)\}$，其中 x_i 为第 i 个特征向量，y_i 为类标记，当它等于 +1 时为正例；等于 −1 时为负例。再假设训练数据集是线性可分的。

对于给定的数据集 T 和超平面式（2-47），定义超平面关于样本点 (x_i,y_i) 的几何间隔为

$$\gamma_i = y_i\left(\frac{\vec{w}}{\|\vec{w}\|}\cdot\vec{x_i}+\frac{b}{\|\vec{w}\|}\right) \tag{2-47}$$

根据以上定义，SVM 模型的求解最大分割超平面问题可以表示为以下约束最优化问题

$$\begin{gathered}\underbrace{\max}_{w,b}\gamma \\ y_i\left(\frac{\vec{w}}{\|\vec{w}\|}\cdot\vec{x_i}+\frac{b}{\|\vec{w}\|}\right)\geqslant\gamma \\ \gamma=\min\gamma_i, i=1,2,\cdots,N\end{gathered} \tag{2-48}$$

这是一个含有不等式约束的凸二次规划问题，可以对其使用拉格朗日乘子法得到其对偶问题。首先，将有约束的原始目标函数转换为无约束的新构造的拉格朗日目标函数

$$L(\vec{w},b,\alpha)=\frac{1}{2}\|\vec{w}\|^2-\sum_{i=1}^{N}\alpha_i\left(y_i\left(\vec{w}\ \overrightarrow{x_i}+b\right)-1\right) \tag{2-49}$$

其中，α_i 为拉格朗日乘子，且 $\alpha_i \geqslant 0$，令

$$\theta(\vec{w})=\max L(\vec{w},b,\alpha),\alpha_i \geqslant 0 \tag{2-50}$$

于是，原约束问题就等价于

$$\underbrace{\min}_{\vec{w},b}\theta(\vec{w})=\underbrace{\min}_{\vec{w},b}\underbrace{\max}_{\alpha_i\geqslant 0}L(\vec{w},b,\alpha)=p^* \tag{2-51}$$

为方便求解，使用拉格朗日函数对偶性，交换最小值和最大值的位置求解顺序

$$\underbrace{\max}_{\alpha_i\geqslant 0}\underbrace{\min}_{\vec{w},b}L(\vec{w},b,\alpha)=d^* \tag{2-52}$$

为了得到求解对偶问题的具体形式，令 $L(\vec{w},b,\alpha)$ 对 $\vec{w}$ 和 b 的偏导为 0，可得

$$\vec{w}=\sum_{i=1}^{N}\alpha_i y_i\overrightarrow{x_i} \tag{2-53}$$

$$\sum_{i=1}^{N}\alpha_i y_i=0 \tag{2-54}$$

将以上两个等式带入拉格朗日目标函数得

$$\underbrace{\min}_{\vec{w},b}L(\vec{w},b,\alpha)=-\frac{1}{2}\sum_{i=1}^{N}\sum_{j=1}^{N}\alpha_i\alpha_j y_i y_j\left(\overrightarrow{x_i}\cdot\overrightarrow{x_j}\right)+\sum_{i=1}^{N}\alpha_i \tag{2-55}$$

以上均是在训练集数据线性可分的假设下进行的，但是，实际情况下几乎不存在完全线性可分的数据，为了解决这个问题，引入了“软间隔”的概念，即允许某些点不满足约束，采用 hinge 损失，将原优化问题改写为

$$\underbrace{\min}_{\vec{w},b,\xi_i}\frac{1}{2}\vec{w}^2+C\sum_{i=1}^{m}\xi_i \tag{2-56}$$

$$y_i\left(\vec{w}\cdot\overrightarrow{x_i}+b\right)\geqslant 1-\xi_i,i=1,2,\cdots,N \tag{2-57}$$

$$\xi_i=\max\left(0,1-y_i\left(\vec{w}\cdot\overrightarrow{x_i}+b\right)\right) \tag{2-58}$$

式中：ξ_i 为“松弛变量”，即一个 hinge 损失函数。每一个样本都有一个对应的松弛变量，表征该样本不满足约束的程度。$C>0$ 称为惩罚参数，C 值越大，对分类的惩罚越大。跟线性可分求解的思路一致，同样这里先用拉格朗日乘子法得到拉格朗日函数，再求其对偶问题。

对于输入空间中的非线性分类问题，可以通过非线性变换将它转化为某个维特征空间中的线性分类问题，在高维特征空间中学习线性支持向量机。由于在线性支持向量机学习的对偶问题里，目标函数和分类决策函数都只涉及实例和实例之间的内积，所以不

需要显式地指定非线性变换，而是用核函数替换当中的内积。核函数表示，通过一个非线性转换后的两个实例间的内积。具体地，$K(x,z)$是一个函数，或正定核，意味着存在一个从输入空间到特征空间的映射$\phi(x)$，对任意输入空间中的(x,z)，有

$$K(x,z)=\phi(x)C\phi(z) \tag{2-59}$$

在线性支持向量机学习的对偶问题中，用核函数$K(x,z)$替代内积，求解得到的就是非线性支持向量机

$$f(x)=\operatorname{sign}\left(\sum_{i=1}^{N}\alpha_i^* y_i K(x,x_i)+b^*\right) \tag{2-60}$$

常用的核函数包括线性核和高斯核：

线性核
$$K(x,z)=x,z \tag{2-61}$$

高斯核
$$K(x,z)=\exp\left(-\frac{x-z^2}{2\sigma^2}\right) \tag{2-62}$$

综合以上讨论，可以得到非线性支持向量机学习算法过程如下：

（1）构造数据集，$T=\{(x_1,y_1),(x_2,y_2),\cdots,(x_N,y_N)\}$，其中$x_i\in R^n,y_i\in\{+1,-1\},i=1,2,\cdots,N$

（2）选取适当的核函数$K(x,z)$和惩罚参数$C>0$，构造并求解凸二次规划问题，得到最优解$\alpha^*=(\alpha_1^*,\alpha_2^*,\cdots,\alpha_N^*)^{\mathrm{T}}$

（3）选择α^*的一个分量α_j^*，满足条件$0<\alpha_j^*<C$，计算

$$b^*=y_i-\sum_{i=1}^{N}\alpha_i^* y_i K(x_i,x_j) \tag{2-63}$$

（4）按照式（2-59）计算得到分类决策函数。

2.3.2.2　相关向量机

支持向量机存在一定的局限性，其输出的是一个决策结果，而并不是后验概率；推广到多分类问题时，需要用到“1v1”，“1v0”等策略，计算复杂度增加；复杂度参数C需要诸如交叉验证等方法来确定，这需要涉及多次的训练过程。相关向量机（Relevance Vector Machine，RVM）是一个用于回归问题和分类问题的贝叶斯稀疏核方法，具有SVM的特征，同时能避免SVM的一些局限性。给定一个输入向量x的情况下，实值目标变量t的条件概率分布为：

$$p(t\mid x,w,\beta)=N(t\mid y(x),\beta^{-1}) \tag{2-64}$$

式中：$\beta=\sigma^{-2}$是噪声精度，均值由线性模型给出：

$$y(x)=\sum_{i=1}^{M}w_i\phi_i(x)=w^{\mathrm{T}}\phi(x) \tag{2-65}$$

在相关向量机的实例当中，基函数由核函数给出，训练集的每个数据点关联着一个核函数，则一般表达式为

$$y(x)=\sum_{n=1}^{M}w_nK(x,x_n)+b \tag{2-66}$$

假设由输入向量 x 的 N 次观测数据，将其聚集成数据矩阵 X，它的第 n 行是 x_n^{T}，对应目标值为 $t=(t_1,t_2,\cdots,t_N)^{\mathrm{t}}$，则似然函数为

$$p(t\mid X,w,\beta)=\prod_{n=1}^{N}p(t_n\mid x_n,w,\beta) \tag{2-67}$$

引入参数向量 w 上的先验分布，考虑零均值的高斯先验。然而 RVM 关键区别是为每个权参数 w_i 都引入一个单独的超参数 α_i，而不是一个共享超参数，权值先验形式为

$$p(w\mid\alpha)=\prod_{i=1}^{M}\aleph(w_i\mid 0,\alpha_i^{-1}) \tag{2-68}$$

α_i 表示对应参数 w_i 的精度（方差倒数），$\alpha=(\alpha_1,\alpha_2,\cdots,\alpha_M)^{\mathrm{T}}$。

权值的后验概率分布仍然是高斯分布，形式为

$$\begin{gathered}p(w\mid t,X,\alpha,\beta)=\aleph(w\mid m,\Sigma)\\ m=\beta\Sigma\Phi^{\mathrm{T}}t\\ \Sigma=\left(\alpha I+\beta\Phi^{\mathrm{T}}\Phi\right)^{-1}\end{gathered} \tag{2-69}$$

式中，Φ 是 $N\times M$ 的设计矩阵，元素为 $\Phi_{ni}=\Phi_i(x_n)$。

RVM 的相关向量的数量比 SVM 中使用的支持向量的数量少很多，对分类任务和回归任务，RVM 生成的模型通常比对应的 SVM 生成的模型简洁一个数量级，使得处理测试数据的速度有极大提升。在分类问题中，求解超参数 α 的步骤为：

（1）初始化超参数向量 α。

（2）在此基础上，对后验概率建立一个高斯近似，得到对边缘似然的一个近似。

（3）对近似的边缘似然函数最大化，并引出对 α 值的重新估计。

（4）不断重复过程（3），直到收敛。

对于给定的 α 值，w 的后验概率分布众数可以通过最大化以下公式得到

$$\begin{gathered}\ln p\left[w|p(w|t,\alpha)\right]=\ln\ \mathrm{close}{=}p(t|w)\,p(w|\alpha)-\ln p(t|\alpha)=\\ \sum_{n=1}^{N}\left\{t_n\ln y_n+(1-t_n)\ln(1-y_n)\right\}-\frac{1}{2}w^{\mathrm{T}}\alpha Iw+b\end{gathered} \tag{2-70}$$

相关向量机的主要缺点是，相比较 SVM 训练时间相对较长。但是 RVM 避免了通

过交叉验证确定模型复杂度的过程，从而补偿了训练时间的劣势。此外，它产生的模型更加稀疏，所以，对于测试点进行预测的计算时间通常更短，对于预测点的计算时间通常在实际应用中更加重要。

2.3.2.3　长短时记忆神经网络

长短时记忆（Long Short-Term Memory，LSTM）是循环神经网络（Recurrent Neural Network，RNN）的一种，该网络能够通过门结构解决长期记忆和反向传播中的梯度消失等问题，相比于普通的神经网络，在处理时间序列问题上具有巨大的优越性。LSTM 的关键在于细胞的状态和穿过细胞的水平线，其网格结构如图 2–9 所示。

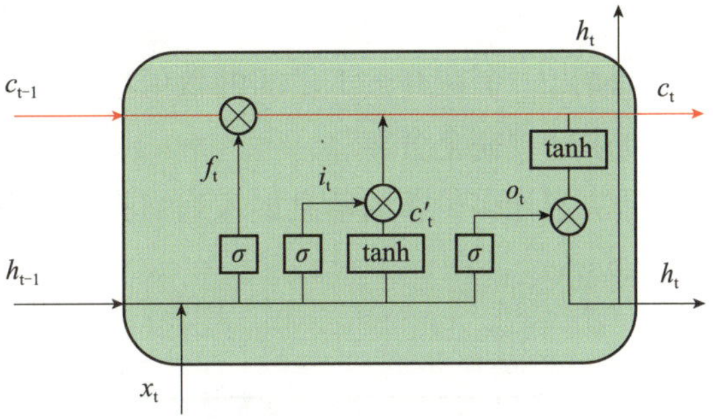

图 2–9　LSTM 网格结构

细胞状态类似于传送带。直接在整个链上运行，只有一些少量的线性交互。信息在上面流传保持不变会很容易。信息节点如图 2–10 所示。

$$c_t = f_t \times c_{t-1} + i_t \times c_t^{'} \tag{2–71}$$

若只有上面的水平线是没办法实现添加或者删除信息的。添加或者删除信息是通过一种叫作门（gates）的结构来实现的。门可以选择性地让信息通过，主要是通过一个 sigmoid 的神经层和一个逐点相乘的操作来实现的。

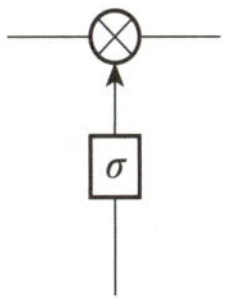

图 2–10　信息节点

sigmoid 层输出（是一个向量）的每个元素皆为在 0 和 1 之间的实数，表示让对应信息通过的权重（或者占比）。比如，0 表示“不让任何信息通过”，1 表示“让所有信息通过”。

LSTM 通过三个这样的基本结构来实现信息的保护和控制。这三个门分别为遗忘门、输入门和输出门。

（1）遗忘门。LSTM 中的第一步是决定从细胞状态中丢弃什么信息。这个决定通过一个称为忘记门层完成：

$$f_t = \sigma\left(w_f \times h_{t-1} + w_f \times x_t + b_f\right) \tag{2–72}$$

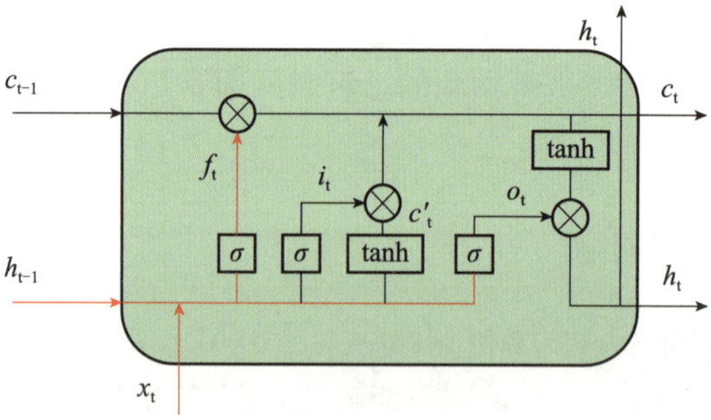

图 2-11　遗忘门

式中：h_{t-1} 表示的是上一个细胞的输出；x_t 表示的是当前细胞的输入；σ 表示 Sigmod 函数。

该门会读取 h_{t-1} 和 x_t，输出一个在 0 ～ 1 之间的数值给每个在细胞状态中 c_{t-1} 的数字。1 表示“完全保留”，0 表示“完全舍弃”。

（2）输入门。第二步是决定让多少新的信息加入到细胞状态中来。实现这个需要包括两个步骤：

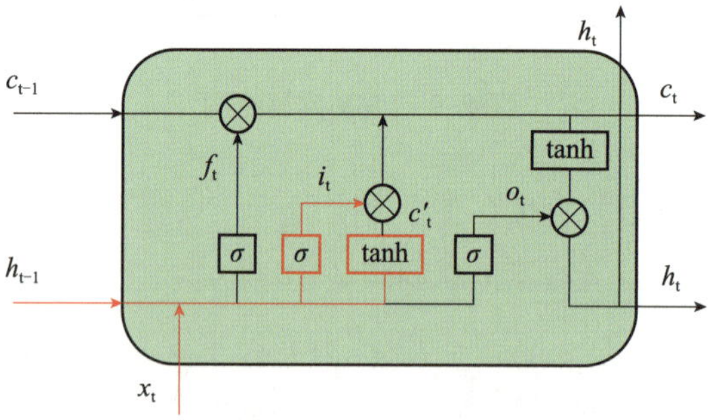

图 2-12　输入门

（1）通过一个叫作“input gate layer”的 sigmoid 层决定哪些信息需要更新。

（2）通过一个 tanh 层生成一个向量，代表备选的用来更新的内容 $c_t^{'}$。

之后将这两部分联合，实现对细胞状态进行一个更新。

$$i_t = \sigma\left(w_i \times h_{t-1} + w_i \times x_t + b_i\right) \tag{2-73}$$

$$c_t^{'} = \tanh\left(w_c \times h_{t-1} + w_c \times x_t + b_c\right) \tag{2-74}$$

（3）输出门。最终，通过输出门确定输出值，输出值基于过滤后的细胞状态，首先，运行一个 sigmoid 层来确定细胞状态的哪个部分将最终输出，其次，把细胞状态通过 tanh 层进行处理（得到一个在 –1 ～ 1 之间的值），并将它和 Sigmoid 门的输出相乘，最终输出结果。

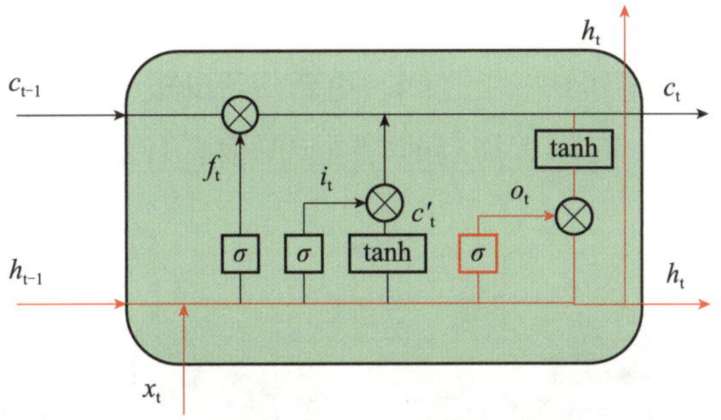

图 2-13　输出门

$$o_t = \sigma\left(w_o \times h_{t-1} + w_o \times x_t + b_o\right) \tag{2-75}$$

$$h_t = o_t \times \tanh(c_t) \tag{2-76}$$

2.3.2.4　门控循环单元

门控循环单元（Gate Recurrent Unit，GRU）是循环神经网络（Recurrent Neural Network，RNN）的一种，为了解决长期记忆和反向传播中的梯度等问题而提出来的，将遗忘门和输入门合成了一个单一的更新门，同时混合了细胞状态和隐藏状态，对捕捉超短期时间序列特征具有很好的适用性。门控循环网络模型结构如图 2-14 所示。

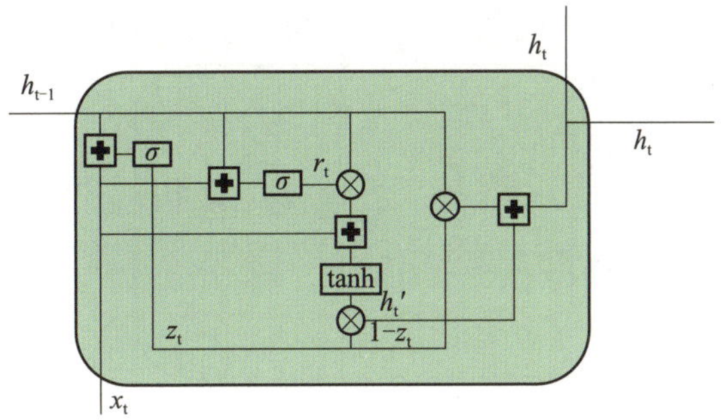

图 2-14　门控循环单元

GRU 的输入输出结构与 LSTM 一致，有一个当前的输入 x_t，和上一个节点传递下来的隐状态（hidden state）h_{t-1}，这个隐状态包含了之前节点的相关信息。结合 x_t 和 h_{t-1}，GRU 会得到当前隐藏节点的输出 z_t 和传递给下一个节点的隐状态 h_t。

（1）更新门。在时间步 t，首先，通过以下公式计算更新门 z_t

$$z_t = \sigma\left[\boldsymbol{W}(z)x_t + U(z)h_{t-1}\right] \tag{2-77}$$

式中，x_t 为第 t 个时间步的输入向量，即输入序列 X 的第 t 个分量，它会经过一个线性变换（与权重矩阵 $\boldsymbol{W}(z)$ 相乘）。h_{t-1} 保存的是前一个时间 $t-1$ 的信息，它同样也会经过一个线性变换。更新门（见图 2–15）将这两部分信息相加并投入到 Sigmoid 激活函数中，因此，将激活结果压缩到 0 ～ 1 之间。更新门帮助模型决定到底要将多少过去的信息传递到未来，或到底前一时间步和当前时间步的信息有多少是需要继续传递的。

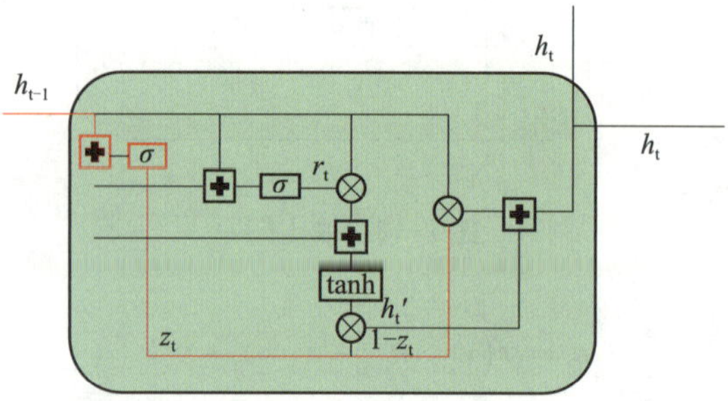

图 2–15　更新门

（2）重置门。本质上来说，重置门（见图 2–16）主要决定了到底有多少过去的信息需要遗忘，使用以下公式计算

$$r_t = \sigma\left[W(r)x_t + U(r)h_{t-1}\right] \tag{2–78}$$

该表达式与更新门的表达式是一样的，只不过线性变换的参数和用处不一样。如前面更新门所述，h_{t-1} 和 x_t 先经过一个线性变换，再相加投入 Sigmoid 激活函数以输出激活值。

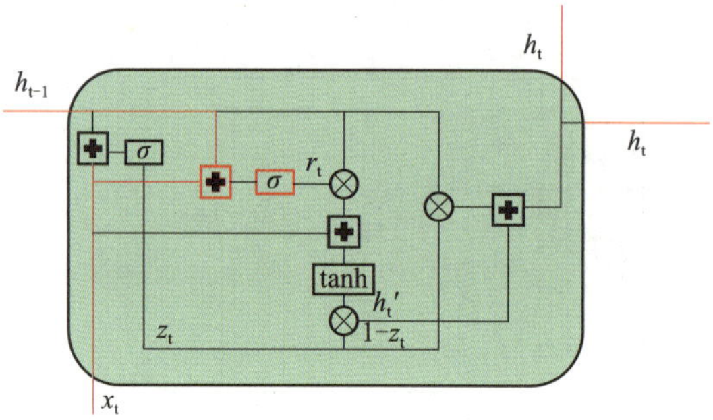

图 2–16　重置门

（3）当前记忆内容。在重置门的使用中，新的记忆内容将使用重置门储存过去相关的信息，计算表达式为

$$h_t' = \tanh\left(Wx_t + r_t \odot Uh_{t-1}\right) \tag{2–79}$$

输入 x_t 与上一时间步信息 h_{t-1} 先经过一个线性变换，即分别右乘矩阵 W 和 U。计算重置门 r_t 与 Uh_{t-1} 的 Hadamard 乘积，即 r_t 与 Uh_{t-1} 的对应元素乘积。因为前面计算的重置门是一个由 0 到 1 组成的向量，它会衡量门控开启的大小。例如，某个元素对应的门控值为 0，那么，它就代表这个元素的信息完全被遗忘掉。该 Hadamard 乘积将确定所要保留与遗忘的以前信息。将这两部分的计算结果相加再投入双曲正切激活函数中。当前

记忆内容如图 2-17 所示。

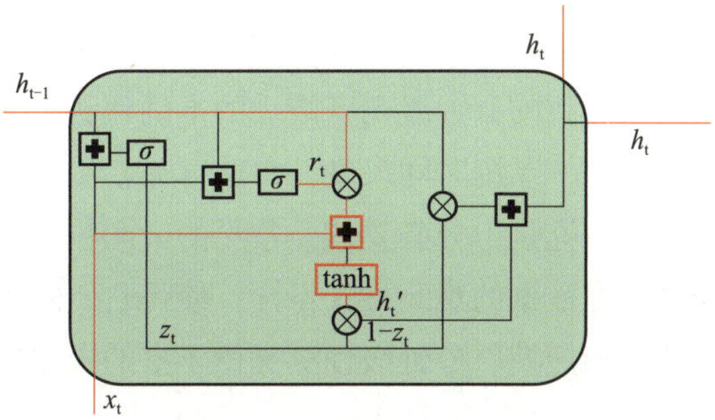

图 2-17　当前记忆内容

（4）最终记忆内容。在最后一步，网络需要计算 h_t，该向量将保留当前单元的信息并传递到下一个单元中。在这个过程中，需要使用更新门，它决定了当前记忆内容 h_t 和前一时间步 h_{t-1} 中需要收集的信息是什么。这一过程可以表示为

$$h_t = z_t \odot h_{t-1} + (1-z_t) \odot h_t' \tag{2-80}$$

z_t 为更新门的激活结果，它同样以门控的形式控制了信息的流入。z_t 与 h_{t-1} 的 Hadamard 乘积表示前一时间步保留到最终记忆的信息，该信息加上当前记忆保留至最终记忆的信息，就等于最终门控循环单元输出的内容。最终记忆内容如图 2-18 所示。

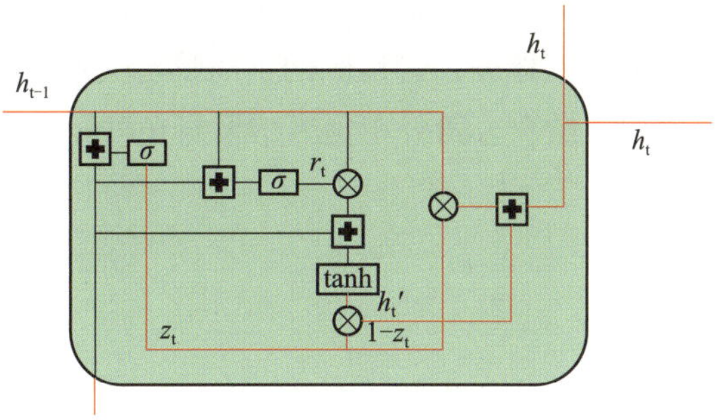

图 2-18　最终记忆内容

2.4　光伏发电超短期 / 分钟级功率预测技术

超短期预测范围一般为未来 15min ～ 4h，预测结果是电网实时调度的重要参考，预测时间分辨率一般均为 15min。近年来，随着光伏发电并网装机容量的增加与集群化

规模的扩大，在多云等特殊天气情况下，光伏发电功率因云团运动及其对太阳的遮挡而发生的分钟级快速剧烈波动，会对电网的稳定带来巨大冲击，而传统的基于光伏电站历史气象功率数据驱动的机器学习、时间序列等预测模型受算法原理与数据精细度限制，难以实现对这种由云团运动导致的分钟级功率波动的准确预测，因此，从超短期预测中进一步细化出了“分钟级”这一预测时间尺度。由此可见，包含云团观测信息的图像信息对于超短期、分钟级预测研究是十分必要的。常见的云图数据包含地基全天空图像与天基卫星遥感云图，两种图像数据的观测方式不同，使得它们的时空分辨率、大小尺寸通常差异显著，而这能够为超短期、分钟级预测提供丰富的云团生消、形变、位移等特征信息。

为实现本研究，提出了如图 2-19 所示的预测方法，其中包含以下几个步骤：

第一步，构建自适应云空识别模型，基于地基全天空图像与天基卫星遥感云图，首先，研究不同云况下天空与云团的光学表现特性，建立天空图像 / 卫星云图中云团像素的自适应动态识别模型。

第二步，基于识别后的云空信息，分析云团位移在天空图像 / 卫星云图频谱变化中的表现形式，提出具有高鲁棒性的云团位移快速精确计算方法。

第三步，研究天空图像 / 卫星云图中云团非线性复杂运动过程的数学描述与量化表征方法，建立基于云团运动特征矩阵最优连续映射的云团追踪与预测模型，研究不同云团运动模式下的预测模型优化方案，在超短期与分钟级时间尺度下实现对天空图像 / 卫星云图中未来云团分布情况的像素级预测。

第四步，研究从云团分布到地表云影地图的空间映射关系，建立“天空图像 / 卫星云图 - 地表辐射”映射模型，结合云团分布预测结果与光电转换模型，建立光伏发电功率超短期与分钟级预测模型。

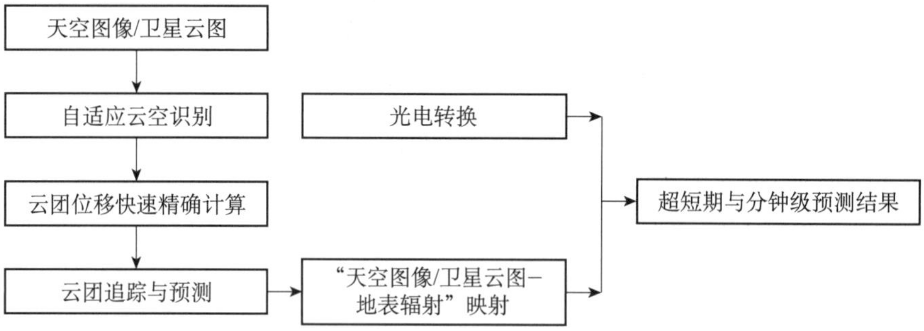

图 2-19　基于运动矩阵能量函数的光伏发电功率超短期与分钟级预测方法

2.4.1　卷积编码器

卷积自编码器是一种监督式深度学习模型，当其用于特征提取任务时，其输入输出数据是相同的，因此，在本研究中卷积自编码器的输入输出数据均为大小为 250×250（行 × 列）的卫星云图。卷积自动编码器由卷积编码器和卷积解码器组成，卷积神经网络结构如图 2–20 所示。在进行云团分布特征提取时，以一幅经过预处理的卫星云图作为卷积自编码器的输入和输出。卷积编码器由卷积层和池化层组成，卷积解码器由转置卷积层和卷积层组成。卷积自编码器中的所有层都是按顺序堆叠的。卷积层可以实现局部连接和权重共享，池化层可以实现下采样操作，这三种操作可以有效地提取图像特征，同时显著减少模型训练的参数。转置卷积层可以实现上采样操作，其计算原理与卷积层相同。卷积层与转置卷积层的区别在于，卷积层可以实现下采样操作，而转置卷积层可以实现上采样操作。在卷积编码器中，池化层和卷积层实现特征图的下采样操作；而在卷积解码器中，卷积层不会改变输入特征图的大小，转置卷积层实现特征图的上采样操作。当将云团图像输入到卷积自编码器时，卷积编码器首先将高维图像信息转换为低维的云团分布特征，然后卷积解码器使用云团分布特征重建图像信息。提取出的云团分布特征将与其唯一对应的出力值构建成 LSTM-FUSION 的输入。此外，卷积自编码器包含两个非计算层，分别是平铺层和整形层。平铺层可以将多维数组转化为一维数组，整形层可以将一维数组转化为多维数组。

卷积神经网络（Convolutional Neural Networks，CNN）作为一种常见的深度学习模型，具有强大的特征提取能力，并且已经成功地用于图像识别和自然语义处理等领域。卷积神经网络在用于分类问题时一般由四种类型的神经元层组成，即卷积层、池化层、全连接层和逻辑回归层（见图 2–20）。

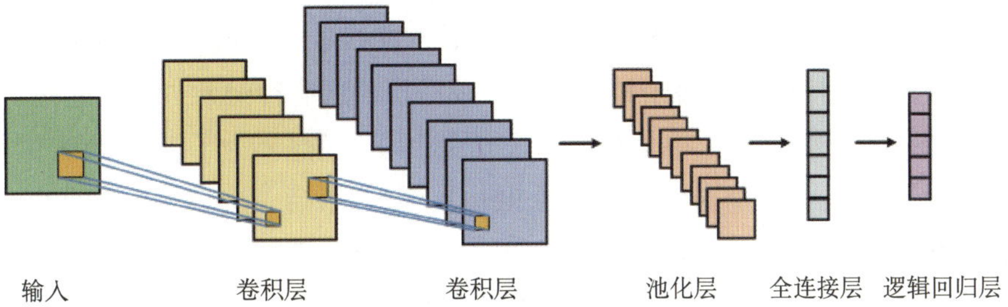

图 2–20　卷积神经网络结构图

1. 卷积层

卷积层的作用为对输入信息进行特征提取。卷积层一般由多个卷积核组成，每个卷积核用于计算一个特征映射。特征图的每个神经元连接到前一层中相邻神经元的区域。该区域在前一层称为感受野。对于新的特征图，可以通过以下两个步骤获得。首先，基于卷积核对输入进行卷积运算；其次，然后利用激活函数对卷积结果逐项进行非线性处理。此外，输入信息所组成的空间位置结构将共享同一个卷积核并生成相应的特征图。在实际应用中，通常采用多个不同的卷积核以生成不同的特征图。例如，第一个卷积层

由六个卷积核组成，然后以生成六个对应的特征图。卷积层的数学计算方程式如式（2-81）所示

$$y_{i,j,k}^{l}=F\left[(w_{k}^{l})^{\mathrm{T}}x_{i,j}^{l}+b_{k}^{l}\right] \tag{2-81}$$

其中，w_k^l 和 b_k^l 分别为第 l 层卷积层第 k 个卷积核的权重和偏置；$x_{i,j}^l$ 为第 l 层卷积层中 (i,j) 区域的输入信息，第 l 层卷积层中的权重 w_k^l 对输入信息的各个区域共享，即权重共享。权重共享可以有效地减小模型需要学习的参数从而更容易训练模型。$F(\cdot)$ 为施加于卷积层的激活函数，其可以有效地提高模型的拟合能力。通常为了防止过拟合情况的发生，通常采用 ReLU 激活函数。

2. 池化层

池化层通常接于卷积层之后，池化层的作用为减小由卷积层产生的特征图的尺寸大小，对特征图中的特征信息进行有效的汇总提取。

$$P_{i,j,k}^{l}=pool(y_{m,n,k}^{l}) \tag{2-82}$$

式中，$(m,n)\in R_{i,j}$，$R_{i,j}$ 为区域 (i,j) 处的信息。传统的池化方法有最大池化和平均池化。

3. 全连接层

全连接层为最常见最典型的神经网络层，通常设置在池化层和逻辑回归层之间，全连接层的作用为将之前层学习到的分布式特征表示汇总到同一空间中，以便于后续分类，即前一层所有的神经元都与当前层每个神经元进行连接。

在 CNN 结构中，经多个卷积层和池化层后，连接着 1 个或 1 个以上的全连接层。与 MLP 类似，全连接层中的每个神经元与其前一层的所有神经元进行全连接。全连接层可以整合卷积层或者池化层中具有类别区分性的局部信息。为了提升 CNN 网络性能，全连接层每个神经元的激励函数一般采用 ReLU 函数。最后一层全连接层的输出值被传递给一个输出层，可以采用 softmax 逻辑回归进行分类，该层也可称为 softmax 层。对于一个具体的分类任务，选择一个合适的损失函数是十分重要的，Gu 等人介绍了 CNN 几种常用的损失函数并分析了它们各自的特点。通常，CNN 的全连接层与 MLP 结构一样，CNN 的训练算法也多采用 BP 算法。当一个大的前馈神经网络训练一个小的数据集时，由于它的高容量，它在留存测试数据上通常表现不佳。为了避免训练过拟合，常在全连接层中采用正则化方法——dropout 技术，即使隐层神经元的输出值以一个设定的概率变为 0，通过该技术使部分隐层节点失效，这些节点不参加 CNN 的前向传播过程，也不会参加后向传播过程。对于每次输入到网络中的样本，由于 dropout 技术的随机性，它对应的网络结构不相同，但是所有的这些结构共享权值。由于一个神经元不能依赖于其他特定神经元而存在，所以这种技术降低了神经元间相互适应的复杂性，使神经元学习能够得到更鲁棒的特征。目前，关于 CNN 的研究大都采用 ReLU+dropout 技术，并

取得了很好的分类性能。

4. 逻辑回归层

逻辑回归层通常作为卷积神经网络分类模型的最后一层。作为各种多类别分类模型中广泛使用的激活函数，softmax 激活函数通常作为逻辑回归层的激活函数。其中，softmax 激活函数的数学表达式如式（2–83）所示：

$$p(y=i)=\frac{e^{x^{\mathrm{T}}w_j}}{\sum_{k=1}^{k}e^{x^{\mathrm{T}}w_k}} \tag{2-83}$$

上述表达式的含义为在给定样本 x 和权重系数 w 的条件下，预测分类属于第 j 类的概率值。其中 k 表示所有的类别，当给定一个输入时，通过 softmax 激活函数会得到该输入对应于每个类别下的相应的概率值。最后每个样本会被分类为最大概率值相对应的特定类。

5. 反卷积层

由 Zeiler 等人提出的反卷积网络模型与 CNN 的思想类似，只是在运算上有所不同。CNN 是一种自下而上的方法，其输入信号经过多层的卷积、非线性变换和下采样处理。而反卷积网络中的每层信息是自顶而下的，它对由已学习的滤波器组与特征面进行卷积后得到的特征求和就能重构输入信号。随后，Zeiler 采用反卷积网络可视化 CNN 中各网络层学习得到的特征，从而有利于分析并改进它的网络结构，反卷积网络也可看成是一个卷积模型，它同样需要进行卷积和池化过程，不同之处在于与 CNN 是一个逆过程。模型中的每一个卷积层都加上一个反卷积层。在卷积、非线性函数、最大池化后，不仅将输出的特征作为下一层的输入，也将它送给对应的反卷积层。反卷积层需要依次进行 unppooling（采用一种近似的方法求最大池化的逆过程）、矫正（使用非线性函数来保证所有输出均为非负数）及反卷积操作（利用卷积过程中卷积核的转置作为核，与矫正后的特征作卷积运算），然后形成重构特征。

6. 一维卷积与二维卷积

一维卷积（CNN1D）和二维卷积（CNN2D）为卷积神经网络的两个分支，其均可用于分类模型的建立，在后续的章节中会对其性能进行相应的对比。CNN1D 和 CNN2D 的共同特征为它们均是通过堆叠多个不同的层构建的，例如卷积层、池化层、全连接层等，其中，卷积层和池化层是 CNN 的核心层。卷积层扮演特征提取器的角色，并通过网络训练学习来提取序列的局部特征。池化层通常接于卷积层之后，作用为通过降低特征图的分辨率来聚合输入特征。

根据（图 2–21 和图 2–22）可以看出，CNN1D 和 CNN2D 之间的主要区别在于它们在卷积过程中滑动窗口的不同滑动方式。CNN1D 的卷积核窗口仅沿单一方向（即时间步长）滑动，而 CNN2D 的卷积核窗口在输入矩阵上沿水平和垂直移动，即窗口具有两个滑动方向。对比 CNN1D，CNN2D 的优势在于其可以从时间和空间的角度更好地捕获输入数据的全局深度特征。

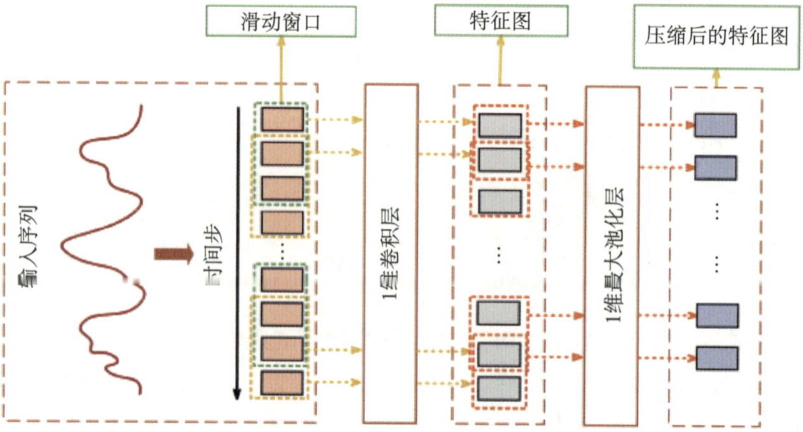

图 2-21　一维卷积（CNN1D）示意图

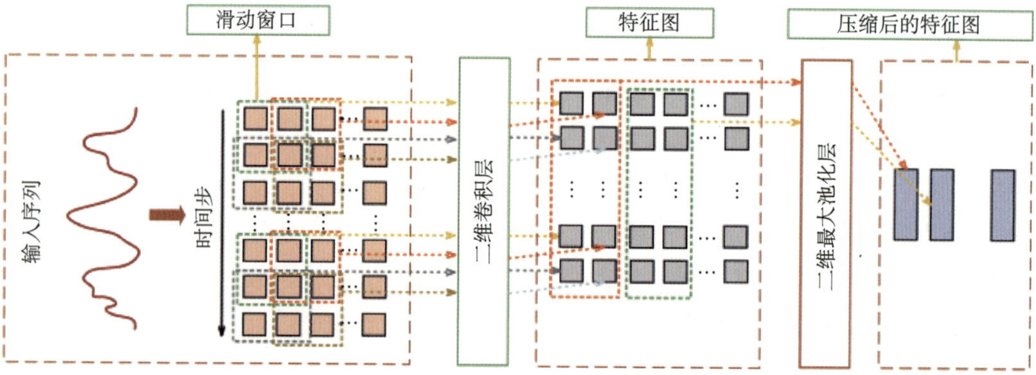

图 2-22　二维卷积（CNN2D）示意图

2.4.2　区域光伏场站群集中式功率超短期预测方法

对于自适应云空识别，考虑到卫星云图是单通道灰度图像，信息较之具有 RBG 信息的地基全天空图像不够丰富，其处理方式通常是自定义灰度阈值以达到云空识别的效果。而对于地基全天空图像，则可依据不同颜色的 RGB 属性，利用红蓝比值和亮度参数来进行天空的辨识与分类。

对于云团位移快速精确计算，当云团运动时，图像频谱也会相应改变，通过分析两幅图像频谱间的差异即可识别时域图像中云团的位移。通过二维傅里叶变换可将图像灰度矩阵转换为频谱矩阵，云团位移则反映为频谱中的相位变化。因此，可根据相邻两幅图像间的频谱相位差快速计算云团的位移。为增强位移计算模型的鲁棒性，考虑寻找满足图像间相移不变条件的其他图像变换算法，通过对原始图像进行相移不变，变换生成新的多组图像，从而对云团位移进行多重计算并筛选获得最终的云团位移计算结果。

对于云团追踪与预测，考虑到云团运动这种非线性复杂运动过程难以用传统的线形外推方法进行预测。若基于空气动力学原理构建描述云团非线性运动过程的偏微分方程组，又会大大增加预测模型的复杂度与求解耗时，导致模型失去其工程应用价值。云团运动过程被一系列连续云图观测设备记录下来，表现为在图像序列中云团像素的位置变化。针对上述问题，可将云图中云团的非线性运动过程分解为构成云团的各个像素点的线性运动，从而将一个云团非线性运动模型转化为多个质点线性运动模型后加以求解。从天空图像中提取云团像素位置坐标集合，获取各坐标集合间的映射关系，构建描述这一映射关系的云团运动特征矩阵，并基于历史天空图像序列对其进行优化，最后根据优化后结果外推各像素的位移，从而得到云团整体分布情况预测结果。

对于面向气象波动过程的光伏发电功率多时空尺度概率预测模型，其确定性预测模型所用数据包括卫星云图、历史光伏功率（Photovoltaic Power，PVP）和数值天气预报（Numerical Weather Prediction，NWP），如图 2–23 所示，其研究思路分为三步：步骤 1 是云团分布特征（Cloud Distribution Features，CDF）的自动提取；步骤 2 是利用云团分布特征向量序列，历史出力序列与历史 NWP 序列构建预测用数据集；步骤 3 是基于步骤 2 中的数据集，利用改进后的超短期预测模型 LSTM-PVP-CDF-NWP 预测未来 1 ～ 16 步出力。

对于光伏场站多时空尺度功率预测系统的开发，应当考虑实际工程的具体需求，并且应当便于后续现场操作人员的使用，以及后续研发人员的维护和改进。

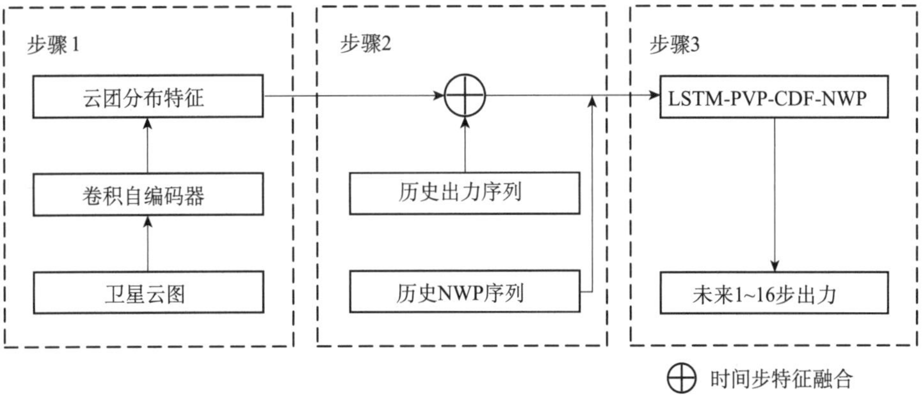

图 2–23　基于统一平台开发区域光伏场站群集中式功率超短期预测方法

2.4.3　光伏发电功率分钟级预测

地表辐照度预测是光伏发电功率分步预测的首要环节，其准确性是保证功率预测精度的关键。然而，多云天气下的地表辐照度受云团生消与运动的影响，其变化具有随机、快速、剧烈等特点，严重影响了传统预测算法的精度。因此，考虑基于云团运动与云特征的辐照度预测是尤为必要的。在对地基云图进行云团位移矢量计算后，采用合适的云特征和对应的辐照度建立“地基云图—地表辐照度”映射模型，结合测量得到的云高数据得到实时局域地表辐照度分布图。该分布图可以有效提供几平方千米范围内的地表辐照度分布信息，并为辐照度预测提供一定指导意义。在利用历史云位移矢量信息进行线性外推后，可获取对未来辐照度产生最大影响的云图像区域，从而获取该区域云特征并实现辐照度预测。为了验证所提出的基于云特征的辐照度预测算法的泛化能力，选用 3 种不同云况进行测试。在实现辐照度预测后，结合其他气象因子实现光伏发电功率的分钟级预测。光伏发电功率分钟级预测的时间尺度一般在 1h 以内，时间分辨率则需高于 5min。考虑到地基云图所含云信息量有限，所选预测时间尺度为 10min，时间分辨率为 1min。

辐照度代表了受照面单位面积所接收的辐射通量，其能量来源为太阳辐射，是一种电磁辐射，可通过真空和媒介进行能量的转移。辐射以电磁波的形式进行能量传输，传输过程中不需要任何介质，但在传输途中碰上任何介质均会产生介质反射、吸收和散射现象，造成了传输能量的衰减。太阳辐射的具体表现形式为：当太阳辐射穿过大气层时，一部分辐射会被反射回外太空，另一部分辐射会被空气分子、气溶胶、水蒸气、粉尘散射，还有一部分会被空气、水蒸气吸收，而剩余的直接太阳辐射最终到达地球表面，与其一同的是被空气分子、气溶胶等散射到地表的散射太阳辐射。

气溶胶、水蒸气、云是影响地表辐照度大小的重要气象因素。其中，云对太阳辐射的光学厚度影响尤为大，可以对太阳辐射进行大幅度的反射与吸收，从而降低了到达地表的辐射通量，对大气和地面起到冷却作用。云的辐射特性与其所处大气和地表的性质，以及云的厚度、高度、云量有着密切关系。云量的多少会直接影响辐射的吸收与反射程度，是地表辐照度的重要影响因素，有研究显示，云量与太阳辐射衰减率呈现正相关关系。地球上空的大气层按照垂直方向的气温分布特征，可分为对流层、平流层、中间层、热层和散逸层。云多数在对流层形成，大气层的温度随着高度的增加而降低，云高的不同会直接影响云的温度，形成水云、冰云与混合云。基于云粒子的相态特征，将由水滴组成的云称为水云，冰晶组成的云为冰云，水滴与冰晶两者混合形成的云为混合云。不同云对太阳辐射的衰减程度亦不相同，通常来讲，冰云对太阳辐射的衰减作用要较水云小很多。此外，低云对太阳辐射的衰减亦较高云大很多，为高云的几倍，是所有大气粒子中对辐照度影响最大的一种。

由于地区区域性中云移动和生消形变的影响，导致地表辐照度和光伏场站输出功率呈现出明显的波动性和间歇性。在现有的各种云追踪方法中，地基天空成像系统在分钟级辐照度预测与光伏功率预测方面得到了显著应用。与基于卫星云图的预报相比，基于地基云图的预报能够以高时空分辨率展示局地的天空信息，如太阳遮挡情况和云分布等。因此，在分钟级超短期辐照度与光伏功率预测研究中，地基云图成为获取云信息的最佳选择。

为了有效提取云的相关特征，探究云与辐照度之间的映射关系，选择从图像像素角度对云特征的选取进行分析，从而研究云对地表辐照度的影响。当太阳光线穿透大气层时，光线与大气粒子相互作用发生瑞利散射，其中波长较长的颜色，如红、橙、黄、绿色会沿原路径传播，而波长较短的颜色，如蓝、紫色会被散射至其他方向。由于人眼对紫光敏感度较低，天空会呈现为蓝色。云粒子的直径要比太阳光线大很多，所有颜色的光线都会发生散射现象，因此，云的颜色为白色。然而，当云层过厚导致太阳光线无法穿过时，云会变为深灰色，与实际观测情况亦相符。

对于由 TSI–880 设备所拍摄导出的 JPG 地基云图，其采用的彩色图像模型为 RGB 模型。RGB 模型一般由 R（红色）、G（绿色）、B（蓝色）三原色以不同比例混合叠加来实现混色的模型，故称为加色混色模型。每种颜色的灰度级范围为 [0，255]，共 256 级，通过设置不同的 RGB 值可混合产生 2563 种不同的颜色。参考 RGB 颜色表，可以观察到蓝天、白云和深灰色云的 RGB 值分别围绕在（0，0，255）、（255，255，255）、（180，180，180）左右。

地表辐照度主要受太阳周边云态的影响，本课题仅研究太阳附近区域的天空信息并针对该区域进行云特征提取。当太阳处于蓝天区域、白云区域、灰云区域时，光伏场站中受照面单位面积所接收的辐射通量亦不尽相同。不同云信息反映出来的颜色，即局域 RGB 信息，与地表辐照度数值大小呈密切关系。为进一步探究地基云图与辐照度之间的映射关系，选取时间间隔为 Δt 的 3 幅连续地基云图和该时段内的辐照度曲线，对应时刻 $T-\Delta t$，T，$T+\Delta t$ 的辐照度数值如图 2–24（b）所示。当云未对太阳形成大面积遮挡，即太阳明亮度较高时，$T-\Delta t$ 时刻的辐照度处于接近 1000W/m^2 的数值。随着云团逐渐下移，太阳渐渐失辉，T 时刻的辐照度迅速下降，在图像中反映为被灰黑色云覆盖。当云团继续下移，太阳处于云团边缘处且遮盖程度不高时，$T+\Delta t$ 时刻辐照度明显上升。对于中间 T 时刻的地基云图，截取沿着云团移动轨迹并涵盖太阳的长方形区域，如图 2–24（a）所示。不同时刻所对应的太阳所处的天空区域均用绿色圆圈标出，可见对于 $T-\Delta t$，$T+\Delta t$ 时刻而言，太阳所处区域为蓝色天空和白云，对于 T 时刻而言，太阳所处区域为灰黑色云。该推论与实际情况相符，即说明图像的 RGB 信息与辐照度值密切相关。

为了进一步探究 RGB 信息与辐照度之间的关系，根据不同云况，选取了块状云、薄云、厚云三种气象条件下的云图为样本。考虑到全天空成像仪仅能在白天进行全天空云量的持续监测，例如，选取的数据集采集时间为 7:00—17:00。图 2–25 展现了三种不同云况在某一天的辐照度曲线，其中块状云、薄云、厚云选取的日期分别为 2017.05.02，2016.08.26，2016.06.08。

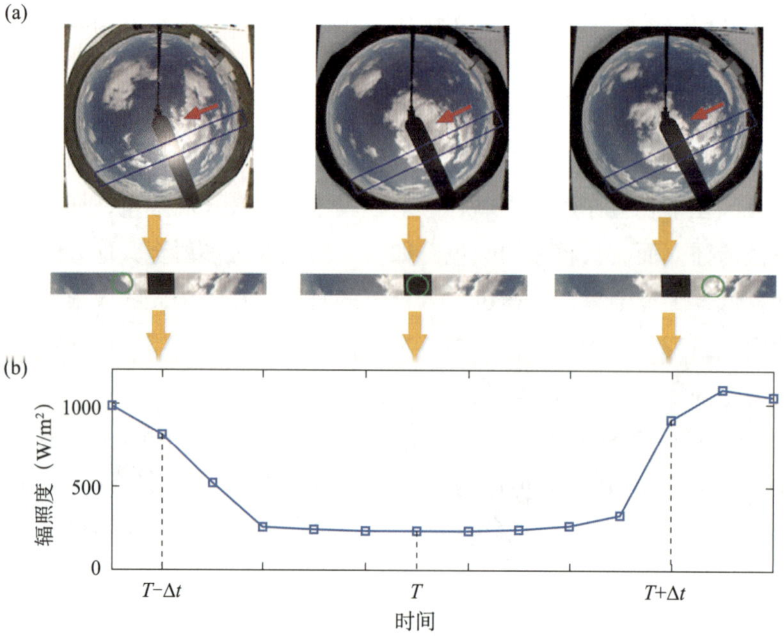

图 2-24　原始地基云图与对应时刻辐照度的关系

（a）每对连续的 3 幅时间间隔为Δt的地基云图；（b）对应时刻的辐照度值

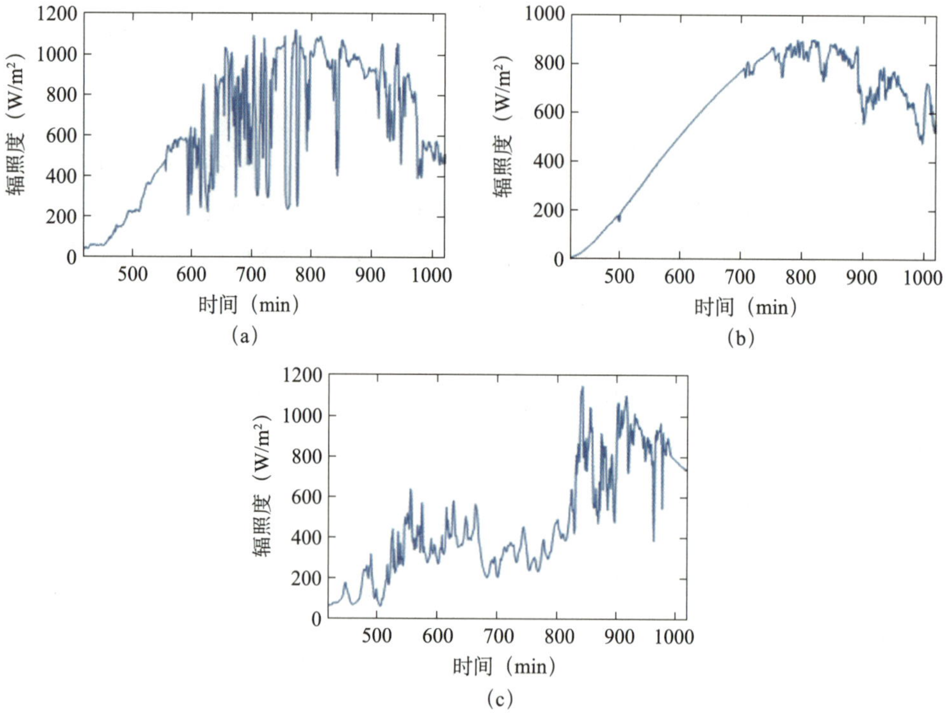

图 2-25　三种不同云况下的日辐照度曲线

（a）块状云；（b）薄云；（c）厚云

由图 2-25 可知，块状云云况的日辐照度曲线呈现剧烈波动趋势，薄云云况下，由于阳光仍能穿透云层，对辐照度衰减影响较小。在厚云云况下，因云层较厚且具有较高的耐光性，辐照度受到大幅度衰减，曲线整体趋势处于较低水平。

通过对不同云况下两幅连续的地基云图进行云团位移矢量计算，可获取未来 10min 内将要覆盖太阳的圆形天空区域的平均 RGB 值，以及该时刻所对应的辐照度数值。对于每张地基云图，可提取出 10 组样本数据。通过对不同云况下 2h 内共 120 张图像进行样本提取，每种云况可生成 1200 组样本。通过探究 *RGB* 值与辐照度之间的关系，进行相关性分析，如图 2-26 所示。

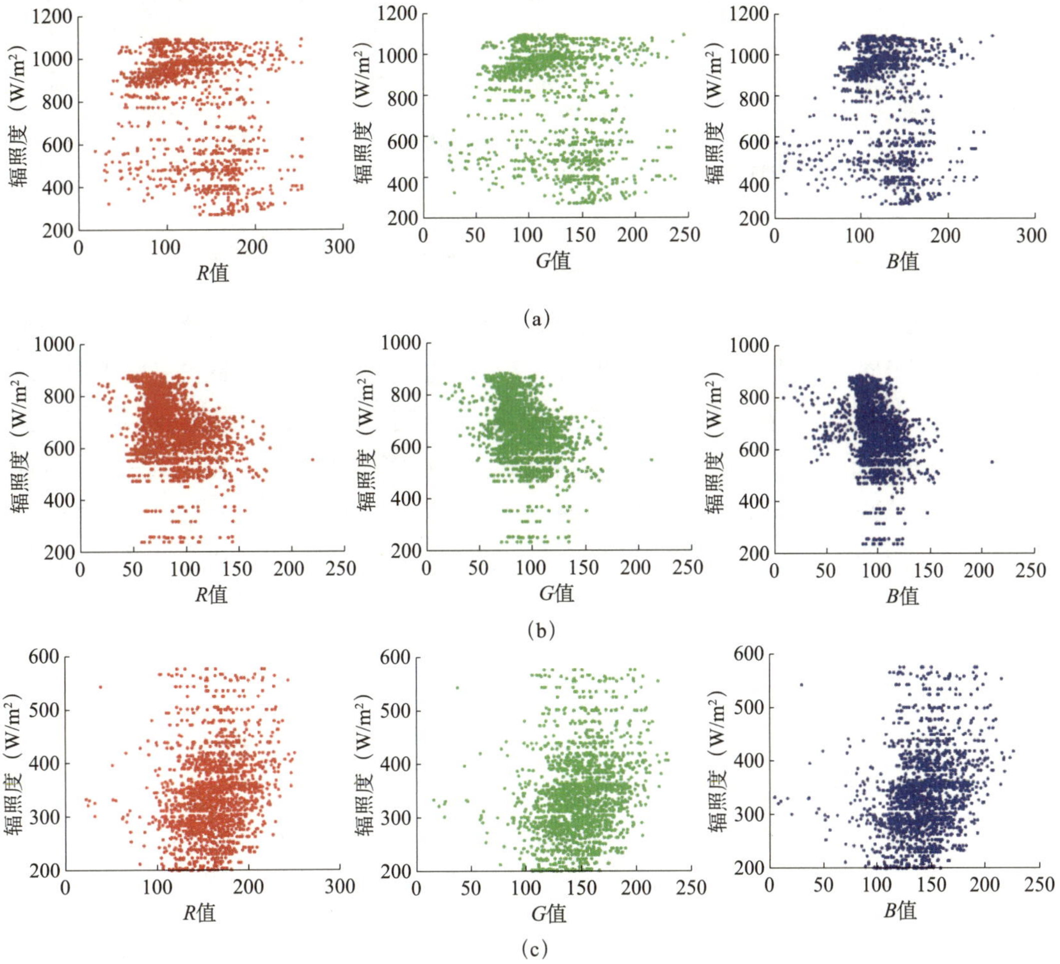

图 2-26　RGB 值与辐照度之间的关系

（a）块状云云况下 *RGB* 值与辐照度的关系；（b）薄云云况下 *RGB* 值与辐照度的关系；（c）厚云云况下 *RGB* 值与辐照度的关系

各颜色与对应 RGB 值如图 2-27 所示，在块状云云况下，绝大多数点处于左上方和右下方，这表明当 RGB 值在灰色（150，150，150）左右时，辐照度值保持在较低水平。当 RGB 值处于蓝色（80，100，130）左右时，辐照度值普遍较高。在薄云情况下，RGB 点的分布为左上角并向右下延伸，在 RGB 值处于（120，120，120）时，代表太阳被薄云覆盖，此时辐照度值较高，在 600W/m^2 附近，但仍小于的 RGB 为（60，80，100）左右，代表太阳处于蓝天环境时刻的辐照度值。对于厚云云况，RGB 的分布趋势为中低部沿至右上方。即当 RGB 值在（170，170，170）左右时，穿透厚云层的光线量微弱，辐照度普遍较低。因 RGB 取值是针对所取区域天空进行数值平均化，会存在蓝天像素与白云像素以不同比例混合的情况，导致所求 RGB 值与真实像素的 RGB 值之间存在一定偏差，从而影响数据点的分布。通过上述分析可以得出，辐照度与像素 RGB 值存在直接映射关系，从理论上证明了课题提出的基于 RGB 云特征的地基云图—辐照度映射模型的方法是可行的。

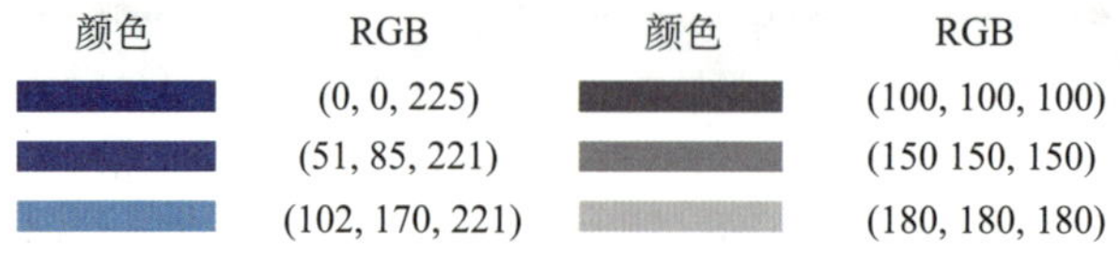

图 2-27　各颜色与其对应 RGB 值

除 RGB 值外，所提取天空区域中心与太阳的距离也是影响辐照度数值的另一个重要因素。对于同一云团，随着云相对太阳位置的变化，光照强度的不同势必会影响云域的 RGB 值。当云团离太阳越近，云域越亮；反之则越暗。因此，在建立映射模型时，选取 RGB 值和距离信息作为模型输入，辐照度作为模型输出进行训练。之后利用线性外推，获取未来 10min 内的云团移动矢量和遮挡太阳的云域，提取 10 组输入样本进行未来 10min 内的辐照度预测。基于地基云图 – 辐照度映射模型的分钟级辐照度，预测的具体技术路线如下：

（1）提取晴空图像集和块状云、薄云、厚云中的一类图像集。

（2）对选取图像集进行图像预处理。

（3）计算相邻图像之间的云位移矢量。

（4）计算每幅地基云图的太阳中心点坐标 (x_s, y_s)。

（5）计算每幅图像在未来 10min 内各分钟移动到太阳中心点的像素点坐标 (x_1, y_1)。

（6）以 (x_1, y_1) 为中心点，r 为半径，提取该圆形区域内像素的平均 RGB 值；对于晴空图像集，提取整个蓝天区域像素的平均 RGB 值。

（7）计算太阳中心与 (x_1, y_1) 之间的距离 D，对于晴空图像集，距离 D 自 [10，200] 中随机设置。

（8）将 RGB 值和距离 D 设为四维输入，辐照度值设为输出建立映射模型。

（9）将实时地基云图各像素信息输入映射模型得到地表辐照度分布图。

（10）利用线性外推预测未来 10min 内云团移动位移矢量，对实时地基云图进行云特征提取，利用映射模型进行辐照度预测。

（11）辐照度预测值结合其他气象因子实现分钟级光伏功率预测。

基于地基云图 – 辐照度映射模型的分钟级预测模型流程图如图 2–28 所示。

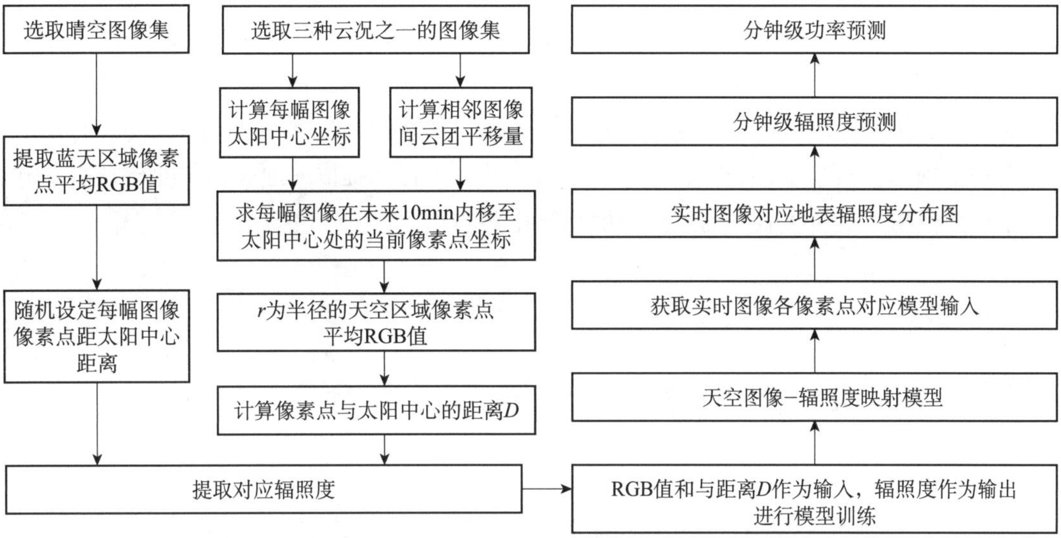

图 2–28　基于地基云图 – 辐照度映射模型的分钟级预测模型流程图

依据“天空图像—地表辐照度”映射模型，可实现从天空图像数据到辐照度数据的映射计算。基于上述研究成果，可对未来一段时间内的光伏电站辐照度进行预测。根据所预测出的辐照度结果，结合光伏电站历史气象与电气监测数据，搭建“辐照度—光伏发电功率”的映射模型以实现光伏场站出力预测。

众所周知，光伏发电功率与天气状态密切相关，通过应用多个气象参数进行表征，可知晓天气状态的波动变化。根据光伏发电基本原理和气象专业理论的分析可知，除辐照度外，环境温度、湿度、太阳高度角、太阳方位角、风速、风向、气压等因素均会对光伏发电功率造成影响，不同的气象影响因子所造成的影响强弱程度均有所不同。本文中选取地表辐照度、环境温度、太阳高度角、太阳方位角、历史功率作为输入，实际功率作为输出，选用 BP 神经网络建立预测模型，实现光伏发电功率分钟级预测，光伏发电功率分钟级预测方法流程图如图 2–29 所示。

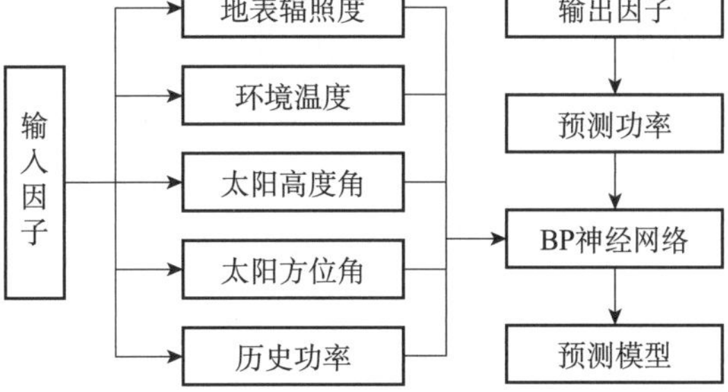

图 2–29　光伏发电功率分钟级预测方法流程图

基于云特征提取的地表辐照度与光伏发电功率预测模型在探讨云特征与辐照度的映射关系的基础上，建立“地基云图—地表辐照度”映射模型。根据映射模型和测量云高，可生成对应实时地基云图的地表辐照度分布图。此外，根据云移动短时间内无法产生剧烈突变的原理，利用线性外推预测未来云位移矢量，从而获取未来时段内的云特征输入至训练好的模型中，实现单场站时间尺度为 10min 的地表辐照度预测。根据预测的地表辐照度结果，结合其他气象因子，完成了在 3 种不同云况下相同时间尺度内的光伏发电功率预测。实验结果表明，本文所提出的基于云特征提取的地表辐照度与光伏发电功率预测模型，具备了较好的预测精度和泛化能力。

2.5 光伏发电短期功率预测技术

根据中华人民共和国能源行业标准《光伏发电站功率预测系统技术要求》(NB/T32011—2013)，光伏发电功率短期预测应能预测次日零时起至未来 72h 的光伏发电站输出功率，时间分辨率为 15min。预测模型输入数据按照数据的来源主要分为两大类：一种是使用当前和 / 或滞后时间序列组成的光伏电站的输出功率；另一种是使用本地测量数据、地基云图数据、卫星图像数据、NWP 数据等（包括温度、相对湿度、光照辐度、云量、风速和风向、气压等）。由于需要以天为单位进行数据的处理、分析与预测，而每天的光伏功率曲线因光伏电站周边天气状态影响会呈现出不同的波动模式，因此，若能够提前预知预测日当天的天气状态，即可进一步识别预测日光伏电站功率曲线的波动模式，从而大大降低光伏发电功率短期预测的难度，提高预测精度。

2.5.1 光伏场站不良数据修正策略

1. 研究基于人工智能技术的分布式光伏不良数据形态及特征提取方法

研究分布式光伏数据现状，基于人工智能技术收集并提取不良数据形态及特征，形成不良数据分类。一般在光伏出力数据传输阶段，可能由于二次设备的量测失效和通信故障，以及其他影响因素的变化而产生大量的不良数据。此外，由于分布式光伏单体容量较小，接入个数巨大，且施工质量较差、产权变更频繁、运维人员技能水平较低等原因，导致基础采集数据质量存在较大问题。

不良数据的常见模式主要有以下几种：

（1）空数据点：某点数据记录为空或缺失某天数据。

（2）零数据点：某点数据记录为零或某天数据为零。

（3）连续恒定值：连续恒定值为曲线上连续时间内数值精确相同的一组数据，由传感器失灵导致输出不随输入变化产生。这是数据序列中一种常见的不良数据类型。

（4）阶跃值：异常阶跃值包括曲线上出现的显著尖峰脉冲、具有显著的上升沿或者下降沿等曲线形态，以及一些并不常见的干扰导致的不良数据点。

运用出力曲线特征提取技术，获取曲线上相邻两点之间增量的期望值。在四个分量中，低频分量变化缓慢，相邻两点之间变化接近于零。因此，假设低频分量相邻两点之间的增量的期望为零，高频分量接近于白噪声，其增量的期望值也为零。因此，曲线相邻两点之间的增量的期望值，可以由日分量和周分量加总后曲线上相邻两点间的增量来近似，这一加总后的曲线定义为特征曲线。

特征曲线是出力分解后日特征分量曲线和周特征分量曲线之和。$f(t)$ 表示特征曲线，其表达式如下

$$f(t)=d(t)+w(t) \tag{2-84}$$

特征曲线分解方法如图 2-30 所示。

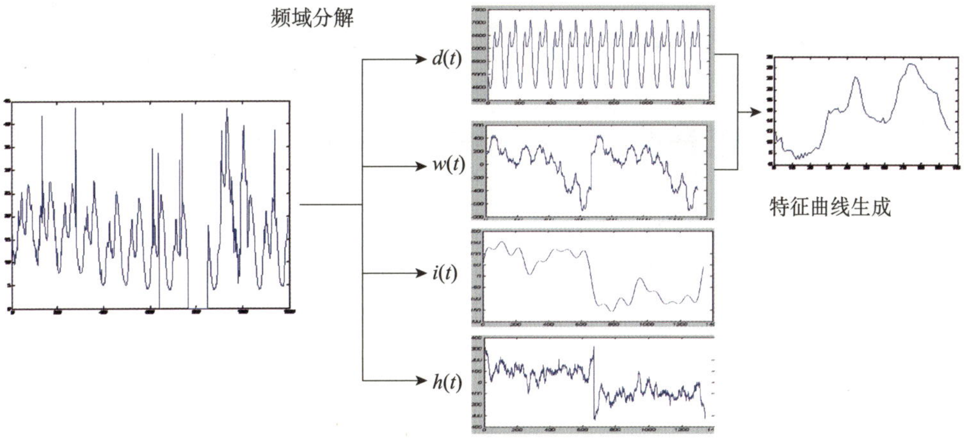

图 2-30　特征曲线分解方法

2. 研究基于大数据的不良数据判定依据及辨识方法

针对不同类型的不良数据，研究光伏与影响因素的相关关系，判定不良数据的可辨识性，形成判定依据及辨识方法。就不良数据的判定及辨识来说，目前的研究多数致力于存在不良数据的光伏电站自身数据的统计采样和分析，结合对历史数据的统计对现有不良数据进行修正时，如果不考虑光伏出力本身的历史出力信息中由于不良数据较多而导致其不能完全利用时，最终会致使之后对不良数据的判定及修正失去意义。首先，通过研究影响光伏出力的相关因素，进一步分析光伏与影响因素的相关关系，确定影响光

伏出力的关键因素。在对光伏出力数据进行不良数据辨识过程中，可将相关因素的变化情况作为光伏出力变化的判断依据，形成对不良数据的辨识方法。

3. 研究基于模式识别技术的不良数据修正策略

利用光伏与相关因素的内在关联特性，挖掘光伏数据潜在规律，根据不良数据类型研究基于模式识别技术的“粗辨识—细辨识”异常数据辨识与修正。

不良数据不同模式的辨识方法是不同的：对于空值数据，可以依据不良数据所特有的模式进行检测，零值、连续恒定值和异常阶跃值等不良数据可以根据不良数据特征确定范围，从而进行进一步判断，此类不良数据的检测依赖于对正常数据及不良数据统计特性的认知。考虑到以上方面，采用从易到难，由粗到精，分步辨识的流程。

（1）首先进行粗辨识，定位空数据点、零数据点、连续恒值数据、离群点数据，对少量不良数据进行简单修正。

（2）对待分布式光伏出力数据进行规律性判断，规律性弱的数值误判性概率大，不对其直接进行修正。规律性强的负荷不良数据可辨识及修正度高，可对其直接进行修正。

（3）对具有明显规律性的负荷，提取其特征曲线，运用特征曲线同分布式光伏出力曲线进行对比，精细辨识异常零值、异常恒值、异常跃变值，并根据特征曲线对不良数据进行修正。

（4）对修正后的数据进行二次检验，将误判为不良数据点的数据进行还原。

2.5.2 基于辐照度特征参数的天气状态模式识别分类建模方法

从预测模型拟合的映射关系角度来说，大气运动决定了天气状态，天气状态决定了太阳辐射的变化，导致预测模型输入 / 输出之间的映射关系在不同天气状态条件下存在明显的差异。因此，只用一个模型做到对多种不同天气状态下光伏发电功率预测模型输入、输出之间映射关系全面准确地拟合是非常困难的。此外，从光伏电站历史数据的分布角度来说，各种不同天气状态对应历史出力数据分布必然不均，通过这种数据训练得到的单一预测模型，对多变天气状态的适应性无法保证，其在小概率天气状态下的预测精度必然难以满足要求。因此，需要提取辐照度数据中能够反映不同天气状态的特征量，采用支持向量机方法建立基于辐照度特征参数的天气状态模式识别分类模型，通过该模型，可对缺失天气类型信息的历史数据进行处理，使其缺失的广义天气类型标签得以恢复，从而实现对全部历史数据的类别分组。光伏电站发电功率分类预测方法总体框架如图 2–31 所示。

1. 地表辐照度与地外辐照度之间关系随天气状态变化的规律

大气对太阳辐射的吸收、散射和反射，削弱了到达地面的太阳辐射。地表接收的辐照度数值小于该地对应的地外辐照度理论值。据此，可对地表太阳辐照度实测数据进行预处理，对那些大于同一时刻地外辐照度理论值的实测数据进行滤除，令其等于理论值。另外，由于测量仪器误差、传输错误等原因出现的负的数据是不合理的，可将此类数据统一置零。地表辐照度实测数据经过上述预处理后，可绘制得到指定时间范围内的地表辐照度实测值曲线。

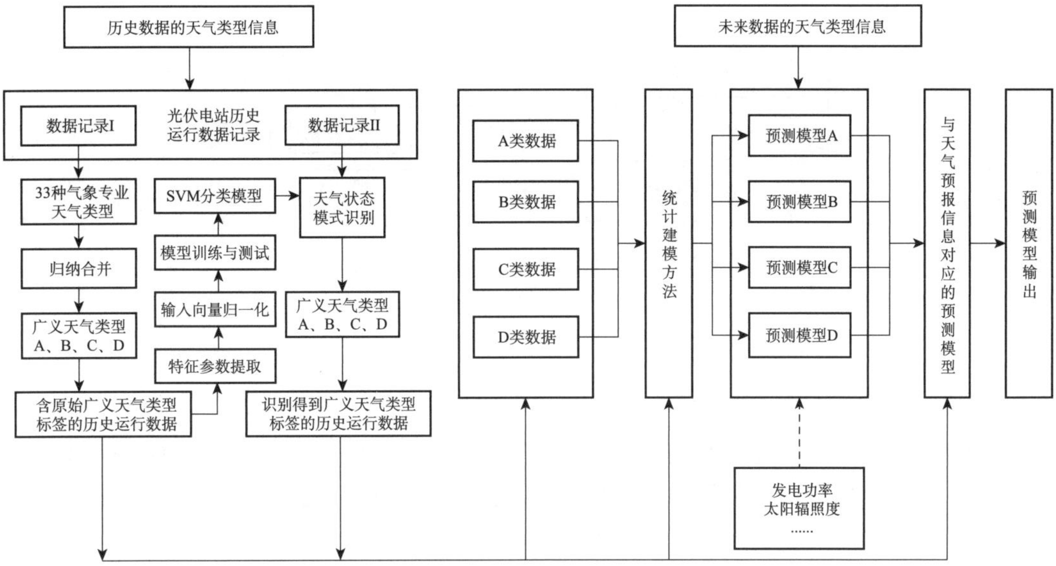

图 2-31　光伏电站发电功率分类预测方法总体框架图

地表太阳辐照度与地外太阳辐照度之间的关系、与天气状态的变化密切相关。根据气象学理论和对大量实际数据统计分析的结果可知，如果某地指定时间范围内天气状态的变化很小，则其地表太阳辐照度的变化规律应该和地外太阳辐照度的变化规律非常接近。而地表接收的太阳辐射受经度、纬度、海拔、季节、气候、环境、空气质量等因素影响，存在较大差别。地表太阳辐照度既具有基本的演变规律和明显的间歇性特点，同时存在复杂、随机变化的显著特征。通过对比分析地表与地外太阳辐照度变化规律的差异，就能够较为准确地掌握对应时间范围内天气状态变化的基本情况。

2. 天气状态的广义天气类型描述

天气状态一般指在小时到几天时间范围内大气运动的变化，而气候则指更长时间尺度和更大地理范围内的变化。所有天气类型均采用同一模型进行辐照度预测在多数情况下的误差较大。

要实现辐照度变化规律的精确拟合和准确预测，按照不同天气类型分类建模是解决这一问题的有效途径，天气状态模式识别与分类建模流程如图 2-32 所示。考虑到典型天气类型的代表性，以及其他天气类型与这些典型天气类型的相似性，可根据相似程度将种天气类型进行归纳合并，每个子集均包含不止一种天气类型，称这些子集为广义天气类型集合，简称广义天气类型。

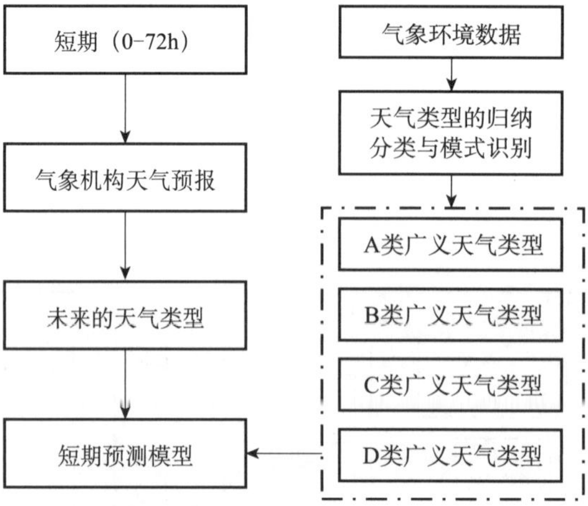

图 2–32　天气状态模式识别与分类建模流程

3. 辐照度特征参数提取

辐照度与天气状态密切相关，不同天气类型条件下的地表辐照度的变化规律各不相同；同时，辐照度又是光伏电站监控系统必须测量、记录的数据，因此，采用辐照度作为判定天气状态的依据是合理、可行的。为了实现天气状态的模式识别，判断辐照度数据所对应的广义天气类型，需要对辐照度数据序列进行分析，从中提取能够反映天气状态的特征参数，作为进行天气状态模式识别的特征量。

在实际情况中，地表辐照度实测值曲线与地外辐照度理论值曲线在形状上的差别，反映了两者变化规律的差异，云层对太阳辐射的反射和吸收会影响到达地表的辐射通量。因此，能够度量两曲线形状差异程度和不同变化规律的数学特征参数，就可以作为对不同天气状态进行模式识别的输入特征。这些数学特征参数包括指定时间范围内的最大值、平均值、累计值、方差、各阶导数等统计特征参数，还有诸如离散差、一致性系数等自定义指标根据以上分析，在进行辐照度特征参数提取的过程中，主要考虑了数据序列统计意义上的总体特征、地表与地外辐照度区别度量的差异离散特征和反映地外与地表辐照度演变发展方向异同的变化趋势特征。

1）辐照度特征选取

（1）晴朗指数。辐照度一段时间的累计称为这段时间对应的曝辐量，为了衡量地表辐照度与地外辐照度总体曝辐量上的差异，定义两者之比为晴朗指数 K_{t}，如式（2–85）。

$$K_{\mathrm{t}}=\frac{\int_0^{24}G_{\mathrm{s,i}}(t)\mathrm{d}t}{\int_0^{24}G_0(t)\mathrm{d}t}=\frac{\sum_{i=1}^{N+1}(G_{\mathrm{s},i-1}+G_{\mathrm{s,i}})}{\sum_{i=1}^{N+1}(G_{0,i-1}+G_{0,i})} \tag{2–85}$$

式中：$G_{\mathrm{s,i}}$ 为地表辐照度的离散采样值，$i=1,\cdots,N$；N 为一天 24h 内的采样点个数；$G_{0,\mathrm{i}}$ 为时

间间隔与地表辐照度相同的对应的地外辐照度理论计算值；$G_{0,0}=G_{0,N+1}=0, G_{s,0}=G_{s,N+1}=0$。

（2）地表辐照度最大值。地表辐照度在日照时间内的最大值在一定程度上代表了该日太阳辐射的强度，其定义如式（2–86）。

$$G_{s,\max}=\max_{i=1,\cdots,N}\{G_{s,i}\} \tag{2–86}$$

式中，$G_{s,i}$ 为地表辐照度的离散采样值，$i=1,\cdots,N$；N 为一天 24 小时内的采样点个数。

（3）地表辐照度方差。地表辐照度的方差描述了地表太阳辐射波动变化的程度，如式（2–87）所示。

$$V_g=\frac{1}{N}\sum_{i=1}^{N}[G_{s,i}-(\frac{1}{N}\sum_{i=1}^{N}G_{s,i})]^2 \tag{2–87}$$

式中：$G_{s,i}$ 为地表辐照度的离散采样值，$i=1,\cdots,N$；N 为一天 24 小时内的采样点个数。

（4）辐照度差三阶导数最大值。天气状态变化时，地表辐照度随时可能出现突变，突变的幅度与频次也有所不同，但此时对应的地外辐照度并不受天气状态的影响，而依然保持其固有的变化规律。因此，可以通过观察地表辐照度与地外辐照度之间的差别（简称辐照度差），来描述地表辐照度偏离固有变化趋势的程度，从而反映天气状态的变化。为了对天气状态的随机波动情况进行描述，需要提取能够刻画辐照度差局部变化特征的数学指标。曝辐量可以认为是辐照度对时间的积分，反映的是在一定时间范围内辐照度的总体特征。从数学角度来说，导数描述变化率的大小，因此，辐照度差对时间的导数应该能够反映其随机变化的局部特征，可作为潜在备选的特征量。

由于辐照度为离散数据，所谓导数实际应为差分，考虑到习惯上描述变化率一般称为导数，依然称之为导数。考虑到辐照度差的三阶导数也是离散的数据序列，维数较多，不适宜将其全部数值均作为特征参数直接输入，这会使输入空间的维数过高，故选择辐照度差三阶导数的最大值作为特征参数，记做 $TOD_{\max}$。

2）辐照度的差异离散特征

（1）离散差。为了描述非平稳天气状态下地表辐照度与地外辐照度的差异，定义离散差，如式（2–88）所示。

$$LS_1=\sqrt{\frac{1}{N}\sum_{i=1}^{N}(G_{0,i}-G_{s,i})^2} \tag{2–88}$$

式中：$G_{s,i}$ 为地表辐照度的离散采样值，$i=1,\cdots,N$；N 为一天 24h 内的采样点个数；$G_{0,i}$ 为时间间隔与地表辐照度相同的对应的地外辐照度理论值。

（2）归一化离散差。为了消除不同天气状态条件下数值大小的影响，定义归一化离散差，如式（2–89）所示。

$$LS_2=\sqrt{\frac{1}{N}\sum_{i=1}^{N}(G_{0N,i}-G_{sN,i})^2} \tag{2–89}$$

其中

$$G_{0N,i}=\frac{G_{0,i}}{\max\limits_{i=1,\cdots,N}\left(G_{0,i}\right)}\times 100\%\text{，}\quad G_{sN,i}=\frac{G_{s,i}}{\max\limits_{i=1,\cdots,N}\left(G_{s,i}\right)}\times 100\%$$

式中：$G_{s,i}$ 为地表辐照度的离散采样值，$i=1,\cdots,N$；N 为一天 24h 内的采样点个数；$G_{0,i}$ 为时间间隔与地表辐照度相同的对应的地外辐照度理论值。

离散差反映了地表和地外辐照度实际数值上的差异，而归一化离散差消除了二者数值大小不同的影响，只反映二者曲线形状差异的大小。

（3）辐照度的变化趋势特征

为了定量地表示地表与地外辐照度在变化趋势上的差异，需要深入分析辐照度离散数据序列的变化规律，从而提出一种描述地表与地外辐照度两者变化趋势差异的新指标，称为一致性系数，如式（2–90）所示。

$$K_{cc}=f(G_s,G_0)=\sum_{i=2}^{N}f_i(G_{s,i},G_{0,i}) \tag{2–90}$$

其中

$$f_i(G_{s,i},G_{0,i})=\begin{cases}\dfrac{G_{s,i},G_{s,i-1}}{\left|G_{s,i},G_{s,i-1}\right|}\times\dfrac{G_{0,i},G_{0,i-1}}{\left|G_{0,i},G_{0,i-1}\right|} & if\ \left|G_{s,i}-G_{s,i-1}\right|\neq 0\text{ 和 }\left|G_{0,i}-G_{0,i-1}\right|\neq 0\\ 0 & if\ \left|G_{s,i}-G_{s,i-1}\right|=0\text{ 或 }\left|G_{0,i}-G_{0,i-1}\right|=0\end{cases}$$

式中：$G_{s,i}$ 为地表辐照度的离散采样值，$i=1,\cdots,N$；N 为一天 24h 内的采样点个数；$G_{0,i}$ 为时间间隔与地表辐照度相同的对应的地外辐照度理论值。

当 $\left|G_{s,i}-G_{s,i-1}\right|\neq 0$ 时，说明当前地表辐照度数值与前一时刻的数值不相等，这就意味着地表辐照度在发生变化，而 $\dfrac{G_{s,i}-G_{s,i-1}}{\left|G_{s,i}-G_{s,i-1}\right|}$ 则能说明这种变化的趋势，如果辐照度数值增加 $\dfrac{G_{0,i}-G_{0,i-1}}{\left|G_{0,i}-G_{0,i-1}\right|}$=1，如果辐照度数值减小则 $\dfrac{G_{s,i}-G_{s,i-1}}{\left|G_{s,i}-G_{s,i-1}\right|}=-1$。

对于地外辐照度来说，$\dfrac{G_{0,i}-G_{0,i-1}}{\left|G_{0,i}-G_{0,i-1}\right|}$ 同样具有反映其数值增加或减小的指标意义。

因此，$\dfrac{G_{s,i}-G_{s,i-1}}{\left|G_{s,i}-G_{s,i-1}\right|}\times\dfrac{G_{0,i}-G_{0,i-1}}{\left|G_{0,i}-G_{0,i-1}\right|}$ 就定义为判定地表与地外辐照度变化趋势是否一致的指标。当两者变化趋势一致时 $\dfrac{G_{s,i}-G_{s,i-1}}{\left|G_{s,i}-G_{s,i-1}\right|}=\dfrac{G_{0,i}-G_{0,i-1}}{\left|G_{0,i}-G_{0,i-1}\right|}$（取值均为 1 或均为 -1），则 $\dfrac{G_{s,i}-G_{s,i-1}}{\left|G_{s,i}-G_{s,i-1}\right|}\times\dfrac{G_{0,i}-G_{0,i-1}}{\left|G_{0,i}-G_{0,i-1}\right|}$=1；当两者变化趋势相反时，$\dfrac{G_{s,i}-G_{s,i-1}}{\left|G_{s,i}-G_{s,i-1}\right|}$=-$\dfrac{G_{0,i}-G_{0,i-1}}{\left|G_{0,i}-G_{0,i-1}\right|}$，

则 $\dfrac{G_{s,i}-G_{s,i-1}}{\left|G_{s,i}-G_{s,i-1}\right|}\times\dfrac{G_{0,i}-G_{0,i-1}}{\left|G_{0,i}-G_{0,i-1}\right|}=-1$ 。

一致性系数为各个采样时间段趋势指标之和，可以作为一定时间范围内地表与地外辐照度变化趋势一致性的度量指标。一致性系数越大，说明两者变化趋势越一致，反之则表示两者变化趋势越不一致。当辐照度曲线数值在相邻的两个采样点处数值相等（$\left|G_{s,i}-G_{s,i-1}\right|=0$ 或 $\left|G_{0,i}-G_{0,i-1}\right|=0$）时，趋势指标为零，这段时间对总体趋势一致性系数的大小没有影响。

4. 天气状态模式识别分类建模方法

采用统计方法建模，所使用训练样本的数量是非常重要的。在分类建模时，只有具有完整天气类型信息的历史运行数据，才能够被用于进行模型的学习训练。对于大部分历史数据来说，其记录中已经包含了该日对应的天气类型信息，但在实际中往往会由于某种原因造成历史数据对应天气类型信息的缺失，如通信故障、服务中断、存储错误等。缺失天气类型信息的历史数据无法用于分类建模的学习训练，这破坏了训练数据的完整性，有可能导致预测模型性能的降低甚至建模困难。如果能够利用历史数据记录中的其他有效信息，对缺失的天气类型信息进行辨识，实现天气类型标签的恢复，则能够较好地解决这个问题，为分类预测提供可靠的数据支撑。缺失天气类型信息的辨识恢复即天气状态的模式识别问题，其基本流程如图 2-33 所示。

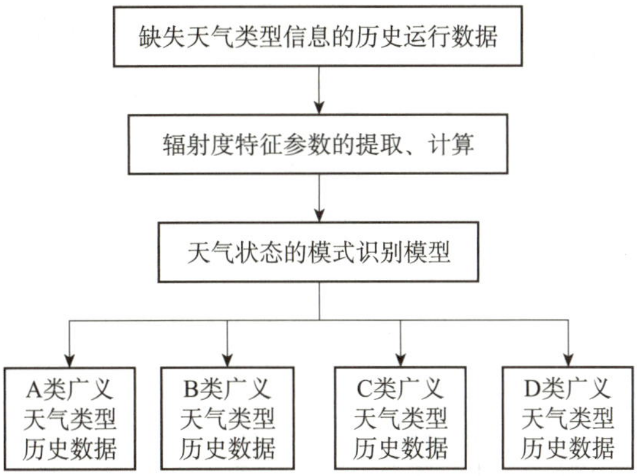

图 2-33　缺失天气类型信息历史数据的标签识别与恢复流程

模式识别模型的性能与输入特征向量和输出天气类型有关。同时，模型分类的精度和识别的效果，也与训练数据的多少和分布有关。对于不同地点的光伏电站来说，天气状态的变化和天气类型的分布各不相同。因此，广义天气类型的个数可以根据实际情况进行调整。也就是说，对于天气状态变化较为单一的地方，其对应广义天气类型的数量可以适当减少；反之，则可以适当增加广义天气类型的个数。从理论角度来说，模型输入的特征量越多，其模式分类识别的能力也应该越强。模式识别流程如图 2-34 所示。

但实际应用中往往并非如此，这是因为对于所研究问题来说，并不是所有的特征量都是重要和必要的，特征的提取和选择非常关键。为了进一步提高模型分类识别的准确性，需要针对类、类广义天气类型提取更为适当的特征参数。另外，更多的、分布均衡的训练样本数据对于提高的模型泛化能力来说也是非常重要的。因此，在深入分析辐照度变化规律与广义天气类型之间关系的基础上，提取了辐照度数据中能够反映天气状态特征的参数，作为分类识别模型的输入后，建立具有很好的分类识别能力的天气状态模式识别模型。

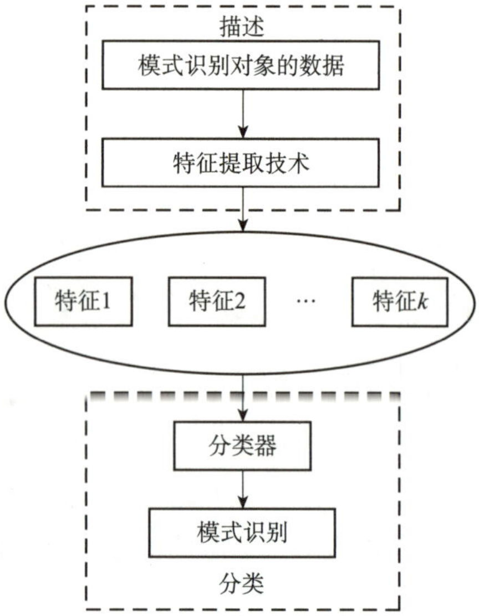

图 2-34　模式识别流程

2.5.3　基于生成对抗网络模型的样本空间扩充技术

针对光伏功率短期预测研究，依据不同天气状态的独立建模，可以很大程度地提高光伏功率的预测准确性。针对历史辐照度数据缺失天气类型标签的情况，利用有天气类型标签的历史辐照度数据建立天气状态识别模型，利用训练好的识别模型来对缺失天气类型标签的数据进行有效识别。在识别模型建立过程中，一些极端天气由于样本量少，难以用其建立对应识别模型。为降低样本数据量对分类模型的影响，此处采用生成对抗网络 WGAN-GP 来扩充样本数据量。

生成模型指一系列通过无监督学习方式学习任何类型数据分布的有效方式。所有类型的生成模型的目标均为捕获给定训练数据集的真实分布，并且随机生成不同于原始数据的新的数据。现实中许多数据的分布相对复杂，很难用隐式或明确的公式描述。为此，可以通过神经网络强大的非线性拟合能力来学习将模型分布逼近真实分布的函数。

变分自编码（VAE）和生成对抗网络（GAN）为深度学习中常用的两大类生成模型。变分自编码的训练目标为最大化数据对数似然的下界，而生成对抗的目标在于生成器与鉴别器的平衡。WGAN 是对 GAN 的改进模型，具有更好的测试效果。然而在 WGAN 的训练过程中依然存在训练困难的问题，即每次更新鉴别器神经网络权重和偏置时，将其值限制在某个范围内，通常取在 -0.01 ～ 0.01 之间。在实际的训练过程中，鉴别器的目标为尽可能的鉴别生成样本和真实样本，然而权重裁剪策略采用限制神经网络参数的取值范围，往往会使得神经网络参数取值变得极端，即不是取值为 0.01 就是取值为 -0.01，这样就远远地限制了神经网络强大的拟合能力。同时，发现权重裁剪中在裁剪阈值取值不当时，很容易导致梯度的消失或梯度的爆炸，进而在实际应用过程中对模型的调参是一个很大的考验。

针对上述问题，WGAN–GP 提出采用梯度惩罚方式来代替权重裁剪，Lipschitz 要求鉴别器的梯度不超过 K，梯度惩罚即重新构造一个新的损失项来完成梯度不超过 K。WGAN–GP 的鉴别器的损失函数式为

$$L_{\mathrm{D}} = E_{x\sim p_g}[f_w(x)] - E_{x\sim p_{\mathrm{data}}}[f_w(x)] + \lambda E_{\hat{x}\sim p_{\hat{x}}}[(\|\nabla_{\hat{x}} f_w(\hat{x})\|_2 - 1)^2] \qquad (2\text{–}91)$$

真实数据分布 $p_{\mathrm{data}}(x)$ 数据点和生成样本分布 $p_g(x)$ 数据点之间的直线均匀采样分布定义为 $p_{\hat{x}}$。

采用 WGAN–GP 结构的生成对抗网络，不仅可以稳定生成器和鉴别器的训练过程，同时几乎不需要什么超参数调整，在训练速度和样本生成质量上要优于 WGAN 模型。

图 2–35 为使用三种生成对抗模型：GAN、WGAN、WGAN-GP 所生成的样本结果，可见对于上午晴天，下午多云的天气情况，WGAN-GP 模型具有生成质量更高数据的能力。

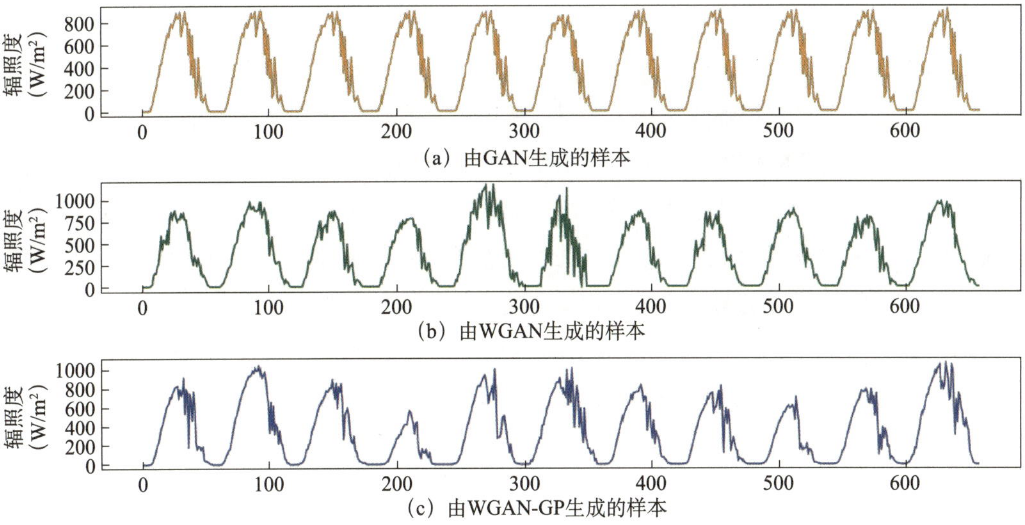

图 2–35 GAN、WGAN、WGAN-GP 生成对抗模型所生成的样本结果

2.5.4 各气象影响因子数据与光伏功率间的关联模式

研究指定天气条件下各气象影响因子数据（包括地基气象观测与天基卫星遥感等数据）与光伏功率间的关联模式，首先采用回归分析方法研究光伏发电功率与多元气象影响因子之间的关联关系，识别确定光伏发电功率的主要气象影响因子；其次利用通径分析方法进一步定量分析各因子对光伏发电功率的直接影响作用，和通过其他因子的间接影响作用，总结光伏发电功率多元气象影响因子的特性，为运行状态加权距离的定义奠定基础；然后建立一种利用光伏电站实际运行数据，反映其发电功率出力特性的关联数据模型，能够实现对光伏电站发电功率特性的准确描述；最后以主要气象影响因子和发

电功率构建运行状态空间，并在此基础上定义运行状态加权距离，按照分步预测方式，提出基于运行状态加权距离最小化的发电功率映射预测方法。

1. 光伏发电功率与多元气象影响因子之间的关联关系

光伏发电功率与天气状态密切相关，天气状态的波动变化可以通过多个气象参数进行描述。根据气象专业理论和对光伏发电基本原理及工作条件的分析可知，太阳辐照度、环境温度、相对湿度、风速、风向、气压等因素均会对光伏发电功率产生影响，但是，这些多元气象因子对光伏发电功率的影响程度各不相同，同一因子在不同运行状态下的作用程度也有可能发生变化，而且这些气象因子相互之间还存在多重的关联和耦合关系。为了对光伏发电功率预测模型的输入变量进行识别优化，就需要对光伏发电功率与多元气象影响因子之间的关联关系进行深入分析和定量研究。为此，利用光伏电站的实际运行数据，对发电功率与辐照度、环境温度、相对湿度、风速等气象影响因子进行回归分析和通径分析。

1）气象影响因子的回归分析

发电功率曲线和辐照度曲线的变化趋势非常一致，计算得到发电功率与辐照度的相关系数为，两者之间呈现很强的正相关关系。辐照度是光伏发电功率非常重要的气象影响因子，对光伏发电功率的作用很大。发电功率曲线和环境温度两者之间呈现较强的正相关关系。环境温度是光伏发电功率比较重要的气象影响因子，对光伏发电功率的作用较大。光伏发电功率与相对湿度两者之间呈现较强的负相关关系。由此可见，相对湿度是光伏发电功率比较重要的气象影响因子，对光伏发电功率的作用较大。光伏发电功率与风速并无明显规律，影响作用时正时负，正时居多，风速对光伏发电功率有一定的影响，但作用不强。

将光伏发电功率作为因变量，辐照度、环境温度、相对湿度和风速作为自变量，采用逐步回归的方法，利用软件建立发电功率与这些气象影响因子的多元线性回归方程。剩余通径分析因数则说明对光伏发电功率有影响的变量不止以上个气象因子，还有一些其他相关的因素没有考虑，但是以上气象因子占主导作用，可称之为光伏发电功率的主要气象影响因子。

2）气象影响因子的通径分析

多元线性回归系数不能直接反映各因子作用程度的大小，因为各个回归系数对应的自变量都有不同的量纲和数值，而且多个自变量之间也不都是相互独立的，有时还要研究某一自变量通过另外一个自变量对因变量的影响。于是，提出的通径分析（可以通过对自变量与因变量之间表面直接相关性的分解来研究自变量对因变量的直接重要性和间接重要性，其本质是标准化的多元线性回归分析。由于标准化多元回归分析方程中的因变量和自变量均已标准化，已经消除了不同量纲和数值大小对偏回归系数的影响，因此偏回归系数反映在方向上的所谓变化率，其绝对值大小和符号可直接看出对影响的大小和作用方向。

通径分析比相关分析更加全面、细致，它可以定量地衡量自变量通过不同途径对因变量的影响作用：利用软件进行通径分析计算，得到各个自变量（辐照度、环境温度、相对湿度和平均风速）与因变量（光伏发电功率）之间的相关系数、直接通径系数和间接通径系数。耦合性光伏发电功率的气象影响因子之间不是相互独立的，而是具有一定程度的相关性。由通径分析可知，气象影响因子除了其自身对光伏发电功率的直接影响作用外，还会通过其他因子对光伏发电功率产生间接作用。尽管光伏发电功率气象影响因子数量较多，种类各异，对发电功率的作用程度、作用途径和方式各不相同，与发电功率之间呈现复杂的非线性关系，并且相互之间存在多重关联耦合，但仍可利用数学统计方法对其进行定量衡量和对比，从而识别确定起关键作用的若干主要气象影响因子。综上所述，对光伏发电气象影响因子的特点作用总结如下：多元性影响光伏发电功率的气象因子呈现多元性，如辐照度、相对湿度、环境温度、风速和气压等都会对光伏发电功率造成或正或负、或大或小的影响，影响因子的作用程度会根据时间、季节等情况的不同而变化，但其多元性的特点不会改变。

2. 光伏电站发电功率出力特性的关联数据模型

由并网型光伏电站的组成和工作原理可知，太阳能是经过光伏电池转化为电能，后经由逆变器、变压器并入电网。光伏电池的型号、阵列的面积、安装方式、表面污染情况、工作状态、衰减特性，以及时间、辐照度、环境温度、相对湿度、风速、逆变器控制策略等均会对发电功率产生影响，应综合考虑这些因素的作用。由于这些因素与发电功率之间是复杂的非线性关系，且相互之间存在多重耦合，建立考虑所有相关影响因素的并网型光伏电站发电功率出力特性模型比较困难。

对于建成投运的并网型光伏电站，其构成与内部工作特性已经基本稳定，其输出量（发电功率）的大小主要与其输入量（如辐照度、环境温度、相对湿度、风速等）有关。光伏电站监控系统采集记录的运行状态数据蕴含了其发电功率出力特性的变化规律。为了利用实测数据描述光伏电站的发电功率出力特性，根据光伏发电功率气象影响因子相关性分析的结论，选取辐照度、环境温度、相对湿度、风速四个主要的气象影响因子，与发电功率一起构成光伏电站的运行状态空间中的点与光伏电站的运行状态一一对应。由辐照度、环境温度相对湿度和风速构成的空间称为输入特征空间，输入特征空间可描述光伏电站的输入状态，而功率特性的数学模型就是从输入特征空间到发电功率的非线性单值映射。描述功率特性的非线性映射对应运行状态空间中的一个超平面，此超平面实际上是中部分点的集合，此记录的集合称为关联数据模型。

关联数据模型记录中的前四项为输入特征字段，最后一项为发电功率字段。在并网型光伏电站的运行过程中，不断采集光伏电站的输入参数（主要气象影响因子）和输出发电功率数据，并对不同输入参数及与之对应的输出参数进行记录，得到光伏电站发电功率出力特性的关联数据模型。

1）实际数据的有效性处理

由于传感器故障、数据传输错误、电磁干扰或其他原因可能引起数据的缺失和数值异常，因此，需要对并网型光伏电站的辐照度、环境温度、相对湿度、风速、发电功率等数据进行预处理。如果实际数据数值在表对应的取值范围之内，则认为该数据是有效数据；如果数值超出表的取值范围，则认为该数据为异常数据。按照有关技术规范检验数据的时标、顺序、数量等是否符合要求，通过插值或其他措施对缺失数据和异常数据进行插补、修正，并对其进行相应标识以示区别。

2）关联数据模型的建立与自学习方法

在并网型光伏电站运行过程中，随着时间的推移会不断地出现新的有效数据记录，根据新增的有效数据记录与关联数据模型中已有的数据记录之间对应关系的不同情况，可建立并在线实时更新关联数据模型，光伏发电功率关联数据映射预测方法如图 2-36 所示。

新增运行数据对关联数据模型不断进行更新，不仅可保存光伏电站新出现的运行状态，使其对发电功率出力特性的描述更加准确细致，还可反映出力特性的最新变化。此外，关联数据模型还能计及传统建模方法很难反映的某些因素对发电功率出力特性的作用，如光伏组件表面清洁程度（沙尘覆盖、雨水冲刷或人工清洗）不同和光伏电池物理特性随时间的衰减对发电功率的影响。

3）光伏电站发电功率关联数据映射预测方法

根据光伏电站输入量（主要气象影响因子）的预测信息获得并网型光伏电站发电功率预测值的方法是：首先，利用神经网络预测模型得到辐照度预测值，通过天气预报和其他预测方法得到环境温度、相对湿度和风速的预测值，这四者组合成为气象影响因子预测值向量；然后根据此向量，通过关联数据模型映射得到发电功率的预测值。设光伏电站输入量的预测值为（GY，TY，HY，VY），其中，GY 为辐照度的预测值、TY 为环境温度的预测值、HY 为相对湿度的预测值、VY 为风速的预测值。

2.5.5 基于日前天气状态预判的光伏发电功率短期预测方法

为了得到更为准确的短期光伏功率预测值，需要对不同的预测模型进行模型融合，并根据时间关联模型对 LSTM-RNN 模型的输出结果进行修正，以充分利用二者的预测特性与优势。随着预测日天气状态的不同，光伏电站的输出功率会呈现出不同波动模式，相应的两种预测算法的预测性能也会随之出现起伏。因此，需要利用日前天气状态预判模型，根据该模型对预测日天气的预判结果来优化对 LSTM-RNN 模型预测结果的时间关联修正系数。后根据 LSTM-RNN 模型与时间关联模型进行预测日的光伏电站发电功率预测，通过将所得功率预测值序列根据日前天气类型预判结果，选择对应的融合修正模型进行融合，从而得到最终的功率预测结果。

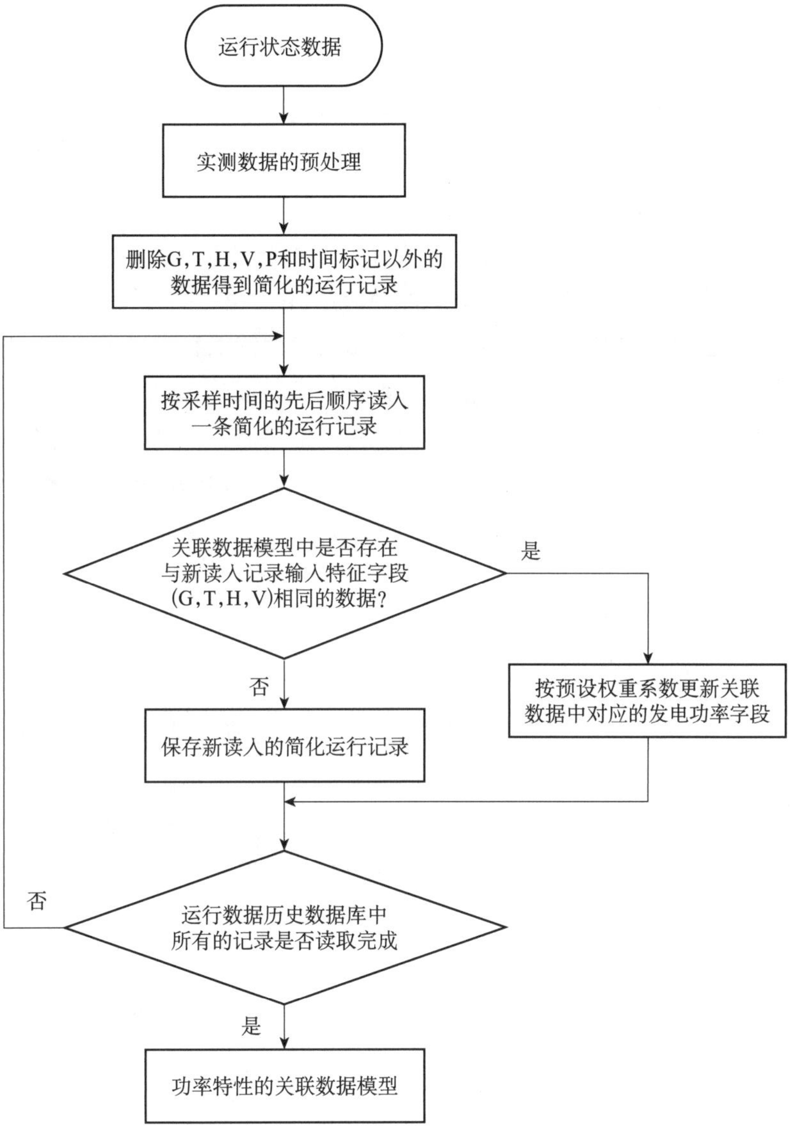

图 2-36　光伏发电功率关联数据映射预测方法

1. LSTM-RNN 模型

传统的人工神经网络（ANN）通过建立输入与输出之间非线性的映射关系而进行预测。对于时间序列问题，由于传统 ANN 网络只是直接建立输入信息和输出信息之间的映射关系，未考虑信息序列中数据之间的时间关联性，因此，其预测算法原理仅为单纯地建立输入数据与输出数据间的非线性映射关系，输入数据通常为待预测量的历史数据与相关影响因子，输出为所需时间尺度的预测值。对于类似于光伏功率预测的问题，所预测的对象是随时间不断变化的，后一时刻的数据往往与前若干时刻的数据之间存在关联关系，而传统的 ANN 是无法捕捉这种变量在时间上的变化与关联关系，由于这种随时间的变量变化关联关系往往对预测结果十分关键，所以递归神经网络（RNN）被提出来以克服此问题。通过在神经元中加入循环连接，递归神经网络能够建立输入信息和输出信息之间的序列化映射关系，即每一时间步的输出均考虑了上一时间步输入序列的影响，从而使得递归神经网络具有了“记忆”特性。

然而，传统的RNN模型在训练过程中容易出现梯度消失现象，即随着新时间步的输入序列进入RNN，RNN对旧时间步输入信息的灵敏度逐渐降低，甚至“忘记”了最先的输入信息。长短期记忆（LSTM）模型可以有效解决RNN的不足，同时相较于传统的RNN，其可以更好地存储和获取信息。LSTM网络中引入了多个单元，包括输入门、输出门、遗忘门和记忆单元，多个门控制记忆单元的状态变量来进行长时间的存储和获取信息。当输入门被激活，输入信息将被存储于记忆单元中，当输出门被激活，记忆单元中信息将被传递到下一级神经元，当遗忘门被激活，记忆单元中存储的信息将被清除。这样LSTM便可以对输入序列进行长短期记忆，与RNN相同，LSTM也通过前向过程与反向过程进行训练，反向计算梯度更新权重的过程称为BPTT。就如标准的反向传播一样，BPTT也是由链式法则组成，简而言之，损失函数不仅接收当前时间输出层传回的残差，同样需要接受下一时间步隐含层传回的残差，进而更新权重。

2. 时间关联模型

受地球绕太阳公转影响，特定地理位置处的地外辐照度表现出明显的时间关联特性，主要体现为年度周期性与临近相似性。这里年度周期性指由于地球、太阳相对位置一样，同一地点在不同年相同积日时的地外辐照度应一样；临近相似性指由于地球、太阳相对位置基本未改变，相邻天的辐照度数据应互相接近。

光伏电站的输出电能是由其接收到的辐照度根据光生伏打效应转化而来的，而辐照度则取决于地外辐照度与地外到地表间的大气环境。在晴天环境下，地外辐照度与地表辐照度高度相关，因此，光伏发电功率也会表现出类似的年度周期性与临近相似性，则光伏发电功率的参考值可根据历史上相同日期以及邻近日期的数据进行计算。

为确定年度周期性修正所需的数据，定义周期性尺度参数L，即预测时间点向前选择历史数据的年限；为确定邻近相似性修正所需的数据，相似性尺度参数T，即预测时间点向前/向后选择历史数据的天数。T和L均为正整数。根据确定的尺度参数值，可由历史光伏功率数据计算得到光伏发电功率在特点预测时刻的参考矩阵$\boldsymbol{R}$。以T=3，$\boldsymbol{L}$=2为例，参考矩阵$\boldsymbol{R}$如下式所示。

$$\boldsymbol{R}=\left[r_{i,j}\right]_{3\times5}=\begin{bmatrix} r_{1,-2} & r_{1,-1} & r_{1,0} & r_{1,1} & r_{1,2} \\ r_{2,-2} & r_{2,-1} & r_{2,0} & \gamma_{2,1} & r_{2,2} \\ r_{3,-2} & r_{3,-1} & r_{3,0} & r_{3,1} & r_{3,2} \end{bmatrix} \tag{2-92}$$

其中，$r_{i,j}$为预测时刻前第i年前第j天（$j<0$）或后第j天（$j>0$）时的光伏功率（$i=1,2,3$；$j=-2,-1,0,1,2$）。

然后根据关联参考矩阵$\boldsymbol{R}$可进一步根据下式计算光伏发电功率参考值，仅由选定的周期性尺度参数和相似性尺度参数决定。

3. 日前天气状态判别

前面提出了基于不同原理思路的两种光伏电站功率预测方法，为了得到更为准确的短期光伏功率预测值，需要根据时间关联模型对 LSTM–RNN 模型的输出结果进行修正，以充分利用二者的预测特性与优势。

常用修正方法为二者输出结果的加权求和，而根据预测日的天气状态，光伏电站的输出功率会呈现出不同波动模式，相应的两种预测算法的预测性能也会随之出现起伏。例如，晴天情况下，光伏出力的时间关联性表现更强，具有明显的年度周期性与邻近相似性；而多云天气下，光伏出力的随机性波动性更强，需要基于 LSTM–RNN 的智能机器学习模型来追踪这种波动。因此，首先需要进行日前天气状态预判，以根据预测日天气预判结果来优化对 LSTM–RNN 模型预测结果的时间关联修正系数。为了得到预测日光伏电站的出力模式，提出了如图 2–37 所示的日前天气状态预判模型。首先，利用聚类算法根据历史光伏电站每日辐照度数据划分出不同的日天气状态；其次，根据聚类结果，即日天气状态标签与对应的日辐照度曲线数据，来训练天气状态分类识别模型；建立基于不同算法原理的光伏电站发电功率日前预测模型，根据前一天的功率数据预测第二天的功率，可采用算法包括 ANN、SVM、ARIMA 等；根据各通用模型预测结果数据与天气状态分类识别模型，判断预测日天气状态，并通过投票方式确定最终的预测日天气状态。

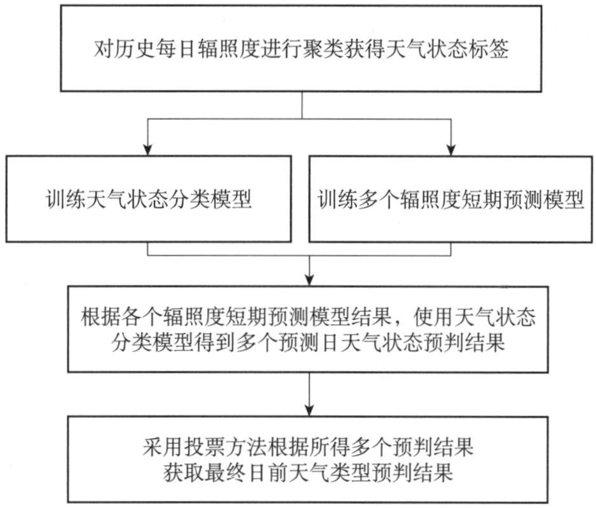

图 2–37　日前天气状态预判算法框架

4. 预测模型设计

基于日前天气类型预判的光伏发电短期预测模型，主要包括两个子模型：其一是基于 LSTM–RNN 与时间关联模型的光伏发电功率短期预测及其修正模型；其二是日前天气状态预判模型。

LSTM–RNN 模型与时间关联模型的输出，均为预测日的光伏电站发电功率预测值序列。对于 LSTM–RNN 模型，输入数据为前一天的已知光伏电站发电功率，而对于时间关联模型，其输出则根据设定的尺度参数与历史功率数据计算而来。二者所得功率预测值序列根据日前天气类型预判结果，选择对应的融合修正模型进行融合，得到最终的功率预测结果。总体预测模型结构如图 2–38 所示。

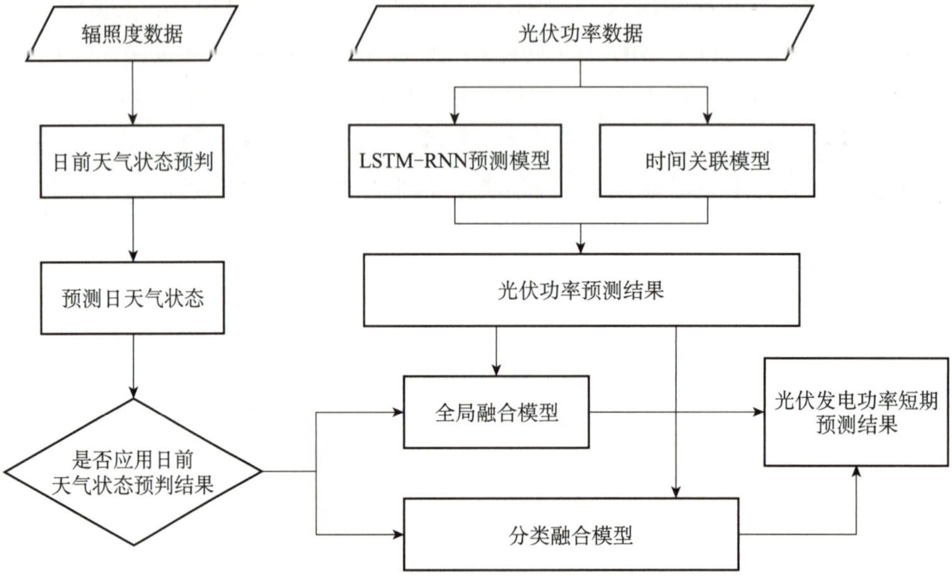

图 2–38　基于日前天气状态预判的光伏发电功率短期预测模型

2.6 风光联合功率预测结果评价

预期目标是提出科学合理的新能源场站分时分类管理考核机制；发现并指出现有新能源功率预测性能指标存在的问题；构建面向区域电网调度需求的新能源发电功率预测综合评价体系；提出基于新能源场站分时分类功率预测综合评价体系的优先调度管理模式。

按照目标导向、问题导向的思路开展，首先明确了以服务电网调度实际需求的研究目标，针对新能源场站功率预测精度管理考核机制的设计、现有功率预测评价体系问题的分析、面向区域电网新能源调度需求的功率预测综合评价体系的构建，以及基于新能源场站功率预测综合评价体系的优先调度管理等重大关键问题进行深入研究，总体研究思路如图 2–39 所示。

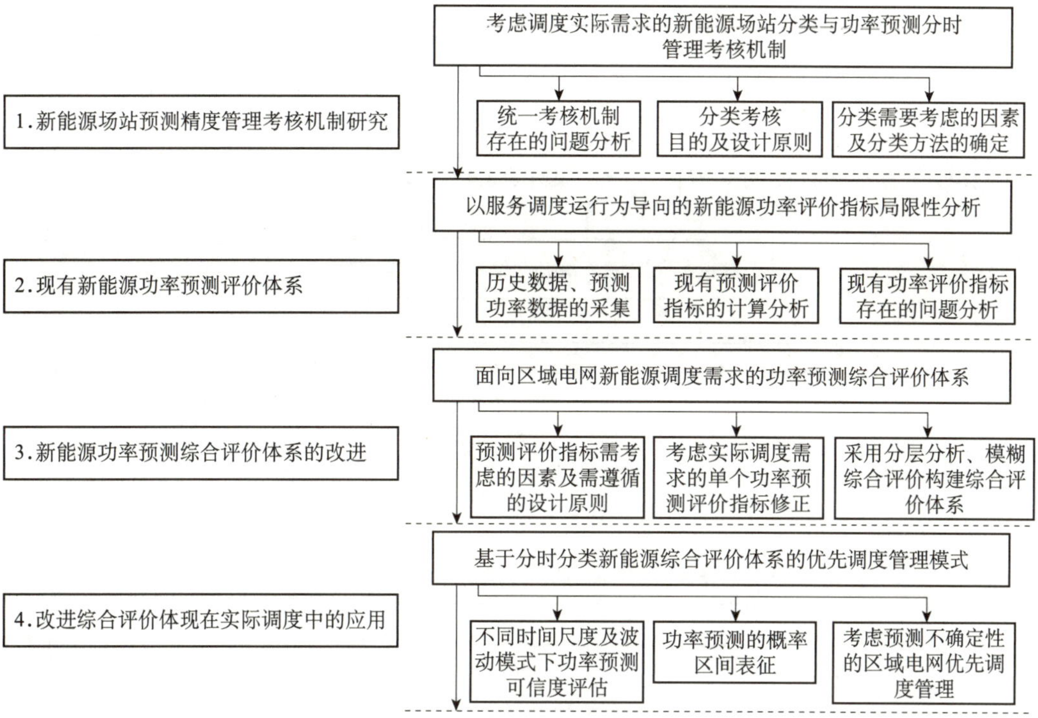

图 2–39　总体研究思路

总体研究思路分为四个部分：

（1）在分析现有新能源功率预测统一考核机制存在问题的基础上，从风光资源分布、装机容量大小、电网拓扑结构等角度出发，分析不同新能源场站的预测难度（资源特性导致）及预测准确率对调度运行产生的影响（装机容量、拓扑结构导致），以对实际调度支撑作用的大小为分类依据，采用聚类分析、模式识别等多种方法对新能源场站进行划分，针对不同类别的新能源场站分别制定考核标准，构建新能源场站分类管理考核机制。

实际运行中，电网调度部门对于不同时段新能源功率预测精度关注度并不相同，运用聚类等模式识别方法，对不同时段下电网调度实际需求对预测误差的灵敏度进行聚类分析，将不同运行时段按照实际调度需求进行合理划分。针对划分得到的不同时段集合，对当前包含准确率、合格率以及上报率在内的多项预测考核指标加以修正，构建新能源场站的分时管理考核机制。

（2）在收集大量新能源场站发电功率及其预测数据基础上，根据现有的新能源功率预测评价方法计算新能源场站的各指标表现，采用理论分析与实际验证相结合的方式，分析现有功率预测评价体系中各评价指标的可行性与有效性，发现目前评价体系存在的主要问题。

（3）针对现有新能源运行调度功率预测评价体系中，评价对象以及对各对象评价的指标种类繁杂，涉及的评价环节众多等特点，对预测所涉及的各个子评价指标进行归纳分类，运用层次分析、模糊综合评价等方法确定各级指标的权重，建立面向调度实际需求（安全稳定、充分消纳、三公调度等）的多级综合预测评价指标体系（见图 2–40），给出能够支撑计划运行与电力市场等不同运行场景下的功率预测综合评价方法。

构建新能源功率预测综合评价体系，就需要不同的功率预测性能指标，而现有的性能指标存在着不同程度的局限性，需要设计新指标或改进已有的指标。

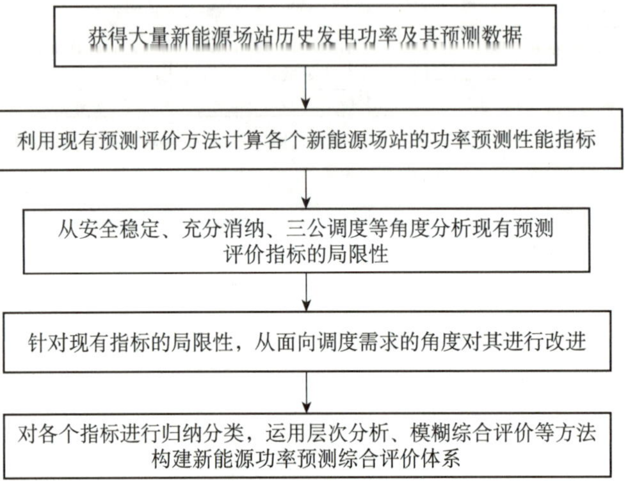

图 2–40　综合评价体系

新指标思路一：电网对不同时段的预测精度的要求不同，但现行指标进行平均化处理，不能反映误差的时段属性，研究计划设计加权准确率指标以改善该问题。加权准确率指标如图 2–41 所示。

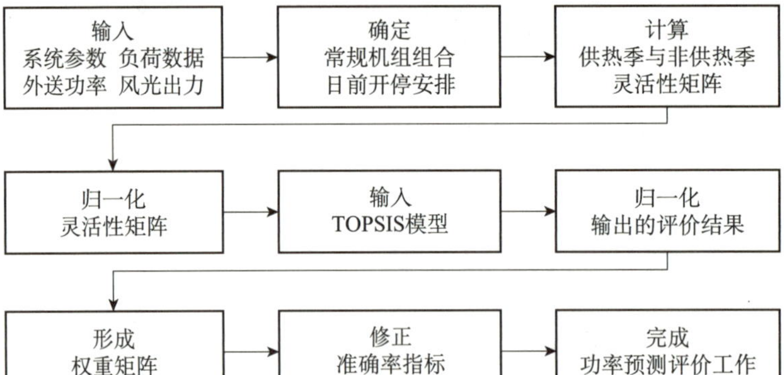

图 2–41　加权准确率指标

新指标思路二：从系统灵活性的角度出发，分析不同时刻的预测误差对系统造成的影响，从机组的可调容量与调节速率出发，采用熵权法对系统灵活性进行综合评价，构造考虑系统灵活性的评价指标如图 2–42 所示。

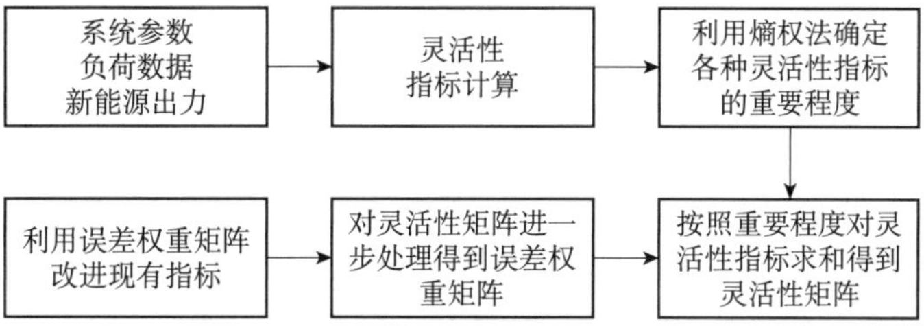

图 2-42　考虑系统灵活性的评价指标

新指标思路三：从误差类型角度出发，把预测误差分为超前滞后误差和常见误差，超前滞后误差和常见误差对电力系统的灵活性和可靠性都有负面的影响。在 RMSE 相同的情况下，几个小时内的大的超前滞后误差将产生更严重的影响，因为风电场的输出将在短时间内经历从超额到缺额的过程，换句话说，超前滞后场景可能会消耗电网更多的旋转备用。然而，目前的研究对这一问题从电网调度系统的角度考虑的比较少，目前的评价方法全部采用平均化处理，很难反映超前滞后误差，为了解决这一问题，提出了一种基于 RMSE 的预测评价指标，该指标检测移动平均过程中误差的变化。它可以同时反映超前滞后误差和常见误差，保留 RMSE 的优点。SRMSE 指标设计思路如图 2-43 所示。

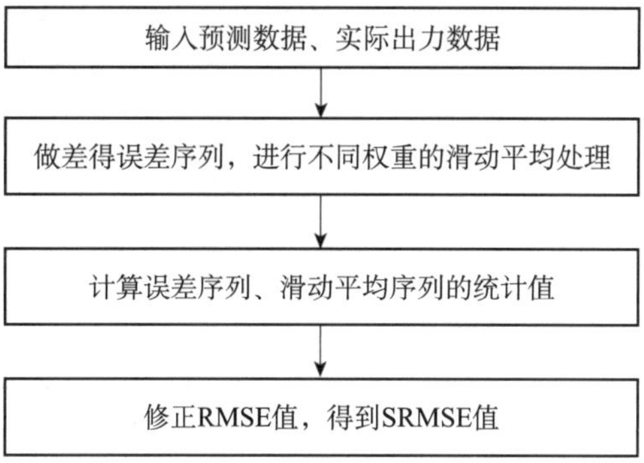

图 2-43　SRMSE 指标设计思路

（4）采用特征提取、聚类分析等方法，对不同时间尺度下的功率波动模式进行分类；利用改进后的功率预测综合评价体系，对现有的多套新能源功率预测系统在各类波动模式下的历史预测精度进行评价，采用多目标属性决策方法，给出各套预测系统在不同波动模式下的预测可信度；结合数值天气预报信息及距离判别方法，识别出预测时段的功率波动模式类别，给出功率预测的概率区间描述；将预测时段的功率预测概率区间作为约束条件加入到现有的调度优化管理中，提出考虑预测不确定性的电网优先调度管理模式。

2.6.1 电力系统运行灵活性评估模型

电力系统运行灵活性是在满足一定经济性和可靠性前提下，系统应对不确定性的能力。这种灵活能力可分为“上调节”和“下调节”。其中，“上调节”即向系统提供额外的功率，发电机组增加出力或削减负荷均能够起到相同的作用；“下调节”即削减系统中多余的功率，发电机组削减出力或增加负荷也均能起到相同的作用。

当考虑新能源接入系统时，电力系统运行的灵活性会受到很大影响，所以必须考虑电力系统运行灵活性的评估。图 2-44 为机组运行场景分析图。电力系统当前的运动状态为当前运行点，场景 1 表示下一时刻的净负荷增量超出系统单位时段的可调范围，系统的上调灵活性不足；场景 2 表示由于机组上爬坡速度的影响，下一时刻的净负荷大小超出了当前系统的出力上限，系统的上调灵活性不足，导致上述现象的原因是火电机组存在一定的调整速度，不能及时对输出功率进行调整；场景 3 表示下一时刻的净负荷大小满足系统运行的要求，具有一定的运行灵活性；场景 4 表示由于机组下爬坡速度的影响，下一时刻的净负荷大小低于系统的出力下限，系统的下调灵活性不足；场景 5 表示下一时刻的净负荷大小小于常规机组额定出力的下限，系统的下调灵活性不足。

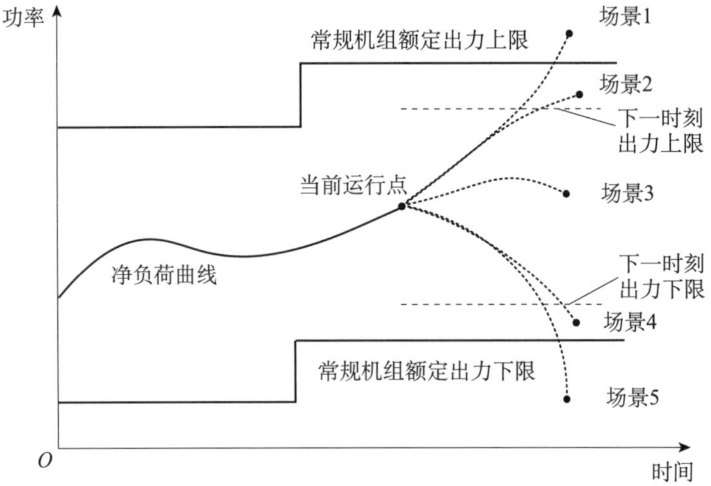

图 2-44 机组运行场景分析图

针对运行阶段常规火电机组与新能源出力的协调能力，定义了两个灵活性参数。

（1）上调灵活性参数 K_u，是指在运行日单位时段内净负荷增加时，常规机组可上调容量与净负荷增加量的比值。其计算方法见式（2-93）。

$$
\begin{aligned}
K_{\mathrm{u}} &= \frac{R_{\mathrm{Ut}}}{P_{\mathrm{net,t+1}} - P_{\mathrm{net,t}}} \\
R_{\mathrm{Ut}} &= \min\left[\sum_{i=1}^{N_{\mathrm{G}}}\left(P_{\mathrm{G}i}^{\max} - P_{\mathrm{G}i,\mathrm{t}}\right), \sum_{i=1}^{N_{\mathrm{G}}} R_{\mathrm{u}i}\Delta T\right]
\end{aligned}
\tag{2-93}
$$

式中：R_{Ut} 为系统在时刻 t 可用的上调容量；$P_{\mathrm{net,t}}$ 和 $P_{\mathrm{net,t+1}}$ 分别为时刻 t 和 t+1 的净负荷量；$P_{\mathrm{G}i}^{\max}$ 和 $P_{\mathrm{G}i,\mathrm{t}}$ 分别为机组 i 的出力上限和 t 时刻实际出力；$R_{\mathrm{u}i}$ 为机组 i 的上爬坡率；ΔT 为调度间隔；N_{G} 为发电机组的数量。

一般情况下，上调灵活性参数都大于 0。当 K_{u} 在 0 ～ 1 之间时，说明机组的可上调容量小于净负荷增加量，调度灵活性不足；当 K_{u} ＞ 1 时，说明机组的可上调容量大于净负荷增加量，调度灵活性充足。

（2）下调灵活性参数 K_{d}，是指在运行日单位时段内净负荷减少时，常规机组可下调容量 R_{Dt} 与净负荷减少量的比值，其计算方法见式（2–94）。

$$
\begin{aligned}
K_{\mathrm{d}} &= \frac{R_{\mathrm{d}t}}{P_{\mathrm{net},t} - P_{\mathrm{net},t+1}} \\
R_{\mathrm{d}t} &= \min\left[\sum_{i=1}^{N_{\mathrm{G}}}\left(P_{Gi,t} - P_{Gi}^{\min}\right), \sum_{i=1}^{N_{\mathrm{G}}} R_{\mathrm{di}}\Delta T\right]
\end{aligned}
\tag{2–94}
$$

式中：$R_{\mathrm{d}t}$ 为系统在时刻 t 可用的下调容量；$P_{\mathrm{G}i}^{\min}$ 为机组 i 的出力下限；$R_{\mathrm{d}i}$ 为其下爬坡率。一般情况下，下调灵活性参数都大于 0。当 K_{d} 在 0 ～ 1 之间时，说明机组的可下调容量小于净负荷的减少量，调度灵活性不足；当 K_{d} ＞ 1 时，说明机组的可下调容量大于净负荷的减少量，调度灵活性充足。

2.6.2　TOPSIS 多对象客观赋权法

TOPSIS（Technique for Order Preference by Similarity to an Ideal Solution）法是根据有限个评价对象与理想化目标的接近程度进行排序的方法，是在现有的对象中进行相对优劣的评价。理想化目标有两个，一个是肯定的理想目标或称最优目标，另外一个是否定的理想目标也称最劣目标。若当前评价指标与最优目标最近，而与最劣目标最远，则可认为是评价较好的对象。该方法可用于预测、估计、解耦性能的评价。离差最大化理论是根据指标波动程度对不同指标进行客观赋权的方法。在评价过程中，取值波动较大的指标对评价结果的影响较大，而取值波动较小的指标则对评价结果的影响较小。

当优化问题有 n 个评价目标 D_1，D_2,⋯，D_n，每个目标有 m 个评价指标 X_1，X_2,⋯，X_m 时，建立矩该优化问题的特征矩阵，见式（2–95）。

$$
\begin{aligned}
\boldsymbol{D} &= \begin{bmatrix} x_{11} & \cdots & x_{1j} & \cdots & x_{1m} \\ \vdots & & \vdots & & \vdots \\ x_{i1} & \cdots & x_{ij} & \cdots & x_{im} \\ \vdots & & \vdots & & \vdots \\ x_{n1} & \cdots & x_{nj} & \cdots & x_{nm} \end{bmatrix} = \begin{bmatrix} D_1(x_1) \\ \vdots \\ D_i(x_j) \\ \vdots \\ D_n(x_m) \end{bmatrix} \\
&= \left[X_1(x_1) \quad \cdots \quad X_j(x_i) \quad \cdots \quad X_m(x_n)\right]
\end{aligned}
\tag{2–95}
$$

为了消除不同指标量纲对指标的影响，需要对特征矩阵进行标准化处理，见式（2–96）。

$$z_{ij}=\frac{x_{ij}}{\sqrt{\sum_{i=1}^{m}x_{ij}^{2}}},\quad i=1,2,\cdots,n,j=1,2,\cdots,m \tag{2–96}$$

标准化矩阵可以表示为：

$$\boldsymbol{Z}=\begin{bmatrix} z_{11} & \cdots & z_{1j} & \cdots & z_{1m} \\ \vdots & & \vdots & & \vdots \\ z_{i1} & \cdots & z_{ij} & \cdots & z_{im} \\ \vdots & & \vdots & & \vdots \\ z_{n1} & \cdots & z_{nj} & \cdots & z_{nm} \end{bmatrix} \tag{2–97}$$

该模型的最优目标的定义见式（2–98）。

$$\begin{aligned} Z^{+}=(Z_1^{+},Z_2^{+},\cdots,Z_m^{+})=\max\big[&\max\left(z_{11},z_{21},\cdots,z_{n1}\right),\\ \max\left(z_{12},z_{22},\cdots,z_{n2}\right),&\cdots,\max\left(z_{1m},z_{2m},\cdots,z_{nm}\right)\big]\end{aligned} \tag{2–98}$$

模型的最劣目标见式（2–99）。

$$\begin{aligned} Z^{-}=(Z_1^{-},Z_2^{-},\cdots,Z_m^{-})=\min\big[&\min\left(z_{11},z_{21},\cdots,z_{n1}\right),\\ \min\left(z_{12},z_{22},\cdots,z_{n2}\right),&\cdots,\min\left(z_{1m},z_{2m},\cdots,z_{nm}\right)\big]\end{aligned} \tag{2–99}$$

第 i 个评价对象与最大值的距离与最小值距离见式（2–100）和式（2–101）。

$$d_i^{+}=\sqrt{\sum_{j=1}^{m}(Z_j^{+}-z_{ij})^2} \tag{2–100}$$

$$d_i^{-}=\sqrt{\sum_{j=1}^{m}(Z_j^{-}-z_{ij})^2} \tag{2–101}$$

第 i 个评价对象的未归一化得分见式（2–102）。

$$S_i=\frac{d_i^{-}}{d_i^{+}+d_i^{-}} \tag{2–102}$$

由式（2–102）可以看出，S_i 的取值范围为：$0\leqslant S_i\leqslant 1$，并且 S_i 越接近 1，表示 S_i 与最优目标的距离最近，与最劣目标最远，此时表现为评价较好。

将得分归一化后的权重矩阵见式（2–103）。

$$S_i^{'}=\frac{S_i}{\sum_{i=1}^{n}S_i}\quad i=1,2,\cdots,n \tag{2–103}$$

2.6.3 熵权法

在信息论中，熵是信息不确定性的度量。信息量越大，不确定性就越小，熵也就越小；信息量越小，不确定性就越大，熵也就越大。根据样本的熵值，可以判断指标的分散度，确定指标的权重。

熵值法被广泛用于确定指标的重要性。其客观评价方法能很好地消除主观影响，为综合评价提供依据。当多个指标的权重无法计算时，通常采用熵权法来确定各指标的重要性。采用熵值法计算指标的信息熵，信息熵用指标的变化程度表示。变化程度越大，指标的无序性越强，相应指标的权重越大。熵冗余可以用来表示指标的重要性。基本步骤如下。

归一化处理，消除不同指标值的差异

$$X^{k}_{i,\text{jnorm}} = \frac{X^{k}_{i,j} - X^{k}_{i\min}}{X^{k}_{i\max} - X^{k}_{i\min}} \tag{2-104}$$

计算样本指标占比

$$P^{k}_{i,j} = \frac{X^{k}_{i,\text{jnorm}}}{\sum_{j=1}^{n=96} X^{k}_{i,\text{jnorm}}} \tag{2-105}$$

计算样本指标熵

$$e^{k}_{i} = -\frac{1}{\ln(n)} \sum_{j=1}^{n=96} P^{k}_{i,j} \ln(P^{k}_{i,j}) \tag{2-106}$$

计算样本指标的熵冗余

$$d^{k}_{i} = 1 - e^{k}_{i} \tag{2-107}$$

计算各指标的影响程度

$$w^{k}_{i} = \frac{d^{k}_{i}}{\sum_{k=1}^{n=4} d^{k}_{i}} \tag{2-108}$$

式中：$X^{k}_{i,\text{jnorm}}$ 是第 i 个样本第 j 点第 k 个指标；$X^{k}_{i\min}$ 和 $X^{k}_{i\max}$ 是第 i 个样本第 k 个指标的最小值和最大值，i 是样本的个数，k 是指标的个数。

2.6.4 使用小波变换、模糊 C 均值聚类和极限学习机的概率预测

首先，需要对原始风速时间序列进行数据预处理。选择使用离散小波变换（DWT）的方法对原始数据进行滤波。小波变换是一种时频局部化方法，可以将风速序列分解为

不同频率水平的不同子序列，最终得到一个低频分量（近似分量）和几个高频分量（细节分量），近似子集代表信号的总体趋势，而详细子集包含更多的波动信息。离散小波变换（DWT）能以更合理的运算时间提供合适的信息，符合风速数据的特点。使用4阶 Daubechies 型小波函数（Db4）作为母小波，将原始时间序列分解为三个层次。用近似分量作为滤波后风速数据划分风过程，用近似分量和细节分量来进行风速的点预测。概率预测流程见图 2–45 所示。

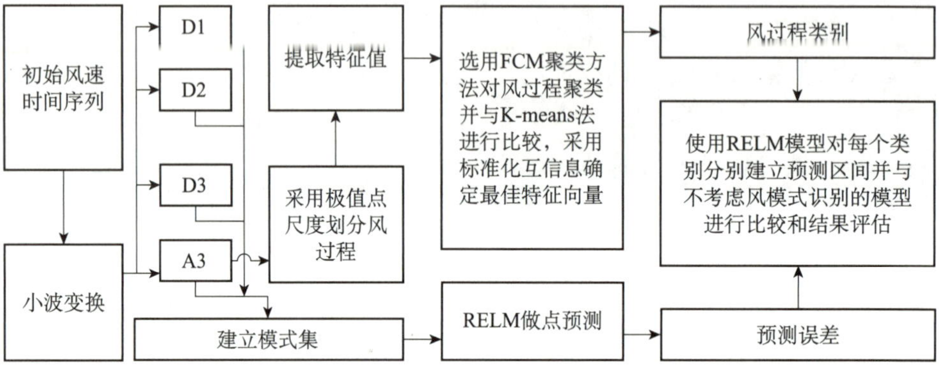

图 2–45　概率预测流程

经观测，风速预测误差与风速波动有关。当波动剧烈时，预测误差往往更大；反之亦然。因此，采用一种描述波动特征的方法，将滤波后的风速看作由许多风的升降过程组成的。通过对每一个风过程的物理特征的观察，可以将原来对风速序列的研究转化为对风过程序列的研究。为了通过时间轴定义和划分风模型，需要考虑时间尺度参数，常用的参数有两种：零值参数和极值参数。对于风速序列来说几乎不存在零点，因此采用极值点尺度参数对风速时间序列的风过程进行划分，定义风过程为从一个极小值开始到相邻极小值结束的风速变化。

接下来利用模糊 C 均值聚类法分析风速的物理特征，对风速进行聚类。模糊 C 均值聚类是一种基于划分的聚类算法。其目的是使同一类别的样本之间的相似度最大化，并保证不同类别之间的相似度尽可能小。与 K-means 聚类相比，FCM 聚类结果更加灵活。

式（2–109）引入了聚类过程的目标函数，在聚类时需要以其最小化为目标，其中 m 是聚类数，i 和 j 是类标签，x 是一个样本。式（2–110）和式（2–111）为隶属度 u_{ij} 和聚类中心 c_j 的计算公式。FCM 聚类是一个迭代计算隶属度和聚类中心直至达到最优值的过程，迭代终止条件为式（2–112），其中 k 是迭代步数，ε 是误差阈值。也就是说，当样本的隶属度不变且达到相对最优（局部最优或全局最优）状态，即可根据隶属度值对样本进行分类。

$$J_{\mathrm{m}}=\sum_{i=1}^{N}\sum_{j=1}^{C}u_{ij}^{m}\left\|x_i-c_j\right\|^2 \quad 1\leqslant m<\infty \tag{2-109}$$

$$u_{ij}=\frac{1}{\sum_{k=1}^{C}\left(\frac{\left\|x_i-c_j\right\|}{\left\|x_i-c_k\right\|}\right)^{\frac{2}{m-1}}} \tag{2-110}$$

$$c_j=\frac{\sum_{i=1}^{N}u_{ij}^{m}x_i}{\sum_{i=1}^{N}u_{ij}^{m}} \tag{2-111}$$

$$\max_{ij}\left(\left|u_{ij}^{(k+1)}-u_{ij}^{(k)}\right|\right)<\varepsilon \tag{2-112}$$

极限学习机是一种单隐层前馈神经网络（SLFNN），其中输入权重和偏差随机设定，输出权重使用最小二乘法获得。它结构简单，而且具有良好的学习能力和较强的泛化能力。ELM 的结构如图 2-46 所示。输入层、隐层和输出层的神经元个数分别是 n，l，m，ω_{ij} 是 i 输入神经元和 j 隐层神经元之间的连接权值，β_{ij} 是 i 隐层神经元和 j 输出层神经元之间的连接权重。

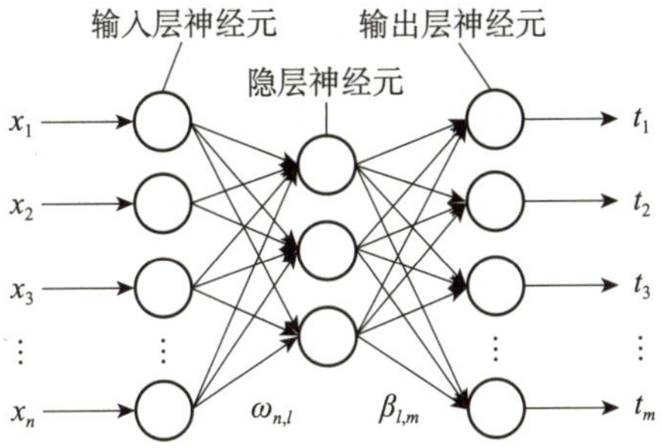

图 2-46　极限学习机的结构

RELM 模型以 ELM 模型为基础，在求解最小二乘误差的同时考虑了结构误差，有效地避免了隐藏层过多造成的过拟合问题，进一步提高了模型的精度。训练样本集为 $\boldsymbol{D}=[(\boldsymbol{x}_i,\boldsymbol{t}_i)|i=1,2,\cdots,N]$，且 $\boldsymbol{x}_i=(x_{i1},x_{i2},\cdots,x_{in})\in R^n$ 为输入向量，$\boldsymbol{t}_i=(t_{i1},t_{i2},\cdots,t_{im})\in R^m$ 为输出向量。h 为 RELM 的隐含层激活函数。式（2-113）是 RELM 的目标函数，不仅考虑了经验风险，还考虑了结构风险。然后构造拉格朗日方程得到输出权矩阵，如式（2-114）所示。式（2-115）为训练误差的计算公式。RELM 模型的输出可表示为式（2-116），矩阵形式为式（2-117），其中隐含层的输出矩阵为式（2-118）。

$$\min E=\min_{\beta}\left(\frac{\lambda}{2}\|\boldsymbol{\varepsilon}\|^2+\frac{1}{2}\|\boldsymbol{\beta}\|^2\right) \tag{2-113}$$

$$\hat{\boldsymbol{\beta}}=\left(\boldsymbol{H}^{\mathrm{T}}\boldsymbol{H}+\frac{\boldsymbol{I}}{\gamma}\right)^{-1}\boldsymbol{H}^{\mathrm{T}}\boldsymbol{T} \tag{2-114}$$

$$\boldsymbol{\varepsilon}_j=\sum_{i=1}^{L}\boldsymbol{\beta}_i h(\boldsymbol{\omega}_i\boldsymbol{x}_j+\boldsymbol{b}_i)-\boldsymbol{t}_j \qquad j=1,2,\cdots,N \tag{2-115}$$

$$\boldsymbol{y}=\sum_{i=1}^{L}\hat{\boldsymbol{\beta}}_i h(\boldsymbol{\omega}_i\boldsymbol{x}+\boldsymbol{b}_i) \tag{2-116}$$

$$\boldsymbol{Y}=\boldsymbol{H}\hat{\boldsymbol{\beta}} \tag{2-117}$$

$$\boldsymbol{H}=\begin{bmatrix} h(\boldsymbol{\omega}_1\boldsymbol{x}_1+\boldsymbol{b}_1) & \cdots & h(\boldsymbol{\omega}_l\boldsymbol{x}_1+\boldsymbol{b}_l) \\ \vdots & & \vdots \\ h(\boldsymbol{\omega}_1\boldsymbol{x}_{\mathrm{N}}+\boldsymbol{b}_l) & \ldots & h(\boldsymbol{\omega}_l\boldsymbol{x}_N+\boldsymbol{b}_l) \end{bmatrix} \tag{2-118}$$

要定义神经网络的不确定性，需要考虑两点：一是与神经网络结构相关的模型的不确定性；二是作为回归数据偶然特征结果的训练数据噪声。

对于数据集 D，模型预测目标（真实值）可用式（2–119）表示，$n(x_i)$表示噪声；$g(x_i)$表示预测值（若干次独立预测的平均值）。本文认为噪声具有近似正态分布，均值为零，方差为 $\hat{\sigma}_{\mathrm{n}}^2$。因为训练可以被视为真回归的估计，所以预测误差可以定义为式（2–120），其中 $t_i-\hat{g}(x_i)$表示总的预测误差，$g(x_i)-\hat{g}(x_i)$表示与真回归相关的模型估计误差。由于估计误差和噪声误差在统计上相互独立，总预测方差的公式为式（2–121），其中 $\hat{\sigma}_{\mathrm{g}}^2$ 和 $\hat{\sigma}_{\mathrm{r}}^2$ 分别表示点预测模型和噪声方差估计模型的不确定性方差。

根据原始风速数据建立的数据集，重复进行多次相互独立的点预测。终点预测结果的平均值为 $\hat{g}(x_i)$，方差为 $\hat{\sigma}_g^2$。

噪声方差可根据式（2–122）计算。因此，建立噪声方差估计数据集 $\boldsymbol{D}_{\mathrm{n}}=\left\{\left(\boldsymbol{x}_i,(\boldsymbol{t}_i-\hat{g}_i(\boldsymbol{x}_i))^2\right)\middle|i=1,2,\cdots,N\right\}$，保持输入不变，即仍为待预测点之前若干点的风速数据，改变输出为实际值与预测值之差的平方。经过多次独立预测，预测结果的均值为 $\hat{\sigma}_{\mathrm{n}}^2$，方差为 $\hat{\sigma}_{\mathrm{r}}^2$。

给定一个实际过程，待遇测的 $100\times(1-\alpha)\%$ 置信度预测区间为随机区间。下限 $L_{\mathrm{t}}^{\alpha}(x_i)$ 和上限 $U_{\mathrm{t}}^{\alpha}(x_i)$ 计算公式为式（2–123）和式（2–124），其中 $Z_{1-\alpha/2}$ 表示标准正态分布的临界值。全部数据的置信区间如式（2–125）所示。

$$t_i=g(x_i)+n(x_i) \tag{2-119}$$

$$t_i-\hat{g}(x_i)=\left[g(x_i)-\hat{g}(x_i)\right]+n(x_i) \tag{2-120}$$

$$\hat{\sigma}_{\mathrm{t}}^2=\hat{\sigma}_{\mathrm{g}}^2+\hat{\sigma}_{\mathrm{n}}^2+\hat{\sigma}_{\mathrm{r}}^2 \tag{2-121}$$

$$\hat{\sigma}_{\mathrm{n}}^2=E\left[(t-\hat{g})^2\right] \tag{2-122}$$

$$L_t^{\alpha}(x_i)=\hat{g}(x_i)-Z_{1-\alpha/2}\sqrt{\hat{\sigma}_t^2(x_i)} \tag{2-123}$$

$$U_{\mathrm{t}}^{\alpha}(x_i)=\hat{g}(x_i)+Z_{1-\alpha/2}\sqrt{\hat{\sigma}_t^2(x_i)} \tag{2-124}$$

$$I_{\mathrm{t}}^{\alpha}(x_i)=\left[L_{\mathrm{t}}^{\alpha}(x_i),U_{\mathrm{t}}^{\alpha}(x_i)\right]\quad i=1,2,\cdots,N \tag{2-125}$$

与已知的点预测评价指标如平均绝对误差（MAE）、方均根误差（RMSE）等不同，概率预测结果不能用传统的评价指标反映预测结果的好坏。可靠性和敏锐性是评价预测区间的两个重要角度。

预测区间置信概率（PINC）定义为 $100(1-\alpha)\%$ 的值。期望得到的预测区间的覆盖概率将渐近地达到整个测试数据的标称置信水平。对于点对应的置信区间，区间覆盖概率（PICP）按式（2–126）和式（2–127）计算。考虑 PICP 和 PINC，平均覆盖误差（ACE）表示为 PICP 和 PICP 的差值，如式（2–128）所示，用作概率预测可靠性指标。ACE 的绝对值越小，覆盖越准确，概率预测结果越可靠。理想情况下，预测区间的 ACE 值应为 0。

$$PICP=\frac{1}{N}\sum_{i=1}^{N}\xi_1^{\alpha} \tag{2-126}$$

$$\xi_i^{\alpha}=\begin{cases}0 & t_i\notin I_{\mathrm{t}}^{\alpha}(x_i)\\ 1 & t_i\in I_{\mathrm{t}}^{\alpha}(x_i)\end{cases} \tag{2-127}$$

$$ACE=PICP-PINC \tag{2-128}$$

但是，如果只追求可靠性，预测区间越宽，提供的信息越少，概率预测的效果也会受到影响，因此应采用敏锐性指标来评价。在本文中，我们将区间平均宽度和技能得分结合起来使用。区间的宽度表示为式（2–129），区间分数定义为式（2–130）。敏锐性的两个计算公式是式（2–131）和式（2–132）。技能得分的原则是奖励更加狭窄的区间，如果目标值不在估计范围内，则增大该点的区间分数。技能得分为非正值，越接近 0，概率预测效果越好。

$$\delta_t^{\alpha}(x_i)=U_t^{\alpha}(x_i)-L_t^{\alpha}(x_i) \tag{2-129}$$

$$Sc_t^{\alpha}(x_i)=\begin{cases}-2\alpha\delta_t^{\alpha}(x_i)-4\left[L_t^{\alpha}(x_i)-t_i\right] & t<L_t^{\alpha}(x_i)\\ -2\alpha\delta_t^{\alpha}(x_i) & t\in I_t^{\alpha}(x_i)\\ -2\alpha\delta_t^{\alpha}(x_i)-4\left[t_i-U_t^{\alpha}(x_i)\right] & t>U_t^{\alpha}(x_i)\end{cases} \tag{2-130}$$

$$\delta_{\mathrm{mean}}^{\alpha}=\frac{1}{N}\sum_{i=1}^{N}\delta_{\mathrm{t}}^{\alpha}(x_i) \tag{2-131}$$

$$Sc_{\mathrm{t}}^{\alpha}=\frac{1}{N}\sum_{i=1}^{N}Sc_{\mathrm{t}}^{\alpha}\left(x_i\right) \tag{2-132}$$

2.6.5 功率预测性能评价研究

1. 对新能源场站预测精度管理考核机制研究

在分析现有新能源功率预测统一考核机制存在问题的基础上，从风光资源分布、装机容量大小、电网拓扑结构等角度出发，分析不同新能源场站的预测难度（资源特性导致）及预测准确率对调度运行产生的影响（装机容量、拓扑结构导致），以对实际调度支撑作用的大小为分类依据，采用聚类分析、模式识别等多种方法对新能源场站进行划分，针对不同类别的新能源场站分别制定考核标准，构建新能源场站分类管理考核机制。

实际运行中，电网调度部门对于不同时段新能源功率预测精度关注度并不相同，运用聚类等模式识别方法，对不同时段下电网调度实际需求对预测误差的灵敏度进行聚类分析，将不同运行时段按照实际调度需求进行合理划分。针对划分得到的不同时段集合，对当前包含准确率、合格率以及上报率在内的多项预测考核指标加以修正，构建新能源场站的分时管理考核机制。

2. 对现有新能源功率预测综合评价体系研究

在收集含河北地区在内的大量新能源场站发电功率及其预测数据基础上，根据现有的新能源功率预测评价方法计算新能源场站的各指标表现，采用理论分析与实际验证相结合的方式分析现有功率预测评价体系中各评价指标的可行性与有效性，发现目前评价体系存在的主要问题。

3. 对新能源功率预测综合评价体系的改进

针对现有新能源运行调度功率预测评价体系中，评价对象以及对各对象评价的指标种类繁杂，涉及的评价环节众多等特点，对预测所涉及到的各个子评价指标进行归纳分类，运用层次分析、模糊综合评价等方法确定各级指标的权重，建立面向调度实际需求（安全稳定、充分消纳、三公调度等）的多级综合预测评价指标体系，给出能够支撑计划运行与电力市场等不同运行场景下的功率预测综合评价方法。

4. 对综合评价体系在实际调度中的作用研究

采用特征提取、聚类分析等方法，对不同时间尺度下的功率波动模式进行分类；利用改进后的功率预测综合评价体系，对现有的多套新能源功率预测系统在各类波动模式下的历史预测精度进行评价，采用多目标属性决策方法，给出各套预测系统在不同波动模式下的预测可信度；结合数值天气预报信息及距离判别方法，识别出预测时段的功率波动模式类别，给出功率预测的概率区间描述；将预测时段的功率预测概率区间作为约束条件，加入到现有的调度优化管理中，提出考虑预测不确定性的电网优先调度管理模式。

电网优先调度管理模式分为两个步骤，即新能源场站综合评价阶段和新能源顺序弃电阶段，如图 2–47 所示。在综合评价阶段，模型输入量有新能源实际发电数据和短期功率预测数据两部分。输入数据后，模型将首先计算最大误差率、WRMSE 准确率、合格率、相关系数、偏度、峰度、两峰两谷时段最大正 / 负向误差和累积正 / 负向误差共 14 个指标（光伏场站只有 10 个指标）；之后，通过离差最大化法对各个指标对客观赋权；最后，TOPSIS 法将对各场站进行综合评分来得到场站的友好性次序。在顺序弃电阶段，新能源将分为风电和光伏两个断面，无法消纳的新能源将按照场站的综合次序进行弃电。

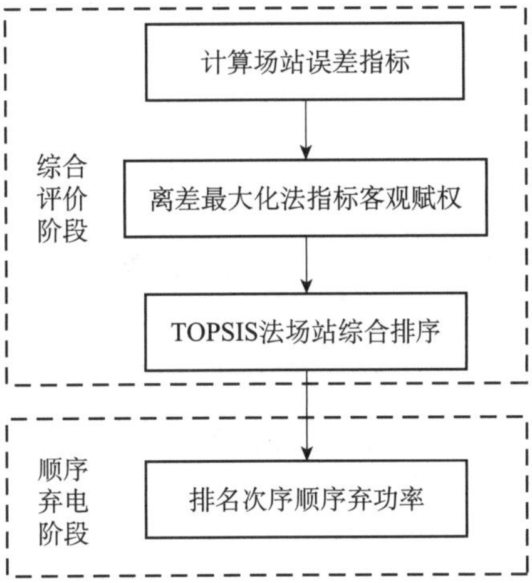

图 2–47　基于综合评价体系的新能源场站顺序弃功率调度流程

其中，会使用到离差最大化方法，离差最大化理论是根据指标波动程度对不同指标进行客观赋权的方法。在评价过程中，取值波动较大的指标对评价结果的影响较大，而取值波动较小的指标则对评价结果的影响较小。其具体步骤为对原始数据进行标准化处理：

正向指标

$$X_{ij}^{'}=\frac{X_{ij}-\min\left\{X_j\right\}}{\max\left\{X_j\right\}-\min\left\{X_j\right\}} \tag{2–133}$$

负向指标

$$X_{ij}^{'}=\frac{\max\left\{X_j\right\}-X_{ij}}{\max\left\{X_j\right\}-\min\left\{X_j\right\}} \tag{2–134}$$

式中：X_{ij} 为第 i 个样本的第 j 个指标值；X_j 为所有样本的第 j 个指标值组成的数组；$X_{ij}^{'}$ 为标准化后的第 i 个样本的第 j 个指标值。WRMSE 准确率、相关系数、合格率和峰度为正向指标，其值越大越好；最大误差率、偏度、最大正向误差、最大负向误差、累积正向误差和累积负向误差为负向误差，其值越小越好。

假设第 j 个指标对应的权重为 ω_j，并且满足以下约束条件：

$$\sum_{j=1}^{14}\omega_j^2=1 \tag{2-135}$$

由离差最大化确定权重的原理可得第 j 个指标与其他指标之间的离差为：

$$De_j=\sum_{i=1}^{n}\sum_{k=1}^{n}|S_{ij}-S_{kj}|=\sum_{i=1}^{n}\sum_{k=1}^{n}\omega_j\,|X'_{ij}-X'_{kj}| \tag{2-136}$$

为了获得离差最大化条件下的指标权重，需要求解以下最优化问题：

$$\begin{cases}\max De=\sum\limits_{j=1}^{14}De_j=\sum\limits_{j=1}^{14}\sum\limits_{i=1}^{n}\sum\limits_{k=1}^{n}\omega_j\,|X'_{ij}-X'_{kj}|\\ \sum\limits_{j=1}^{14}\omega_j^2=1\end{cases} \tag{2-137}$$

求解结果为

$$\omega_j=\frac{\sum\limits_{i=1}^{n}\sum\limits_{k=1}^{n}|X'_{ij}-X'_{kj}|}{\sqrt{\sum\limits_{j=1}^{14}\left(\sum\limits_{i=1}^{n}\sum\limits_{k=1}^{n}|X'_{ij}-X'_{kj}|\right)^2}} \tag{2-138}$$

第3章 风光储电站实时控制

3.1 风光储系统运行特性

3.1.1 风电出力特性分析

国内某风电场2014年风能资源季节分布如图3-1所示。春季（2～4月）是风电场风能资源最丰富的季节，大约占全年风能资源的29%，冬季（11月～下年1月）以全年26%的比例次之，而在夏季（5～7月）和秋季（8～10月）时，风电场的风能资源最少，分别只占全年风能资源的23%和22%，此时可适当安排风机检修维护计划等。

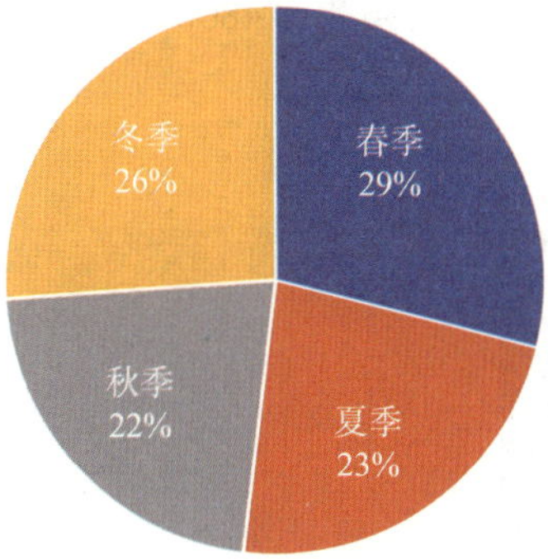

图3-1 国内某风电场2014年风能资源季节分布

从强风季节和弱风季节的角度分析，该风电场全年资源呈现较为明显的季节性。风电场风能资源月分布如图3-2所示。从图3-2可知，4月、10月是风电场风能资源最丰富的月份，分别占全年风能资源总量的12%和11%，3月、5月、11月、12月也属于风能资源丰富的月份，而8月为风能资源最贫瘠的月份，仅占全年风能资源总量的5%。

由此可见，强风季节的月发电量几乎是弱风季节的一倍，呈现出明显的季节性。

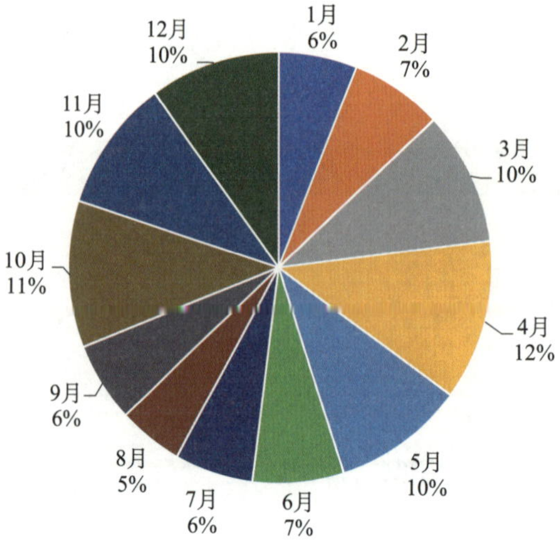

图 3-2　风电场风能资源月分布

风电场一年内有功输出小于装机容量 20% 的概率超过 57%，大于装机容量 50% 的概率小于 20%，通过计算得到输出的平均有功功率约为额定功率的 23.6%，风电场满负荷率超过 70% 的时间约占全年时间的 8%。

风电场 2014 年 12 个月输出有功功率 1min 功率波动率分布如图 3-3 所示，由于风电场风力机惯性等因素的影响，在 1min 内风电场有功输出变化很小，将所有占其有功输出变化量小于 5% 的概率叠加在一起，可知风电场有功输出变化量小于 5% 的概率为 99.58%，有功输出变化量大于 5% 的概率为 0.42%。根据全年每分钟采样一次的频率，可统计出风电场有功输出波动率大于 5% 的频数为 4800，因此，需要进行平抑风电功率波动。

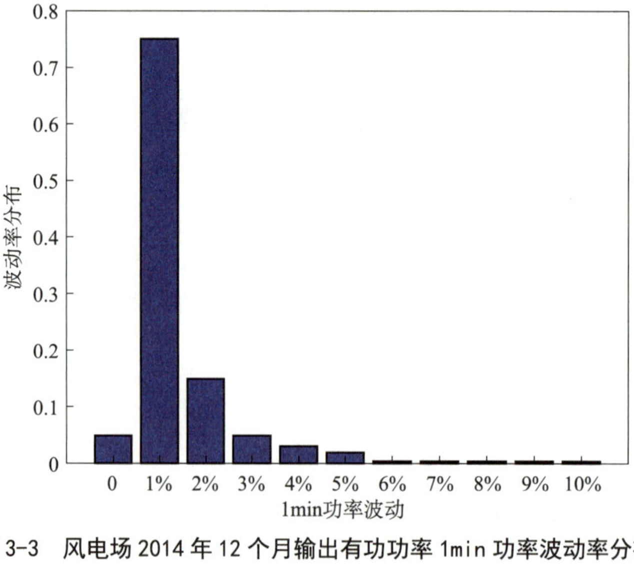

图 3-3　风电场 2014 年 12 个月输出有功功率 1min 功率波动率分布

3.1.2　光伏发电出力特性分析

与常规能源相比，光伏发电有着分布广、无污染、能源巨大等优势。当然，太阳能也有其自身的缺陷，如能量密度低、不稳定性、效率低、成本较高等。然而总的来说，作为新能源，太阳能发电带来的利远远大于其自身的弊，因而受到世界各国的日益重视，并且随着科学技术的不断进步及光伏电池成本的不断降低、转换效率的不断提升，未来光伏发电的发展有着美好的前景。

太阳能光伏电池是以光生伏特效应为理论基础，将照射在半导体材料上的太阳能转换为电能的发电设备。由于太阳能电池受到来自外界因素（如日照强度、温度等）多方面的影响，使得其具有调节能力弱、稳定性差等特点，然而，由于系统的电压和频率对太阳能电池的影响较小，所以可将太阳能光伏电池等效看作由一个电流源、非线性阻抗和负荷电阻组成，其等效电路如图 3–4 所示。

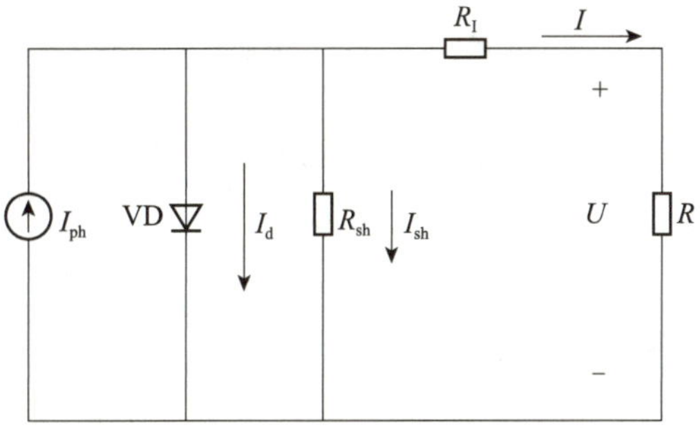

图 3–4　光伏电池等效电路

由光伏电池等效电路可得式（3–1）

$$I = I_{ph} - I_d - I_{sh} \tag{3–1}$$

式中：I 为光伏电池输出电流；I_{ph} 为光生电流；I_d 为负载电压 U 正向偏置于 PN 结引发的暗电流；I_{sh} 为电池漏电流。

其中，有式（3–2）和式（3–3）

$$I_d = I_0 \left\{ \text{close=} \exp \left[\text{close=} \frac{q(U + IR_s)}{AkT} \right] - 1 \right\} \tag{3–2}$$

$$I_{sh} = \frac{U + IR_s}{R_{sh}} \tag{3–3}$$

式中：q 为电子负荷，大小为 1.6×10^{-19}C；A 为 PN 结理想因子；k 为玻耳兹曼常量，大小为 1.38×10^{-23}J/K；I_0 为反向饱和电流，通常数量级为 10^{-4}A；R_s、R_{sh} 为电池的串、并联电阻；U 为负载电压，V；T 为热力学温度，K。

综合式（3–1）～式（3–3）得到光伏电池的输出电流—电压方程为式（3–4）

$$I = I_{\text{ph}} - I_0 \left\{ \text{close=} \exp\left[\text{close=} \frac{q\left(U + IR_{\text{s}}\right)}{AkT} \right] - 1 \right\} - \frac{U + IR_{\text{s}}}{R_{\text{sh}}} \tag{3-4}$$

不同温度下光伏电池电压—电流特性曲线如图 3–5 所示。

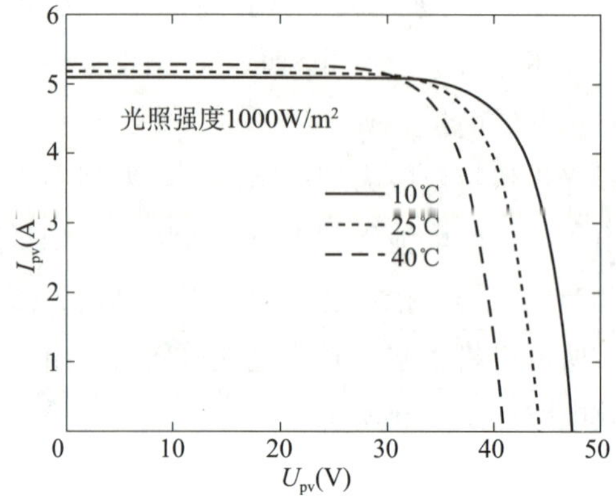

图 3–5　不同温度下光伏电池电压—电流特性曲线

不同光照下光伏电池电压—电流特性曲线如图 3–6 所示。

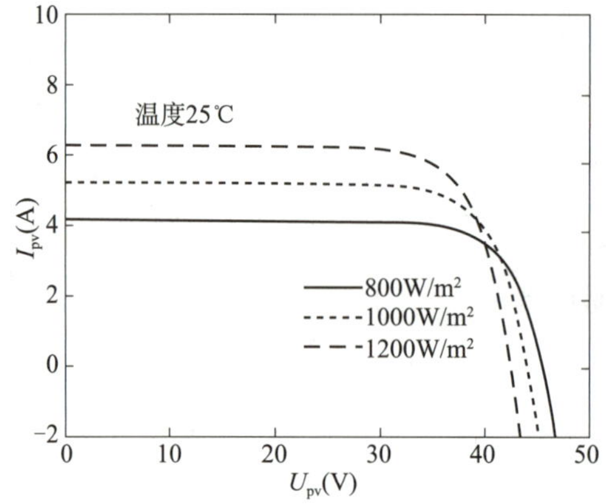

图 3–6　不同光照下光伏电池电压—电流特性曲线

由于受到光照、温度及不同最大功率追踪控制方式等多种因素的影响，光伏电池的功率输出特性具有强烈的非线性。从图 3–5 和图 3–6 中可以看出：① 光伏电池的输出是直流电；② 光伏电池的输出电压是随着光照、温度等环境因素的升高而有所增加，但增加的幅度并不是很大；③ 光伏电池输出的电流随着光照、温度的变化而变化。

不同温度下，光伏电池电压—功率特性曲线如图 3–7 所示。不同光照下，光伏电池电压—功率特性曲线如图 3–8 所示。

从以上图中可以明显看出，光伏电池有且仅有一个最大输出功率点，且最大输出功率点受光照强度和温度的影响而发生改变，并且在一定的光照强度和环境温度下，只有使其工作在特定的电压下，才能达到最大输出功率。

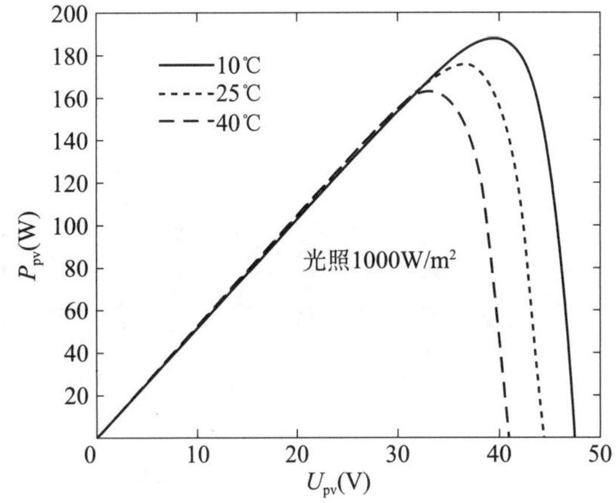

图 3-7　不同温度下光伏电池电压—功率特性曲线

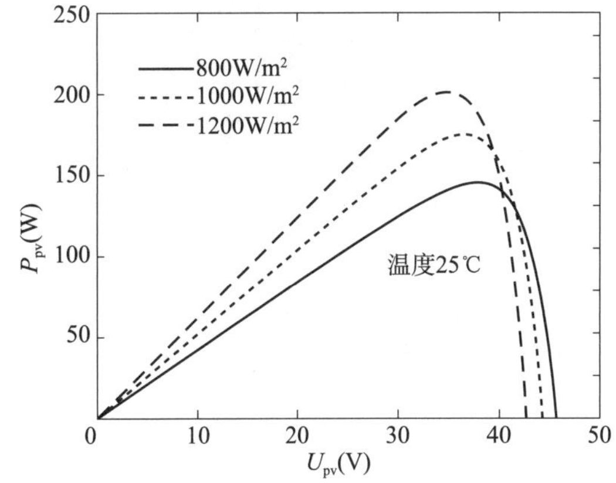

图 3-8　不同光照下光伏电池电压—功率特性曲线

3.1.3　风光互补特性分析

由于地理条件、环境气候的不同，不同地区的太阳光照强度和辐照量也会有所不同，然而它们大的变化趋势和总体的变化规律仍是比较相似的。本文以某地区太阳能总辐照的最大值为基准值，进一步对太阳能光伏特性做定性研究，基于相关辐照量变化数据，得到下列分析结果图，如图 3–9 所示。

由图 3–9（a）可知，整个太阳年总辐照量变化呈现抛物线分布，并以 4 ～ 8 月为顶点，这主要是因为春、夏季节的日照时间长度较长，所以其辐照量相对较大，而秋、冬季节的日照时间长度较短，其辐照量就相对较小。

由图 3–9（b）可知，光伏发电系统的发电量大小与辐照量间表现出较强的相关性，

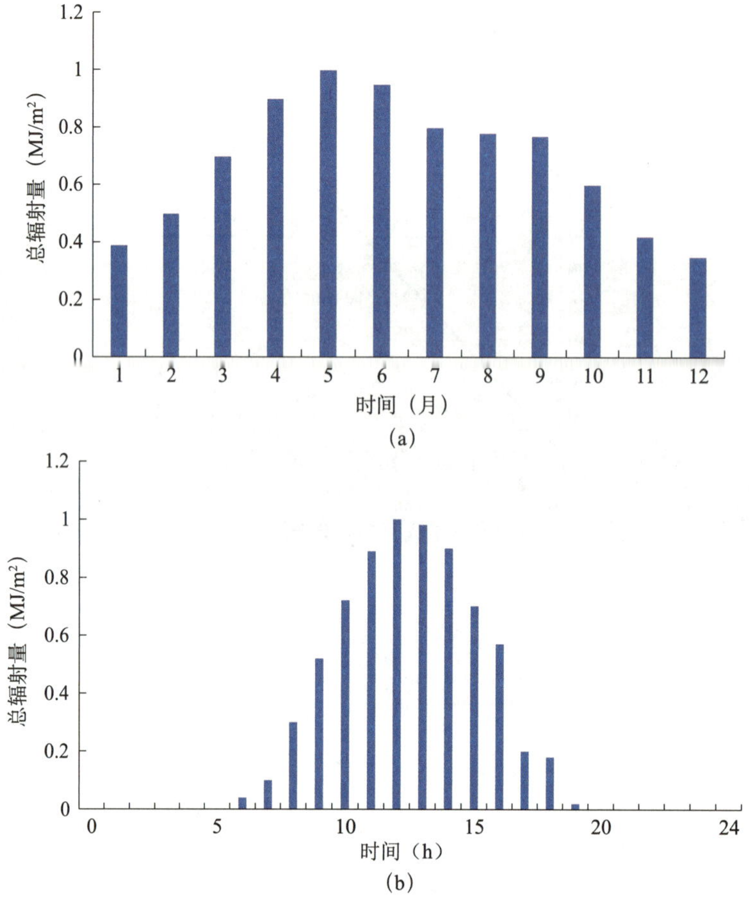

图 3-9　太阳总辐照量某年和某日的变化图

大约从 5 ～ 6 点的时候开始有非常微弱的辐照，到了 11 ～ 13 点的时候，辐照量达到一天中的最大值，13 点后辐照量出现逐渐减少的现象，到了 19 点以后，辐照量就已基本降为 0。

图 3-10 是基于某地的风能、太阳能实测能量数据进行仿真绘制而得到的能量分布。

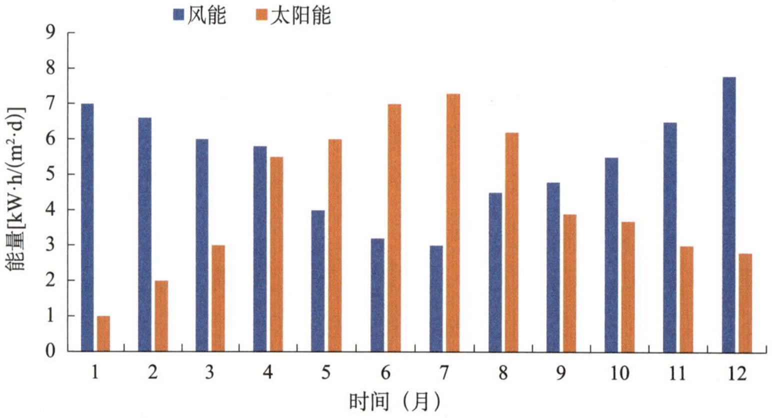

图 3-10　风能和太阳能的能量分布

如图 3-10 所示，太阳能的年能量分布趋势是以 7 月为顶点、开口向下的抛物线，而风能则是以 6 月、7 月为顶点、开口向上的抛物线，二者表现出了恰恰相反的变化趋势。因此，如果能将风能、太阳能进行联合利用，将在很大程度上有利于提高这两种能源总量的稳定性。

图 3-11 是将图 3-10 的风能和太阳能按照月份叠加所得到风能、太阳能能量的分布图。

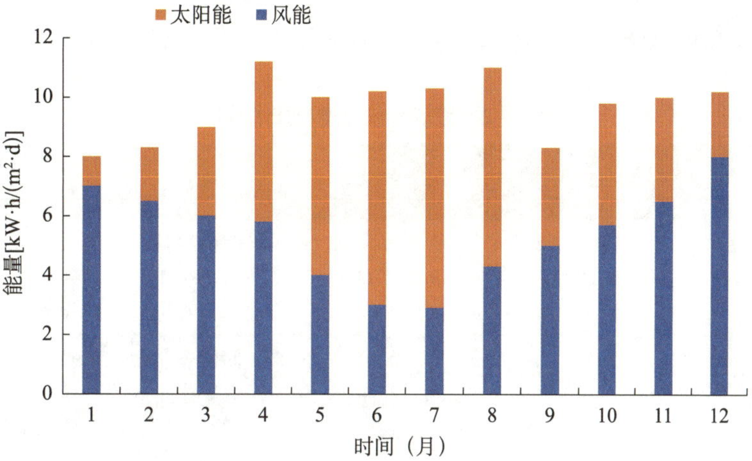

图 3-11　风能和太阳能能量的分布图

从图 3-11 中可以得出以下结论：

（1）风能与太阳能整年能量和的整体波动性并不大，且基本维持在一个比较稳定的波动范围内。总体来说，风能资源和太阳能资源在长时间范围内具有很好的天然互补性。

（2）通常在白天光照充足时风较小，而在夜间风较大时却没有太阳光照射，所以，风能和太阳能在短时间范围内也具有较强的互补特性。

综上所述，风能与太阳能不论是在长时间还是短时间内，均呈现出较强的互补特性。

为保证电网运行的安全、可靠，国家制定了一系列的可再生能源并网标准。另外，《国家电网公司风电场接入电网技术规定》明确指出：风电场最大输出功率的变化率包括 10min 和 1min 这两种类型，具体限制要求见表 3-1。

表 3-1　风电场最大输出功率变化率限制要求

风电场装机容量	10min 最大变化量（MW）	1min 最大变化量（MW）
＜30	20	6
30～150	装机容量 /1.5	装机容量 /5
＞150	100	30

3.1.4 储能技术分析

1. 储能技术分类

因为储能系统具有动态吸收、适时释放能量的特点，有效弥补了风电、光伏发电间歇性、波动性的缺点，改善了间歇式电源输出功率的可控性及电能质量，提高了电能稳定水平及优化发电系统的经济性。

储能技术分为储电与储热，根据不同的能量转换形式，电储能技术大致分为机械储能、电磁储能和化学储能三大类，具体储能系统分类与技术特性见表3-2。

表3-2 储能系统分类与技术特性

分类	储能技术	功率范围（MW）	持续响应时间	效率（%）	技术特性
机械储能	抽水蓄能	100～200	4～10h	60～70	储能容量巨大、技术最成熟、能量转换效率小于75%、响应速度慢，且依赖地形与水资源、建设周期长
	压缩空气储能	100～300	6～20h	40～50	储能容量巨大、技术最成熟、能量转换效率小于65%、响应速度慢，且依赖地形与燃气资源、建设周期长
	飞轮储能	0.005～5	15s～15min	70～80	储能密度高，无过充电、过放电问题，容易测量放电深度，对温度不敏感，对环境友好，开发昂贵，由于飞轮高速旋转，设计及制造要求高
电磁储能	超导储能	0.01～20	1ms～15min	80～95	响应速度快、功率密度较高、储能容量过低（秒级）、维护成本过高、技术不成熟
	超级电容器储能	0.001～0.1	1s～1min	70～80	功率密度大、循环寿命长、储能容量过低（秒级）、自放电率高
化学储能	铅酸电池	0.001～50	1min～3h	60～70	价格便宜、构成成本低、技术成熟、可靠性高、充电速度慢、质量较重、污染环境、寿命短
	NaS、Li	0.001～10	1min～9h	70～80	NaS：容量大、体积小、效率高、寿命长、工作温度高 Li：比能量、比功率高，能量转换效率高，使用寿命长，大规模集成困难
	液流电池	0.01～0.1	1～20h	85～90	寿命长，可深放，适于组合，效率高，环保性好，可逆性好，副反应小，稳定，但储能密度稍低

2. 储能系统充放电工作原理

储能单元的充、放电过程，就是储能单元与电网完成能量交互的一个过程，如图

3–12 所示，当风光储发电系统能量管理系统给储能电池下达充电指令时，储能电池通过双向变流器从电网吸收风电和太阳能光伏发出的多余电能；反之，储能电池则通过双向变流器向电网侧释放其存储的电能。

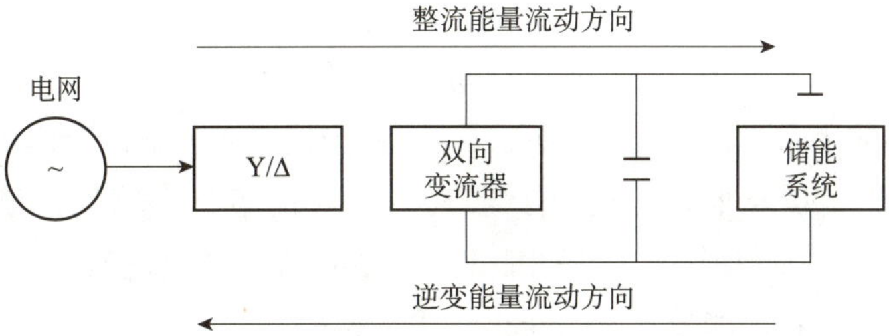

图 3–12　储能系统充、放电过程示意图

由此可见，储能系统与电网间是一个能量双向流动的过程：能量既可从电网侧经双向变流器流向储能系统，也可从储能系统经双向变流器流向电网，前者为整流过程，后者为逆变过程。在整流过程中，应当根据储能系统类型的不同充电特点，提供不同的充电方式（如恒功率、恒压恒流充电等）；在逆变过程中，电能是由储能系统经双向变流器向电网放电，此时应当满足电网对电能质量的要求，从储能系统回馈给电网一定频率及谐波含量的三相电能，如式（3–5）所示。

$$E_{sb}(t)=E_{sb}(t-1)(1-o)+p_{sb}\eta_{cha}T_{sb} \tag{3-5}$$

式中，$E_{sb}(t)$ 为 t 时刻蓄电池的容量；$E_{sb}(t-1)$ 为上一时刻蓄电池的容量；o 为储能单元的自放电率；p_{sb} 为储能单元的充、放电功率，约定充电为正功率、放电为负功率；η_{cha} 为充放电效率；T_{sb} 为充放电周期。

由式（3–5）可以看出，储能系统的充放电能力与当前时刻的剩余电量相关，而剩余电量不仅与上一时刻的电量相关，还与当前充放电周期内充放电的功率、充放电效率、储能电池充放电周期等密切相关。

3. 储能系统指标

储能系统 SOC 采用计算式（3–6）为

$$C_{SOC}(t)=(1-\rho)C_{SOC}(t-1)+\frac{\omega_c P_c(t)\Delta t\eta_c-\dfrac{\omega_d P_d(t)\Delta t}{\eta_d}}{E_{cap}} \tag{3-6}$$

式中，$0\leqslant\omega_c+\omega_d\leqslant1$，$\omega_c$，$\omega_d\in$[close=0,1)；$C_{SOC}(t)$ 为储能在 t 时间段末的荷电状态；$C_{SOC}(t-1)$ 为储能在 t –1 时间段末的荷电状态；$P_c(t)$、$P_d(t)$ 为储能介质在 t 时间段充、放电功率，MW；ρ 为储能介质的自放电率，%/min；Δt 为采样时间，min；η_c、η_d 为充、放电效率；E_{cap} 为储能系统容量，MW · h；ω_c、ω_d 为储能系统充、放电控制标志，在协调处于充、放电时 $\omega_c+\omega_d=1$，浮充时 $\omega_c+\omega_d=0$。

为保证储能系统能持续、有效地进行风光功率平滑，必须将其任意时刻的 SOC 控制在式（3–7）所要求的范围内，即

$$C_{\mathrm{SOC,min}} \leqslant C_{\mathrm{SOC}}(t) \leqslant C_{\mathrm{SOC,max}} \tag{3-7}$$

式中，$C_{\mathrm{SOC,min}}$ 为储能系统荷电状态的下限，理想情况下为 0；$C_{\mathrm{SOC,max}}$ 为储能系统荷电状态的上限，理想情况下为 1。考虑到储能系统实际运行过程中避免出现过充、过放而影响储能系统的使用寿命，$C_{\mathrm{SOC,min}}$ 和 $C_{\mathrm{SOC,max}}$ 应适当控制在 [0，1] 范围内。

除储能系统 SOC 要求外，还应要求其有足够的容量。储能系统的容量按照式（3–8）和式（3–9）进行计算。基于储能系统所吞吐充、放电电量累计，得到储能系统在不同时刻下相对于初始能量状态的变化，式（3–8）为

$$E_{\mathrm{b}}(m)=\sum_{0}^{m}\left[P_{\mathrm{b}}(m)\times\frac{T}{3600}\right], m=0,1,2,\cdots,N_{\mathrm{s}} \tag{3-8}$$

式中，T 为采样周期；$E_{\mathrm{b}}(m)$ 为第 m 个采样时刻相对于初始状态的能量变化，MW・h。$P_{\mathrm{b}}(m)$ 为第 m 个采样时刻的功率；N_{s} 为系统最后一次采样时刻。

通过式（3–8）及 SOC 的限制要求，得到储能系统额定容量值 E_{ES0} 计算式（3–9）为

$$E_{\mathrm{ES0}}=\frac{\max\left[E_{\mathrm{b}}(m)\right]-\min\left[E_{\mathrm{b}}(m)\right]}{C_{\mathrm{SOC,max}}-C_{\mathrm{SOC,min}}} \tag{3-9}$$

另外，通过对电池充、放电功率曲线的分析，本文提出将电池充、放电功率曲线每两点间的转折处算作一次充、放电动作，按照式（3–10）可以计算一段时间内的充、放电次数，即

$$\sum_{i=1}^{n-2}\left[P_{\mathrm{bat}}(i)-P_{\mathrm{bat}}(i+1)\right]\times\left[P_{\mathrm{bat}}(i+1)-P_{\mathrm{bat}}(i+2)\right]<0 \tag{3-10}$$

式中，P_{bat} 为电池系统充、放电功率；i 为采样点个数；n 为总采样点数。

计算式（3–10）小于零的总累计次数即可得到总的充、放电次数。

3.2 风光储电站 AGC 多运行模式优化控制技术

新能源电源在整个电网或电力系统中的功率控制有多种方式，按新能源电源容量在系统总电源中的占比从低到高划分，新能源场站与系统有功调度控制的关系分为 3 个层次：① 当新能源占系统比重较小时，系统原有的运行方式不变，新能源场站被排除在

系统调度与 AGC 之外，其功率作为“负”荷处理，其出力不确定性完全由系统备用容量进行补偿；② 当新能源占系统比重较大时，系统有功调度在日前或日内时间尺度考虑新能源出力（预测值），并将其预测的不确定性与负荷预测的不确定性结合起来安排发电计划，以常规能源火电机组和水电机组调整为重点，新能源不进行控制；③ 当新能源达到较高比重时，系统改变原有功调度的运行方式，根据新能源功率预测信息实时调整和控制新能源出力。新能源场站在力所能及的范围内，与常规能源电厂一样主动响应系统的调频、调峰等需求。

以下从控制架构、控制模式、控制策略和闭环控制过程几个角度，介绍新能源有功功率的控制技术。

3.2.1　新能源并网有功控制架构

有功控制架构是在现有 EMS 系统中基于基础平台进行风电场、光伏发电站的有功控制功能的扩展。控制主站配置在省主站，在场站侧通过其监控系统实现每台风力机、光伏发电单元的底层控制。通过标准化接口建设，实现电网与场站的交互，实现自下而上的可观测和自上而下的可控制，实现整体闭环控制。其控制总体框架如图 3–13 所示。

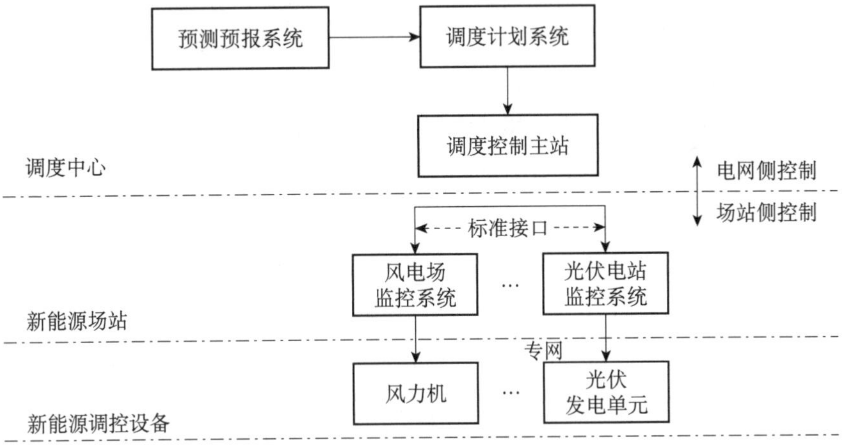

图 3–13　新能源并网有功控制总体框架

在图 3–13 中，调度计划系统从负荷预测系统获取短期、超短期负荷预报结果和风电、光伏功率预测结果，制定包含风电、光伏在内的日前、实时发电计划，并提供给光伏有功监控功能模块。调度控制主站是整个控制系统的核心，其通信、配置及功能如下：

1. 通信

调度控制主站与外部系统（如预测预报系统、调度计划系统等）通过以太网连接实现通信，通过标准化接口建设实现数据传输的无缝连接，既可以接受外部的预测预报信息、调度指令等，又可为外部系统提供相应的数据支撑。

2. 配置

所有功能软件模块最终都集成在现有的自动化系统平台之中，实现新能源场站的有功控制。

3. 功能

有功控制系统周期获取风电场、光伏发电站的相关信息，包括实际出力，调节上限、调节下限，预测结果等，对其制定和采用相应的控制策略。主站控制系统具备开环和闭环两种工作模式，开环模式不下发控制指令，只具备监视和统计功能，只有在闭环模式下才下发控制指令到新能源场站。

3.2.2 新能源并网有功控制模式

1. 主站侧控制模式

不同于常规能源电厂的控制指令下发方式，新能源有功控制模式基于计划曲线下发方式，5min 一点，全天 288 个计划值。同时为保证计划下发的时效性，当控制模式切换时，下发更新后的计划值。在现有常规电源控制模式的基础上结合新能源间歇特性，有五种主站 AGC 控制的模式，其工作原理如下：

1）最大功率模式

设置此模式期间，控制曲线中相关时刻点的功率值为该新能源场站的额定容量，确保其出力保持最大，不采取限出力措施。

2）限制控制模式

主站可在指定限制控制模式的同时，指定限制功率数值。设置此模式期间，控制曲线中相关时刻点的功率值为人工设置的限值。新能源场站出力控制在预设限值以下。限值功率模式从切换时刻起，对以后的计划值点修改为指定限值；当出现模式切换或计划值无效时，切换到给定模式或取消控制，并改写对应下一点计划值，触发下发更新后计划值。

3）计划跟踪控制

主站负责下发计划曲线，由新能源场站负责执行。设置此模式期间，控制曲线中相关时刻点的功率值为新能源场站计划值。新能源场站计划值来源于人工输入、短期功率预测或超短期功率预测三个途径，同时可利用计划曲线修改工具人工调整计划，最新调整后的计划曲线将按 5min 周期性下发。

4）计划修改跟踪控制

主站负责下发指定时段修改后的计划曲线，由新能源场站负责执行。相当于设置计划模式的同时，将指定时段的计划曲线修改为指定数值。同时，也是对限制功率控制模式的扩展，指定时段起点时间和终止时间的计划值修改为指定值，时段结束后自动以一定斜率跟踪到原始计划。

5）按日前计划增减

主站可在日前计划基础上指定日前计划调整偏移量。相当于设置计划模式的同时，在原计划曲线的基础上，增量调整指定时段的计划数值。可视作限制控制模式的延伸，新能源场站输出功率始终保持与最大可调出力固定偏差（限额）。按日前计划增减模式的优点是在实时发电计划制定中，对新能源场站留有部分有功备用，使其风电、光伏资源具有上调和下调出力的能力。

2. 子站侧控制模式

风电、光伏子站监控系统接受调度主站或者人工输出的出力指令，实现有功自动控制。自动控制分远方、就地模式，远方模式出力指令来自调度主站；就地模式出力指令来自当地监控系统，在与主站出现通信故障时应能自动切换。

对于光伏监控系统，功率控制支持自动发电功能，能自动跟踪调度主站系统下发的计划或者出力指令，能通过决策优化切除光伏逆变器或者合理地将限功率指令分解到每台光伏逆变器上。

对于风电监控系统，功率控制支持自动发电功能，能自动跟踪调度主站系统下发的计划或者出力指令，能通过决策优化切除风电机组或者合理地将限功率指令分解到每台风力机及其变流设备上执行。

3.2.3　新能源并网有功控制策略

在控制模式基础上，本节以风电系统控制为例，进一步介绍新能源有功控制策略，从主站侧和子站侧分别介绍控制指令的计算原理和方法。

1. 风电计划控制

在风电场参与计划控制时，风电场控制模式为计划模式，风电场的目标出力由风电场的实时计划决定。风电控制模块实时或按照一定的时间间隔读取计划模块提供的日内计划，再将读取到的风电场日内计划值实时或按一定时间间隔发送至风电场，风电场按照接收到的计划值调整实际出力。计划编制程序在计划编制环节统一考虑风电与全网能源的资源优化调度。风电场参与计划控制可用下面公式表示

$$P_{i\text{-target}} = P_{i\text{-plan}} \qquad \left(i = 1, \cdots, N\right) \tag{3-11}$$

式中：$P_{i\text{-target}}$ 为投入计划控制风电场的目标出力；$P_{i\text{-plan}}$ 为投入计划控制风电的计划值；N 为投入计划控制风电场的总数。

计划控制的流程如图 3-14 所示。

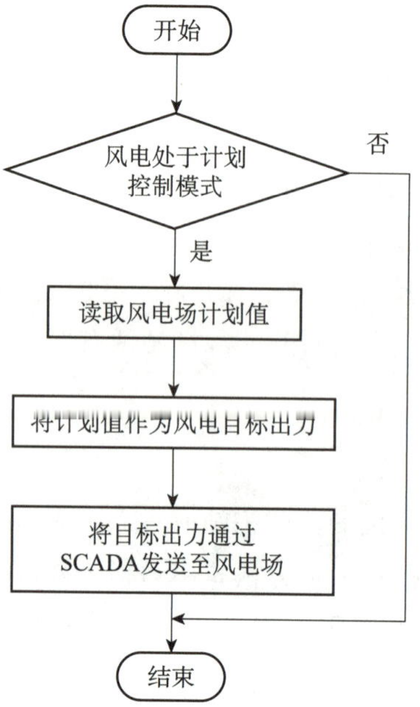

图 3-14　计划控制数据流程

2. 风电输送断面控制

大型风电场往往处于偏远地区，远离负荷中心，集中接入和集中送出是其主要特点，而这些地区的网架结构相对薄弱，电网送出能力有限。因此，风电场断面控制技术是非常有必要的，即在保证电网输电断面安全稳定运行的前提下，尽量增加风电场实际出力，实现风电资源的最大化利用。

在进行断面控制时，首先，需要计算出控制断面的控制偏差，该控制偏差为断面输出潮流限值与断面实际潮流值之差，并留有一定的稳定裕度。风电场功率控制功能模块自动将断面控制偏差按照给定的风电场功率分配策略分配给各个参与调整的风电场，将参与断面控制分配得到的分配量对参与调整风电场原计划进行修正得到控制目标后，再将其发送至各个风电场。在断面尚存较大的潮流输送空间时，为实现风电资源的充分利用，应放松对风电场有功出力约束，允许风电场偏离计划值充分发电。风电断面控制可以将断面潮流输送空间扣除稳定裕度后，实时分配给参与断面控制的风电场，在风电场原有日内计划值的基础上对原有计划值进行修正后，得到风电场控制目标。当断面潮流接近或超过断面输送限值时，风电断面控制将风电场目标出力限制在日内计划值上。当确有必要对风电场进行限功率时，为保证公平性，可由调度员统一修改所有风电场（包括可控、不可控风电场）的计划值，或直接电话调度减小各个风电场的实际出力，消除输电断面越限。

当风电场参与断面控制时，风电场的控制目标可由下面方程得到

$$P_{\text{error-tiec}} = P_{\text{limit}} - P_{\text{real}} - P_{\text{free}} \tag{3-12}$$

$$\begin{cases} \sum_{i=1}^{N} P_{i-\text{reg}} = P_{\text{error-tiec}} \\ P_{i-\text{reg}} = C_i P_{\text{error-tiec}} \quad \left(\sum_{i=1}^{N} C_i = 1, i = 1, \cdots, N \right) \\ P_{i-\text{target}} = P_{i-\text{plan}} + P_{i-\text{reg}} \quad (i = 1, \cdots, N) \\ P_{i-\text{lmn}} \leqslant P_{i-\text{target}} \leqslant P_{i-\text{lmx}} \quad (i = 1, \cdots, N) \\ P_{i-\text{lmn}} = P_{i-\text{plan}} \end{cases} \tag{3-13}$$

式中：$P_{\text{error-tice}}$ 为断面控制偏差；P_{limit} 为断面输出限值；P_{real} 为断面实际潮流；P_{free} 为断面稳定裕度；$P_{i\text{-reg}}$ 为参与断面控制风电场分配到的调节量；$P_{i\text{-target}}$ 为参与断面控制风电场的目标出力；$P_{i\text{-plan}}$ 为参与断面控制风电场的计划值；$P_{i\text{-lmn}}$ 为参与断面控制风电场的调节下限；$P_{i\text{-lmx}}$ 为参与断面控制风电场的调节上限；C_i 为根据风电场功率分配策略得到的功率分配系数。

风电场参与断面控制的基本数据流程和控制流程如图 3-15 所示。

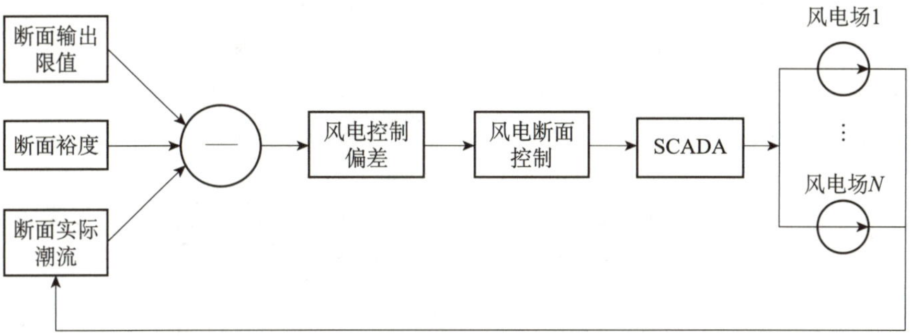

图 3-15　断面控制数据流程

3. 基于风电接纳能力的实时调峰控制

在进行调峰控制时，首先需要计算出当前控制区域内部风电总接纳能力。影响控制区域风电接纳能力的因素主要有断面安全约束和调峰约束，其中，断面安全约束可以通过增强网架结构的方式进行解决，而调峰约束则逐渐成为限制风电接纳的主要原因。目前，我国大多数地区最主要的风电受限为调峰约束，尤其在冬季供热期，由于供热机组装机调峰能力差，电网整体调峰能力较非供热期大幅减小，因此，供热期的电网调峰能力成为影响风电接纳能力的主要因素。根据电网的负荷特性和机组调峰特性，考虑调峰约束的风电总接纳能力计算方法如下

$$P_{\text{wind}} = P_{\text{reg}}^{\min} - P_{\text{commit}}^{\min} \tag{3-14}$$

式中：P_{wind} 为风电接纳能力；$P_{\text{reg}}^{\min}$ 为调峰机组最低出力；$P_{\text{commit}}^{\min}$ 为低谷负荷时调峰机组实际出力。

在得到控制区内风电总接纳能力之后，将风电接纳能力与风电总实际出力之差作为风电控制偏差，将偏差作为调节量，按照给定的风电场功率分配策略分配到各个风电

场，在各个风电场的计划出力上叠加分配到的调节量作为风电场的目标出力，再将目标出力下发至各个风电场，实现风电场功率的最优控制。

同样的，在风电场参与调峰控制时，将风电场的计划值纳入调节范围考虑。风电场参与调峰控制时，风电场的目标出力可通过以下公式计算得到

$$\begin{cases} \sum_{i=1}^{N} P_{i-\text{reg}} = P_{\text{wind}} \\ P_{i-\text{reg}} = C_i P_{\text{wind}} \quad \left(\sum_{i=1}^{N} C_i = 1, i = 1, \cdots, N\right) \\ P_{i-\text{target}} = P_{i-\text{plan}} + P_{i-\text{reg}} \quad (i = 1, \cdots, N) \\ P_{i-\text{lmn}} \leqslant P_{i-\text{target}} \leqslant P_{i-\text{lmx}} \quad (i = 1, \cdots, N) \\ P_{i-\text{lmn}} = P_{i-\text{plan}} \end{cases} \tag{3-15}$$

式中：$P_{i\text{-reg}}$ 为参与调峰控制风电场分配到的调节量；$P_{i\text{-target}}$ 为参与调峰控制风电场的目标出力；$P_{i\text{-plan}}$ 为参与调峰控制风电场的计划值；$P_{i\text{-lmn}}$ 为参与调峰控制风电场的调节下限；$P_{i\text{-lmx}}$ 为参与调峰控制风电场的调节上限；C_i 为根据风电场功率分配策略得到的功率分配系数。

具体调峰控制流程如图 3-16 所示。

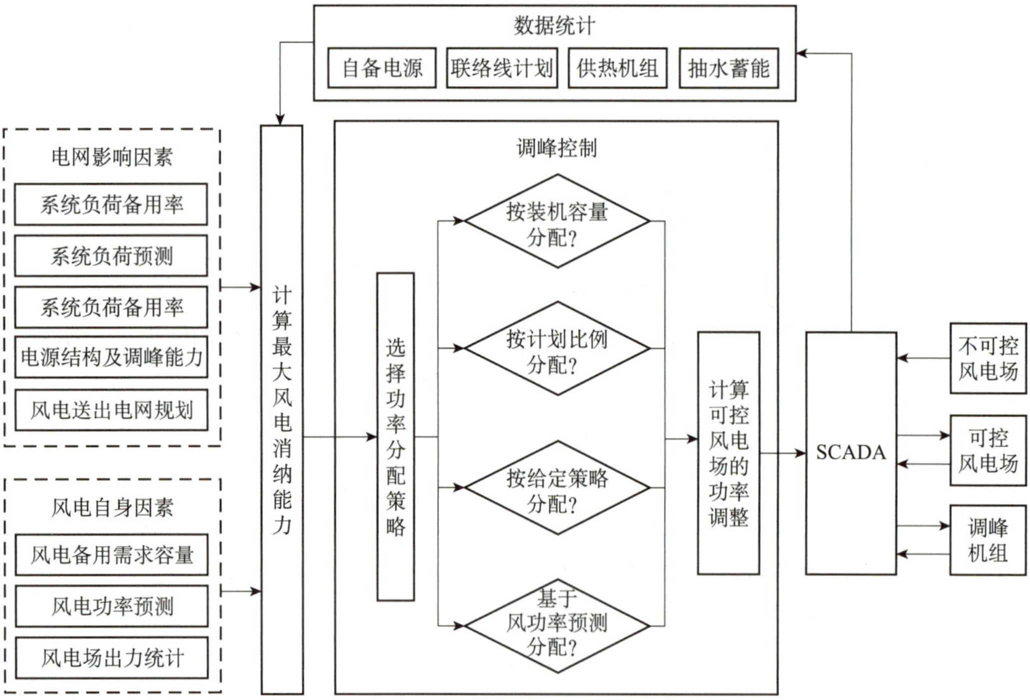

图 3-16　调峰控制流程

4. 风电场间分配策略

由于电网实时运行对风力发电的接纳能力受到诸多安全经济因素的制约，其中，电

网能提供的调峰容量与风电输送能力不足是目前主要的影响因素。当负荷和风电波动超过电力系统调峰极限时，电网将难以平衡风电出力，在所有其他电源调节到最低出力情况下，需要对风力发电输出功率进行限制。当风电受限时，电网调度在综合考虑了多个风电场总出力具有互补和平滑效应后，往往要限制多个风电场总出力，风电场之间对风电功率限值分配的合理性也深刻影响着风能的利用率。

在进行风电功率控制调节量分配时，可以从几个方面考虑功率分配策略，例如从公平性、安全性、经济性或经过多种因素综合得到的人工指定，及考虑风电场功率预测的分配策略，主要有如下几种：

（1）按风电场装机容量各个风电场平均分配。各风电场按均等比例分配给定值，按 N 个风电场平均分配，则每个风电场分得的有功设定值为

$$P_i = \frac{P_{\text{total}}}{C_{\text{total}}} C_i \qquad (i = 1, \cdots, N) \tag{3-16}$$

式中：P_i 为风电场分配的有功设定值；P_{total} 为所有风电场有功给定值之和；C_{total} 为所有风电场总装机容量；C_i 为某风电场装机容量。

（2）按计划曲线比例分配。各风电场对所需分配时段的每个时间点，按照其计划值比重进行给定值分配，则每个风电场分得的有功设定值为：

$$P_i = \frac{P_{i-\text{plan}}}{\sum_{j=1}^{N} P_{j-\text{plan}}} P_{\text{total}} \qquad (i = 1, \cdots, N) \tag{3-17}$$

式中：$P_{i\text{-plan}}$ 为风电场 i 当前时刻计划值；$\sum_{j=1}^{N} P_{j-\text{plan}}$ 对应所有风电场当前时刻计划值累加。

（3）按日已发电量分配。综合各风电场装机容量和日已发电量得到日发电量比例系数，各风电场按照其日已发电量比例系数比重进行分配，则每个风电场分得的有功设定值为：

$$P_i = P_{\text{total}} \frac{\lambda_i}{\sum_{j=1}^{N} \lambda_j} \qquad (i = 1, \cdots, N) \tag{3-18}$$

式中：$\lambda_i = \dfrac{P_{c-i}}{W_i}$ λ_i 为风电场 i 日发电量比例系数；$P_{\text{C-}i}$ 为风电场 i 的装机容量；W_i 为风电场 i 从本日 0 时起至当前时间的累计发电量。

（4）按给定策略分配。综合各种因素后，人工设定风电场权重系数，各风电场按照其权重系数比重进行分配，则每个风电场分得的有功设定值为：

$$P_i = P_{\text{total}} \frac{\gamma_i}{\sum_{j=1}^{N} \gamma_j} \qquad (i = 1, \cdots, N) \tag{3-19}$$

式中：γ_i 为风电场 i 权重比例系数。

（5）按调节速率分配。按照风电场的调节速率进行分配，调节速率大的多分，调节速率小的少分，能够以最快方式减小给定的功率限值。

$$P_i = \frac{K_i}{\sum_{j=1}^{N} K_j} P_{\text{total}} \quad (i = 1, \cdots, N) \tag{3-20}$$

（6）基于风电功率预测的预测出力比例分配。通过风电功率预测技术可以提前掌握风力发电的变化趋势，优化风电调度。按照风电场功率的预测值比例分配，可以更合理地分配功率限值。其根据一个时段内各风电场出力预测的平均值比例分配风电功率限值。当某风电场的分配值小于其调节下限时，分配值为零；当大于其装机容量时，则为其装机容量。

$$P_i = \frac{P_{\text{predict}-i}}{\sum_{j=1}^{N} P_{\text{preject}-j}} P_{\text{total}} \quad (i = 1, \cdots, N) \tag{3-21}$$

式中：$P_{\text{preject-}i}$ 为某风电场超短期预测有功功率。

3.2.4 主站与子站闭环控制过程

与常规电源控制有所区别，电网调度主站与新能源子站实现闭环控制，需要解决新能源发电设备控制协议问题。目前，国内外风力机、光伏发电控制设备生产厂家众多，各自内部采用自己的控制协议，电网的控制指令无法直接与这些内部控制协议互通。由此，应采用多层设计方式，实现电网调度中心与风电场、光伏站监控系统通信，将电网调度中心的控制指令下达给新能源场站监控系统，由电站监控系统将收到的电网控制指令转换成风力机、光伏发电单元内部控制协议执行。

以风电控制为例，在风电场监控系统与电网调度中心之间，统一规约接口（104 规约），从而解决了各风电场通信规约不统一的问题。规约统一后，一部分风电场监控系统通过技术改造能正确接收主站调度指令，并通过场内监控系统予以闭环执行；还有一部分风电场短期内仍无法支持主站遥调规约；另外，有些风电场的风力机来自两个不同的生产厂家（混合型风电场），无法实现全场控制指令的分配和跟踪。为解决上述种种问题，在不具备接收主站 104 规约控制指令的风电场监控系统与主站调度系统之间增加通信中间层。通信中间层负责主站与风电场之间规约的转换，对于混合型风电场，通信中间层同时负责将调度主站的下发控制指令进行分配，再发送到相应的监控系统，由其分别负责闭环跟踪执行。

主站与子站以 104 规约进行实时通信，主站周期性下发一天 288 点计划值到达子站；子站上送包括实时出力、当前调节上限和下限等遥测量，以及是否投入调度远方控制遥信量信息到达主站，并支持计划值下发反校。

主站与子站的闭环控制通信流程如图 3-17 所示。

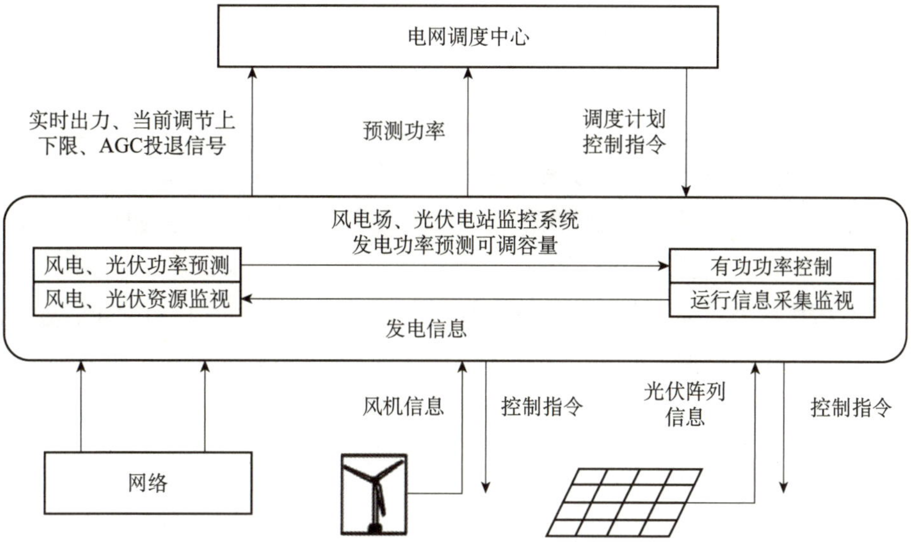

图 3-17　主站与子站闭环控制通信流程

3.3 风光储电站 AVC 控制技术

3.3.1 AVC 分级控制模式

1. 分级协调电压控制

大电网无功电压控制一般采用三级电压控制模式，该模式最早由法国 EDF 提出，在法国、比利时等欧洲国家电网以及国内省级电网得到了较好应用。具体如下：

1）三级电压控制（系统级）

系统级控制即三级电压控制，处于 AVC 系统最高层（分析层），三级电压控制（Tertiary Voltage Control，TVC）利用全局的信息进行优化，以经济性为主要控制目标，从状态估计获取全网实时数据，利用全局信息进行优化，协调全网无功潮流达到经济分布，输出结果为全网若干中枢母线电压幅值设定值（或联络线无功潮流设定值），控制周期一般为 15min 及以上。

2）二级电压控制（区域级）

区域级控制即二级电压控制，为 AVC 系统"实施层"，是 AVC 软件的核心和关键，以安全性为主要控制目标，保证关键点电压水平合格，保证区域中枢母线电压在设定范围内，实现区域内无功设备协调控制，尽量减少区域内无功流动和区域对外无功交换。区域级控制起着承上启下的重要作用，跟踪响应主站级设定值，下发电源侧——电厂高压侧母线电压设定值、机组无功设定值和负荷侧——地调无功指令。控制周期为 1 ～ 5min。

3）一级电压控制（厂站级）

厂站级控制即一级电压控制，属于 AVC 系统“执行层”，由厂站侧实施就地控制，其控制目标是维持当地目标在设定值。发电厂主要由机组励磁调节器（AVR）实现；对于 500kV 联络变电站，则通过变电站 VQC 系统调节有载调压分接头和投切电容 / 电抗器使无功电压在要求范围内。控制周期在秒级。

三级电压控制模式通过分级和分区，实现无功电压控制在时间和空间的分解协调，为全网无功优化控制提供了良好的控制架构。在电压分级控制系统中，每一层都有其各自的目的，低层控制接受上层的控制信号作为自己的控制目标，并向下一层发出控制信号。三级电压控制流程图如图 3–18 所示。

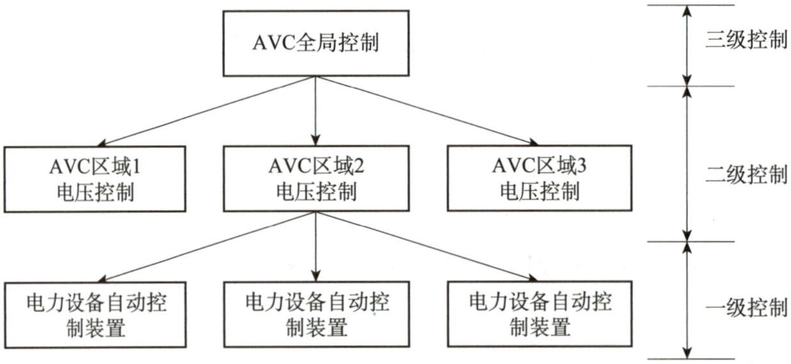

图 3–18　三级电压控制流程图

在三级控制中，一级控制作为发电机的一种控制手段，已经得到了比较广泛的应用；而二级电压控制和三级电压控制则是 AVC 主站系统的主要工作；三级电压控制处于整个控制的最高层，它周期地进行优化计算，给出每个区域中枢母线电压的设定值，供二级电压控制使用。二级电压控制模块针对每个控制区域，利用 SCADA 的实时遥测采集当前中枢母线电压，以二者的差值作为输入，通过求解二次规划模型，给出控制策略下发到一级控制执行，使得中枢母线电压控制到设定值附近。

2. 新能源并网无功电压控制模式

1）新能源场站的控制分区和控制模式

与有功全网平衡不同，无功平衡具有分层分区平衡的分布式特点，因此，在充分发挥风电、光伏无功调节能力的基础上，从区域角度对光伏逆变器、风电机组、电容器 / 电抗器、SVC、SVG 等多种无功源进行协调控制，对新能源并网电压波动进行补偿和平抑，为整个电网无功电压控制提供支持。通常会根据新能源场站建设规模，选择不同的电压等级接入电网。从电网调度的角度，可将新能源场站划分到省调控制区或地调控制区。从无功电压控制角度，可将新能源场站分为以下两种接入方式：

（1）直接并网方式。直接并网方式下，新能源场站直接接入高压电网（如 330kV 电网），通常有省调调管，在省级电网中统一进行无功电压调控。直接并网方式下，新能源场站的控制模式类似于一座直调“发电厂”，通过其升压站可以拓扑搜索到并网点母线，然后将该新能源场站划分为该区域，新能源场站正常运行时应参与系统调压，维持并网电压在规定范围内。如果新能源场站支持并网点恒电压模式，类似常规电厂，则将并网点母线定义为控制母线；如果新能源场站无功调节能力不足，则将并网点母线定义为关键母线。基于区域电压优化控制算法，通过控制灵敏度对包括新能源等多种无功源的无功出力进行优化分配，在满足区域内各节点电压约束的前提下跟踪中枢母线电压优化目标值。其中，中枢母线是电网枢纽节点，其电压可以代表该区域内总体电压水平。

（2）间接并网方式。间接并网方式下，新能源场站和地区电网内 35kV 及以下变电站形成地调控制区，在地调控制区内，新能源场站类似于地方“小电厂”，但区域内控制目标与省调控制区有所不同。通过风电变流器、光伏逆变器、电容器、电抗器、SVC、SVG 等多种无功源协调控制，地调控制区目标是在满足区域内各节点电压约束的同时，跟踪省调与地调关口优化目标值。

2）上级下级分区协调控制

间接并网方式下的新能源场站划分到地调控制区，从省调角度看，地调控制区无功调节能力可以等效为虚拟的可调无功源 Q_d，如图 3-19 所示。

图 3-19　上级下级无功电压分区协调控制示意图

同时，从地调角度看，省调控制区可以等效为电压基本恒定的大系统。因此，根据省调控制区和地调控制区的无功电压调节能力和角色，对新能源场站进行分层分区协调控制，具体如下：

（1）定义省调和地调控制关口，一般根据调度管辖边界确定。

（2）在省调控制区中，定义关口母线为关键母线，地调控制区等效为控制机组，地调通过对区域内的变电站电容器、电抗器、风电变流器、光伏逆变器以及站内 SVC、

SVG 无功设备来协调维持关口母线电压水平。

（3）在地调控制区中，定义关口无功为控制目标，通过光伏、电容器 / 电抗器等多种无功调节手段跟踪控制目标。

（4）省地联合控制需要进行的信息交互包括：省调向地调下发关口无功控制目标，地调向省调上传无功控制能力。

通过基于省地联合的分层分区协调控制，一方面通过地调控制区在满足当地电压约束前提下调节新能源无功出力，减少无功电压传输损耗；另一方面通过省调控制区从大电网层面对包括新能源、常规电厂发电机组等无功源进行统一协调，维持省级电网接入点的电压水平。

3）新能源场站的控制模式

新能源场站纳入电网 AVC 控制需要采用如下技术手段：风电、光伏子站监控系统接受调度主站或者人工发出的出力指令，实现无功电压控制。控制模式主要包括：

（1）功率自动控制分远方、就地模式，远方模式出力指令来自调度主站；就地模式出力指令来自当地监控系统，在与主站出现通信故障时应能自动切换。

（2）对于子站无功控制系统，能够支持定电压、定无功、定功率等控制模式，能够接受上级调度系统发送的设定值，或按缺省设定值进行控制。根据不同控制模式下发控制指令，当地控制装置跟踪控制指令对无功电压设备进行自动调节。

3.3.2 主站 AVC 控制策略

在传统的自动电压控制基础上，主站 AVC 策略考虑了大规模风电和光伏集中上网的影响，统一考虑了区域内风电场、光伏电站、常规水 / 火电厂机组和电容 / 电抗器等无功控制源之间协调控制，可减少风电和光伏上网对系统造成的电压波动，提高系统电压安全裕度。主站 AVC 策略具体包括：

1. 考虑风电场和光伏电站响应特性的控制灵敏度计算

由于风电场和光伏电站的工作原理、数学模型与常规电厂不同，因此，风电场和光伏电站的潮流计算方法和常规潮流相比也有所差异。在潮流计算中风电和光伏的处理方法有：

$P\text{–}Q$ 简化模型和 $P\text{–}Q$ 迭代模型等，根据风电和光伏的不同控制特性考虑控制灵敏度计算，而不是简单地将其视为常规的电压幅值恒定的 PV 节点。

2. 考虑风电和光伏的动态分区

风电和光伏具有随机性、波动性和不确定性等特点，其运行方式变化直接影响无功电压分区控制模型。无功电压分区采取跟随风电场和光伏电站启停等事件动态触发分区的方式，避免实时运行方式与分区结构不一致，导致不能取得良好的协调控制效果。

3. 风电场和光伏电站当地控制策略（一级电压控制）

在一级电压控制中，风电场和光伏电站根据局部电网实时电压，利用风电场和光伏电站配备无功补偿设备及电网内相关无功设备，进行无功电压优化调节，提高电压稳定能力。根据风电场和光伏电站无功电压控制模式，在主站 AVC 系统中建立相应的风电场和光伏电站控制模型，包括但不仅限于：定电压控制、定功率因数控制、定无功出力控制等，根据不同控制模式下发控制指令，风电场和光伏电站当地控制装置跟踪控制指令对无功电压设备进行自动调节。

4. 适应风电和光伏接入的区域协调控制策略（二级电压控制）

在二级电压控制中，统一考虑区域内风电场、光伏电站、常规水电 / 火电机组和电容器 / 电抗器等各种无功源协调控制并建立区域控制模型，控制策略有：在满足电压约束前提下，无功尽量满足分层分区平衡，即电容器 / 电抗器优先动作，保证区域内发电机组动态无功备用；在负荷变化阶段电容器 / 电抗器优先动作，负荷平稳阶段发电机等进行连续调节，减少离散设备动作次数；在风电场和光伏电站启停造成电压越限等紧急情况下，启动电压越限校正控制，以最小调节量尽快恢复越限点电压。

此外，根据风电和光伏功率预测进行超前控制，减少风电和光伏波动性造成的频繁调节。即根据风、光新能源波动性、间歇性特点和各种无功源的连续 / 离散以及调节速度等控制特性，采取预先“超前调节”和反馈“跟踪调节”相结合的总体控制策略，实现区域内各种无功源协调控制，具体如下：

1）超前调节

超前调节为预先调整。根据风功率预测结果，提前进行调节，减少电压波动。具体策略包括：预测到风电场等出力将要增大，并网点电压将会随之下降，提前启动控制，增加无功出力，提高并网点电压；预测到风电场等出力将要减小，并网点电压将会随之上升，提前启动控制，减少无功出力，降低并网点电压；超前调节时，调节速度较慢的并联电容器 / 电抗器等优先动作，保留 SVG 等设备的快速调节能力。

2）跟踪调节

跟踪调节为反馈控制。根据各种无功源调节速度等控制特性，跟踪调节分为两个阶段，即通过两次调压完成。一次调压：当风光出力快速变化，如风电场来风增大或减小时，容易造成地区风电出力波动并造成电压迅速变化，通过 SVG 等设备对电压进行快速跟踪调整，保证电压合格；二次调压：当一次调压完成后，逐步启动并联电容器 / 电抗器投退等，在对电压进行精细调节的同时，将 SVC 等设备的快速调节能力分步“置换”出来，提高动态无功储备，预留快速调节能力，以应对电网事故等紧急情况。

对于风电、光伏等新能源出力平稳时段，控制策略与超前调节类似，即电容电抗器等优先投切，在此基础上再由 SVG 等连续设备实现电压的精细调节，同时预留足够的动态无功储备。在控制执行过程中，进行控制操作预评估，避免过调和欠调。

5. 适应风电和光伏接入的全网优化控制策略（三级电压控制）

三级电压控制根据状态估计实时断面数据等实时网络运行方式，利用无功潮流优化（OPF）技术计算全网无功电压最优分布，给出各分区中枢母线电压和重要联络线无功的设定值，输出给二级电压控制使用。除具备常规无功优化潮流功能外，无功优化模型和控制策略计及风电场和光伏电站并网特性进行潮流计算；根据风电和光伏功率预测给出的变化趋势，动态调整三级电压控制周期，适应风电和光伏快速变化特性。

3.3.3 子站 AVC 控制策略

新能源子站根据上一级调度指令，自动调节其发出（或吸收）的无功功率，实现对并网点电压的控制，其调节速度和控制精度应能满足电力系统电压调节的要求。风电场/光伏电站无功调节方式包括调节风电机组/光伏逆变器无功功率、调节电站集中补偿装置无功功率和调节变压器变比的方式。其主要控制策略为：

（1）采用传统 AVC 成熟的分层分区、就地平衡的控制思想。将风电场/光伏电站控制划分到控制区（如 330kV 升压站汇集的风电场划分到主网控制区；通过 110kV 及以下线路接入主网的光伏电站划分到地区电网控制区），参与区域无功电压优化。

（2）主站端根据各区无功调节能力及平衡情况，设定子站端并网点电压控制值（或功率因数），风电场/光伏电站子站根据设定电压值，合理控制风电机组/光伏逆变器、集中无功补偿装置和变压器，使得并网点电压满足控制要求。

（3）通过对风电场/光伏电站无功需求与可调节范围的预判断，调节电站并网点电压设定值，充分发挥风电机组/光伏阵列无功调节能力。

（4）基于风电/光伏电站功率预测，协调控制慢速离散无功调节设备（并联电容、电抗器等）与快速连续无功调节设备（风力机/光伏阵列、SVC/SVG 等），超前控制投退电容电抗器等静态无功补偿装置。

（5）为抑制风电场/光伏电站发电出力波动引起的电压快速波动，其控制周期应由传统的 5min 级缩短到秒级，进一步实现其快速协调控制，避免出现不合理的无功流动。

3.4 风光储电站调频控制技术

随着风电、光伏等新能源规模化接入电网，其功率输出的波动性和不确定性给电网调频带来巨大压力，电网调频需求日益提高。于此情况下，风光储一体化电站需具备调频的能力。

3.4.1　风电机组调频参与调频的方式

3.4.1.1　旋转动能

由于变速风电机组能够在较宽的变速范围内运行，因而可以利用风电机组的转子旋转动能对系统频率进行短暂的控制，利用风电机组的变速运行这一特性，当系统频率降低时，使风电机组减速运行释放出部分转子动能用于系统频率的控制，当风电机组释放完转子动能后，控制风电机组加速运行再回到最大功率跟踪状态。这种方法在正常情况下风电机组仍然运行在最大功率跟踪状态，仅仅通过对风电机组的控制系统进行改造就能实现，因而引起了很多关注。利用风电机组的旋转动能进行系统频率控制，目前普遍采用的控制方案可以归纳为两种：

方案 1：采用系统的频率变化率和频率变化量作为频率控制器的输入，获得额外功率叠加到最优功率上。通过这种方法来模拟惯量响应和频率下垂控制。这种方法控制器参数选择比较困难，参数过大，将导致风电机组失速过大而失去稳定，参数选择过于保守，则不能充分利用风电机组的可用转子动能，频率控制效果微弱。

方案 2：通过监测系统频率变化，当系统频率降低时触发控制器，使风电机组临时增加额外的有功参考信号并持续一定时间，来模拟惯性响应。此时风电机组利用旋转部件中储存的动能短时增加有功输出，这时会导致风机转速下降；当风机转速下降到一定程度时，降低有功参考值，风机旋转部件吸收风能进行转速恢复防止风机失速，这期间将导致风电有功输出的下降。风电机组功率与转速如图 3-20 所示。

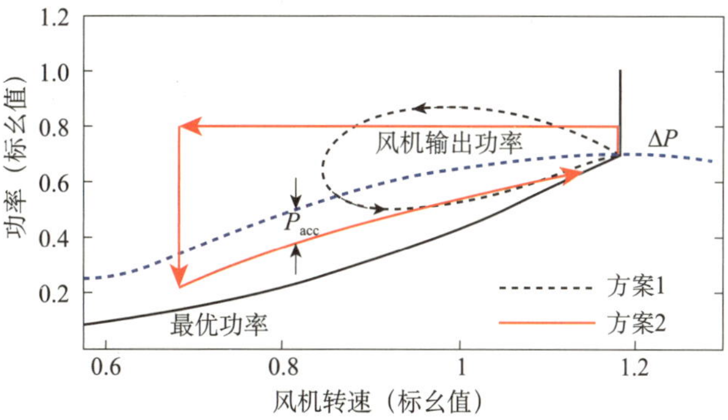

图 3-20　风电机组功率与转速关系

方案 1 和方案 2 都是利用风机旋转部件的动能短时增加有功输出，不同的是方案 2 可以人为地控制，此控制策略响应速度快，能够为其他系统调频手段赢得动作时间，但这种方法在风电机组结束频率控制返回最大功率跟踪时，由于存在较大的功率不平衡，因而可能引起频率的二次跌落，如果此时系统频率尚未恢复，频率偏移量可能更严重。

在具体实行方案 2 控制方法时，调频参数需要经过优化计算以最大程度发挥风机的调频能力。此外，在设计风电机组频率控制器时，应该考虑到风电机组的实际运行状态。比如风速较低时，风电机组本身就运行在最低转速附近，因此风电机组将不能提供额外功率参与频率控制。如果风电机组已经运行在额定功率附近，其所能增加的额外功率将受换流器最大功率的限制，然而目前设计的控制方法尚未考虑风电机组实际运行状态，频率控制器缺乏有效的参数选择方法，因而难以实际应用。因此，有必要研究对不同运行状态风电机组普遍适用的控制策略，简化参数选择方法，使转子动能得以充分利用，以获得优化的频率控制效果。同时，有必要对风电机组的频率控制进行定量的分析，以评估风电场在系统频率控制中的作用。

3.4.1.2 减载运行

为了使风电机组具有持续的有功功率储备，从而具有调频的能力，风电机组可以采用修正功率跟踪曲线或者变桨调节的方法实现风电机组减载，使正常运行的风电机组偏离最优转速运行，从而具有一定的有功功率储备，风电机组减载功率与转速曲线如图 3-21 所示。在系统发生频率下降时，控制风电机组向最优转速曲线运行，增加风电机组机械能量的捕获，增加风电机组的输出功率，从而提供系统频率控制功能。这类方法由于在风电机组正常运行时，人为降低风电机组的输出功率，牺牲了部分动能，因而不够经济。

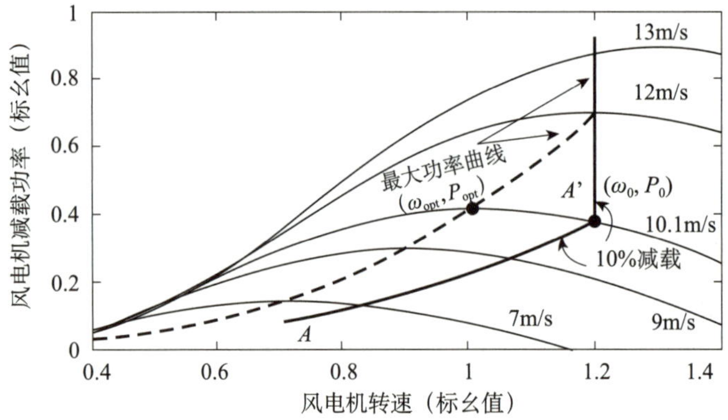

图 3-21 风电机组减载功率与转速曲线

3.4.1.3 桨距角控制

风电机组捕获的机械功率与机组的桨距角密切相关，通过调整风机的桨距角能够直接控制其捕获的机械功率，因而控制风电机组的输出功率。在风电机组处于稳态运行时，适当增加风机桨距角，放弃最大风功率跟踪，引入系统频率变化率作为输入控制风机的桨距角变化，其具体实现方法是：当系统频率发生跌落后，风电机组桨距角减小，捕获的机械功率增加，能为系统提供额外功率支撑。

由于风电机组桨距角调整速度慢，采用直接桨距角控制的风电机组参与调频的效果不明显，稳态运行过程放弃了最大风功率跟踪，降低了风电机组的使用效率，同时风电机组机械系统频繁的动作增加了风机检修费用，容易导致风机使用寿命减短，因此，在实际工程中不建议主动使用直接桨距角控制的方式实现风电机组有功备用。然而在风速超过额定风速的情况下，风机桨距角处于非零状态，此时采用降低风电机组转子转速，减小风机桨距角的方法，可以作为实现风电机组参与系统调频的有效控制。

3.4.1.4　复合控制策略

风电机组控制策略之间并不冲突，同时，使用控制策略使风电在更宽的风速范围内具备最佳的频率响应或调节效果。复合控制策略的构建有两种思路：

一是在全风速段内采用固定的两种或两种以上策略，而形成复合的控制策略：如虚拟惯性和桨距角控制结合形成的复合控制策略，较单一的虚拟惯性和桨距角控制策略有更好的频率响应和调节效果。一方面，虚拟惯性策略使得系统等效惯性增加，暂态过程中系统频率变化率将显著降低；另一方面，桨距角控制能够迅速增加有功输出，弥补系统有功差额。下垂控制和减载控制结合形成的复合控制策略，可使风机具备像传统同步机一样的频率—有功下垂特性，并具备长时间持续的能力。

二是风机搭载多种控制策略，从而根据实际风速条件选取最佳的控制策略。根据风电机组的不同运行工况，将风速分为 4 个阶段：低风速区、中风速区、额定风速区、高风速区。低风速区风速小于风机切入风速，风电机组处于非并网状态，不需要参与系统的频率调整。中风速区内风机桨距角不动作，通过调整转子转速进行最大风功率跟踪。此区域风电机组转子转速比较低，采用降低转速获得的调频能量有限，在风电机组进行调频功率补偿时，容易造成风电机组的被迫停机，甚至是机组的损坏。额定风速区内风电机组运行在额定转速工况，风电机组处于非最大风功率状态，风电机组输出功率随风速增加而增加，比较容易实现风电机组的调频控制。高风速区内风电机组维持额定转速运行，桨距角随风速的变化而变化，风电机组恒定输出额定功率，只需要增加风电机组的有功输出，释放转子动能，降低转速，风机桨距角就会相应减小而捕获额外的风功率参与系统频率调整，但风电机组处于额定功率输出状态，受到变频器容量的限制，风电机组参与调频的能力十分有限。由此可见，复合控制策略有利于风机大范围风速区域参与频率调整。

3.4.2　光伏发电单元参与调频的方式

现有的光伏发电系统通常采用最大功率跟踪（MPPT）发电。在此种运行模式下，光伏出力由当前光照和温度决定，一直维持在当前可发最大功率点，功率输出并不响应系统频率的变化，光伏电站不参与系统的调频。在大电网中，光伏容量由于远小于传统电厂容量，对系统的频率影响很小。但是当大规模光伏电站接入孤立电网时，可能导致系统惯性降低，调频能力不足，在系统突发事故导致频率出现较大扰动时，频率稳定性难以保证，此时光伏电站参与系统的频率调整将具有重要的现实意义。

光伏组件的调频控制，即是对光伏组件的功率控制模块进行控制，通过调节光伏组件的输出功率实现对系统频率的调节。对于光伏组件的功率控制模块，信号输入量有电网调度的指令、光照、温度等，控制目标则是按照电网要求输出有功功率。对于目前实际运行的光伏组件，对有功功率的控制大都采用 MPPT 控制，尽可能地利用光照资源。在光伏电站采用最大功率跟踪控制时，在任何时候都可降低功率输出，但是却无法增加功率输出参与频率调整，所以光伏电站若要参与系统一次调频，首先应该运行在功率差值模式，为调频留出一定的有功备用。功率差值控制模式运行时，光伏电站有功出力与最大可发功率 P_{max} 之间保持一个固定比例的差值，即留出固定比例 k_0 的有功备用，该比例由光伏电站运行的减载水平确定。功率差值控制框图如图 3-22 所示。

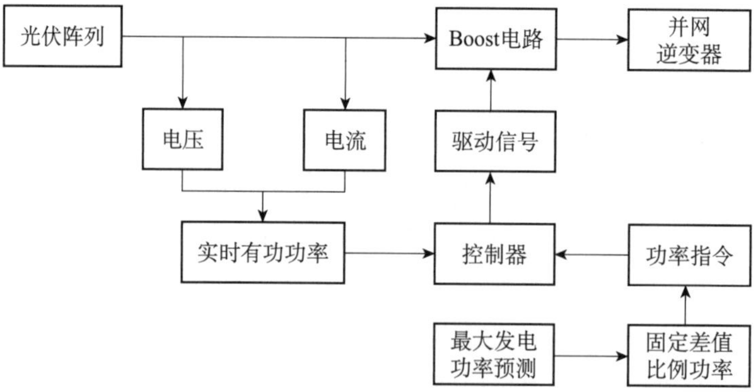

图 3-22　功率差值控制框图

减载运行的光伏电站的功率控制信号，可由下式表示：

$$P_{ref}=k_0P_{for} \tag{3-22}$$

式中，P_{ref} 为系统给出的参考功率值，即功率信号值；k_0 为光伏电站预留的功率差值比例；P_{for} 为根据当前环境条件，光伏电站的最大发电功率预测值。

当光伏组件留有备用容量时，即光伏组件有功功率可以增加以及减少时，此时通过设计光伏组件的调频控制，实现光伏组件参与系统功率调节。常规同步发电机组在系统频率出现变化时，汽轮机（或水轮机）的调速系统将自动调整以增减发电机的出力，恢复频率到正常允许偏差范围之内。为此，可以参照常规机组的一次调频特性，开发出光伏发电系统的一次调频能力。当给光伏组件设计一次调频控制时，光伏组件功率随系统频率的变化而变化，这就是光伏组件的一次调频作用。如图 3-23 所示光伏组件的一次调频功频响应曲线。当系统频率为 f_0 时，光伏组件的输出功率为 P_0，图中位于运行点 a，系统负荷增加后频率下降到 f_1，由于给光伏组件的调频控制作用，此时其输出功率

为 P_1，图中位于运行点 b。

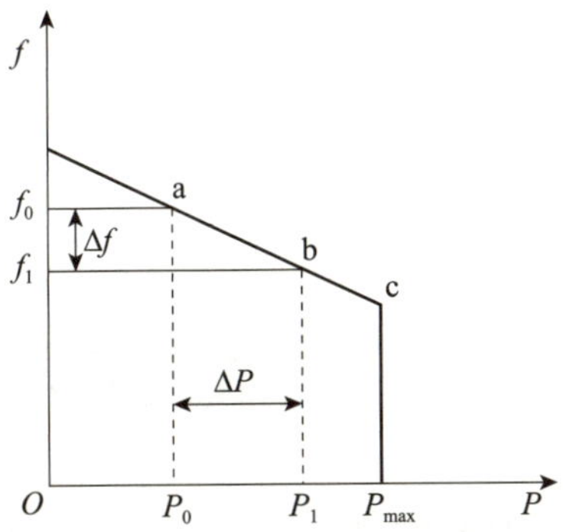

图 3-23　光伏组件的一次调频功频响应曲线

图 3-23 中直线的斜率为光伏电站的调节系数，其表达式为

$$K_p = -\frac{\Delta P}{\Delta f}(\mathrm{MW/Hz}) \tag{3-23}$$

式中，K_p 为系统频率与光伏组件输出的调节系数。

从图 3-23 中可以看出，电力系统的频率降低，光伏组件通过降低自身有功出力，实现调节系统频率效果。

3.4.3　电池储能电源参与调频的方式

电池储能辅助电网调频的基本调频模式主要有两种：虚拟惯性调频模式和虚拟下垂调频模式。虚拟惯性控制模式即是模拟同步发电机的惯性响应，它可显著改善频率偏差变化率的调频效果；虚拟下垂控制模式即是模拟同步发电机和负荷的稳态频率偏差响应，它可显著改善稳态频率偏差的调频效果。

3.4.3.1　虚拟惯性控制模式

储能电源变流器的控制模式决定储能电源的动态响应特性，变流器的控制模式模拟传统机组的惯性响应特性，即能实现储能电源参与一次调频的虚拟惯性控制模式。定义储能电源的输出量与频率变化率增量之比为虚拟惯性控制系数，记为 M_E。虚拟惯性控制模式下，储能电源的输出功率如图 3-24 所示。

图中：ΔP_E 表示储能电源的输出功率；P_{rated} 为储能电源的额定功率。储能电源的输出功率 ΔP_E 的计算模型如下

$$\Delta P_E = -M_E \frac{\mathrm{d}\Delta f(t)}{\mathrm{d}t} \tag{3-24}$$

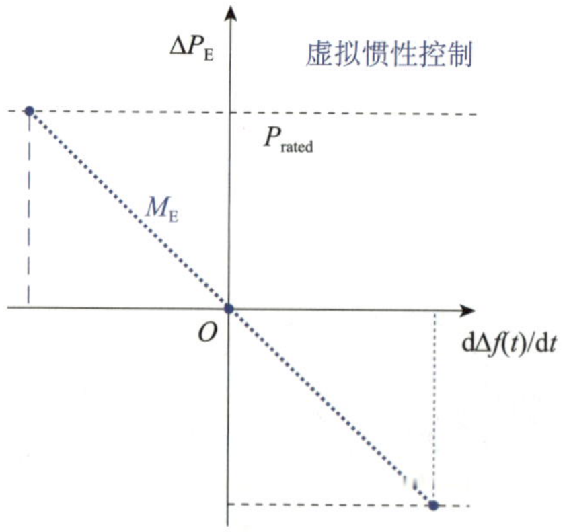

图 3-24　虚拟惯性控制模式图

根据虚拟惯性控制模式的定义，电池储能电源参与电网一次调频的虚拟惯性调频模式的控制模型如图 3-25 所示。图 3-25 中，$1/(Ms+D)$ 为电网传递函数模型 $Z(s)$，M 为电网的惯性时间常数；D 为负荷阻尼常数；K_G 为传统机组的单位调节功率，$\dfrac{1+F_{HP}}{(1+T_G s)(1+T_{CH}s)(1+T_{RH}s)}$ 为传统机组的调频传递函数模型，T_G、T_{CH}、T_{RH} 和 F_{HP} 分别为传统电源的调速器时间常数、汽轮机时间常数、再热器时间常数和再热器增益；M_E 为电池储能电源的虚拟惯性控制系数；$\dfrac{1}{(1+T_{pcs}s)}$ 为储能电源的调频传递函数模型 $N(s)$；T_{pcs} 为 PCS 环节的时间常数。

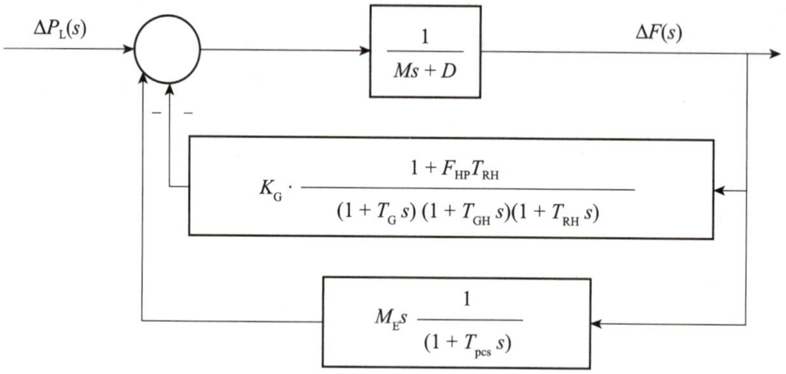

图 3-25　虚拟惯性的控制模型图

根据图 3-25 可得储能电源的虚拟惯性调频模式的频率控制模型如下：

$$\Delta F(s)=\frac{\Delta P_L(s)}{Ms+D+K_G G(s)+M_E sN(s)} \tag{3-25}$$

在频域中，频率偏差 $\Delta F(s)$ 对储能电源的虚拟惯性控制系数 M_E 的灵敏度 S_{ME} 定义如下：

$$S_{\mathrm{ME}}=\frac{\partial \Delta F(s)}{\partial M_{\mathrm{E}}}=\frac{-\Delta P_{\mathrm{L}}(s)sN(s)}{\left[\text{close=}Ms+D+K_{\mathrm{G}}G(s)+M_{\mathrm{E}}sN(s)\right]^{2}} \quad (3\text{-}26)$$

基于拉普拉斯变换原理，将灵敏度 S_{ME} 转换为时域灵敏度 $s_{\mathrm{me}}(t)$ 表达式如下：

$$s_{\mathrm{me}}(t)=L^{-1}\left[\text{close=}S_{\mathrm{ME}}\right)=L^{-1}[\text{ close=}\frac{-sN(s)\Delta F(s)}{\Delta P_{\mathrm{L}}}\Bigg]=\frac{\Delta o(t)+\Delta f(0)\delta(t)}{\Delta p_{1}} \quad (3\text{-}27)$$

式中，$\delta(t)$ 为单位冲激函数，当 $t\neq 0$ 时，$\delta(t)\neq 0$。

由上式可知，$s_{\mathrm{me}}(t)$ 的变化趋势取决于频率偏差变化率 $\Delta o(t)$ 的变化趋势。在惯性响应阶段内，$\Delta o(t)<0$，则 $s_{\mathrm{me}}(t)<0$，此控制模式促进电网频率的恢复；在一次调频阶段内，$\Delta o(t)>0$，则 $s_{\mathrm{me}}(t)>0$，此控制模式阻碍电网频率的恢复。

为比较储能电源的虚拟惯性控制系数 M_{E} 对频率偏差 $\Delta F(s)$ 的灵敏程度，引入 S_{ME} 的相对灵敏度 S_{ME}^{*}，表达式：

$$S_{\mathrm{ME}}^{*}=\frac{\mathrm{d}\Delta F(s)/\Delta F(s)}{\mathrm{d}M_{\mathrm{E}}/M_{\mathrm{E}}}=\frac{\partial \Delta F(s)}{\partial M_{\mathrm{E}}}\frac{M_{\mathrm{E}}}{\Delta F(s)}=\frac{-M_{\mathrm{E}}s\cdot N(s)}{Ms+D+K_{\mathrm{G}}G(s)+M_{\mathrm{E}}sN(s)} \quad (3\text{-}28)$$

基于拉普拉斯变换原理，根据上式可得 S_{ME}^{*} 的时域相对灵敏度 $s_{\mathrm{me}}^{*}(t)$ 表达式：

$$s_{\mathrm{me}}^{*}(t)=L^{-1}\left[S_{\mathrm{ME}}^{*}\right]=\frac{M_{\mathrm{E}}}{\Delta p_{1}}\Delta o(t)+\frac{\Delta f(0)}{\Delta p_{1}}\delta(t) \quad (3\text{-}29)$$

式中，$\delta(t)$ 为单位冲激函数，当 $t\neq 0$ 时，$\delta\neq 0$。

由上式可知，$s_{\mathrm{me}}^{*}(t)$ 的变化趋势与频率频差变化率 $\Delta o(t)$ 的变化趋势相同，其值取决于虚拟控制系数 M_{E}。在惯性阶段内，M_{E} 越大，$s_{\mathrm{me}}^{*}(t)$ 绝对值越大，促进电网频率恢复的效果越显著；在一次调频阶段内，M_{E} 越大，$s_{\mathrm{me}}^{*}(t)$ 绝对值越大，阻碍电网频率恢复的效果越明显。

3.4.3.2　虚拟下垂控制模式

储能电源变流器的控制模式决定储能电源的动态响应特性，变流器的控制模式模拟传统调频机组的下垂特性，即能实现储能电源参与一次调频的虚拟下垂控制模式。定义储能电源输出量与频率增量之比为虚拟下垂控制系数，记为 K_{E}。虚拟下垂控制模式下，储能电源的输出功率如图 3-26 所示。

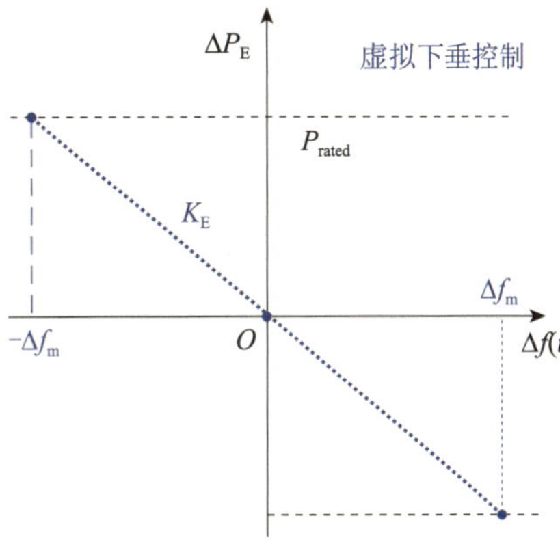

图 3-26　虚拟下垂控制模式图

图中：ΔP_{E} 表示储能电源的输出功率，P_{rated} 表示储能电源的额定功率。储能电源的输出功率 ΔP_{E} 的计算模型如下：

$$\Delta P_E = -K_E \Delta f(t) \tag{3-30}$$

根据虚拟下垂控制模式的定义，电池储能电源参与电网调频的虚拟下垂调频模式的控制模型如图 3-27 所示。图 3-27 中，K_E 表示储能电源的虚拟下垂控制系数即虚拟单位调节功率，其余参数与图 3-27 相同。

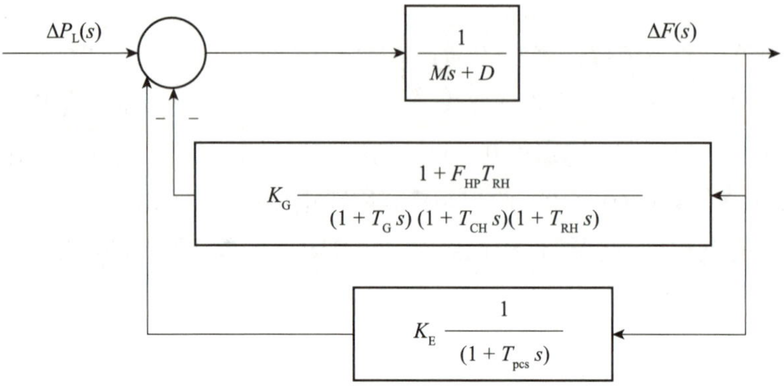

图 3-27　虚拟下垂控制模型图

根据图 3-27 可得储能电源的虚拟下垂调频模式的频率控制模型如下：

$$\Delta F(s) = \frac{\Delta P_L(s)}{Ms + D + K_G G(s) + K_E N(s)} \tag{3-31}$$

在频域中，频率偏差 $\Delta F(s)$ 对储能电源的虚拟下垂控制系数 K_E 的灵敏度 S_{KE} 定义如下：

$$S_{KE} = \frac{\partial \Delta F(s)}{\partial K_E} = \frac{-\Delta P_L(s) N(s)}{\left[Ms + D + K_G G(s) + K_E N(s)\right]^2} \tag{3-32}$$

基于拉普拉斯原理，将灵敏度 S_{KE} 转换为时域灵敏度 s_{ke}(t) 的表达式如下：

$$s_{ke}(t) = L^{-1}\left[S_{KE}\right] = L^{-1}\left[\frac{-N(s)[\Delta F(s)]^2}{\Delta P_L(s)}\right] = \frac{-1}{\Delta p_1}\int_0^t \Delta f(t-\tau)\Delta f(\tau)\mathrm{d}\tau \tag{3-33}$$

由上式可知，在一次调频过程中，$s_{ke}(t)$ 恒小于 0，此调频模式恒促进电网频率的恢复。

为比较储能电源的虚拟下垂控制系数 K_E 对频率偏差 $\Delta F(s)$ 的灵敏程度，引入 S_{KE} 的相对灵敏度 S_{KE}^*，表达式如下：

$$S_{KE}^* = \frac{\mathrm{d}\Delta F(s)/\Delta F(s)}{\mathrm{d}K_E / K_E} = \frac{\partial \Delta F(s)}{\partial K_E}\frac{K_E}{\Delta F(s)} = \frac{-K_E N(s)}{Ms + D + K_G G(s) + K_E N(s)} \tag{3-34}$$

基于拉普拉斯原理，根据上式可得 S_{KE}^* 的时域相对灵敏度 s_{ke}^* 表达式如下：

$$s_{\mathrm{ke}}^{*}(t)=L^{-1}\left[S_{\mathrm{KE}}^{*}\right]=L^{-1}\left[\frac{-K_{\mathrm{E}}\Delta F(s)N(s)}{\Delta P_{\mathrm{L}}(s)}\right]=\frac{-K_{\mathrm{E}}}{\Delta p_{1}}\Delta f(t) \tag{3-35}$$

由上式知，s_{ke}^{*} 的变化趋势与频率偏差 $\Delta f(t)$ 的变化趋势相同，其值取决于虚拟下垂控制系数 K_{E}。K_{E} 越大，s_{ke}^{*} 绝对值越大，促进电网频率恢复的效果越显著。

第 4 章 风光储电站群协同调控与市场运行

4.1 风光储电站群调控运行模式

风光储电站群应能与电网双向友好互动，具有顶峰供电运行模式、系统调峰电站运行模式、最大化消纳利用功率跟踪运行模式、平整风光出力波动以及参与电力市场优化运行模式等多种调度运行模式，可依托区域风光功率联合预测以及大电网主动感知功能实现调度运行模式的灵活选择、调整和切换，并可将控制模式标志位下发给各场站，实现不同运行模式下的一体化优化控制。具体的控制方式均通过风光储电场站群 AGC 的群级和站级两级控制来实现。

4.1.1 顶峰供电运行

针对地区电力供应紧张的问题，依托电站配置的储能，通过网源协调互动运行模式，实现间歇性新能源提供地区高峰供电保障。电站在负荷高峰时段，保证一定时长可靠电力供应的顶峰供电和旋转备用功能，缓解地区供电压力，替代传统火电电源承担系统尖峰负荷电源的功能。

大规模风光储电站提供顶峰供电能力也兼顾风光储电站自身的消纳问题，通过与风功率预测深入结合，尽可能多地利用风电自然的出力功率满足系统的顶峰容量需求，减少对储能充放频率使用，以延长储能电池的使用寿命，同时减少储能设施充放电的损耗。

1. 大风天气顶峰供电运行

当风功率预测系统提前一天预测到下一天晚高峰需顶峰供电时段风电自身出力满足顶峰需求时，切换到最大消纳利用模式，即无需利用储能为顶峰供电预留容量和电量，而仅考虑自身电量的最大消纳利用。假设按 24h 风功率预测有 10% ～ 20% 的预测误差考虑，当预测风电场整体在晚高峰时段大于风电整体出力的40%，启动切换至最大消纳利用模式。但需要结合风功率预测的滚动结果进行跟踪监测，一旦预计高峰时段风电出力值下降，可适时切换回顶峰供电模式。

2. 正常风光波动天气顶峰供电运行

当风功率预测系统提前一天预测到下一天晚高峰需顶峰供电时段风电出力小于风整体出力的40%时，需要提前进行充电。结合电网调度下发的发电计划曲线、风光功率预测曲线进行储能运行的最优化策略计算决策，储能充电时段尽量安排在风光储电站发生弃电的时刻，在保障高峰时段供电约束的前提下，最大程度地降低风光储电站的弃风弃光，在放电之前可结合优化策略实现多充多放。

3. 极端无风天气顶峰供电运行

当风功率预测系统在当天上午监测到当天均为小风，甚至无风天气并持续到傍晚需顶峰的时段时，启动全天光伏为储能电池充电模式，直到光伏为储能充满电后，光伏剩余电量才向系统直接送出。储能利用光伏充电量提供可靠顶峰供电能力。

考虑极端无风情况下光伏出力达到平均水平，光伏利用小时数按照1600h考虑，折合日发电4.38h，储能系统需顶负荷高峰2h，考虑储能充放电效率90%，按目前光伏30万kW考虑，光伏装机容量达到储能容量的55%，满足储能系统放电2h的电量需求。

4. 极端无风无光天气顶峰供电运行

当功率预测系统预测到未来一天会出现极端无风无光气象条件时，提前启动本站风电功率的充电模式，或在下一天的凌晨负荷低估时段从大电网吸纳其他电站发出的电力，进行提前储备，确保下一天的傍晚高峰负荷供电时刻电力供应保障充裕。

4.1.2 系统调峰

针对新能源消纳困难的问题，可以在满足电站自身新能源最大化消纳的前提下，通过储能剩余的充放电能力为系统提供调峰服务，促进地区新能源消纳问题的改善。在系统调峰紧急情况下，储能剩余充放电能力可被电网直接调用，有效地作为系统调节能力的补充。

当该风光储电站自身的风、光出力预测将处于较低水平，储能有较大调峰裕度，该风光储电站即可视作为电网的系统级调峰电源。结合风光功率预测和系统下达的发电曲线，提前向电网调度上报剩余可利用的调峰容量（调峰辅助服务容量）。该容量可参与区域/省级辅助服务市场交易，根据电网的实际调度情况，认定该风光储电站的系统调峰贡献，在辅助服务市场中获得补偿奖励。例如对于储能容量配置为50万kW的风光储电站来说，预测未来24h本风光电站的系统最大限电功率（自身调峰需求）不超过25万kW，即可向电网调度申报剩余的25万kW储能装机容量。

4.1.3　最大化消纳利用功率跟踪

在该运行模式下，电站优化储能充放电策略，在满足调度下发功率指令的前提下，最大程度地减少弃风弃光电量。在不考虑上网电价波动的情况下，采取的简单运行策略即“限电时段充电、不限电时段及时放电”，充电策略为尽可能吸纳弃电量，但不会吸纳本可以正常发出的电量，放电策略为尽可能保持较低的储能 SOC 水平。

储能的充放电策略应结合风光功率预测情况和系统消纳限电情况，来合理考虑有利于延长储能使用寿命的充放电策略。结合电池实际参数及特性，以较为恒定的功率慢充慢放。当出现长时间弃电时，可考虑慢充，以降低充电功率；当预计有较长时间的放电机会时段时，可考虑慢放，以降低放电功率。

同时，电站通过储能系统协调充放电，对风光实际出力与发电计划之间的偏差进行实时补偿，使风光储联合发电依据计划功率稳定输出。

（1）当风光实际出力大于风光储联合系统目标出力时，首先，判断储能系统此时是否仍具有充电能力，若储能系统仍具有充电能力，则进一步判断储能需求充电功率值是否小于或等于储能系统的最大允许充电功率值；若储能系统已不具有充电能力，则限制风光机组出力。

若储能需求充电功率值小于或等于储能系统的最大允许充电功率值，则储能系统按需求充电功率值进行充电，此时不限制风光出力；若储能需求充电功率值大于储能系统的最大允许充电功率值，则储能系统按最大允许充电功率值进行充电，同时需“一定程度”限制风光机组出力，使得风储联合系统实际出力跟踪目标出力。

（2）当风光实际出力小于风光储联合系统目标出力时，首先提升风光机组出力水平，其次判断储能系统此时是否仍具有放电能力。若储能系统仍具有放电能力，则进一步判断储能需求放电功率值是否小于或等于储能系统的最大允许放电功率值；若储能系统已不具有放电能力，则进入风光独立运行模式。

若储能需求放电功率值小于或等于储能系统的最大允许放电功率值，则储能系统按需求放电功率值进行放电，使得风光储联合系统实际出力跟踪目标出力；若储能需求放电功率值大于储能系统的最大允许放电功率值，则储能系统按最大允许放电功率值进行放电。在充分考虑储能吸纳能力的情况下，制定风光储出力目标时应尽量避免或减少对风光出力的抑制。

4.1.4　平整风光储电站出力波动

面向风光储电站风光出力波动平滑的需求，需结合风光出力联合预测结果，挖掘电网友好型新能源电站调节潜力与功率波动平抑能力，协同优化电站内的各种可调节资源，以平抑新能源系统级功率波动，降低系统的总运行成本和弃风弃光水平。

在该运行模式下，风光储电站集控中心首先接收到电网调度下发的功率平滑指令，然后结合区域风光出力联合预测结果，进行优化计算将功率平滑指令分配给各风光储电站，各风光储电站收到功率平滑指令后，结合风电场、光伏电站的功率预测结果以及储能的运行状态，利用储能充放电能力平抑风、光出力波动，实现总有功功率平滑输出，若储能充放电能力不足以平抑风光出力波动，则弃风弃光满足功率平滑输出的要求。

4.1.5 参与电力市场运行

我国首批进行电力现货市场试点的地区目前有 8 个，以蒙西为例，目前其电力现货市场和调频辅助服务交易规则体系已初步建立，已启动试运行。从长期来看，风光储电站适应未来电力现货市场和辅助服务市场交易环境是必然的趋势。

如果风光储电站要参与电力市场，其集控系统应具备结合地区电力负荷预测、风光功率预测、系统内其他机组的检修运行信息、燃料成本信息的功能，以及对日前电力现货价格曲线、辅助服务价格曲线进行预测的能力。一方面，风光储电站可以分别参与不同市场服务，通过优化模型计算，在市场价格最高、电力需求最强的时段发出，在价格水平较低时段进行储能充电，通过参与电力现货市场、辅助服务交易中优化控制储能充放电以提高风光储电站的收益；另一方面，风光储电站可以同时参与辅助服务市场和现货市场，利用各市场对储能需求的耦合性获得多元收益，实现价值叠加。

4.2 风光储电站群对内协调优化控制

结合风光储电站群参与不同服务的响应速度、调节功率大小、调节速率和调节偏差特性条件，以及风光储电站中变流器及所配储能的响应时间、充放电速率、寿命等物理特性及运行成本，优化电站调度控制运行方式，实现预期收益最大化。电站群风光储一体化优化控制主要面向风光储电站群顶峰供电、最大化消纳利用功率跟踪、系统调峰电站、参与电力市场运行等多种调度运行模式以及有功 / 无功多元的调控需求，用以解决多时间尺度协调的风光储电站群协同优化运行问题，实现电网友好性功能特性。

风光储电站群通过接收电网调度的有功 / 无功指令，根据当前各风光储电站的风光资源及储能状态，进行优化计算，确定各风光储电站的有功 / 无功指令后，将指令下发至各风光储电站的控制系统，实现风光储电站群有功功率及无功功率协同优化控制。风光储电站协同调控方法技术路线图如图 4–1 所示。

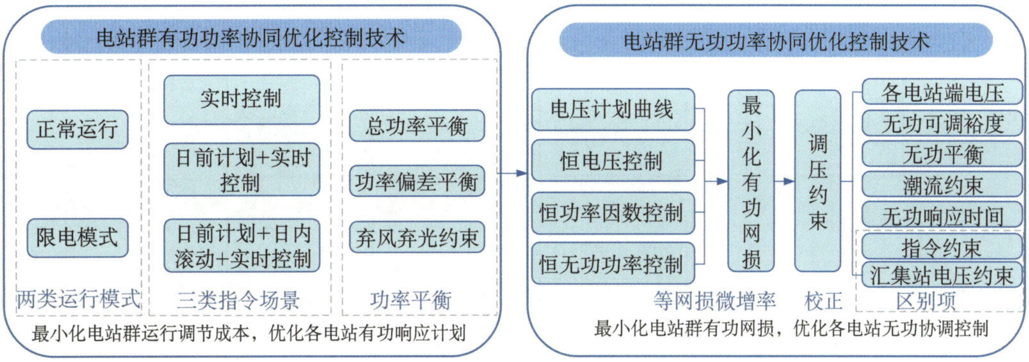

图 4–1　风光储电站群的协同优化调控方法技术路线图

4.2.1　有功功率协同优化控制技术

1. 功能要求

风光储电站群的有功功率控制按照“多级调度，逐级细化，多站协调”的控制模式进行设计，构建日前计划、滚动调度和实时控制相协调的风光储电站群多时间尺度有功调度体系，实现日前预测计划、日内滚动调度计划、间歇能源实时控制的功能。

为实现控制的可靠性，控制指令逐级细化：滚动计划层主要目的为保证系统的经济性，以日前计划为基础，根据短期风光电预测结果滚动修正日前发电计划，使得系统发电总出力与实际发电需求逐渐逼近，从而降低日前计划的偏差，减轻实时调度层和实时控制层机组的调节压力。实时控制层以基点追踪层（即实时调度层）给出的控制指令作为调整基点，对超前预测环节产生的随机预测误差进行实时修正，以克服系统不确定性的影响、获得闭环稳定性。

2. 实施方案

风光储电站群接受电网调度指令并分配至各电站的有功功率协同优化控制过程如图 4–2 所示。通过图 4–2 所示的“集控中心 – 电站”控制策略，有功功率指令由日前 24h 计划曲线经日内与实时控制三个时间尺度逐步进行分解，最终以 1min AGC 指令下发至各电站，实现实时的闭环精准控制。

1）日前计划

日前调度指令下发后，集控中心计算调度指令 $C_{t,agc,da}$ 与电站群风光功率的偏差，包括风功率预测值 $P_{t,w,p,da,n}$ 与光伏功率预测值 $P_{t,pv,p,da,n}$，通过调节储能充放电功率曲线以平衡该偏差，见式（4–1）。在此情况下，集控中心依据各电站储能荷电状态，按比例分配

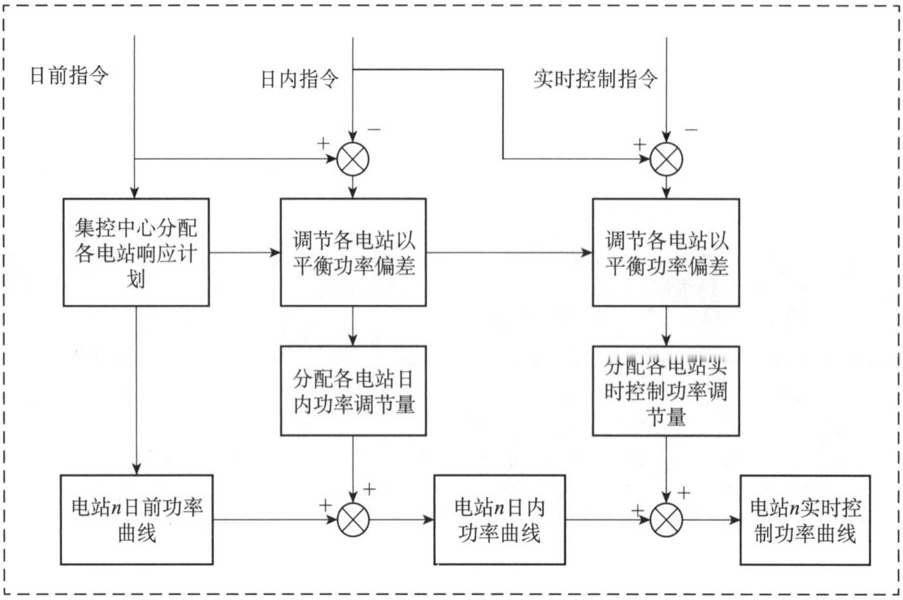

图 4-2　电站群有功功率指令控制框图

曲线偏差的功率调节需求，得到各电站的储能日前功率曲线；当储能充电容量无法满足要求时，采取“弃风弃光”措施，集控中心按比例分配各电站风光功率调整量，得到各电站的日前功率曲线。

$$\Delta P_{t,agc,da}=\sum_{n=1}^{N}\left(P_{t,w,p,da,n}+P_{t,pv,p,da,n}\right)-C_{t,agc,da} \tag{4-1}$$

2）日内滚动

首先，集控中心计算日内指令 $C_{t,agc,ind}$ 与电站群日前功率曲线 $P_{t,da,n}$ 的偏差、电站群日内风电预测功率 $P_{t,w,p,ind,n}$ 与日前风电预测功率 $P_{t,w,p,da,n}$ 的偏差、电站群日内光伏预测功率 $P_{t,pv,p,ind,n}$ 与日前光伏预测功率 $P_{t,pv,p,da,n}$ 的偏差，三类偏差和 $\Delta P_{t,agc,ind}$ 即为电站群在该日内指令下 16 个点的功率调整量，见式（4–2）。然后，将其分配至各电站，得到各电站储能功率曲线的调整量，同时基于各电站的储能日前功率，得到各电站的储能日内功率。当储能充电容量无法满足要求时，采取“弃风弃光”措施，集控中心按比例分配各电站风光功率调整量。如此，依次对 96 条日内指令逐次计算集控中心的分配策略，最终得到各电站的日内功率曲线。

$$\Delta P_{t,agc,ind}=\sum_{n=1}^{N}P_{t,da,n}-C_{t,agc,ind}-\sum_{n=1}^{N}P_{t,w,p,da,n}+\sum_{n=1}^{N}P_{t,w,p,ind,n}-\sum_{n=1}^{N}P_{t,pv,p,da,n}+\sum_{n=1}^{N}P_{t,pv,p,ind,n} \tag{4-2}$$

3）实时控制

实时控制指令 $C_{t,agc,rtc}$ 下发后，对于实时控制指令与电站群日内功率曲线 $P_{t,ind,n}$ 的偏差、电站群日内风电预测功率 $P_{t,w,p,ind,n}$ 与实时控制风电预测功率 $P_{t,w,p,rtc,n}$ 的偏差、电站群日内光伏预测功率 $P_{t,pv,p,ind,n}$ 与实时控制光伏预测功率 $P_{t,pv,p,rtc,n}$ 的偏差，三类偏差和即为电站群在该指令下的功率调整量。集控中心将其按比例分配至各电站，得到各电站的储能功率调整量，同时，基于各电站的储能实时调度功率，得到各电站储能的实时控制功率。当储能充电容量无法满足要求时，采取“弃风弃光”措施，集控中心按比例分配各电站风光功率调整量。最终，得到各电站的日前功率曲线。

$$\Delta P_{\mathrm{t,agc,rtc}} = \sum_{n=1}^{N} P_{\mathrm{t,ind,n}} - C_{\mathrm{t,agc,rtc}} - \sum_{n=1}^{N} P_{\mathrm{t,w,p,ind,n}} + \sum_{n=1}^{N} P_{\mathrm{t,w,p,rtc,n}} - \sum_{n=1}^{N} P_{\mathrm{t,pv,p,ind,n}} + \sum_{n=1}^{N} P_{\mathrm{t,pv,p,rtc,n}} \quad (4\text{–}3)$$

对于日前计划、日内滚动与实时控制三个模块，各电站的输出功率曲线如下：

$$P_{\mathrm{t,n}} = P_{\mathrm{t,wpv,n}} + P_{\mathrm{t,es,n}} \quad (4\text{–}4)$$

式中，$P_{\mathrm{t,wpv,n}}$ 为电站 n 的风光功率曲线，由风光出力预测值与弃风弃光量组成，即 $P_{\mathrm{t,wpv,n}} = P_{\mathrm{t,w,p,n}} + P_{\mathrm{t,pv,p,n}} - \Delta P_{\mathrm{t,wpv,n}}^{ab}$；$P_{\mathrm{t,es,n}}$ 为电站 n 的储能功率曲线，由储能上报功率曲线与该模块内调节功率组成，即 $P_{\mathrm{t,es,n}} = P_{\mathrm{t,es,0,n}} + u^{d}\Delta P_{\mathrm{t,es,n}}^{d} + u^{c}\Delta P_{\mathrm{t,es,n}}^{c}$。

4.2.2　无功功率协同优化控制技术

1. 功能要求

风光储电站群无功功率控制的基本原则是无功的“分层分区，就地平衡”，它基于采集的新能源电站的实时运行数据，对各风光储电站的无功补偿设备进行在线优化闭环控制，确保电网安全稳定运行，保证电网电压质量合格，同时，保证电站内电压满足运行要求。

电站群 AVC 控制负责对汇集的风光储电站进行协调控制，接收网调 AVC 下发的调压指令，将指令分解到各个风光储电站，在保证汇集站母线电压处在安全稳定运行范围内的前提下，跟随网调 AVC 指令，满足电网调压需求以及电站群内各电站端电压满足运行要求。

2. 实施方案

在电站群 AVC 正常接收网调 AVC 下发的调压指令时，AVC 有三种运行模式：恒电压控制、恒功率控制、恒功率因数控制。在网调中心不下发调压指令时，电站群 AVC 根据前一天的电压计划曲线进行电压控制。

电站群 AVC 主要研究部分是如何将并网点调压指令分配至各个电站，满足电站群调压目标。直接分配是工程应用中常用且可靠性较高的方案，按照一定的分配原则将总无功调节量分配至各个电站，并通过闭环反馈不断更新分配策略，最后实现控制目标。具体的控制方案如图 4–3 所示。

网调以 1min 时间尺度向智慧联合调度中心下发电压控制指令，智慧调度中心根据接收到的控制指令对风光储电站群进行闭环控制。当与网调 AVC 通信中断时，按照预

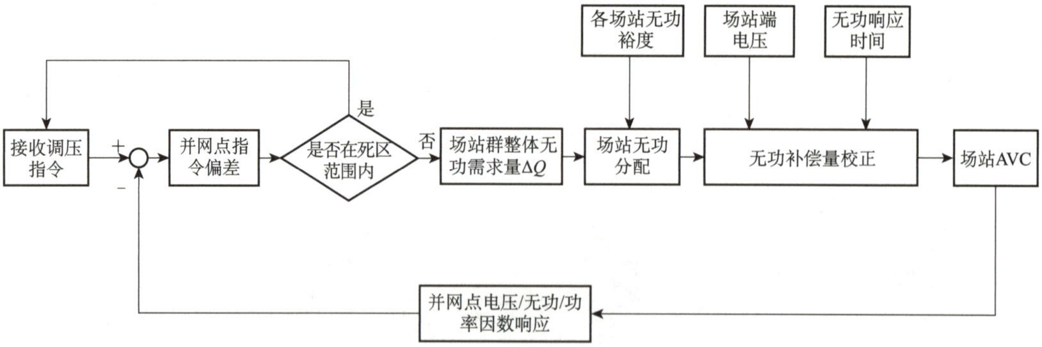

图 4-3 电站群 AVC 控制方案

先给定的高压侧母线电压的运行曲线进行控制。

电站群 AVC 主要控制流程为：

（1）电站群 AVC 获取调度主站 AVC 下发的风光储电站群并网点控制目标值：恒电压模式下 U_{ref}，恒无功模式下 Q_{ref}，恒功率因数下 $\cos\varphi_{ref}$，电压计划曲线的当前电压计划值 U_{ref}。

（2）计算风光储电站群并网点指令偏差值；在死区范围内不启动调节，返回流程（1），否则启动。

（3）根据不同指令与并网点实际测量值，计算电站群整体无功需求量 ΔQ。

对于恒电压控制与电压计划曲线，在运行状态变化不大时，根据相邻两个测量周期的局部运行信息近似求取接入点电压关于接入地区无功的变化率，并得到电站群整体无功需求

$$\Delta Q = (U_{ref} - U_{measure}) / r \tag{4-5}$$

式中，U_{ref} 为电网实时电压控制指令；$U_{measure}$ 为并网点电压实时测量值。

对于恒功率因数控制，利用最新的有功实时调度曲线确定未来 1min 的并网点有功出力，根据功率因数指令，求得电站群整体无功需求

$$\Delta Q = P_{rt} \tan\varphi_{ref} - Q_{measure} \tag{4-6}$$

式中，P_{rt} 为未来 1min 的并网点有功出力，在调压指令周期内为定值；$\tan\varphi_{ref}$ 为调压指令功率因数对应的正切值，超前为正，滞后为负；$Q_{measure}$ 为并网点实时测量的无功功率。

对于恒无功功率控制，AVC 指令与实际测量值之差即为电站群整体的无功需求

$$\Delta Q = Q_{ref} - Q_{measure} \tag{4-7}$$

（4）根据接收到的各电站无功裕度信息，按无功裕度分配至各电站。由各电站上报的无功裕度，确定各电站无功功率补偿量分配系数：

$$K_i = Q_{Ci} / \sum_i Q_{Ci} \tag{4-8}$$

式中，Q_{Ci} 为第 i 个电站的无功剩余容量。

各电站通过分配系数求得无功功率补偿量。

$$\Delta Q_i = K_i \times \Delta Q \tag{4-9}$$

式中，ΔQ_i 为第 i 个电站的无功补偿量。

（5）根据各电站并网点电压要求、风光储电站群无功响应时间需求进行校正，直至满足要求。

（6）根据实际 10s 时间尺度的实时并网点电压、功率因数、无功测量值，计算测量值与指令偏差值，判断是否在死区范围内，若不在，返回流程（3）；若在，1min 尺度下调压结束，返回流程（1），进入下一计算周期。

4.3 典型市场模式的运行方式与机理

4.3.1 调频市场模式

4.3.1.1 国内典型调频市场分析

1. 蒙西调频辅助服务市场分析

依据《蒙西电力市场调频辅助服务交易实施细则（试行）》对蒙西调频辅助服务市场进行如下分析。

1）蒙西调频辅助服务市场定义及准入原则

蒙西调频辅助服务市场中的调频服务是指发电机二次调频备用容量通过自动发电控制装置（AGC）自动响应区域控制偏差（ACE），按照一定调节速率实时调整有功功率，满足 ACE 控制要求。

蒙西调频辅助服务市场的服务提供主体为电力调度机构直调 AGC 单元。新建 AGC 单元试运期结束后，即开始纳入调频市场管理范围。此处并未直接说明可参与调频辅助服务的具体主体。

蒙西调频辅助服务市场根据每台 AGC 单元最近 7 个在网运行日的综合调频性能指标平均值 K_P 由高到低进行排序，市场初期，以综合调频性能指标前 70% 的最小值作为 AGC 单元参与调频市场报价的最低技术标准，最低技术标准按周统计。综合调频性能指标平均值 K_P 的计算方式为：

$$K_P^{i,j} = K_1^{i,j} \times K_2^{i,j} \times K_3^{i,j} \tag{4-10}$$

$$K_{\mathrm{pd}}^{i}=\begin{cases}\dfrac{\sum_{j=1}^{n}K_{\mathrm{P}}^{i,j}}{n}, & \text{AGC 单元被调用}\ (n>0)\\ 1, \text{AGC 单元未被调用}\ (n=0)\end{cases} \tag{4-11}$$

式中，$K_{\mathrm{P}}^{i,j}$ 为 AGC 单元 i 第 j 次调节过程中的调节性能好坏程度；$K_1^{i,j}$、$K_2^{i,j}$、$K_3^{i,j}$ 分别为 AGC 单元 i 第 j 次实际调节速率与其应该达到的标准速率相比达到的程度，实际调节偏差量与其允许达到的偏差量相比达到的程度，以及实际响应时间与标准响应时间相比达到的程度；K_{pd}^{i} 为综合调频性能指标日平均值。

2）蒙西调频辅助服务市场交易规则

（1）收益规则。蒙西调频辅助服务市场主体可同时参与调频市场和现货电能量市场。同时参与调频市场和现货电能量市场的市场主体，可获得调频容量及调频里程补偿；参与调频市场的市场主体仅获得调频里程补偿。调频里程定义为每日调节量的总和。

（2）申报规则。电力调度机构综合考虑负荷预测、系统实际运行情况等因素确定调频容量需求，市场初期暂定调频需求为对应时段统调负荷预测最大值的 3% ～ 7%。各 AGC 单元需申报的内容为调频里程价格和参与竞标的调频容量。申报调频里程价格的最小单位是 0.1 元 /MW，申报价格范围暂定为 6 ～ 15 元 /MW；申报调频容量的最小单位是 1MW，申报上下限计算公式如下：

$$P_{\max}^{\mathrm{offer}}=\min(Q_{\mathrm{rated}}\times 10.5\%, V_{\mathrm{rated}}\times T_1) \tag{4-12}$$

$$P_{\min}^{\mathrm{offer}}=\min(Q_{\mathrm{rated}}\times 7.5\%, V_{\mathrm{rated}}\times T_2) \tag{4-13}$$

其中，$P_{\max}^{\mathrm{offer}}$、$P_{\min}^{\mathrm{offer}}$ 是申报的上下限；Q_{rated}、V_{rated} 分别是申报单元的额定容量、额定调节速率；T_1、T_2 分别是上报容量的最大、最小值的速率运行时间，分别取 7min、5min。

每日 09：30，电力交易机构向市场成员发布调频市场信息，包括但不限于可参与调频市场的服务提供者，次日每 4h 的调频容量需求值（MW），调频市场的里程报价上、下限，调频市场申报开始、截止时间，调频市场其他要求等。每日 10:30 前，市场主体对 AGC 单元次日调频里程价格及调频容量进行申报。

3）蒙西调频辅助服务市场出清原则

蒙西调频辅助服务市场综合考虑调频市场需求、AGC 单元的数据、综合调频性能指标等，按调频里程排序价格从低到高依次出清，直至中标的 AGC 单元容量总和满足电网调频需求。

当 AGC 单元的排序价格相同时，优先出清 K_{pd}^{i} 高的 AGC 单元；当 AGC 单元的排序价格与 K_{pd}^{i} 均相同时，优先出清申报容量大的 AGC 单元；当边际 AGC 单元不止一台时，按申报容量大小比例确定每台 AGC 单元的中标容量。最后一个中标的 AGC 单元调频里程排序价格为调频市场的统一出清价格。

每日 10:30—11:30，电力调度机构在机组开机组合的基础上，进行调频辅助服务市场预出清，并以出清结果为边界条件进行中长期曲线分解。每日 11:30—12:00，电力交易机构向相关市场主体发布调频辅助服务市场预出清结果。

2. 浙江调频辅助服务市场分析

依据《浙江省第三方独立主体参与电力辅助服务市场交易规则（试行）（征求意见稿）》和《华东区域并网发电厂辅助服务管理实施细则》对浙江调频辅助服务市场进行如下分析。

1）浙江调频辅助服务市场定义与准入原则

浙江调频辅助服务市场的调频包括一次调频和二次调频（自动负荷控制）。一次调频是指电力系统频率偏离目标频率时，第三方独立主体通过自动控制装置，调整有功出力减少频率偏差所提供的服务；二次调频是指第三方独立主体跟踪电力调度指令，按照一定调节速率实时调整用电功率，以满足电力系统频率和联络线功率控制要求的服务。

储能装置、电动汽车（充电桩）、负荷侧调节资源、负荷聚合商、虚拟电厂、抽水蓄能电站等第三方独立主体应满足相应的准入条件，在交易机构完成注册后，可参与浙江电力辅助市场交易。第三方独立主体可作为经营主体独立参与市场，也可通过聚合的方式代理下级单位资源参与市场。位于发电侧的储能装置可独立参与或由所属发电企业代理参与市场。虚拟电厂可聚合不同类型资源，市场开展初期，第三方独立主体同一控制单元聚合代理的资源原则上应为同类型资源。

参与调频辅助服务时，暂定额定充电 / 放电功率不小于 5MW、持续响应时间不小于 2h。若申报参与一次调频，频率控制死区、调差系数等指标应满足技术规定；若申报参与二次调频，应按技术规定安装 AGC 装置，同时 AGC 响应性能应满足要求。

2）浙江调频辅助服务市场交易规则

（1）收益规则。交易机构负责出具结算依据，由电网企业负责日前辅助服务交易及华东区域“两个细则”相关费用的结算。第三方独立主体采用“月结月清”模式，每日披露补偿考核信息，以月度为周期发布结算依据。

第三方独立主体中长期交易由合同双方按照合同约定结算。日前和日内结算费用为一次 / 二次调频收益，其中，二次调频收益 = 调频容量收益 ×AGC 综合性能指标。交易机构按照发电企业与第三方独立主体双边交易合同及相应的考核情况出具结算依据，合同双方根据结算依据进行费用结算。

依据《华东区域并网发电厂辅助服务管理实施细则》，其中，一次调频的补偿为当出现跨区直流功率失却等原因造成电网频率低于 49.933Hz 时，发电机组综合利用各种频率调节方法，短时快速增加发电出力，1min 内增发电量超过一次调频理论积分电量的 80%，按增发电量予以 480 元 /MW · h 补偿。

自动发电控制（AGC）服务补偿费用包括基本补偿和调用补偿。基本补偿为每月按机组 AGC 的投运率和可调节容量的乘积补偿 480 元 /MW · h。机组 AGC 可调节容量为机组可投入 AGC 运行的调节容量上下限之差。调用补偿为发电机组参与所在控制区频率或者联络线偏差控制调节，根据发电机组 AGC 调节容量被调用时增发或少发的电量，按照 50 元 /MW · h 予以补偿。

（2）申报规则。

① 中长期交易。中长期调频交易包括一次调频和二次调频。一次调频约定的交易事项包括：调频容量及单价、大频差调频电量单价、调频性能参数、调频投退时段及时长、调频可靠性等。

二次调频（AGC）约定的交易事项包括：可调容量及单价、可调电量（里程）单价、投退时段及时长，调节速率、精度及可靠性等。

② 日前交易。需确认的参数为一次调频：频率控制死区、调差系数，以及额定充电 / 放电功率、持续响应时间最小值等；二次调频（AGC）：调频容量上下限（MW）、调节速率、精度及响应时间，以及额定充电 / 放电功率、持续响应时间最小值等。

申报参数：一次调频为一次调频容量价格［元 /（MW · h）］、一次调频容量（MW）、调频投退时段和时长等。二次调频（AGC）为 AGC 调频容量单价（元 /MWh）、AGC 调频容量（MW）、调频投退时段和时长等。

10:00 前，调度机构根据电网运行状况预测次日至下一工作日各时段调频辅助服务需求，并在技术支持系统上完成需求发布。12:00 前，第三方独立主体在技术支持系统上完成次日市场信息申报。

3）浙江调频辅助服务市场出清原则

调频辅助服务按照一次、二次调频容量及单价分别进行申报出清。14:00 前，按照第三方独立主体辅助服务调用成本最低方式完成各第三方独立主体辅助服务预出清，出清价格采用边际定价方式，如报价相同则按申报可调容量比例分配中标容量。16:00 前，调度机构完成预出清结果的安全校核，通过技术支持系统发布辅助服务市场出清结果和相应的计划曲线。

3. 广东调频辅助服务市场分析

依据《广东调频辅助服务市场交易规则（试行）》和《广东调频辅助服务市场交易实施细则（征求意见稿）》

1）广东调频辅助服务市场定义与准入原则

广东调频辅助服务市场调频辅助服务（以下简称“调频服务”），是指发电机二次调频备用中能够通过自动发电控制装置（AGC）自动响应区域控制偏差（ACE），按照一定调节速率实时调整发电出力，满足 ACE 控制要求的服务，其调节效果通过调频里程衡量。

广东调频辅助服务市场的参与主体为位于南方电网统一调频控制区且按照国家和行业标准应具备 AGC 功能的，由省级及以上电力调度机构调管的并网发电单元；允许第三方辅助服务提供者与上述发电单元联合作为调频服务提供者；第三方辅助服务提供者指具备提供调频服务能力的装置，包括储能装置、储能电站等。现阶段，广东省内抽水蓄能电站、BOT 电厂按现行有关规定提供调频服务，不纳入广东调频市场补偿范围。

AGC 性能指标按发电单元为单位统计。电力调度机构按日发布发电单元的综合调频性能指标，以最近 8 个中标小时计算综合调频性能指标。广东调频市场的准入门槛为综合调频性能指标不小于 0.5，并视广东调频市场运行情况调整。超过 6 个月未中标的发电单元，可向所属电力调度机构申请测试综合调频性能指标，测试期间 AGC 应连续 8h 投入调频模式；发电单元在 AGC 调节性能发生显著变化的，可向电力调度机构申请 AGC 试验。测试与试验期间，调频里程不支付补偿费用。广东调频辅助服务市场的综合调频性能用 P 值表示：

$$P_i = \frac{k_i}{k_{\max}} \tag{4-14}$$

$$k_i = 0.25 \times (2 \times k_{1i} + k_{2i} + k_{3i}) \tag{4-15}$$

式中：k_i、$k_{\max}$ 分别为第 i 台发电单元的综合调频性能指标和所属的调频资源分布区内所有发电单元的综合调频性能指标中最大值。k_{1i}、k_{2i}、k_{3i} 分别为第 i 台发电单元的调节速率、响应时间与调节精度。

2）广东调频辅助服务市场交易规则

（1）收益规则。广东调频市场的补偿费用包括调频里程补偿、调频容量补偿。中标发电单元在调频市场上提供调频服务可以获得相应的调频里程补偿。发电单元的调频里程补偿按日统计、按月进行结算。根据调频市场主体参与广东现货能量市场的情况，按照不同标准进行调频容量补偿，参与广东现货能量市场的发电单元按照上一个自然月的日前市场平均节点电价减去各自的核定成本后进行结算，若小于零则不进行容量补偿。

（2）申报规则。电力调度机构根据系统实际运行情况，每日组织交易前向市场主体发布南方电网统一调频控制区及调频资源分布区调频容量需求值。参与单元需要申报调频容量和单位容量调频价格。申报调频容量为防止调频造成系统潮流分布大幅变化影响系统稳定运行，规定单个的中标发电单元调频容量之和不超过控制区调频容量需求值的 20%。发电单元申报调频容量范围的计算公式如下：

$$P_{\max}^{\text{offer}} = \min(Q_{\text{rated}} \times 15\%, V_{\text{rated}} \times T_1, \frac{N_{eed} \times 20\%}{N}) \tag{4-16}$$

$$P_{\min}^{\text{offer}} = \min(Q_{\text{rated}} \times 3\%, V_{\text{rated}} \times T_2) \tag{4-17}$$

式中：N_{eed} 为控制区调频容量需求值；N 为全厂申报发电单元数。在这里，T_1、T_2 分别取 3min、1min。

申报调频价格时，市场主体通过调频市场技术支持系统对所属发电单元在运行日内进行调频里程报价。在报价时间窗口内，市场主体可以随时更改报价信息，最终报价以最后一次报价为准。在报价截止时间前，市场主体没有完成至少一次报价，调频市场技术支持系统默认该市场主体所属发电单元报价缺省值为最终报价。

每日 12:00 前，电力调度机构发布调频市场信息，包括但不限于：可参与调频市场的调频服务提供者；次日 24h 各时段调频控制区和调频资源分布区的调频容量需求值（MW 调频市场的里程报价上限调频市场申报开始、截止时间；调频市场其他要求等）。每日 13:00 前，发电单元对次日进行调频里程价格及调频容量申报。

3）广东调频辅助服务市场出清原则

广东调频辅助服务市场根据各发电单元的调频里程排序价格，以发电单元次日开停机状态为约束条件，从低到高依次进行出清，直至中标发电单元调频容量总和满足控制区及分布区调频容量需求值。当发电单元排序价格相同时，优先出清 P 值高的发电单元；当发电单元 P 值相同时，优先出清 k 值高的发电单元。

在日前电能量市场形成的运行日机组开机组合基础上，计算调频辅助服务市场的预出清结果，修改相应发电单元的出力上、下限。日内实时运行中，电力调度机构根据系统实际运行情况组织正式出清，正式出清应在实际运行时段起始时间点的 30 分钟前完成。

4.3.1.2 国外典型调频市场分析

1. 美国 PJM 调频辅助服务市场分析

1）美国 PJM 调频辅助服务市场定义与准入原则

美国 PJM 调频辅助服务市场中的调频服务主要目的是维持系统的频率。提供调频服务的发电机组必须能够在 5min 内增加或减少其出力，以响应自动控制信号。分为传统的，速度较慢的 RegA 和新型快速响应的 RegD。RegA 要求资源在 5min 达到指定出力即可，调节性能相对较差，适用于蒸汽机组、燃气轮机、水电机组等。RegD 要求资源在几秒内开始响应，并能在 1 ～ 2min 内达到指定出力，适合于快速调节资源如电化学储能、飞轮储能等。

可以在 5min 内响应的发电和用户侧的调频资源都可以参与调频市场，并根据其性能表现获得收益。PJM 采用双向的调频服务，调频需求量以容量衡量，分为峰时需求和谷时需求，调频需求是确定值峰段 800MW，谷段 525MW。发电资源和需求资源必须能够提供 0.1MW 的调节能力才能参与市场。其中，发电资源必须具有能够进行自动发电控制（AGC）的调控器。

2）美国 PJM 调频辅助服务市场交易规则

（1）收益规则。美国 PJM 调频辅助服务市场中的收益也分为调频容量收益和调频里程收益，分别通过调频容量价格（regulation market capability clearing price）和调频里程收益（regulation market performance clearing price）计算。具体计算公式如下

$$P_{\mathrm{ay}}^{\mathrm{cap}} = \pi^{cap} \cdot K^{\mathrm{perf}} \cdot b^{\mathrm{reg}} \tag{4-18}$$

$$P_{ay}^{\mathrm{perf}} = \pi^{\mathrm{perf}} \cdot R \cdot K^{\mathrm{perf}} \cdot b^{\mathrm{reg}} \tag{4-19}$$

其中，$P_{\mathrm{ay}}^{\mathrm{cap}}$、$P_{\mathrm{ay}}^{\mathrm{perf}}$ 分别为调频容量收益和调频里程收益；π^{cap}、π^{perf} 分别为调频容量价格和调频里程价格；K^{perf} 为综合调频性能评分；b^{reg} 为申报的调频容量。

（2）申报规则。参与调频辅助服务的成员必须通过市场网关系统提供以下信息：资源调节状态（可用、不可用、自调度）；调节能力（高于和低于调节中点，MW）；调节最大值和最小值（MW）；所参加的服务种类（RegA 或者 RegD）；成本报价（$/MWh）以及容量报价（$/MWh），最大值为 100$/MW · h。未提交成本价格的任何参与者，其成本报价上限为 12$/MW · h。

提供辅助服务的机组的报价和相关数据必须在运行日前一天 14:15 之前上报，辅助服务市场在实时运行前一小时关闭，在此之前机组可以修改报价信息。PJM 每小时执行辅助服务优化器（Ancillary Service Optimizer，ASO）一次，根据预测的系统条件为下一个运行小时确定一组经济的资源组合。

3）美国 PJM 调频辅助服务市场出清原则

PJM 调频市场和能量市场是顺次出清的，即调频市场在能量市场出清完成后，以能量市场决定的机组组合和能量价格作为输入进行调频市场的出清。调频市场的出清价格分为两部分，里程价格和容量价格。里程价格是根据机组的报价通过调频里程和历史性能指标等参数调整得到的，调频市场出清价减去里程价格即为容量价格。

实时运行前一小时，PJM 根据预测的实时市场节点边际电价（LMP）和调频资源的运行成本曲线，统一计算出每个机组的机会成本。进入实时调度以后，每 5min 进行一次电能量出清，并确定该调度时段的 LMP。PJM 根据每 5min 的 LMP 重新计算已中标调频资源的机会成本，在容量报价和里程报价不变的基础上，将机会成本改为实时出清的机会成本，里程调用率由历史值改为实际值，从而得到新的排序价格。PJM 按照调频资源的排序价格由低到高排序并出清，直到中标的容量（实际可提供容量）满足总的调频容量需求。

2. 澳大利亚调频辅助服务市场分析

1）澳大利亚调频辅助服务市场定义与准入原则

澳大利亚电力市场分为国家电力市场（National Electricity Market，NEM）和批发电力市场（Wholesale Electricity Market，WEM），除西澳大利亚州采用 WEM 外，其他州执行 NEM。能源市场运营商（Australian Energy Market Operator，AEMO）负责能源市场的运营。而澳大利亚调频辅助服务市场中的调频辅助服务又为频率控制辅助服务（Frequency Control Ancillary Services，FCAS）。AEMO 利用 FCAS 使系统频率维持在接

近 50Hz 的标准上，分为调节调频（regulation）和应急调频（contingency）。调节调频通过响应负载或发电的微小偏差来维持发电 / 需求平衡；应急调频是指对主要应急事件（如发电机组 / 主要工业负载的损失）或大型输电元件引起的发电 / 需求偏差校正。澳大利亚调频辅助服务市场产品类型分类见表 4–1。

表 4–1　澳大利亚调频辅助服务市场产品类型分类

类型	市场	作用	响应时间	需求量
调节调频	向上修正（Regulation Raise）	修正频率的轻微下降	4s	根据日前预调度计划计算，无固定值
	向下修正（Regulation Lower）	修正频率的轻微上升	4s	
应急调频	快速向上恢复（Fast Raise）	应急事件发生后，阻止频率大幅度下降	6s	
	快速向下恢复（Fast Lower）	应急事件发生后，阻止频率大幅度上升	6s	
	慢速向上恢复（Slow Raise）	频率大幅度下降后，稳定频率	60s	
	慢速向下恢复（Slow Lower）	频率大幅度上升后，稳定频率	60s	
	延迟向上恢复（Delayed Raise）	频率大幅下降后，恢复频率至正常范围	5min	
	延迟向下恢复（Delayed Lower）	频率大幅下降后，恢复频率至正常范围	5min	

已向 AEMO 注册的参与者必须参加每个不同的 FCAS 市场，通过提交适当的 offer 或 bid 来参与市场。澳大利亚实时电力市场技术支持系统联合调度机组的发电出力与各种调频辅助服务，以实现最低的购电与调频成本之和。而 AEMO 对 5MW 及以上的储能参与市场注册，对于独立储能，可注册为可调度机组或可调度符合分别向市场报价，接受调度指令。对于储能与可再生能量联合系统，可再生能源注册为半可调度机组，储能注册为独立机组，分别报价、接受调度指令，或者可再生能源和储能作为联合系统，提供统一报价，共同接受一个调度指令。

2）澳大利亚调频辅助服务市场交易规则

FCAS 的收益同样来自于容量和里程两部分。FCAS 报价与实时电力报价基本相同，分价格和容量两部分，报价方案有 10 个价位，每个价位对应可提供调频辅助服务容量数，报价从高到低排序。发电容量由调频辅助服务梯形图决定，梯形图通过启用限制（Enablement limits）和断点（Breakpoints）定义。

3）澳大利亚调频辅助服务市场出清原则

澳大利亚 FCAS 市场同能量市场联合出清，市场出清分为预出清和实时出清。预出清分为全日报价及滚动调整，全日报价即一次性报下个交易日的价格；滚动调整每 5min 更新一次未来 1h 内每 5 min 节点上预出清和发电安排，整点和半点更新未来 1h 往后每 30min 节点上预出清和发电安排。各个价区主辅市场电力价格在市场出清时同步公布。

3. 北欧调频辅助服务市场分析

1）北欧调频辅助服务市场定义与准入原则

北欧调频辅助服务的分类为：一级备用（基本控制）、二级备用和三级备用（平衡服务）。

（1）一级备用（基本控制）包括频率控制的正常运行备用、频率控制的干扰备用、电压控制的干扰备用等。瑞典和挪威主要由水电提供一级备用；丹麦东部由火电提供，丹麦西部由风电参与；而芬兰则利用水电和火电联合及直流联络线共同参与。

（2）二级备用即自动发电控制（AGC），作为二级调节不适用于北欧电网（Nordel），仅适用于丹麦西部电网。

（3）三级备用（平衡服务）包括频率控制备用（Frequency Containment Reserve，FCR）和频率恢复备用（Frequency Restoration Reserve，FRR）。其中，FCR 主要为自动产品，分为频率干扰控制备用（Frequency Containment Reserve Disturbance，FCR–D）和频率普通控制备用（Frequency Containment Reserve Normal，FCR–N）。FCR–D 用于系统受到干扰，频率低于 49.9Hz 的情况下稳定频率，要求在 5s 内实现 50% 的有功功率输出，在 30s 内实现 100% 的有功功率输出；FCR–N 是一种特定的北欧电力市场辅助服务产品，用于在正常频段内（49.9 ～ 50.1Hz）保持系统平衡，要求响应时间小于 3min。

FRR 分为自动频率恢复备用（Automatic FRR，AFRR）和手动频率恢复备用（Manual FRR，MFRR），AFRR 主要通过 AGC 实现，响应时间小于 5min；MFRR 是北欧最主要的平衡资源，响应时间小于 15min。

北欧调频辅助服务所规定的调频资源有包括水电、太阳能热、光伏等发电机组和负荷侧资源。

2）北欧调频辅助服务市场交易规则

北欧调频辅助服务市场收益规则与申报规则具体见表 4–2。

表 4–2　北欧调频辅助服务市场收益规则与申报规则

国别	服务类型	补　　偿	申报内容
挪威	一级备用	协商容量价格补偿	容量 + 价格
	平衡服务	协商容量补偿及通过电力调整市场进行能量补偿	容量 + 价格
瑞典	一级备用	基于成本容量补偿	容量 + 价格
	平衡服务	年度补偿和利用率补偿和通过双不平衡价格进行能量补偿	容量 + 价格

续表

国别	服务类型	补　偿	申报内容
丹麦东	一级备用	协商容量价格补偿	容量 + 价格
	平衡服务	协商容量补偿及通过电力调整市场进行能量补偿	容量 + 价格
丹麦西	一级备用	协商容量价格补偿	容量 + 价格
	平衡服务	能量价或通过电力调整市场进行能量补偿	容量 + 价格
芬兰	一级备用	协商容量价格补偿	容量 + 价格
	平衡服务	容量和能量补偿以及通过单一不平衡价格进行能量补偿	容量 + 价格

3）北欧调频辅助服务市场出清原则

北欧调频辅助服务市场采用“辅助服务市场 + 物理调节电能市（Regulating Power Market，RPM）”的模式，辅助服务市场独立于电能量市场，由系统运营商（System Operator，SO）单独组织，不与电力市场进行联合出清。为保证 MFRR 的充分有效供应，在辅助服务市场之外还需要 RPM 作为支撑。在平衡资源的调用策略上，AFRR 和 MFRR 分别按照平行调用法和排队法进行调用。当价区间发生阻塞时，需启用特殊调节机制，并由 2 个价区的 SO 一同决定是否分开原有的报价队列。

4.3.2 现货市场模式

4.3.2.1 国内典型现货市场分析

1. 内蒙古电力现货服务市场分析

1）电力市场成员管理

分散式电力市场成员包括市场主体、电网企业和市场运营机构。其中，市场主体包括经核准、注册进入电力市场的各类发电企业、电力用户和售电公司（含拥有配电业务的售电公司）；电网企业指电网公司；市场运营机构包括电力交易中心和电力调度中心。

发电企业的基本准入条件：依法取得电力业务许可证（发电类）。符合国家产业政策，环保设施正常投运且达到环保标准要求。具有独立法人资格财务独立核算，能够独立承担民事责任的经济实体，与电网公司签订《购售电合同》。电力用户的基本准入条件：符合国家产业政策，有利于自治区产业布局、结构调整和优化升级，环保设施正常投运并达到国家和行业相关标准及要求。具有独立法人资格、财务独立核算、能够独立承担民事责任的经济实体，满足参与电力市场需要的技术要求和计量标准。售电公司的基本准入条件：符合国家和有关售电公司参与市场交易的相关文件规定，依照《中华人民共和国公司法》登记注册的企业法人。具有独立法人资格、财务独立核算、能够独立承担民事责任的经济实体。满足参与电力市场需要的技术要求和计量标准。法律、法规规定的其他条件。

市场主体注册：进入准入目录（或具备准入注册条件）的市场主体，按要求自愿提交申请进行市场注册。注册流程如下：市场主体按照相关要求递交注册申请，报送注册材料；电力交易机构在收到注册申请的 5 个工作日内完成注册；完成注册的发电企业、电力用户和售电公司须与电力交易机构签订交易平台使用协议，获取交易账号。电力交易机构按月汇总完成注册的市场主体目录，及时报华北能源监管局、自治区电力市场主管部门和第三方征信机构备案。

2）电力市场交易规则

（1）日前市场。

① 每日 08:30 通过现货交易技术支持系统进行日前交易所需各类数据准备工作。

② 每日 09:30 各市场主体通过现货市场技术支持系统修改上报设备可用情况及参数。

③ 每日 10:30 技术支持系统汇总数据，运行中长期电量日分解程序，分解运行曲线。

④ 每日 11:30 市场运营机构发布日前交易开市公告，向全体市场成员发布次日系统基本信息，向相关市场主体发布中长期电量日分解结果曲线。

⑤ 每日 12:00 各市场主体依据公告信息及分解曲线，通过技术支持系统申报日前现货交易信息，包括分段电能量买入、卖出价格、启停机组报价等。

⑥ 每日 13:30 市场运营技术支持系统汇总各市场主体申报情况，通过日前电能量现货交易出清程序，得出次日电网运行方式、机组组合及各发电机组、新能源电站计划运行曲线，并依据电网安全稳定运行需要进行安全校核，调整出清结果并给予说明。

⑦ 每日 16:00 通过技术支持系统向相关市场主体发布日前现货交易出清结果。各市场主体审核后返回确认信息，对出清结果有异议的市场主体可向市场运营机构提出解释申请。

（2）日内市场。

① 在日前交易出清结果（日前计划）的基础上，以日内超短期负荷预测（4h）、外送计划、设备状态等为边界条件，以系统运行综合效益最大化为目标，优化各市场主体计划运行曲线，实现日内发用电计划滚动调整。

② 日内交易以日前交易出清结果为初始点，以日内系统运行前一时段（4h）系统运行综合效益最大化为目标，采用超短期负荷预测、新能源预测及电网实时运行状态为边界条件，在考虑负荷平衡、正备用容量、负备用容量、旋转备用容量、机组上下限、机组爬坡、线路潮流、断面潮流等约束条件下，进行优化出清，滚动调整机组发电曲线。

③ 参与日内电能量现货交易的市场主体为接入自动发电控制系统（AGC）的全部公用火电机组、新能源场（站）、电力用户（具备用电负荷实时监测能力）等。

④ 电力调度机构在（D）日系统实际运行前 240min 开展日内电能量现货交易。

⑤（D）日内，电力调度机构根据超短期预测、新能源发电预测等，综合考虑网络拓扑、事故校验、机组状态、机组爬坡能力等安全约束条件，以系统运行综合效益最大化为目标函数，优化出清，滚动调整下时段（4h）的计划运行曲线。

（3）实时市场。

① 以日内交易出清的计划运行曲线为基础，依据未来 15min 电网超短期负荷预测、新能源超短期预测、外送电情况、设备运行状态等信息，以全网计划运行曲线调整成本最小为目标，组织开展的实时电能量现货交易（以下简称实时交易）。

② 以日内交易出清结果为计算基态，更新系统超短期负荷预测、新能源超短期预测结果，综合考虑系统负荷平衡、正备用容量、负备用容量、旋转备用容量、机组上下限、机组爬坡、线路潮流、断面潮流等约束条件，基于系统经济性与安全性指标，依据市场主体申报信息，以未来 15min 系统调节总成本最小化为目标，进行优化出清。

③ 参与实时交易的市场主体为接入自动发电控制系统（AGC）的全部公用火电机组、新能源场（站）、电力用户（具备用电负荷实时监测能力）等。

④ 电力调度机构在（D）日系统实际运行前 15min 开展实时交易。

⑤ 电力调度机构根据超短期预测、新能源发电预测等，基于日内交易出清结果，综合考虑网络拓扑、事故校验、机组状态、机组爬坡能力等安全约束条件，以全网调节成本最小为目标函数，优化出清，滚动调整未来 15min 的计划运行曲线。

3）电力市场出清规则

（1）日前市场。

① 在中长期电量日分解曲线的基础上，各市场主体申报次日电力电量买入、卖出意愿，通过日前集中交易优化出清，确定次日各市场主体运行方式及计划运行曲线。

② 日前交易以中长期日分解曲线为初始点，以系统运行综合效益最大化为目标函数，在考虑发供平衡、旋转备用、调节速率、供热及安全约束等条件下，进行优化出清。

③ 电力市场日前交易按日组织，采用“分段报价、集中出清”模式。

④ 参与日前交易的市场主体包括公用火电企业、新能源场、电力用户（具备用电负荷实时监测能力）等。

⑤（D）日为电网运行的自然日，日前交易初期，每 15min 为一个交易出清时段，每个运行日含有 96 个交易出清时段。日前交易在（D–1）日出清成交。（D–1）日，发电侧市场主体进行申报，用电侧需求通过负荷预测确定，通过日前交易出清形成运行日的交易结果。

⑥（D–1）日交易申报前，通过技术支持系统向市场主体发布（D）日的相关信息。

⑦ 市场主体通过技术支持系统申报（D）日电力买入、卖出、启动、停机等价格，技术支持系统汇总市场主体申报信息，综合考虑系统负荷预测、外送计划、发电机组检

修计划、输变电设备检修计划和发电机组运行约束，以系统运行综合效益最大化为目标函数，采用日前出清程序计算（D）日的 96 点机组运行计划曲线，形成（D）日的开机组合、分时发电出力曲线和分时边际电价。

⑧ 在（D–1）日交易申报截止时间前，公用火电企业通过技术支持系统，基于中长期电量日分解曲线，申报（D）日机组分段电能量价格（单位：元 /MW）和启停价格等信息。

⑨ 在（D–1）日交易申报截止时间前，新能源场（站）通过技术支持系统，基于中长期电能量日分解曲线，申报（D）日场分段电能量价格（单位：元 /MW）。

⑩ 在（D–1）日交易申报截止时间前，具备用电负荷实时监测能力的电力用户可通过技术支持系统，申报电能量交易信息（单位：元 /MW），参与日前交易。

⑪ 日前交易初期以分时边际价格作为全网出清电价。条件成熟后，采用分时区域电价（或分时节点电价）作为日前交易出清电价。

⑫ 为满足电网安全稳定运行需要，电网调度机构可根据安全校核结果，调整日前机组方式并给出说明。日前交易的发电侧出清结果（含机组开机组合和分时发电出力曲线）即为（D）日的发电调度计划。

⑬ 若电网运行边界条件在（D）日之前发生变化，并且可能影响电网安全稳定运行、电力正常有序供应和清洁能源消纳，电力调度机构可根据电网运行的最新边界条件，基于发电机组的日前报价，采用日前交易的出清算法，对（D）日的发电调度计划（含机组开机组合和分时发电出力曲线）进行调整，同时通过技术支持系统向市场主体发布相关信息，并将调整后的发电调度计划下发至各发电企业。

⑭ 以系统运行综合效益提升最大化为目标函数，以中长期日分解曲线为计算基态，考虑系统负荷平衡、正备用容量、负备用容量、旋转备用容量、机组出力上下限、机组爬坡、机组最小连续开停时间、机组最大启停次数、线路潮流、断面潮流等约束条件，进行日前交易优化出清。

（2）日内市场。市场出清以系统运行综合效益最大化为目标函数，以日前电能量交易结果为计算基态，考虑系统负荷平衡、正备用容量、负备用容量、旋转备用容量、机组出力上下限、机组爬坡、线路潮流、断面潮流等约束条件，进行日内交易优化出清。日内电能量出清过程如下：

①T–140min 前（交易时段起始时刻为 T，下同），根据封存至日内的市场主体申报信息（待条件成熟后，日内交易引入市场主体交易信息申报机制），综合考虑系统负荷超短期预测，将联络线计划、中长期交易分解曲线、日前电能量交易出清结果和发电机组运行能力作为约束条件，出清该日内交易时段的机组运行计划曲线（16 点）。

②T–110min 前，市场运营机构根据电网运行情况及其他条件，对该日内交易时段的机组出力曲线进行交流潮流安全校核，若不满足交流潮流安全约束，则在计算模型中添加相应的约束条件，重新进行上述计算过程，直至满足交流潮流安全约束，得到该日

内交易时段的分时发电出力曲线和分时边际电价。

（3）实时市场。市场出清以日内电能量出清结果为计算基态，更新系统超短期负荷预测、新能源超短期预测结果，综合考虑系统负荷平衡、正备用容量、负备用容量、旋转备用容量、机组上下限、机组爬坡、线路潮流、断面潮流等约束条件，基于系统经济性与安全性指标，依据市场主体申报信息，以未来 15min 系统调节总成本最小化为目标，进行优化出清。

2. 广东电力现货服务市场分析

1）电力市场成员管理

（1）发电企业市场准入条件：满足国家和行业有关发电企业并网规范、电网调度运行技术标准要求。参与电能量市场的发电企业（机组），须符合国家有关准入条件。并网自备电厂参与市场化交易，须公平承担社会责任、承担国家依法合规设立的政府性基金，以及与产业政策相符合的政策性交叉补贴和系统备用费。具备电量分时计量与数据传送条件，数据准确性与可靠性应能满足交易要求。批发用户准入条件：合国家产业政策，单位能耗、环保排放达到国家标准。拥有自备电厂的用户应按规定承担国家依法合规设立的政府性基金，以及与产业政策相符合的政策性交叉补贴和系统备用费。微电网用户应满足微电网接入系统的条件。具备安装双表双终端条件，且具备电量分时计量与数据传送条件，数据准确性与可靠性应能满足交易要求。直接参加批发市场交易的电力大用户，在满足前述条件基础上，还应具备日前负荷预测、按要求报送分时电力需求曲线的技术能力。

（2）发电企业注册：交易中心将纳入准入目录的发电企业信息录入交易系统，供电企业根据发电企业名称反馈相匹配的电厂编码至交易系统。发电企业在交易系统提交企业管理员权限申请，并上传相关申请证明材料。核验符合条件的，自动赋予管理员权限。发电企业获得企业管理员资格后，在交易系统填写发电企业注册信息，系统核验通过后注册生效。售电公司注册：售电公司应按要求签署信用承诺，在交易系统填写注册信息、上传相关附件，向电力交易机构提交准入注册申请，并将书面申请材料及相关证明材料原件提交电力交易机构现场核验。电力交易机构受理准入注册申请后，完成注册资料完整性核验。材料不全或不符合规范要求的，退回售电公司补充和完善；材料完整的，进行信息公示。公示期满无异议的售电公司，纳入售电公司准入目录，准入及注册自动生效，并在交易系统上公开，实施动态管理。

2）电力市场交易规则

（1）日前市场。

场景 1：发电侧报量报价、用户侧报量不报价。

① 电力调度机构在日前市场交易出清计算前，确定运行日电网运行的边界条件，作为日前市场出清的约束条件。

② 竞价日交易申报截止前，通过技术支持系统向市场主体发布运行日的相关信息。

③ 在运行日受电网安全约束的必开机组，由电力调度机构在竞价日事前信息发布截止时间前通知相关机组，必开机组需提前做好开机准备，确保在运行日能够正常开机运行。

④ 竞价日交易申报截止时间前，参与日前市场交易的发电企业需通过技术支持系统，以发电机组为单位申报机组电能量报价曲线等信息。

⑤ 竞价日交易申报截止时间前，售电公司在技术支持系统中申报其代理用户运行日的用电需求曲线；批发用户在技术支持系统中申报其运行日的用电需求曲线。

⑥ 发电企业、售电公司和批发用户等市场主体的申报信息、数据应满足规定要求，由技术支持系统根据要求自动进行初步审核，初步审核不通过的不允许提交，直至符合申报要求。市场主体提交申报信息后，经电力调度机构和电力交易机构审核后确认生效。

⑦ 市场运营机构通过技术支持系统，基于市场主体申报信息以及运行日的电网运行边界条件，采用安全约束机组组合（SCUC）、安全约束经济调度（SCED）算法进行优化计算，出清得到日前市场交易结果。

⑧ 日前市场采用节点电价定价机制。日前市场出清形成每 15min 的节点电价，每小时内 4 个 15min 节点电价的算术平均值计为该节点每小时的平均节点电价。

⑨ 竞价日日前市场出清计算后，广东中调出具交易出清结果，经电力交易机构、相关电力调度机构会签，按照有关程序通过技术支持系统发布。

⑩ 日前市场原则上基于竞价日交易申报前发布的电网运行边界条件进行计算；一般情况下，日前市场的发电侧出清结果（含机组开机组合和机组出力计划）即为运行日的发电调度计划。

⑪ 电力调度机构可根据电网运行的最新边界条件，基于发电机组的日前报价，采用日前市场的出清算法，对运行日的发电调度计划（含机组开机组合和机组出力计划）进行调整，同时通过技术支持系统向市场主体发布相关信息，并将调整后的发电调度计划下发至各发电企业。

场景 2：发电侧报量报价、用户侧报量报价。

① ～ ④ 前期日前交易市场一致。

⑤ 竞价日交易申报截止时间前，售电公司在技术支持系统中申报其代理用户各自的用电节点，以及各自运行日的电力需求量价曲线；批发用户在技术支持系统中申报其用电节点，以及运行日的电力需求量价曲线。

⑥ 发电企业、售电公司和批发用户等市场主体的申报信息、数据应满足规定要求，由技术支持系统根据要求自动进行初步审核，初步审核不通过的不允许提交。市场主体提交申报信息后，经电力调度机构和电力交易机构审核后确认生效。

⑦ 电力调度机构通过技术支持系统，基于市场主体申报信息以及运行日的电网运

行边界条件，采用安全约束机组组合（SCUC）、安全约束经济调度（SCED）算法进行优化计算，出清得到日前市场交易结果。

⑧ 日前市场采用节点电价定价机制。日前市场出清形成每 15min 的节点电价，每小时内 4 个 15min 节点电价的算术平均值计为该节点每小时的平均节点电价。

⑨ 竞价日日前市场出清计算后，广东中调出具交易出清结果，经电力交易机构、相关电力调度机构会签，按照有关程序通过技术支持系统发布。

⑩ 竞价日出清结果发布后，电力调度机构通过技术支持系统，基于发电机组申报信息以及运行日的电网运行边界条件（负荷数据采用电力调度机构预测值），采用安全约束机组组合（SCUC）、安全约束经济调度（SCED）算法进行优化计算，得到日前调度计划。运行日的机组开停机计划安排以发电调度计划为准。

（2）实时市场。

① 实时市场采用日前市场封存的发电企业申报信息进行出清，除与日前市场相比发生较大变化的运行参数信息外，不需发电企业另行申报。发电机组在实时市场中申报的物理运行参数变化信息，经电力调度机构审核批准后，在实时市场出清程序中对相应的运行参数进行修改，以修改后的参数进行出清计算。实时市场中，售电公司和批发用户无需进行申报。

② 实时市场采用节点电价定价机制。实时市场出清形成每 15min 的节点电价，每小时内 4 个 15min 节点电价的算术平均值计为该节点每小时的平均节点电价。实时市场采用事前定价方式进行结算，即结算价格为实时市场的事前出清价格，结算电量为实际发、用电量。

③ 电力调度机构将实时市场每 15min 出清的发电计划通过调度数据网下发至各发电机组。实时市场价格以小时为单位计算发布。

④ 在实时市场出清结束至实际运行期间内，电力调度机构可根据电网实际运行情况对机组的实时中标出力进行调整，以满足系统电力平衡和电网安全。

⑤ 电网实时运行中，当系统发生事故或紧急情况时，调度机构应按照安全第一的原则处理。处置结束后，受影响的发电机组以当前的出力点为基准，恢复参与实时市场出清计算，调度机构对事件经过、计划调整情况等进行记录，并向市场主体进行发布。

3）电力市场出清规则

（1）日前市场。日前电能量市场属于现货电能量市场包括，简称为日前市场采用全电量申报、集中优化出清、日清月结的方式开展，通过集中优化计算，得到机组开机组合、分时发电出力曲线以及分时现货市场电价。日前市场以日和实时（15min）为周期开展，并且主要采用集中竞价优化的方式进行。可以按照市场发展的成熟度规定用电侧报价与否。

电力现货市场起步前期，以“发电侧报量报价、用户侧报量不报价”模式组织日前市场交易。日前市场采用全电量申报、集中优化出清的方式开展。参与市场的发电企业在日前市场中申报运行日的价格电量信息，售电公司、批发用户在日前市场中申报运行日的用电需求曲线，不申报价格。调度中心综合考虑负荷预测、发电机组运行约束、电网安全运行约束等因素，以社会福利最大化为优化目标，采用安全约束机组组合（SCUC）、安全约束经济调度（SCED）算法进行集中优化计算，出清得到运行日的机组开机组合、分时发电曲线以及分时节点电价。售电公司、批发用户所申报的用电需求曲线即为其日前市场的中标曲线。电力现货市场发展后期，以“发电侧报量报价、用户侧报量报价”模式组织日前市场交易。日前市场采用全电量申报、集中优化出清的方式开展。参与市场的发电企业在日前市场中申报运行日的价格电量信息，售电公司、批发用户在日前市场中申报运行日的电力需求与价格曲线。调度中心在日前阶段开展日前市场出清和调度计划编制。

（2）实时市场。调度机构在系统实际运行前 15min 开展实时市场出清。实时市场基于最新的电网运行状态与超短期负荷预测信息，以集中优化、分时分节点定价的组织方式确保系统平衡。调度中心基于最新的电网运行状态与超短期负荷预测信息，综合考虑发电机组运行约束条件、电网安全运行约束条件等因素，在日前发电调度计划以及开机组合基础上，采用安全约束经济调度（SCED）算法进行优化计算，持续优化机组出力，形成各发电机组需要实际执行的发电计划和实时节点电价。实时市场采用日前市场封存的发电企业申报信息进行出清，除与日前市场相比发生较大变化的运行参数信息外，不需发电企业另行申报。实时市场出清过程如下：

① 在实时开机组合基础上，计算调频辅助服务市场的出清结果，修改相应机组的出力上下限。

② 修改调频机组的出力上下限之后，采用安全约束经济调度（SCED）程序计算发电机组的实时出力计划。

③ 对实时电能量市场优化计算时间窗口内的机组出力曲线进行交流潮流安全校核，若不满足交流潮流安全约束，则在计算模型中添加相应的约束条件，重新进行上述第一步至第三步的计算过程，直至满足交流潮流安全约束，得到实时电能量市场的出清结果。

3. 浙江电力现货服务市场分析

1）电力市场成员管理

发电企业市场准入条件：依法取得核准和备案文件，取得电力业务许可证（发电类）；符合国家产业政策，环保设施正常投运且达到环保标准要求；并网自备电厂参与售电市场交易，须公平承担发电企业社会责任、承担国家依法合规设立的政府性基金及附加以及政策性交叉补贴、支付系统备用费，并参与电网辅助服务与考核；初期售电市场准入的发电企业为省内统调电厂；待条件成熟后，允许省外以点对网专线输电方式（含网对网专线输电但明确配套发电机组的情况）向浙江省送电的发电企业，视同省内电厂（机组）参与浙江售电市场交易。批发用户准入条件：拥有自备电源的用户应当按规定承担国家政府性基金及附加、政策性交叉补贴和系统备用费等；符合电网接入规范，满足电网安全技术要求；微电网用户应满足微电网接入系统的条件。售电企业市场准入条件：按照《中华人民共和国公司法》进行工商注册，具有独立法人资格。资产要求：注册资本不得低于 2 千万元人民币、注册资本在 2 亿元人民币以上的，不限制其售电量。拥有配电网经营权的售电企业，其注册资本不低于其总资产的 20%。拥有与申请的售电规模和业务范围相适应的设备、经营场所，以及具有掌握电力系统基本技术经济特征的相关专职专业人员 3 名及以上。无不良信用记录，并按照规定要求做出信用承诺，确保诚实守信经营。拥有配电网经营权的售电企业应取得电力业务许可证（供电类）。按照信用管理要求提交履约保函。

2）电力市场交易规则

（1）日前市场。前市场事前发布信息（D–1 日 9:30 前发布）。主要包括次日（D 日）系统负荷预测曲线（公开信息）；次日（D 日）外来电计划曲线（公开信息）；次日（D 日）30 分钟备用需求（公开信息）；次日（D 日）必开机组和必停机组及原因（公开信息）；次日（D 日）设备检修计划（公开信息）；次日（D 日）电网主要约束信息，稳定限额和最小开机方式要求等（公开信息）；次日（D 日）固定出力机组信息（公开信息）；次日（D 日）新能源发电预测信息（公开信息）。日前市场事后发布信息（D–1 日 17:00 前发布）。主要包括次日（D 日）负荷侧统一电价（公开信息）；次日（D 日）所有发电侧节点电价（公开信息）；次日（D 日）开停机机组组合（私有信息）；次日（D 日）机组日前电能中标电力电量及电价（私有信息）；次日（D 日）必开机组和必停机组及原因（公开信息）。

① 电力调度机构在日前市场交易出清计算前，确定运行日电网运行的边界条件，作为日前市场出清的约束条件。

② 竞价日交易申报截止前，通过技术支持系统向市场主体发布运行日的相关信息。

③ 在运行日受电网安全约束的必开机组，由电力调度机构在竞价日事前信息发布截止时间前通知相关机组，必开机组需提前做好开机准备，确保在运行日能够正常开机运行。

④ 竞价日交易申报截止时间前，参与日前市场交易的发电企业需通过技术支持系统，以发电机组为单位申报机组电能量报价曲线等信息。

⑤ 竞价日交易申报截止时间前，售电公司在技术支持系统中申报其代理用户各自的用电节点以及各自运行日的电力需求量价曲线；批发用户在技术支持系统中申报其用电节点以及运行日的电力需求量价曲线。

⑥ 发电企业、售电公司和批发用户等市场主体的申报信息、数据应满足规定要求，由技术支持系统根据要求自动进行初步审核，初步审核不通过的不允许提交。市场主体提交申报信息后，经电力调度机构和电力交易机构审核后确认生效。

⑦ 电力调度机构通过技术支持系统，基于市场主体申报信息以及运行日的电网运

行边界条件，采用安全约束机组组合（SCUC）、安全约束经济调度（SCED）算法进行优化计算，出清得到日前市场交易结果。

⑧ 日前市场采用节点电价定价机制。日前市场出清形成每 30min 的节点电价，每小时内 2 个 30min 节点电价的算术平均值计为该节点每小时的平均节点电价。

⑨ 竞价日日前市场出清计算后，广东中调出具交易出清结果，经电力交易机构、相关电力调度机构会签，按照有关程序通过技术支持系统发布。

⑩ 竞价日出清结果发布后，电力调度机构通过技术支持系统，基于发电机组申报信息以及运行日的电网运行边界条件（负荷数据采用电力调度机构预测值），采用安全约束机组组合（SCUC）、安全约束经济调度（SCED）算法进行优化计算，得到日前调度计划。运行日的机组开停机计划安排以发电调度计划为准。

（2）实时市场。实时市场后发布信息（D+1 日 15:00 前发布）。主要包括前日（D 日）负荷侧统一电价（公开信息）；前日（D 日）所有发电侧节点电价、调频容量价格、调频里程价格（公开信息）；前日（D 日）实时市场新增的必开机组和必停机组及原因（公开信息）；前日（D 日）调频性能归一化指标、调频中标容量、调频里程信息（私有信息）；前日（D 日）机组实时电能中标电力电量及电价（私有信息）。

① 实时市场采用日前市场封存的发电企业申报信息进行出清，除与日前市场相比发生较大变化的运行参数信息外，不需发电企业另行申报。发电机组在实时市场中申报的物理运行参数变化信息，经电力调度机构审核批准后，在实时市场出清程序中对相应的运行参数进行修改，以修改后的参数进行出清计算。实时市场中，售电公司和批发用户无需进行申报。

② 实时市场采用节点电价定价机制。实时市场出清形成每 30min 的节点电价，每小时内 2 个 30min 节点电价的算术平均值计为该节点每小时的平均节点电价。实时市场采用事前定价方式进行结算，即结算价格为实时市场的事前出清价格，结算电量为实际发、用电量。

③ 电力调度机构将实时市场每 30min 出清的发电计划通过调度数据网下发至各发电机组。实时市场价格以小时为单位计算发布。

④ 在实时市场出清结束至实际运行期间内，电力调度机构可根据电网实际运行情况对机组的实时中标出力进行调整，以满足系统电力平衡和电网安全。

⑤ 电网实时运行中，当系统发生事故或紧急情况时，调度机构应按照安全第一的原则处理。处置结束后，受影响的发电机组以当前的出力点为基准，恢复参与实时市场出清计算，调度机构对事件经过、计划调整情况等进行记录，并向市场主体进行发布。

3）电力市场出清规则

（1）日前市场。日前电能量市场属于现货电能量市场包括，简称为日前市场采用全电量申报、集中优化出清，日清月结的方式开展，通过集中优化计算，得到机组开机组合、分时发电出力曲线以及分时现货市场电价。日前市场以日和实时（30min）为周期开展，并且主要采用集中竞价优化的方式进行。可以按照市场发展的成熟度规定用电侧报价与否。

浙江省电力现货市场以“发电侧报量报价、用户侧报量报价”模式组织日前市场交易。日前市场采用全电量申报、集中优化出清的方式开展。参与市场的发电企业在日前市场中申报运行日的价格电量信息，售电公司、批发用户在日前市场中申报运行日的电力需求与价格曲线。

（2）实时市场。调度机构在系统实际运行前30min开展实时市场出清。实时市场基于最新的电网运行状态与超短期负荷预测信息，以集中优化、分时分节点定价的组织方式确保系统平衡。调度中心基于最新的电网运行状态与超短期负荷预测信息，综合考虑发电机组运行约束条件、电网安全运行约束条件等因素，在日前发电调度计划以及开机组合基础上，采用安全约束经济调度（SCED）算法进行优化计算，持续优化机组出力，形成各发电机组需要实际执行的发电计划和实时节点电价。实时市场采用日前市场封存的发电企业申报信息进行出清，除与日前市场相比发生较大变化的运行参数信息外，不需发电企业另行申报。

4.3.2.2 国外典型现货市场分析

1. 欧洲电力现货服务市场分析

1）电力市场成员管理

发电环节。目前，欧盟各成员国的发电环节都已全部开放，实现了竞争，制定了关于发电设施建设、运营的审批和发电设施接入电网相关规定。

输电环节。在欧盟各国，输电都属于垄断业务，必须由监管机构实施监管。欧盟指令要求：电网对电厂、配电企业和用户必须无歧视公平开放。有关监管机构对上网条件、过网费、系统服务等实行事前监管；对线路阻塞管理、互联、新电厂入网、避免交叉补贴等事项实行事后监管。监管的相关内容有：关于输电系统运营机构（TSOs）、关于输电网建设和运营资格、关于输电网的接入和输电价格、关于输电可靠性监管。

售电环节。售电侧市场的逐步开放被视为促进欧盟各成员国实现灵活有序的行业调整以及兼顾各成员国电力系统特点的关键。售电侧改革的主要目标是允许电力用户自由选择是向本地配、售电企业购电，还是向发电企业或其他售电企业购电，即开放用户的购电选择权。这一工作的核心是确定可自由选择售电企业的用户群体，即所谓“合格用户”，并逐步扩大拥有购电选择权电力用户的范围。

2）电力市场交易规则

欧洲电力现货交易所的市场设计有很大包容性，已经被欧洲大部分国家所接受。日前市场和日内市场由欧洲电力现货交易所负责。日前市场和日内市场所要达到的目的不同，交易组织也就不同。

日前市场追求的是达到最大的流动性，要涵盖整个市场最大的信息量，因此是一次性的竞价市场，每日正午竞价，全年无休，能够交易细分为每个小时的产品，日前市场的竞价出清价格是大部分电力金融衍生品的对标指数。

日内市场是为了给市场主体最后一个机会来纠正日前与日内预测的偏差，因此交易量比较少，且需要关闸时间离发 / 用电时间越近越好。从而日内市场设计为连续交易，可以交易比一个小时更细分的交易产品，例如在德国交易的是以 15min 为细分的产品，产品的细分是市场灵活性和交易成本之间的妥协。

以上的设计对于欧洲每个国家都几乎一样，但细到关闸时间、交易产品细分、平衡机制和不平衡分摊又各有不同。每个国家市场的交易特点也不同，德国和英国日内交易量比较高，而法国核电非常多，电力比较平稳，所以法国日内交易量就非常小。一般国家比较大或者用电量比较高的国家，日内交易量比较高，这也说明了日内交易市场需要一个分区比较大（以电量来衡量大小）的市场才能激发其流动性。每个欧洲国家都希望和德国连接在一起，因为德国是电力流动性最高的国家。瑞士作为一个小国家，因为和德国接壤，电网也紧密相连，日内交易量也带动起来。

欧洲电力市场的大致交易流程如下：

① 交易所组织交易和操作市场。电力交易所为其市场主体提供交易平台，成员连接到该平台并提交用于购买和 / 或销售能力的订单。这些订单反映了特定时间段内特定市场区域的供求情况。电力交易所根据订单簿计算市场价格，由于电力交易是由市场主体的订单在开放和透明的竞争产生的，因此它们反映了当时在市场条件下可获得的最佳信息，它们是短期交易中可靠的电价。通过匹配供需，电力交易所可确保透明而可靠的价格形成，并确保交易的电力得以交付和支付。电力交易机组织的市场是可选的、匿名的，所有满足准入要求的参与者均可进入。与称为场外交易（OTC）的直接交易相反，由交易所运营的有组织的市场具有多种优势，例如集中流动性、透明性，统一参考价格的出现，付款和交付安全性，匿名性以及市场规则的应用。

② 清算和结算。在交易平台上完成交易后，交易将被清算并结算。清算可确保正确履行在交易所签订或登记的每份合同。作为中央交易对手，结算所在交易结束后介入，成为买卖双方的合同合作伙伴。这样做，电力交易所确保了每笔电力交易的完成（付款和交割）并减轻了交易对手的风险。电力现货交易所上的所有交易均由 ECC（欧洲领先的能源和大宗商品清算所）进行结算和结算。ECC 负责买卖双方之间的所有付款流程财务结算，并保证交付交易的电力实物结算。作为专门从事有形商品市场的交易所，ECC 与传输系统运营商（TSO）和注册管理机构网络合作，支持各种连接欧洲能源市场的市场耦合项目。

③ 日前和日内市场。全天候市场通过盲注拍卖来运作，该拍卖会全年无休，第二天的所有时间都在这次拍卖中交易。在订单簿于 12:00（瑞士为 11:00）关闭之前，市场参与者会登录订单，然后启动算法。根据买单，它建立了需求曲线，根据卖单，建立供

应曲线，称为汇总曲线，都针对第二天的每个小时，反映供求的市场清算价格（MCP）位于两条曲线的交点处。

④ 汇总曲线。作为该订单匹配的结果，电力交易所确定具有法律约束力的协议的交易，以匹配（或“结算”）价格向确定的交付区域购买或出售确定数量的电力。此价格永远不会高于买方确定的购买价格或低于卖方提供的销售价格。拍卖的优势是可以在某个时间点收集流动性，同时提供交易市场清算量（MCV）的完全透明性并创造一个公平的竞争环境。交易所成员使用拍卖来出售和购买所产生 / 所需电力的最大部分。电力现货交易所的日前交易已连接到多区域，其中包括波罗的海、中西欧、英国和北欧地区。在当日市场上，市场参与者每天 24h 连续交易，并在同一天交货。一旦买入和卖出匹配，交易即被执行。电力可以在交货前最多 5min 进行交易，并且可以按每小时、半小时或每季度一次的合同进行交易。由于提供了高度的灵活性，因此市场主体可以使用当日市场进行最后一分钟的调整，并使其仓位更接近实时。跨境交易在日内交易中至关重要，欧洲日内市场通过 XBID 解决方案相互连接。

⑤ 批发市场和可再生能源。EPEX SPOT 耦合的日前市场是限制可再生能源潜在价格影响的关键工具。通过充分优化互连器的使用，可以减少耦合市场中的国家盈余和赤字，从而更有效地抵御供需扰动。区域之间可抵消可再生能源生产的每日或季节性变化，并且不断趋同的价格使正峰值和负峰值均趋于平滑。能源可以在交货前 5min 进行交易，这为交易可再生能源和传统能源的市场参与者提供了一定程度的灵活性。在奥地利、比利时、荷兰、德国和瑞士市场上，有 15min 的合同可用，这为处理可再生能源生产的日渐增加的影响提供了更大的灵活性，并为更加平衡的市场做出了贡献。除此之外，在法国、德国和瑞士还提供 30min 的合同。

3）电力市场出清规则

目前，PCR 项目只完成对日前电力市场的耦合，其关键成果之一是构建了统一的电价联合出清算法来计算潮流和电价，该算法名为 Euphemia。过去，不同的交易所采用过好几种算法，如 COSMOS、SESAM、SIOM 和 UPPO 等，这些算法只能满足相应电力交易所的产品和交易地需求。为了能够将各电力市场耦合到一起，必须研究出一种能够满足所有要求的算法，不管针对哪一家电力交易所，都能提供合适的出清价格。Euphemia 算法的开发从 2011 年 7 月起就开始进行了，在 COSMOS 算法的基础上进行开发。一年后第一个稳定的版本出台，并进行不断的调试修正和改进，直到 2014 年 2 月，Euphemia 第一次将西北欧的交易所和西南欧的耦合起来，并逐渐完成了对 GME、中西欧和东欧的耦合。使用 Euphemia 计算欧洲的能源配置和电价，最大限度地提高了整体福利，提高了价格和电力系统潮流计算的透明度。

在耦合的电力市场中，各市场成员在其所属的交易所报价，然后由 PCR 统一出清。出清的基本原则不变，仍然是按供给曲线和需求曲线的交点出清。

输入报价数据、拓扑数据和网络数据。其中，报价数据主要包括小时报价、复杂报价、打包报价等不同类别的报价信息，并且在形成供需曲线时可以采用阶梯、分段线性和混合三种模式；拓扑数据主要指物理电网的节点信息和各价区的报价上下限；网络数据则主要包括物理电网的各种约束条件，如净出力位置爬坡约束、联络线容量约束、商业联络线收益约束、传输线爬坡约束、平衡约束、网损约束等。

在进行市场耦合之前，每个交易所就会运行若干个竞价区，在市场耦合之后，这些竞价区仍然存在，所有竞价区同时出清，但是每个价区的出清价格可能不同，并且各价区的出清价格必须满足该价区的价格上下限。

在形成供需曲线时，阶梯模型和分段线性模型都会用到，这是因为原本各交易所采用的模型不同，为了避免给市场成员造成额外负担，在市场耦合后，这些模型都被保留下来。

对于阶梯模型而言，在出现特殊交点时的处理原则如下：当供需曲线的交点位于一段价格区间时，市场出清价为卖方报价和买方报价的中点；当市场出清价对应一段电量时，出清量取符合条件的最大值。

2. 美国电力现货服务市场分析

1）电力市场成员管理

市场用户：发电市场买方是指拥有发电资源输出合同权利的计量市场买方，这些发电资源能够为 PJM RTO 中的市场买方负载提供服务或在 PJM 交换能源市场等其他地方销售与能源相关的服务。提交下一个运营日的客户负荷预测。向 PJM 提交经济负荷管理协议。未计量的市场买方是指从 PJM 交换能源市场购买能源以供计量的用户或位于 PJM RTO 之外的用户消费的市场买方。未计量市场买方的调度职责是提交可选请求，以在其 PJM 日前能源市场购买指定数量的能源，如果能源被输送到位于 PJM RTO 之外的用户，则需购买传输容量预留以接收来自 PJM 交换能源市场的发电量。

发电企业：发电企业是 PJM 成员，需向 PJM 证明其符合《联邦电力法》第 211 条发布的强制提供传输服务命令的标准，并向 PJM 提交申请。市场卖家的调度职责包括：提交自调度资源信息。为每个承诺用于 RPM 或 FRR 的发电容量资源提供未来 7 天的可用性预测。提交 RPM 或 FRR 的发电容量资源的报价数据，以便在第二天向 PJM 日前能源市场供应能源。提交从 PJM RTO 内部向 PJM RTO 之外的实体进行双边销售的时间表。发电企业的市场规则为：仅在下一个营业日向日前能源市场或实时能源市场提交能源资源供应能源、容量和其他服务的可选报价。市场卖家可以选择自行安排他们的发电量进入日前市场或向日前市场提交报价并允许 PJM 调度其发电。自行调度发电应提交每小时运行范围，并提供相关的价格。计划运行日前市场中计划的发电资源的发电所有者必须在将资源上线前至少 20min 告知 PJM 控制中心。在 ESR 参与模型中注册的具有超过 10MW 的资源必须在更改其操作模式之前至少提前 20min 通知 PJM 控制中心。

2）电力市场交易规则

① 日前 11:00——日前市场投标期结束。所有投标和报价必须提交给 PJM。在

11:00 PJM 开始运行日前市场清算引擎，以确定日前市场的每小时承诺时间表和 LMP。日前清算导致资源承诺配置文件满足固定需求、已清算的价格敏感需求投标、已清算的需求减少投标和 PJM 日前调度储备（运营储备）目标，同时最大限度地降低总生产成本（主体到某些限制）的能量和储备。该承诺分析还包括外部双边交易时间表和进入 PJM 日前市场的外部资源报价。

② 日前 13:30 前——PJM 在市场网关系统中发布日前每小时时间表和 LMP。PJM 还通过市场网关系统或专用通信链接，以可下载文件的形式提供这些结果。

③ 在日前结果发布后直到 14:15——PJM 开启实时能源市场报价期。在此期间，市场参与者可以提交修改后的资源报价。但是，如果市场参与者在日前市场自行安排他们的单位，他们不能在重新投标期间将单位状态更改为经济单位。

④ 14:15——实时能源市场报价期结束——PJM 执行称为可靠性评估和承诺（RAC）运行的第二个资源承诺，其中包括更新的报价、更新的资源可用性信息以及更新的 PJM 负载预测信息和负载预测偏差。此承诺的重点是可靠性，其目标是最大限度地减少已承诺的任何额外资源的启动和无负载成本。

⑤ 运行日 14:15——PJM 可以根据更新的 PJM 负载预测和更新的资源可用性信息，根据需要执行额外的资源承诺运行。PJM 仅根据需要向特定的发电所有者发送个别发电计划更新。

⑥ 运行日 18:30——从 18:30 开始（通常是在可靠性评估和承诺运行完成之后）和运行时间前最多 65min，修订后的资源报价可以提交给 PJM。

3）电力市场出清规则

PJM 的电能量市场包括日前和实时两个市场，均采用全电量竞价模式，都用节点边际电价法（LMP）出清，也就是以电网中特点节点上新增单位负荷所产生的新增供电成本为基础来核定电价。LMP= 系统电能价格（MEC）+ 输电阻塞价格（MCC）+ 网损价格（MLC）。

在日前市场上，发电商需要申报其所有的发电资源与交易意愿，市场将其与全网的负荷需求进行匹配，通过出清计算形成发电商的日前交易计划，并按照日前的节点边际电价进行全额结算。此时可以对双边交易和自供应合约进行标识，这部分电量将在出清时保证交易。日前市场本质上是考虑系统安全约束的机组组合问题，每小时出清。

实时市场是现货市场，按照实际电网操作条件的实时节点边际电价每 5min 出清一次，并同步公布在 PJM 官网上。之后每 1h 进行一次买卖双方的结算，每周为市场参与者开具发票。实时市场本质上是考虑系统安全约束的经济调度问题。

3. 澳洲电力现货服务市场分析

1）电力市场成员管理

澳大利亚能源市场运营公司（AEMO）根据国家电力交易管理规则，负责 NEM 区域内的电力交易。澳洲的电力市场为 ISO 形式，调度交易为一体，均在 AEMO 的平台上进行。AEMO 主要职责如下：按照发电机组的申报价格，每 5min 平衡一次电力生产与需求，并根据发电方的报价确定该 5min 的调度价格。每 5min 一个调度价格，半小时即为 6 个调度价格。每半小时平均一次 6 个调度价格，从而决定每个地区每半个小时的电力现货价格。每 5min 的调度价格不是真正用于结算的电价。每半小时内六个五分钟出清价格的平均值才是半小时电量的结算价格。按半小时结算一次的技术原因是多数分时电表是 30min 读一次表数。

市场成员。市场成员在规定的时间内进行有效报价。对于竞价机组而言，机组必须与 NEMMCO 保持一定同步运行时间，如果退役，必须在至少提前 1h 申请，并在并网和退役前 5min 更新申请。快速启动机组不能自身安排计划，即意味着报价曲线第一段电价非负。所有发电机组都须满足最小并网时间，如果有机组发现自身不能满足 NEMMCO 发布的时间，则须立即提出。因此，快速启动机组如果有电力电量中标，可以低于区域参考节点电价的价格选择重新报价。

2）电力市场交易规则

澳大利亚对电力市场交易主体的分类遵循国际惯例，产业链上下游依次分为发电、输电、配电、零售及终端用户五个环节。在物理层面上，发电厂是电能生产者，因采用的发电技术和燃料的不同而具有不同的成本曲线和供应特性；输电网利用高电压来远距离输送电能；配电网则将输电网的高电压电能降低为低电压，然后送入终端用户。

电力公司根据自身的发电能力参与到电网的电力供应中，根据自身的成本向电网营运机构提前申报 24 小时（4:00—第二天 4:00）以每 5min 为一个间隔的电量及相应价格。营运机构 AEMO 根据实时电力需求与各个发电商的报价及电量进行匹配，以 30min 实际成交的平均值为实际结算价格。目前现货价格的上限为 A$14700/MWh，下限为 A$ 1000/MWh。自作者关注澳洲电力市场以来，已经多次发生现货实际交易价格达最高限价（MPC）的情况，这给中小零售公司带来了很大的营运风险。

在现货市场中，所有的发电厂和部分负荷需要提交未来 24h 的报价方案，以 5min 为一个时段，明确 24h 中每个时段要申报的电价、出力和其他相关参数（如机组的爬坡速率等）。现货市场采取 24h 滚动出清的方式实现市场内的供需平衡，能源市场运营中心根据发电厂和负荷的竞价，在一套复杂的市场运行软件系统的支撑下，确定系统的调度方案及市场价格。

发电厂在现货市场中有 3 种竞价方式：日竞价（daily bids）、重竞价（re-bids）和默认竞价（default bids）。日竞价是在每日的中午 12:30 前，给出次日全天的竞价方案。日竞价方案提交之后，在实时系统调度之前，竞价方案中的价格不可以再修改。但随着系统的运行状态和供需情况的不断变化，发电厂在提交日竞价方案后，还可以随时修改竞价方案中的出力，前提条件是能够对修改进行合理的说明，这称为重竞价。最后，默认竞价是指在发电厂没有提交日竞价的情形下，运营中心基于发电厂之前提交的默认的竞价策略进行市场出清。

3）电力市场出清规则

澳洲电力市场在出清时，每台发电机组必须提前 24h 向调度中心提供第二天的上网竞价。该竞价由三组数据组成：十个不同的价位、每个价位上有机组愿意供应的有功容量、机组在该容量范围内的变负荷率。这些数据汇总后，按价位由低到高排列就可以形成一个堆栈序列。该堆栈即是调度区域内的总供应曲线。调度系统遵从经济调度策略，自动按照报价从低到高依次调用所有发电容量，直至整个区域内电力需求平衡。该策略使整个调度区域在动态上总是处于相对成本最低的运行状态。全系统的可靠性和响应速率依靠三点来确保：足够的总系统容量、不同发电技术类型的匹配、专设调频机组。这三点都在电力监管当局的密切关注之下。

在上述的经济调度策略下，最后被调用的那台机组被称为“边际机组”，其最后被调用时所供应的负荷被称为“边际负荷”。该“边际机组”为“边际负荷”给出的报价即为当时全调度区域内的实时 PW。当区域内用电需求变化时，“边际机组”及其“边际负荷”也随之变化，PW 随之呈现出高低波动。PW 为唯一价。所有上网电量都以 PW 结算，而不是以各电厂申报价格结算。

发电侧竞价实际上是个博弈的过程，反映的是发电厂争抢市场的行为。为了最大限度促进发电侧竞争，调度系统允许各发电机组随时修改其当日的竞价表。由于竞价变动会改变机组在调度堆栈中的次序排位，为了确保系统的技术稳定性，所有发电机组修改后的竞价参数，只能延迟一个调度周期之后才能进入系统。

基于最新的电力负荷预测及电力系统的运行状态，能源市场运营中心将不断地重复一个滚动更新的预调度（pre-dispatch）过程，调整系统的运行方案，并将结果及时发布。预调度的结果将帮助市场参与者及时了解系统的最新运行状态和供需平衡情况，从而帮助市场参与者及时调整其竞价。需要注意预调度产生的价格信息并不作为实际结算的依据。预调度步骤如下：

① 将有效的重新报价数据自动上载到 MMS 中央数据库；

② MMS 触发器每半小时自动触发预调度计划计算；

③ 将从 MMS 中央数据库中的现阶段预调度计划的所有最新的预调度计划输入数据和市场成员报价数据拷贝到 SPD 输入数据转换表中，其中市场成员报价数据包括 FCAS 的报价 / 重新报价数据；

④ MMS 预调度数据自动更新软件将触发一些并行的 SPD 计算，并对每个计算流程进行编号；

⑤ 其中某一个 SPD 程序从 SCADA 中获取系统初始状态并填入输入数据转换表中，该数据可被所有的 SPD 读取；

⑥ 根据输入数据和从 SCADA 获取的系统初始状态，SPD 首先建立某交易时段的各种线性约束条件，运行线性规划优化程序，再逐个时段进行计算，直至返回到现交易时段为止；

⑦ 每个 SPD 程序将计算结果写进各自的结果文本文件中，完整的结果文本文件将自动上载到 SPD 输出数据转换表中，市场成员可获得电价有关信息；

⑧ 结果数据一旦被刷新，将自动传到 MMS 中央数据库；

⑨ MMS 将根据中央数据库数据信息自动编写市场出清报告，分别送各市场成员和 NEMMCO；

⑩ 将预调度输入数据和结果自动复制到信息服务器，以便市场成员查询。

4.4 风光储电站参与电力市场的调控方法

4.4.1　风光储电站群参与调频市场的调控方法

本章 4.3.1 节对国内外调频市场模式进行了详细的介绍，本节就以蒙西调频市场为例，来说明风光储电站群参与调频市场的调控方法。

对于风光储电站群参与蒙西调频市场，首先，蒙西调频市场的调频辅助服务主要为 AGC 辅助服务，而风光出力的不确定性较难完成 AGC 调频信号的跟踪，因此，初步设定在调频服务提供者主要为储能。风光储电站参与蒙西调频市场的优化调控，将先介绍风光储电站参与蒙西调频市场的优化逻辑，随后建立风光储电站参与调频市场收益模型以及出清模型。

4.4.1.1　风光储电站参与调频市场优化逻辑

首先，设定调频市场中的每一个参与主体均为完全知情者，即其可知晓其余机组的容量及里程报价情况。因此，所设计的风光储电站群参与调频市场的优化步骤如下：

步骤 1：模拟出清。在日前阶段，风光储电站集控中心的计算模块在知晓参与调频市场其余的相关电站及机组的里程报价及申报容量之后，依据所提出的出清模型进行模拟出清，得到可中标的边际容量申报机组所对应的里程申报价格作为调频市场边际综合出清价格，并将其作为下一步的输入输进优化模块。

步骤 2：进行优化。优化模块接受到计算模块通过模拟出清输出的调频里程输出价格之后，依据其他诸如储能充放电效率等相关的其他输入之后，依据所提出的市场收益模型中的收益最大为优化目标进行优化。

步骤 3：输出数据。优化之后的结果即为风光储电站参与调频市场需要申报的最优容量，集控中心将其输出到下发模块，由下发模块进行下发。

风光储电站参与调频市场的优化逻辑框图如图 4–4 所示。

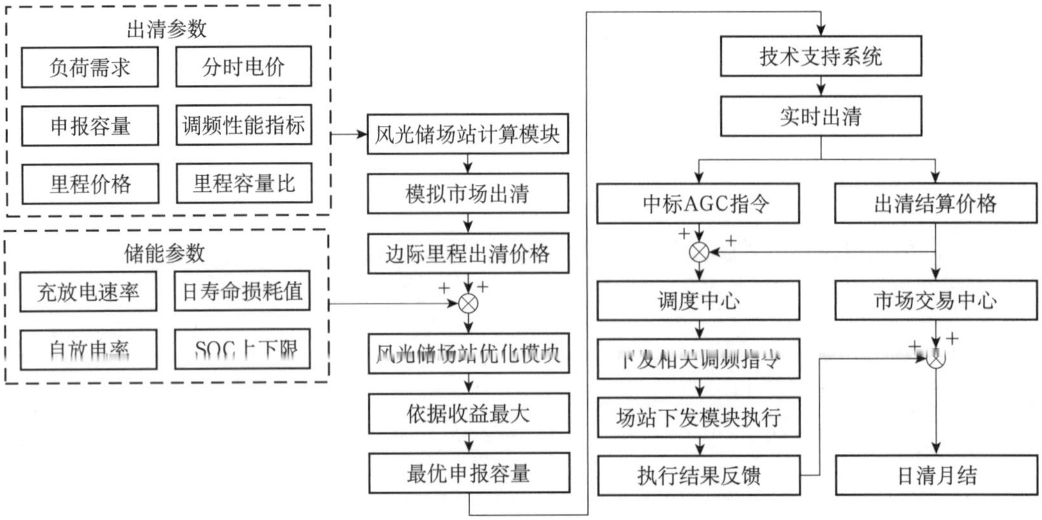

图 4-4　风光储电站参与调频市场的优化逻辑框图

4.4.1.2　风光储电站参与调频市场收益模型

储能充放电模型主要包括 SOC 约束以及相关的充放电功率约束。在设立 SOC 约束时，首先，考虑在一个时间段 t 内，储能为恒功率充放电，依据相应的充放电效率及自放电率可建立关于 SOC 的递推公式。为了限制对储能过深的充放电引起较大的损耗，设置充放电功率的上下限约束，此外，由于日前模拟值实际物理意义为模拟的日内实时值，因此规定日前的 SOC 第一个时刻的取值和日内的 SOC 第一个时刻的取值相等。储能的充放电功率约束除了考虑到充放电速率的充放电功率约束，还应考虑到同一时刻不能同时充放的约束。由充放电功率约束及 SOC 约束建立起储能简单充放电模型。

1. SOC 约束

$$E_{\mathrm{t}} = (1-\alpha)E_{\mathrm{t-1}} + P_{\mathrm{cFR\_t}}\eta_c - \frac{P_{\mathrm{dFR\_}t}}{\eta_{\mathrm{d}}} \tag{4-10}$$

$$SOC_t = \frac{E_t}{CES_E} \tag{4-11}$$

$$SOC_{\min} \leqslant SOC_t \leqslant SOC_{\max} \tag{4-12}$$

$$SOC(96) = SOC(1) \tag{4-13}$$

其中，式（4–10）、式（4–11）为考虑自放电率 α、充放电效率 η_{c}、η_{d} 后的储能 SOC 约束；E_{t} 为此时的储能容量；CES_{E} 为储能的额定容量；$P_{\mathrm{cFR\_t}}$、$P_{\mathrm{dFR\_t}}$ 分别为储能的充放电功率。式（4–12）为储能 SOC 的上下限约束，$SOC_{\min}$、$SOC_{\max}$ 分别为储能的 SOC 下限和上限。式（4–13）规定了储能在运行日的第一个时刻和最后一个时刻的 SOC 值

相等。

2. 储能充放电功率约束

$$P_{c\_min} \leqslant P_{cFR\_t} \leqslant P_{c\_max} \tag{4-14}$$

$$P_{d\_min} \leqslant P_{dFR\_t} \leqslant P_{d\_max} \tag{4-15}$$

$$0 \leqslant P_{cFR\_t} \leqslant P_{c\_max} \times A_E \tag{4-16}$$

$$0 \leqslant P_{dFR\_t} \leqslant P_{d\_max} \times \left(1 - A_E\right) \tag{4-17}$$

其中，式（4–14）、式（4–15）为综合考虑后的储能充放电功率约束，P_{c_min}、P_{c_max}、P_{d_min}、P_{d_max} 分别为储能充放电功率的上下限；式（4–16）、式（4–17）约束了储能在同一时刻只能为充放电状态中的一种，A_E 为 0–1 变量。

3. 寿命损耗约束

储能的循环寿命损耗主要与充放电深度（DOD）有关，储能的循环寿命损耗与 DOD 之间的关系为不确定的指数关系，在此为简单考虑充放电功率对循环寿命损耗的影响，将寿命损耗等效为和充放电功率相关的线性关系。

$$d_t = (P_{dFR\_t} + P_{cFR\_t})c \tag{4-18}$$

其中，d_t 为每次充放电行为产生的寿命损耗；c 为寿命损耗系数。

据《内蒙古电网蒙西电力市场调频辅助服务交易实施细则（试行）》，调频市场参与市场主体可同时参与调频市场和现货电能量市场。参与调频市场的市场主体仅获得调频里程补偿。调频市场由日前市场和实时市场组成，依据此，风光储电站群参与调频市场收益公式为：

$$I_t = \lambda_t M_t K \tag{4-19}$$

即收益为调频里程 M_t 与价格 λ_t 和综合调频性能指标 K 的乘积。综合调频性能指标由如下公式计算：

$$K = K_1 K_2 K_3 \tag{4-20}$$

即综合调频性能指标为调节速率 K_1，调节精度 K_2 和响应时间 K_3 的乘积。

调频里程 M_t 为第 i 位调频辅助服务提供者的历史调频时段的里程与容量比与充放电功率的乘积决定：

$$M_t = (P_{dFR\_t} + P_{cFR\_t}) \cdot s_i^{mc} \tag{4-21}$$

其中，s_i^{mc} 为第 i 位调频辅助服务提供者的历史调频时段的里程与容量比。

4.4.1.3 风光储电站群参与调频市场出清模型

由于调频辅助服务提供者只获得里程收益，因此，调频辅助服务提供者只提供里程报价市场运营机构根据其历史调频时段的里程与容量比例及综合调频性能指标，对报价进行调整。

$$\lambda_{i,t}^{a} = \lambda_{i,t} \frac{s_i^{mc}}{K_i} \tag{4-22}$$

其中，$\lambda_{i,t}$ 为由第 i 位调频辅助服务提供者根据的里程报价；$\lambda_{i,t}^{a}$ 为第 i 位调频辅助服务提供者的调整报价；K_i 为第 i 位调频辅助服务提供者的综合调频性能指标。

调频辅助服务市场出清按综合报价进行排序，考虑系统调频容量及里程需求，如式（4-23）~式（4-26）所示：

$$\min C_t^{Reg} = \sum_i \left(\lambda_{i,t}^{a} + \lambda_{i,t}^{a,opp}\right) P_{i,t}^{cap}, \forall t \in \Gamma \tag{4-23}$$

$$0 \leqslant P_{i,t}^{cap} \leqslant P_{i,t}^{max,cap}, \quad \forall i \in \Omega, t \in \Gamma \tag{4-24}$$

$$\sum_i P_{i,t}^{cap} \geqslant P_t^{RegcapD}, \quad \forall t \in \Gamma \tag{4-25}$$

$$\sum_i P_{i,t}^{cap} s_i^{mc} \geqslant P_t^{RegmilD}, \quad \forall t \in \Gamma \tag{4-26}$$

其中，式（4-23）表示以调频辅助服务总成本最小为优化目标进行出清，C_t^{Reg} 为调频辅助服务总成本；$\lambda_{i,t}^{a,opp}$ 为第 i 位调频辅助服务提供者的机会成本价格；$P_{i,t}^{cap}$ 为可中标的报量。式（4-24）表示每位调频辅助服务提供者的中标容量不可超过上限，$P_{i,t}^{max,cap}$ 为报量的最大值。式（4-25）表示所有中标容量必修大于等于系统的调频容量需求，$P_t^{RegcapD}$ 为系统的调频容量需求。式（4-26）表示所有中标容量对应的里程应该大于系统的调频里程需求，$P_t^{RegmilD}$ 为系统的调频里程需求。其中，里程需求由过去 7 天平均调频里程、全系统历史调频里程与容量之比与容量需求的乘积、各中标机组历史调频里程与容量之比与中标容量的乘积，三者取小。

由式（4-23）～式（4-26）计算得到调频综合出清价格，即边际调频机组的调频综合报价，调频出清价格即为里程出清价格。

4.4.1.4 风光储电站群参与调频市场风险评估模型

风光储电站群参与调频市场的风险主要来自于出清模块中，调频机组的历史调频容量里程比的不确定性，出清价格的不确定性以及综合调频性能指标。评估由这三种不确定性带来的风险如式（4-27）～式（4-29）所示。

$$\sigma_{si,t}^{2} = \frac{1}{n} \sum_{x=1}^{n} \left(si_{t,x} - \frac{\sum_{x=1}^{n} si_{t,x}}{n} \right) \tag{4-27}$$

$$\sigma_{\lambda,t}^2=\frac{1}{n}\sum_{x=1}^{n}\left(\lambda_{t,x}-\frac{\sum_{x=1}^{n}\lambda_{t,x}}{n}\right) \tag{4-28}$$

$$\sigma_{K,t}^2=\frac{1}{n}\sum_{x=1}^{n}\left(K_{t,x}-\frac{\sum_{x=1}^{n}K_{t,x}}{n}\right) \tag{4-29}$$

其中，$\sigma_{si,t}^2$、$\sigma_{\lambda,t}^2$、$\sigma_{K,t}^2$分别为 t 时刻由历史调频容量历程比、出清里程价格以及综合调频性能指标带来的风险的方差；$si_{t,x}$、$\lambda_{t,x}$、$K_{t,x}$分别表示在 n 个历史调频容量历程比、出清里程价格以及综合调频性能指标的历史数据样本中的第 x 个样本的 t 时刻历史调频容量历程比、出清里程价格以及综合调频性能指标的值。

因此，风光储电站参与调频市场的风险可用式（4–30）来表示：

$$\sigma_{FR}^2=\sum_{x=1}^{n}\left(w_{si}\sigma_{si,t}^2\right)+\left(w_{\lambda}\sigma_{\lambda,t}^2\right)+\left(w_{K}\sigma_{K,t}^2\right) \tag{4-30}$$

其中，$\sigma_{FR,t}^2$代表风光储电站参与调频市场的风险；w_{si}、w_{λ}、w_{K}分别代表历史调频容量历程比、出清里程价格以及综合调频性能指标在每一个历史数据样本 t 时刻所占的比重。

4.4.2　风光储电站参与现货市场的调控方法

本章 4.3.2 节对国内外现货市场模式进行了详细的介绍，本节就以蒙西现货市场为例，来说明风光储电站群参与现货市场的调控方法。

4.4.2.1　风光储电站参与现货市场优化逻辑

首先，设定现货市场中的每一个参与主体均为完全知情者，即其可知晓其余机组的申报电价电量情况。因此，所设计的风光储电站参与现货市场的优化步骤如下：

步骤 1：模拟出清。在日前阶段，风光储电站集控中心的计算模块在知晓参与日前市场其余的相关电站及机组的报价报量之后，依据所提出的出清模型进行模拟出清，得到可中标的边际电量申报机组所对应的申报价格作为现货市场边际出清价格，并将其作为下一步的输入输进优化模块。在日内阶段，风光储电站集控中心的计算模块在知晓参与日内市场其余的相关电站及机组的报价报量之后，依据所提出的出清模型进行模拟出清，得到可中标的边际电量申报机组所对应的申报价格作为现货市场边际出清价格，并将其作为下一步的输入输进优化模块。在实时阶段，风光储电站集控中心的计算模块在知晓参与实时市场其余的相关电站及机组的报价报量之后，依据所提出的出清模型进行模拟出清，得到可中标的边际电量申报机组所对应的申报价格作为现货市场边际出清价格，并将其作为下一步的输入输进优化模块。

步骤 2：进行优化。优化模块接受到计算模块通过模拟出清输出的日前—日内—实时出清价格之后，依据其他诸如储能充放电效率等相关的其他输入之后，依据所提出的市场收益模型中的收益最大为优化目标进行优化。

步骤 3：输出数据。优化之后的结果即为风光储电站参与现货市场需要申报的最优出力，集控中心将其输出到下发模块，由下发模块进行下发。

风光储电站参与调频市场的优化逻辑框图如图 4-5 所示。

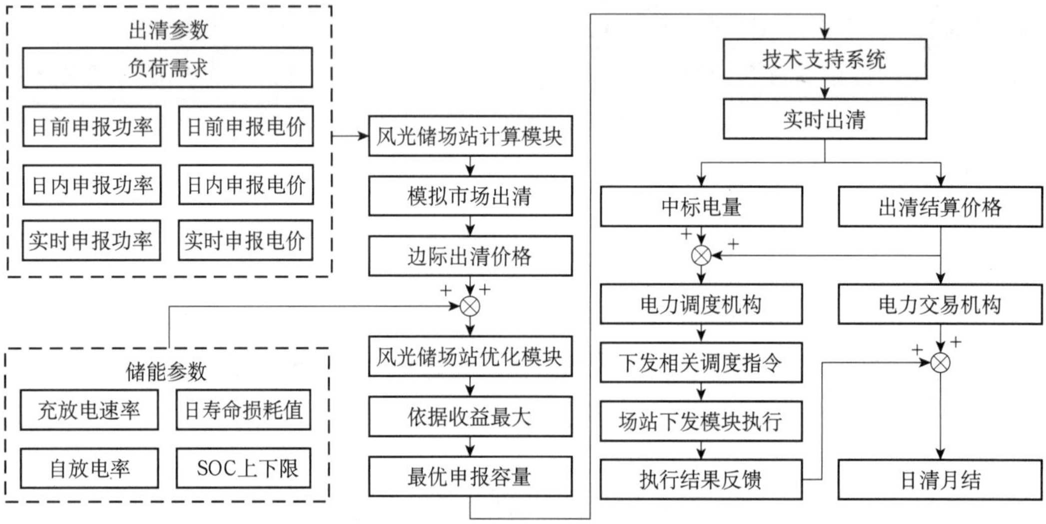

图 4-5　风光储电站参与调频市场的优化逻辑框图

4.4.2.2　风光储电站群参与现货市场出清模型

现货电能量市场出清模型包含 SCUC、SCED、LPC 模型。SCUC 模型如式（4-31）～式（4-45）所示，目标函数为最小化发电资源运行及启动成本

$$\min F=\sum_{t}\sum_{i}\left[C_{i,t}(P_{i,t})+C_{i,t}^{\mathrm{U}}\right] \tag{4-31}$$

式中，$C_{i,t}(P_{i,t})$、$C_{i,t}^{U}$ 分别为时段 t 机组 i 的运行成本及启动成本，分别由式（4-32）、式（4-33）计算。

$$C_{i,t}(P_{i,t})=\sum_{k}\lambda_{i,k,t}^{\text{offer}}P_{i,k,t},\quad \forall i\in\Omega,t\in\Gamma \tag{4-32}$$

$$C_{i,t}^{\mathrm{U}}=u_{i,t}(1-u_{i,t-1})C_{i}^{\mathrm{S}},\quad \forall i\in\Omega,t\in\Gamma \tag{4-33}$$

式中：$\lambda_{i,k,t}^{\text{offer}}$、$P_{i,k,t}$ 分别为时段 t 机组 i 第 k 段的申报电价和申报出力；C_{i}^{S} 为机组 i 的启动成本；$u_{i,t}$ 为表示机组 i 启停状态的 0–1 变量。机组运行还需满足以下约束：

$$P_{i,k,t} \leqslant P_{i,k,t}^{\text{offer}}, \quad \forall i \in \Omega, k \in K, t \in \Gamma \tag{4-34}$$

$$P_{i,t} \leqslant \sum_{k} P_{i,k,t}, \quad \forall i \in \Omega, t \in \Gamma \tag{4-35}$$

$$u_{i,t} P_{i,t}^{\min} \leqslant P_{i,t} \leqslant u_{i,t} P_{i,t}^{\max}, \quad \forall i \in \Omega, t \in \Gamma \tag{4-36}$$

$$\sum_{i} P_{i,t} = P_{t}^{D}, \quad \forall i \in \Omega, t \in \Gamma \tag{4-37}$$

$$\sum_{t} u_{i,t} P_{i,t}^{\max} \geqslant (1 + r^{SR}) P_{t}^{D}, \quad \forall t \in \Gamma \tag{4-38}$$

$$P_{i,t} - P_{i,t-1} = P_{i}^{\text{RP}}, \quad \forall i \in \Omega, t \in \Gamma \tag{4-39}$$

$$T_{i,t}^{\text{U}} - (u_{i,t-1} - u_{i,t}) T_{i}^{\text{U}} \geqslant 0, \quad \forall i \in \Omega, t \in \Gamma \tag{4-40}$$

$$T_{i,t}^{\text{D}} - (u_{i,t-1} - u_{i,t}) T_{i}^{\text{D}} \geqslant 0, \quad \forall i \in \Omega, t \in \Gamma \tag{4-41}$$

$$T_{i,t}^{\text{U}} = \sum_{\tau = t - T_{i}^{\text{U}}}^{t-1} u_{i,\tau}, \quad \forall i \in \Omega, t \in \Gamma \tag{4-42}$$

$$T_{i,t}^{\text{D}} = \sum_{\tau = t - T_{i}^{\text{D}}}^{t-1} u_{i,\tau}, \quad \forall i \in \Omega, t \in \Gamma \tag{4-43}$$

式中，$P_{i,t}$、$P_{i,k,t}$ 为时段 t 机组 i 总中标出力及第 k 段中标出力；$P_{i,t}^{\min}$、$P_{i,t}^{\max}$ 为时段 t 机组 i 最小、最大发电出力；P_{t}^{D}、r^{SR} 为时段 t 系统负荷、系统计划备用比例；P_{i}^{RP} 为机组 i 相邻时段爬坡能力；$T^{U}_{i,t}$、$T^{D}_{i,t}$ 分别为时段 t 机组 i 的开机时间、停机时间；$T^{U}{}_{i}$、$T^{D}{}_{i}$ 分别为机组 i 的最小开、停机时间要求。式（4–34）～式（4–39）分别为机组各段中标出力约束、机组总中标出力计算、机组总中标出力约束、系统负荷平衡约束、系统计划备用约束、机组爬坡约束；式（4–40）～式（4–43）为机组最小开、停机时间约束。系统运行还需满足以下线路（断面）潮流约束：

$$P_{\text{bd,t}} = \frac{\delta_{\text{b,t}} - \delta_{\text{d,t}}}{x_{\text{bd}}}, \quad \forall b, d \in B, t \in \Gamma \tag{4-44}$$

$$-P_{\text{bd}}^{\max} \leqslant P_{\text{bd,t}} \leqslant P_{\text{bd}}^{\max}, \quad \forall b, d \in B, t \in \Gamma \tag{4-45}$$

式中，$P_{\text{bd,t}}$、$P_{\text{bd}}^{\max}$、x_{bd} 为节 b 与节点 d 间线路潮流、潮流传输极限、电抗；$\delta_{\text{b,t}}$、$\delta_{\text{d,t}}$ 为时段 t 节点 b 与节点 d 相角。

在 SCUC 模型确定开机方式后通过 SCED 模型确定发电计划，并通过 LPC 模型计算节点电价，两者模型相同，目标函数为

$$\min E = \sum_{t} \sum_{i} C_{i,t}(P_{i,t}) \tag{4-46}$$

可建立节点功率平衡约束或利用转移分布因子建立潮流约束以计算节点电价，本节采用建立节点功率平衡约束的方式：

$$\sum_{t\in b}P_{i,t}=P_{\mathrm{b,t}}^{\mathrm{D}}:\lambda_{\mathrm{b,t}}\,,\quad \forall i\in\Omega,t\in\varGamma \tag{4-47}$$

式中：$P_{\mathrm{b,t}}^{\mathrm{D}}$ 为时段 t 节点 b 负荷；$\lambda_{\mathrm{b,t}}$ 为该约束的影子价格，作为节点 b 电价。此外，约束条件还包含式（4–32）、式（4–34）～式（4–36）、式（4–39）、式（4–44）、式（4–45）。

4.4.2.3 风光储电站群参与现货市场收益模型

集控中心接受到日前、日内、实时的出清价格信号后，计算得到总收益，收益公式为日前、日内实时的优化总收益。总目标函数如下所示

$$\max I_{\mathrm{E}}=\max(I_{\mathrm{E}}^{\text{day-ahead}}+I_{\mathrm{E}}^{\text{day-trade}}+I_{\mathrm{E}}^{\text{real-time}}) \tag{4-48}$$

各部分解释如下：

1. 日前收益

日前收益是通过风光储电站群的全电量优化得到的，即通过储能的充放电、风光出力与日前出清价格的乘积得到，电站群接收 96 个时段的日前市场价格信号 $\lambda_{\mathrm{E\_t}}^{\text{day-ahead}}$，根据价格信号来决定各个时段储能的充电功率 $P_{\mathrm{cE\_\mathit{t}}}^{\text{day-ahead}}$ 和放电功率 $P_{\mathrm{dE\_t}}^{\text{day-ahead}}$，则储能参与日前市场的收益为 $I_{\mathrm{E}}^{\text{day-ahead}}$。日前收益表达式如下：

$$I_{\mathrm{E}}^{\text{day-ahead}}=\sum_{t=1}^{96}(P_{\mathrm{dE\_t}}^{\text{day-ahead}}-P_{\mathrm{cE,t}}^{\text{day-ahead}}+P_{\mathrm{PV,t}}+P_{\mathrm{WT\_t}})\cdot\lambda_{\mathrm{E\_t}}^{\text{day-ahead}} \tag{4-49}$$

式中，$P_{\mathrm{cE\_t}}^{\text{day-ahead}}$ 、$P_{\mathrm{dE\_t}}^{\text{day-ahead}}$ 分别为日前储能的充放电；$P_{\mathrm{WT\_t}}$、$P_{\mathrm{PV\_t}}$ 分别为 t 时刻的风光出力；$\lambda_{\mathrm{E\_t}}^{\text{day-head}}$ 为日前的出清电价。

2. 日内收益

日内收益则是根据日内出清价格，通过风光储电站群储能的增量优化得到的，即通过储能的增充放电量与日内出清价格的乘积得到，电站去能接受 96 个日内价格信号 $\lambda_{\mathrm{E\_t}}^{\text{day-trade}}$，根据价格信号决定各个时段的储能增充电量 $P_{\mathrm{cE\_t}}^{\text{day-trade}}$ 与增放电量 $P_{\mathrm{dE\_t}}^{\text{day-trade}}$，则储能参与日内市场的收益为 $I_{\mathrm{E}}^{\text{day-trade}}$。日内收益表达式如下：

$$I_{\mathrm{E}}^{\text{day-trade}}=\sum_{t=1}^{96}(\Delta P_{\mathrm{dE\_t}}^{\text{day-trade}}-\Delta P_{\mathrm{cE\_t}}^{\text{day-trade}})\cdot\lambda_{\mathrm{E\_t}}^{\text{day-trade}} \tag{4-50}$$

式中，$P_{\mathrm{cE\_t}}^{\text{day-trade}}$ 、$P_{\mathrm{dE\_t}}^{\text{day-trade}}$ 分别为日内储能的充放电；$\lambda_{\mathrm{E\_t}}^{\text{day-trade}}$ 为日内的出清电价。

3. 实时收益

实时收益则是根据实时出清价格，通过风光储电站群储能的增量优化得到的，即通过储能的增充放电量与实时出清价格的乘积得到，电站去能接受 96 个实时价格信号 $\lambda_{\mathrm{E\_t}}^{\text{real-time}}$，根据价格信号决定各个时段的储能增充电量 $P_{\mathrm{cE\_t}}^{\text{real-time}}$ 与增放电量 $P_{\mathrm{dE\_t}}^{\text{real-time}}$，则储

能参与实时市场的收益为$I_{\mathrm{E}}^{\text{real-time}}$。实时收益表达式如下：

$$I_{\mathrm{E}}^{\text{real-time}}=\sum_{t=1}^{96}(\Delta P_{\mathrm{dE\_t}}^{\text{real-time}}-\Delta P_{\mathrm{cE\_t}}^{\text{real-time}})\cdot\lambda_{\mathrm{E\_t}}^{\text{real-time}} \tag{4-51}$$

式中，$P_{\mathrm{cE\_t}}^{\text{real-time}}$、$P_{\mathrm{dE_t}}^{\text{real-time}}$分别为实时储能的充放电；$\lambda_{\mathrm{E_t}}^{\text{real-time}}$为实时的出清电价。

4. 储能约束

$$E_{\mathrm{t}}=(1-\alpha)E_{t-1}+P_{\mathrm{c\_t}}\eta_{\mathrm{c}}-\frac{P_{\mathrm{d\_t}}}{\eta_{\mathrm{d}}} \tag{4-52}$$

$$SOC_{\mathrm{t}}=\frac{E_t}{CES_{\mathrm{E}}} \tag{4-53}$$

$$SOC_{\min}\leqslant SOC_{\mathrm{t}}\leqslant SOC_{\max} \tag{4-54}$$

$$SOC(96)=SOC(1) \tag{4-55}$$

$$P_{\mathrm{c\_min}}\leqslant P_{\mathrm{c\_t}}\leqslant P_{\mathrm{c\_max}} \tag{4-56}$$

$$P_{\mathrm{d\_min}}\leqslant P_{\mathrm{d\_t}}\leqslant P_{\mathrm{d\_max}} \tag{4-57}$$

$$0\leqslant P_{\mathrm{c\_t}}\leqslant P_{\mathrm{c\_max}}\times A_{\mathrm{E}} \tag{4-58}$$

$$0\leqslant P_{\mathrm{d\_t}}\leqslant P_{d\_\max}\times\left(1-A_{\mathrm{E}}\right) \tag{4-59}$$

5. 输出现货市场功率输出曲线

根据总收益公式中日前、日内、实时市场的优化计算，可以得到风光储电站群日前优化功率、日内优化功率增量、实时优化功率增量，将三者相加就得到了风光储对外的输出、输入功率，如下式

$$P_{\mathrm{d\_t}}=P_{\mathrm{dE\_t}}^{\text{day-ahead}}+\Delta P_{\mathrm{dE\_t}}^{\text{day-trade}}+\Delta P_{\mathrm{dE\_t}}^{\text{real-time}}+P_{\mathrm{PV\_t}}+P_{\mathrm{WT\_t}} \tag{4-60}$$

$$P_{\mathrm{c\_t}}=P_{\mathrm{cE\_t}}^{\text{day-ahead}}+\Delta P_{\mathrm{cE\_t}}^{\text{day-trade}}+\Delta P_{\mathrm{cE\_t}}^{\text{real-time}} \tag{4-61}$$

式中，$P_{\mathrm{c\_t}}$、$P_{\mathrm{d_t}}$分别表示风光储电站群对外的总电能输入输出。

4.4.2.4　风光储电站参与现货市场风险评估模型

风光储电站参与现货市场的风险主要来自于收益与出清模块中，风光储风光出力的不确定性及出清价格的不确定性。评估由这两种不确定性带来的风险如下式（4–62）～式（4–63）所示：

$$\sigma_{\mathrm{wp,t}}^{2}=\frac{1}{n}\cdot\sum_{x=1}^{n}\left(wp_{\mathrm{t},x}-\frac{\sum_{x=1}^{n}wp_{\mathrm{t},x}}{n}\right) \tag{4-62}$$

$$\sigma_{\lambda,t}^2=\frac{1}{n}\sum_{x=1}^{n}\left(\lambda_{t,x}-\frac{\sum_{x=1}^{n}\lambda_{t,x}}{n}\right) \tag{4-63}$$

其中，$\sigma_{wp,t}^2$、$\sigma_{\lambda,t}^2$分别为t时刻由风光出力、出清里程价格带来的风险的方差；$wp_{t,x}$、$\lambda_{t,x}$分别表示在n个风光出力、出清里程价格的历史数据样本中的第x个样本的t时刻历史风光出力、出清里程价格以的值。

因此，风光储电站参与现货市场的风险可用下式来表示：

$$\sigma_{SM}^2=\sum_{x=1}^{n}\left(w_{wp}\sigma_{wp,t}^2\right)+\left(w_{\lambda}\sigma_{\lambda,t}^2\right) \tag{4-64}$$

其中，$\sigma_{SM,t}^2$代表风光储电站参与现货市场的风险；w_{wp}、w_{λ}分别代表历史风光出力、出清里程价格在每一个历史数据样本t时刻所占的比重。

第5章 风光储电站仿真建模技术

5.1 双馈式异步风力发电机数学模型及控制建模

双馈异步风力发电机实质上是一种绕线式转自电机，由于其定、转子都能向电网馈电，故简称双馈电机。双馈电机虽然属于异步机范畴，但是由于其具有独立的励磁绕组，可以像同步电机一样施加励磁，调节功率因数，所以又称为交流励磁电机，也称为异步化同步机。

同步电机由于是直流励磁，其可调量只有一个电流的幅值，所以，同步电机一般智能对无功功率进行调节。交流励磁电机的可调量有三个：一是可调节的励磁电流幅值；二是可改变励磁频率；三是可改变相位。这说明交流励磁比同步电机多了两个可调量。

通过改变励磁频率，可改变发电机的转速，达到调速的目的。这样，在负荷突变时，可通过快速控制励磁频率来改变电机转速，充分利用转子的动能，释放或吸收负荷，对电网扰动远比常规电机小。

改变转子励磁的相位时，由转子电流产生的转子磁场在气隙空间的位置上有一个位移，这就改变了发电机电势与电网电压相量的相对位移，也就改变了电机的功率角。这说明电机的功率角也可以进行调节。所以交流励磁不仅可调节无功功率，还可以调节有功功率。

交流励磁电机之所以有这么多优点，是因为它采用的是可变的交流励磁电流。但是，实现可变交流励磁电流的控制是比较困难的，本节的主要内容讲述一种基于定子磁链定向的矢量控制策略，该控制策略可以实现机组的变速恒频发电，而且可以实现有功无功的独立解耦控制，当前的主流双馈风力发电机组均是采用此种控制策略。

5.1.1 双馈式异步风力发电机基本工作原理

设双馈电机的定转子绕组均为对称绕组，电机的极对数为 p，根据旋转磁场理论，当定子对称三相绕组施以对称三相电压，有对称三相电流流过时，会在电机的气隙中形成一个旋转的磁场，这个旋转磁场的转速 n_1 称为同步转速，它与电网频率 f_1 及电机的极对数 p 的关系如下

$$n_1=60f_1/p \quad (5-1)$$

同样在转子三相对称绕组上通入频率为 f_2 的三相对称电流，所产生旋转磁场相对于转子本身的旋转速度为

$$n_2=60f_2/p \quad (5-2)$$

由上式可知，改变频率 f_2，即可改变 n_2，而且若改变通入转子三相电流的相序，还可以改变此转子旋转磁场的转向。因此，若设 n_1 为对应于电网频率为 50Hz 时双馈发电机的同步转速，而 n 为电机转子本身的旋转速度，则只要维持 $n \pm n_2=n_1=$ 常数，则双馈电机定子绕组的感应电势，如同在同步发电机时一样，其频率将始终维持为 f_1 不变。

双馈电机的转差率 $S=(n_1-n)/n_1$，则双馈电机转子三相绕组内通入的电流频率应为

$$f_2=pn_2/60=f_1S \quad (5-3)$$

上式表明，在异步电机转子以变化的转速转动时，只要在转子的三相对称绕组中通入转差频率（即 f_1S）的电流，则在双馈电机的定子绕组中就能产生 50Hz 的恒频电势。所以根据上述原理，只要控制好转子电流的频率，就可以实现变速恒频发电了。

根据双馈电机转子转速的变化，双馈发电机可有以下三种运行状态：

（1）亚同步运行状态：在此种状态下 $n < n_1$，由转差频率为 f_2 的电流产生的旋转磁场转速 n_2 与转子的转速方向相同，因此有 $n+n_2= n_1$。

（2）超同步运行状态：在此种状态下 $n > n_1$，改变通入转子绕组的频率为 f_2 的电流相序，则其所产生的旋转磁场的转速 n_2 与转子的转速方向相反，因此有 $n-n_2= n_1$。

（3）同步运行状态：在此种状态下 $n=n_1$，转差频率 $f_2=0$，这表明此时通入转子绕组的电流频率为 0，也即直流电流，与普通的同步电机一样。

5.1.2 双馈异步风力发电机的功率传输关系

选取下标 s 表示定子侧参数，下标 r 表示转子侧参数。风力机轴上输入的净机械功率（扣除损耗后）为 P_0，发电机定子向电网输出的电磁功率为 P_s，转子输出的电磁功率为 P_r，s 为转差率，转子转速小于同步转速时为正，反之为负。P_r 又称为转差功率，它与定子的电磁功率存在如下关系

$$P_r= |s|P_s \quad (5-4)$$

此处 s 可正可负，即若 $s>0$，则 $P_r<0$，转子从电网吸收电磁功率；若 $s<0$，则 $P_r>0$，转子向电网馈送电磁功率。

下面考虑发电机超同步和亚同步两种运行状态下的功率流向：

（1）超同步运行状态。顾名思义，超同步就是转子转速超过电机的同步转速时的一种运行状态，我们称之为正常发电状态。（因为对于普通的异步电动机，当转子转速超过同步转速时，就会处于发电机状态）。

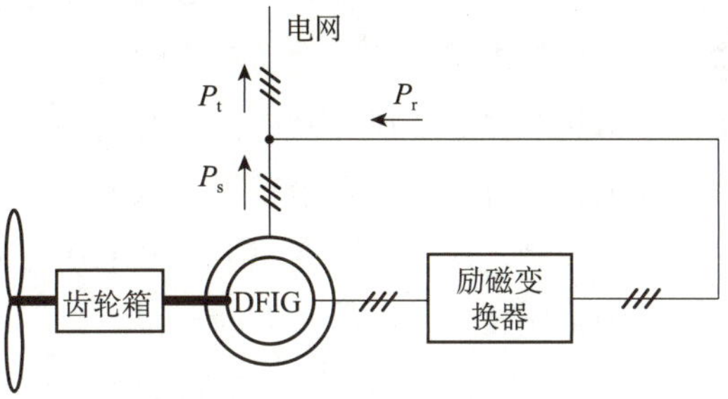

图 5-1　超同步运行时双馈电动机的功率流向

根据图 5-1 中的功率流向和能量守恒原理，流入的功率等于流出的功率

$$P_0=P_s+|s|P_s=(1+|s|)P_s \tag{5-5}$$

因为发电机超同步运行，所以 $s<0$，所以上式可进一步写成

$$P_0=(1-s)P_s \tag{5-6}$$

将上述式子归纳得到，超同步速，$s<0$，$P_0>P_s$。

（2）亚同步运行状态。即转子转速低于同步转速时的运行状态，我们可以称之为补偿发电状态（在亚同步转速时，正常应为电动机运行，但可以在转子回路通入励磁电流，使其工作于发电状态）

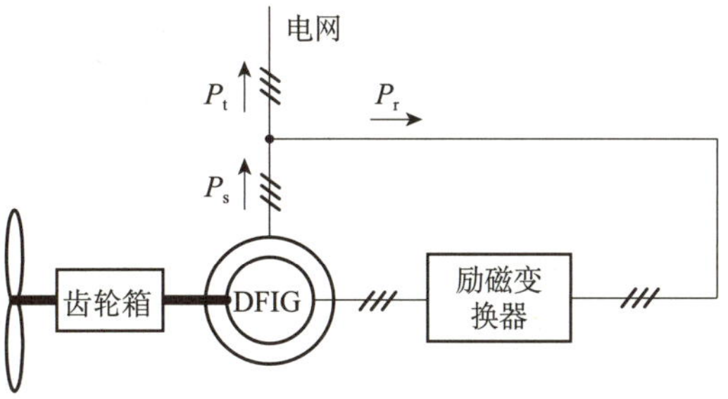

图 5-2　亚同步运行时双馈电动机的功率流向

根据图 5-2 以及能量守恒原理，流入的功率等于流出的功率

$$P_0+|s|P_s=P_s \tag{5-7}$$

因为发电机亚同步运行，所以 $s>0$，所以上式可进一步写成

$$P_0=(1-s)P_s \tag{5-8}$$

将上述式子归纳得到，亚同步速，$s>0$，$P_0<P_s$。

5.1.3 双馈异步风力发电机的数学模型

与一般三相交流电机一样，采用三相相变量表述的双馈异步风力发电机是一个高阶、多变量、非线性、强耦合的时变系统，很难据此直接实现运行控制和进行系统分析与设计。为了显现双馈异步风力发电机有功、无功功率的解耦控制，可以把交流调速传动中的矢量变换控制技术移植到双馈异步风力发电机的控制之中，即通过坐标变换将转子电流分解为有功与无功分量，通过控制这两个转子分量电流来实施对双馈异步风力发电机的有功和无功功率的独立控制，从而实现变速恒频发电运行的控制目标。矢量变换控制是借助于坐标变换实现的控制技术，因此，双馈异步风力发电机的运行分析、控制策略研究等应从建立不同坐标系下双馈异步风力发电机的数学模型开始。

5.1.3.1 三相静止坐标系下的数学模型

在讨论双馈异步风力发电机的数学模型时，应先选定建立方程的正方向。本书规定其定、转子绕组均采用电动机惯例，即电压降的正方向与电流的正方向一致，正值电流产生正值磁链，符合右手螺旋法则。

为便于分析和建模，一般作如下假设：

（1）忽略空间谐波。设三项绕组对称，在空间中互差 120° 电角度，所产生的磁动势沿气隙作正弦规律分布。

（2）忽略磁路的非线性饱和，各绕组的自感和互感都是线性的。

（3）忽略铁心损耗。

（4）不考虑频率和温度变化对绕组的影响。

（5）转子参数均经折算至定子侧，折算后的定、转子绕组匝数相同。

在此假定下，一台双馈异步风力发电机的等效物理模型可表示为如图 5-3 所示的绕组模型形式，图中定子绕组轴线 A、B、C 在空间上静止、互差 120°；转子绕组轴线 a、b、c 相对静止，互差 120° 对称分布，但随转子以角速度 ω_r 在空间旋转；定、转子绕组间的空间位置关系可用转子 a 相轴线和定子 A 相轴线间的空间位置角 θ_r 来表示。这样，三相坐标系中双馈异步风力发电机的数学模

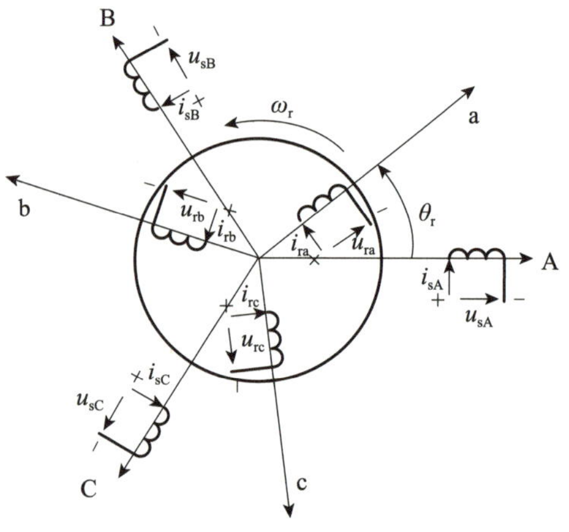

图 5-3 双馈异步风力发电机等效物理模型

型可用如下方程组来描述。

1. 电压方程

三相定子绕组电压方程为：

$$\begin{cases} u_{sA} = R_s i_{sA} + D\psi_{sA} \\ u_{sB} = R_s i_{sB} + D\psi_{sB} \\ u_{sC} = R_s i_{sC} + D\psi_{sC} \end{cases} \tag{5-9}$$

三相转子绕组电压方程为：

$$\begin{cases} u_{ra} = R_r i_{ra} + D\psi_{ra} \\ u_{rb} = R_r i_{rb} + D\psi_{rb} \\ u_{rc} = R_r i_{rc} + D\psi_{rc} \end{cases} \tag{5-10}$$

式中：u_{sA}、u_{sB}、u_{sC}、u_{ra}、u_{rb}、u_{rc} 分别为定、转子相电压的瞬时值；i_{sA}、i_{sB}、i_{sC}、i_{ra}、i_{rb}、i_{rc} 分别为定、转子相电流的瞬时值；Ψ_{sA}、Ψ_{sB}、Ψ_{sC}、Ψ_{ra}、Ψ_{rb}、Ψ_{rc} 分别为定、转子各相绕组磁链瞬时值；R_s、R_r 分别为定、转子绕组电阻；D 为微分算子 d/dt。

上式可以改写为矩阵形式：

$$\begin{bmatrix} u_{sA} \\ u_{sB} \\ u_{sC} \\ u_{ra} \\ u_{rb} \\ u_{rc} \end{bmatrix} = \begin{bmatrix} R_s & & & & & \\ & R_s & & & & \\ & & R_s & & & \\ & & & R_r & & \\ & & & & R_r & \\ & & & & & R_r \end{bmatrix} \begin{bmatrix} i_{sA} \\ i_{sB} \\ i_{sC} \\ i_{ra} \\ i_{rb} \\ i_{rc} \end{bmatrix} + \begin{bmatrix} D\psi_{sA} \\ D\psi_{sB} \\ D\psi_{sC} \\ D\psi_{ra} \\ D\psi_{rb} \\ D\psi_{rc} \end{bmatrix} \tag{5-11}$$

或写成：

$$\boldsymbol{U} = \boldsymbol{RI} + \boldsymbol{D\psi} \tag{5-12}$$

式中，$\boldsymbol{U} = [\boldsymbol{U}_s \quad \boldsymbol{U}_r]^T$，$\boldsymbol{U}_s = [u_{sA} \quad u_{sB} \quad u_{sC}]$，$\boldsymbol{U}_r = [u_{ra} \quad u_{rb} \quad u_{rc}]$；$\boldsymbol{I} = [\boldsymbol{I}_s \quad \boldsymbol{I}_r]^T$，$\boldsymbol{I}_s = [i_{sA} \quad i_{sB} \quad i_{sC}]$，$\boldsymbol{I}_r = [i_{ra} \quad i_{rb} \quad i_{rc}]$；$\boldsymbol{\psi} = [\boldsymbol{\psi}_s \quad \boldsymbol{\psi}_r]^T$，$\boldsymbol{\psi}_s = [\psi_{sA} \quad \psi_{sB} \quad \psi_{sC}]$，$\boldsymbol{\psi}_r = [\psi_{ra} \quad \psi_{rb} \quad \psi_{rc}]$。

2. 磁链方程

定转子各绕组的合成磁链是由各绕组自感磁链与其他绕组互感磁链组成，按照上面的磁链正方向，磁链方程为：

$$\boldsymbol{\psi} = \begin{bmatrix} \boldsymbol{\psi}_s^T \\ \boldsymbol{\psi}_r^T \end{bmatrix} = \begin{bmatrix} \boldsymbol{L}_{ss} & \boldsymbol{L}_{sr} \\ \boldsymbol{L}_{rs} & \boldsymbol{L}_{rr} \end{bmatrix} \begin{bmatrix} \boldsymbol{I}_s^T \\ \boldsymbol{I}_r^T \end{bmatrix} = \boldsymbol{LI} \tag{5-13}$$

其中，$\boldsymbol{L}_{ss}=\begin{bmatrix} L_{ms}+L_{ls} & -\frac{1}{2}L_{ms} & -\frac{1}{2}L_{ms} \\ -\frac{1}{2}L_{ms} & L_{ms}+L_{ls} & -\frac{1}{2}L_{ms} \\ -\frac{1}{2}L_{ms} & -\frac{1}{2}L_{ms} & L_{ms}+L_{ls} \end{bmatrix}$；$\boldsymbol{L}_{rr}=\begin{bmatrix} L_{mr}+L_{lr} & -\frac{1}{2}L_{mr} & -\frac{1}{2}L_{mr} \\ -\frac{1}{2}L_{mr} & L_{mr}+L_{lr} & -\frac{1}{2}L_{mr} \\ -\frac{1}{2}L_{mr} & -\frac{1}{2}L_{mr} & L_{mr}+L_{lr} \end{bmatrix}$；

L_{ms} 为与定子一相绕组交联的最大互感磁通所对应的定子互感值；L_{mr} 为与转子一相绕组交联的最大互感磁通所对应的转子互感值，由于折算后定、转子绕组匝数相等，且各绕组间互感磁通都通过相同磁阻的主气隙，故可认为 $L_{ms}=L_{mr}$；L_{ls}，L_{lr} 分别为定、转子漏电感：

$$\boldsymbol{L}_{sr}=\boldsymbol{L}_{rs}^{\mathrm{T}}=L_{ms}\begin{bmatrix} \cos\theta_r & \cos(\theta_r-120^\circ) & \cos(\theta_r+120^\circ) \\ \cos(\theta_r+120^\circ) & \cos\theta_r & \cos(\theta_r-120^\circ) \\ \cos(\theta_r-120^\circ) & \cos(\theta_r+120^\circ) & \cos\theta_r \end{bmatrix} \tag{5-14}$$

$\boldsymbol{L}_{sr}$ 与 $\boldsymbol{L}_{rs}^{\mathrm{T}}$ 两个矩阵互为转置，且与转子位置角 θ_r 有关，其元素均为变参数，这是系统非线性的一个根源。为了把变参数转化为常参数，需要进行坐标变换，这将在后面讨论。

将磁链方程式（5–13）代入电压方程式（5–12），展开后得：

$$\boldsymbol{U}=\boldsymbol{RI}+D(\boldsymbol{LI})=\boldsymbol{RI}+\boldsymbol{L}\frac{\mathrm{d}\boldsymbol{I}}{\mathrm{d}t}+\boldsymbol{I}\frac{\mathrm{d}\boldsymbol{L}}{\mathrm{d}t}=\boldsymbol{RI}+\boldsymbol{L}\frac{\mathrm{d}\boldsymbol{I}}{\mathrm{d}t}+\omega_r\boldsymbol{I}\frac{\mathrm{d}\boldsymbol{L}}{\mathrm{d}\theta_r} \tag{5-15}$$

其中，$\boldsymbol{L}\mathrm{d}\boldsymbol{I}/\mathrm{d}\boldsymbol{t}$ 为感应电动势中的变压器电动势项；$\omega_r\boldsymbol{I}(\mathrm{d}\boldsymbol{L}/\mathrm{d}\boldsymbol{\theta}_r)$ 为感应电动势中的旋转电动势项，其大小与转速 ω_r 成正比。

3. 转矩方程

根据机电能量转换原理，发电机的电磁转矩可表示为

$$T_e=\frac{1}{2}p\left[\boldsymbol{I}_r^{\mathrm{T}}\frac{\mathrm{d}\boldsymbol{L}_{rs}}{\mathrm{d}\theta_r}\boldsymbol{I}_s+\boldsymbol{I}_s^{\mathrm{T}}\frac{\mathrm{d}\boldsymbol{L}_{sr}}{\mathrm{d}\theta_r}\boldsymbol{I}_r\right] \tag{5-16}$$

将式（5–15）代入式（5–16）并展开，可得：

$$\begin{aligned} T_e=&-pL_{ms}[(i_{sA}i_{ra}+i_{sB}i_{rb}+i_{sC}i_{rc})\sin\theta_r+(i_{sA}i_{ra}+i_{sB}i_{rb}+i_{sC}i_{rc})\sin(\theta_r+120^\circ) \\ &+(i_{sA}i_{ra}+i_{sB}i_{rb}+i_{sC}i_{rc})\sin(\theta_r-120^\circ)] \end{aligned} \tag{5-17}$$

式（5–17）是在磁路线性、磁动势在空间作正弦分布的假定下导出的，但对定、转子电流随时间变化的规律（波形）未做规定，即假设电流未瞬时值。因此，该转矩表达完全适用于转子采用 PWM 变换器非正弦供电下双馈异步风力发电机的运行分析。

4. 运动方程

$$T_e-T_L=\frac{J}{p}\frac{\mathrm{d}\omega_r}{\mathrm{d}t}+\frac{D_m}{p}\omega_r+\frac{K}{p}\theta_r \tag{5-18}$$

式中，T_L 为风力机提供的驱动转矩；J 为风电机组的转动惯量；D_m 为与转速正比的阻转矩阻尼系数；K 为扭转弹性转矩系数。

通常假定 D_m=0，K=0，则有

$$T_e - T_L = \frac{J}{p}\frac{d\omega_r}{dt} \tag{5-19}$$

综合式（5–15）、式（5–17）和式（5–19），再考虑

$$\omega_r = \frac{d\theta_r}{dt} \tag{5-20}$$

构成了双馈异步风力发电机在三相静止坐标系下的数学模型。可以看出，三相静止坐标系下的数学模型是一个多输入多输出的高阶系统，也是一个非线性、时变、强耦合的系统，必须通过坐标变换来实现变量解耦和简化，才能适应线性控制策略的实施。旋转坐标变化中任意速旋转 dq 坐标系是一种可自由定义旋转速度的广义坐标变换系统，可以用来简化坐标变换的运算。

5.1.3.2　两相旋转 dq 坐标系下的数学模型

dq 坐标是一个以任意角速度 ω 在空间旋转的两相坐标系，其 d 轴与两相静止 $\alpha_s\beta_s$ 坐标系的 α_s 轴、两相转子速旋转 $\alpha_r\beta_r$ 坐标系的 α_r 轴的空间位置关系，以及 α_s 轴与 α_r 轴的空间位置关系如图 5–4 所示。

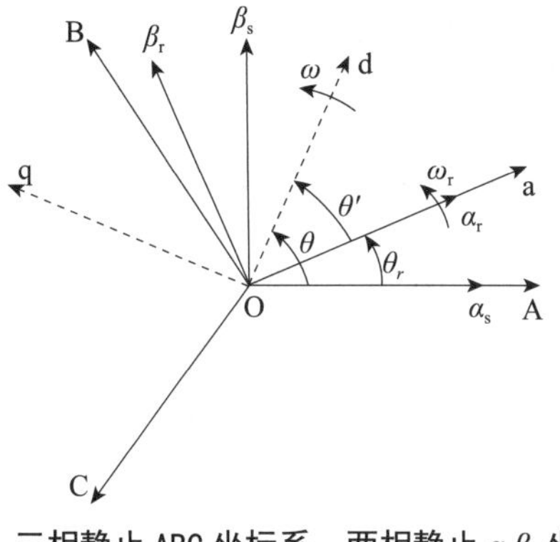

图 5–4　三相静止 ABC 坐标系、两相静止 $\alpha_s\beta_s$ 坐标系、两相转子速旋转 $\alpha_r\beta_r$ 坐标系和任意速旋转 dq 坐标系间的空间位置关系

由图 5–4 可得，

$$\begin{cases} \theta = \int \omega(t)dt + \theta_0 \\ \theta' = \int [\omega(t) - \omega_r(t)]dt + \theta_0' \\ \theta_r = \int \omega_r(t)dt + \theta_{r0} \end{cases} \tag{5-21}$$

其中，θ_0、θ_0'和θ_{r0}分别为θ、θ'和θ_r的初始位置角。当任意角速度分别设定为$\omega(t)=\omega_1$、ω_r和0时，任意速dq坐标系将被具体明确为两相同步速ω_1（$\omega_1=2\pi f_1$，f_1为电网频率）旋转dq坐标系、两相转子速ω_r旋转$\alpha_r\beta_r$坐标系和两相静止$\alpha_s\beta_s$坐标系。

根据交流电机的坐标变换理论，从三相静止ABC坐标系到两相静止（αβ）$_s$坐标系的变换称为3s/2s变换，采用幅值恒定原则的矩阵形式3s/2s变换关系式为

$$C_{3s/2s}=\frac{2}{3}\begin{bmatrix}1 & -\frac{1}{2} & -\frac{1}{2}\\ 0 & \frac{\sqrt{3}}{2} & \frac{\sqrt{3}}{2}\end{bmatrix} \tag{5-22}$$

从两相静止$\alpha_s\beta_s$坐标系到两相同步速ω_1旋转dq坐标系间的变换成为2s/2r变换，其变换矩阵为

$$C_{2s/2r}=\begin{bmatrix}\cos\theta_1 & \sin\theta_1\\ -\sin\theta_1 & \cos\theta_1\end{bmatrix} \tag{5-23}$$

式中，θ_1为d轴与α_s轴之间的夹角，$\theta_1=\omega_1 t+\theta_0$。

根据式（5-21）～式（5-23），可得三相静止ABC坐标系到dq坐标系间的变换矩阵、转子ω_r速旋转abc坐标系到到dq坐标系间的变换矩阵，分别为

$$C_{ABCs/dq}=\frac{2}{3}\begin{bmatrix}\cos\theta & \cos(\theta-2\pi/3) & \cos(\theta+2\pi/3)\\ -\sin\theta & -\sin(\theta-2\pi/3) & -\sin(\theta+2\pi/3)\end{bmatrix} \tag{5-24}$$

$$C_{abcr/dq}=\frac{2}{3}\begin{bmatrix}\cos\theta' & \cos(\theta'-2\pi/3) & \cos(\theta'+2\pi/3)\\ -\sin\theta' & -\sin(\theta'-2\pi/3) & -\sin(\theta'+2\pi/3)\end{bmatrix} \tag{5-25}$$

根据式（5-24）和式（5-25）可将三相静止坐标系下的双馈异步风力发电机数学模型变换到两相任意速旋转dq坐标系下的数学模型，如图5-5所示。

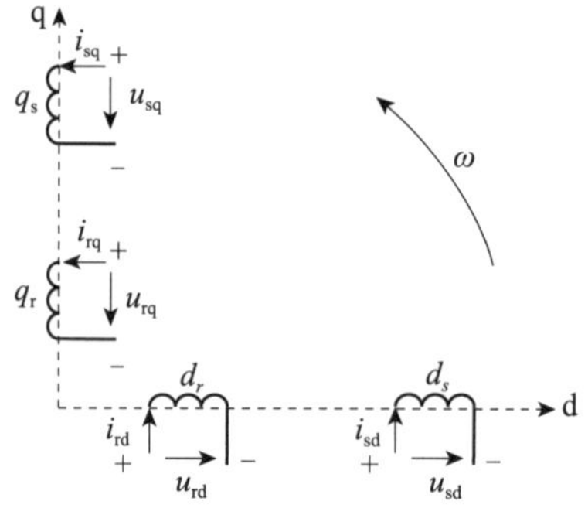

图5-5　两相任意速旋转dq坐标系下的双馈异步风力发电机物理模型

假定定、转子三相绕组对称且不考虑中（零）轴分量，则两相任意速旋转dq坐标系中双馈异步风力发电机可表示为

1. 磁链方程

$$\begin{cases}\psi_{\rm sd}=L_s i_{sd}+L_m i_{rd}\\ \psi_{\rm sq}=L_s i_{sq}+L_m i_{rq}\\ \psi_{\rm rd}=L_m i_{sd}+L_r i_{rd}\\ \psi_{\rm rq}=L_m i_{sq}+L_r i_{rq}\end{cases}\tag{5-26}$$

式中，$\psi_{\rm sd}$、$\psi_{\rm sq}$、$\psi_{\rm rd}$、$\psi_{\rm rq}$ 分别为定、转子磁链的 d、q 轴分量；$i_{\rm sd}$、$i_{\rm sq}$、$i_{\rm rd}$、$i_{\rm rq}$ 分别为定、转子电流的 d、q 轴分量；L_m 为 dq 坐标系中定、转子同轴等效绕组间的互感，$L_m=\frac{3}{2}L_{ms}$；L_s 为 dq 坐标系中定子等效两相绕组自感，$L_{\rm s}=L_{\rm m}+L_{\rm ls}$；$L_{\rm r}$ 为 dq 坐标系中转子等效两相绕组自感，$L_r=L_m+L_{lr}$。

值得注意的是，由于采取两相绕组等效替代三相绕组，定、转子同轴等效绕组间的互感 L_m 是原三相绕组中任意两相间最大互感（当轴线重合时）的 3/2 倍。由式（5–26）还可看出，由于互相垂直两轴之间没有耦合，互感磁链只在同轴绕组间存在。

2. 电压方程

$$\begin{cases}u_{sd}=R_s i_{sd}+D\psi_{sd}-\omega\psi_{sq}\\ u_{sq}=R_s i_{sq}+D\psi_{sq}+\omega\psi_{sd}\\ u_{rd}=R_r i_{rd}+D\psi_{rd}-(\omega-\omega_r)\psi_{rq}\\ u_{rq}=R_r i_{rq}+D\psi_{rq}+(\omega-\omega_r)\psi_{rd}\end{cases}\tag{5-27}$$

式中，$u_{\rm sd}$、$u_{\rm sq}$、$u_{\rm rd}$、$u_{\rm rq}$ 分别为定、转子电压的 dq 轴分量。

3. 转矩和运动方程

电磁转矩的表达式为

$$T_{\rm e}=pL_{\rm m}(i_{\rm sq}i_{\rm rd}-i_{\rm sd}i_{\rm rq})\tag{5-28}$$

运动方程与坐标变换无关，仍为式（5–18）。

这样，由式（5–18）、式（5–26）～式（5–28）完整地构成了任意速 ω 旋转 dq 坐标系中双馈异步风力发电机的数学模型。

5.1.4　双馈异步风力发电机的并网控制

在风力发电机组的启动阶段，需要对发电机进行并网前的调节以满足并网条件，即发电机定子电压与电网电压在幅值、频率、相位上均需严格相同，以使发电机实现安全并网，迅速进入正常的发电运行状态。发电机并网是风力发电系统正常运行的起点，主要要求是限制发电机并网时的瞬变电流，避免对电网造成过大的电流冲击。当电网容量远大于发电机容量（25 倍以上）时，无需考虑并网时的电流冲击问题。不适当的并网造成巨大电流冲击不但会引起电网电压的大幅下降，而且还会对风电机组各功能部件造成冲击性损坏。更为严重的是，长时间的并网冲击可能会使电力系统解列，威胁其他机组的正常运行。根据所用风力发电机的类型不同，一般说来有如下几种并网方式：

1）同步型风力发电机

同步发电机一般采用传统的恒速恒频发电方式，发电机输出频率完全取决于原动机的速度，与电网和发电机励磁无关，发电机与电力系统之间的这种关系可成为“刚性连接”。刚性连接关系的发电机并网前必需经过严格的整步和（准）同步，并网后也须严格保持恒定转速运行。如果运行过程中由于故障而导致发电机失步，后面就较难被牵入同步，须脱网再次进行整、同步操作，重新并网。当同步发电机直接用于风力发电时（如永磁和电励磁同步风力发电机），由于风速的随机性使得风力机提供的拖动转矩不稳定，风力机调速结构产生的速度控制误差难以使发动机运行状态达到并网要求；并网后如不进行有效的控制，常会发生无功振荡和失步。然而，现代风电技术是基于现代电力电子技术发展起来的，已经在同步发电机与电网之间采用了大功率变换器作为并网接口装置，构成了全功率变换型的变速恒频风力发电系统，避免了传统同步发电机并网所需复杂整步、同步操作要求，并网问题因而得到了相应的解决。

2）异步型风力发电机（笼型异步发电机）

异步发电机依靠转差率控制来调整负荷，对转速的调节性能要求不太高，无需同步设备和整步操作，只要在转速接近同步速时就可实行并网操作，因此，并网控制相对简单，并网后也不会发生振荡和失步问题。但异步发电机的并网和运行也有自己的特殊问题：如直接并网时易产生过大的冲击电流；发电机本身不能输出无功功率，而需进行无功补偿；当电网电压升高时会造成发电机磁路饱和、电流增大、功率因数降低等，也需要认真对待。异步风力发电机主要有以下几种并网方式。

（1）直接并网。当异步风力发电机转速接近同步速时（约 99% 以上同步速）即可直接并入电网，操作简单，但要注意并网瞬间存在有三相短路过程，可使并网时的冲击电流达到 4 ～ 5 倍额定值，会引起电力系统电压的瞬时下降，因而可能导致低电保护继电动作电动。这种并网方式只适合用于容量较小的风电机组与大容量电网相并的场合。

（2）准同期并网。这种并网方式类似于同步发电机准同步并网。其操作过程是当异步风力发电机转速接近同步速时，通过电容励磁建立额定电压，然后对已建立的电压进行调节和校正，当与电网电压幅值、频率、相位一致时即可实现并网。这种并网方式冲击电流很小，对电网电压影响小，但需有调速器和整步、同期设备，硬件投入较大，调整时间较长，适合于所并电网容量较小的场合。

（3）降压并网。采用这种方式并网，需在发电机与电网之间串入电抗器，以此限制并网时产生的瞬间冲击电流，减小电网电压下降的影响，并网后需切除电抗器，以避免其上的功率消耗。这种方式经济性差，仅适用于小容量机组的并网。

（4）捕捉式准同步快速并网。这种方式通过在变化的频率中捕捉住同步点进行准同步快速并网，具有快速可靠、对调速精度要求不高、能实现几乎无冲击并网的突出优点。但控制复杂，对转速也有一定的要求。

（5）软并网方式。软并网技术是研究较多的并网方式，它是在异步风力发电机与电力系统之间采用双向晶闸管构成并网开关，调整晶闸管的移相触发角来控制和减小冲击电流。软并网方式并网平稳，不会出现冲击电流，为目前异步型风力发电机组所普遍采用。但缺点是需使用大功率半导体开关器件，成本较高，控制也有些复杂。

在以上各种并网方式中，除采用全功率变换的变速恒频风力发电机的并网方法允许转速变化以外，其他方式都需要控制机组的转速，因此，现有的并网技术大多适用于恒速恒频风力发电机组。

3）双馈异步风力发电机

双馈异步风力发电机采用交流励磁实现变速恒频运行，转子采用交流励磁后使得双馈异步风力发电机和电网之间构成了“柔性连接”关系。所谓“柔性连接”是指可根据电网电压、负载电流和发电机转速，通过控制交流励磁电源的机侧变换器来调节双馈异步风力发电机转子励磁电流，从而精确地控制其定子电压使之满足并网条件。由于可在亚同步、同步、超同步速度下均能实现无冲击并网，故称为“柔性并网”。

根据并网前的运行状态，双馈异步风力发电机并网有两种控制方式：空载并网和负载并网。

（1）空载并网控制。空载并网方式控制结构如图 5-6 所示。并网前双馈异步风力发电机空载，定子电流为零。此时提取电网电压的频率、相位、幅值作为依据，供双馈异步风力发电机控制系统实现励磁调节，确保任何转速下所建立的定子空载电压与电网电压在频率、相位和幅值上完全一致，严格满足并网条件实现并网安全。

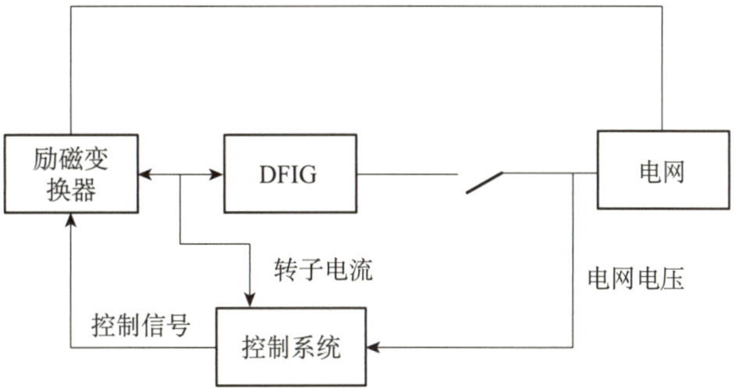

图 5-6　空载并网控制结构图

（2）负载并网控制。负载并网控制结构图如图 5-7 所示。并网前，双馈异步风力发电机带负载（如电阻性负载）运行，根据所采集的电网电压和双馈异步风力发电机定子电压、电流信息对其励磁系统进行调节，以满足并网条件并进行并网操作。负载并网方式的特点是并网前双馈异步风力发电机定子已经有电流，因而并网控制所需信息不但取自于电网侧，同时还需取自双馈异步风力发电机定子，此外，并网前、后双馈异步风力发电机均可参与整个机电系统的能量控制和速度调节，更为灵活，但需要有适当的独立负载。

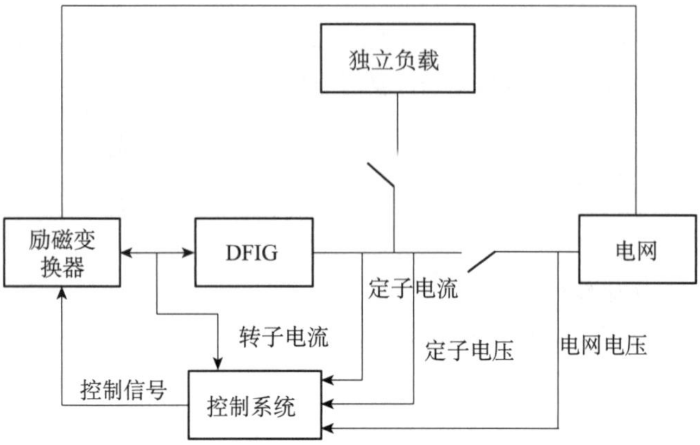

图 5-7　负载并网控制结构图

并网控制是双馈异步风力发电机运行控制的一个重要环节和内容，与发电运行控制（有功功率、无功功率解耦控制）共同完整了双馈异步风力发电机的控制策略，即并网之前实行并网控制，并网后实行发电控制，其切换如图 5-8 所示。实际运行中，双馈异步风力发电机组采用基于磁场定向矢量控制策略实现并网操作。

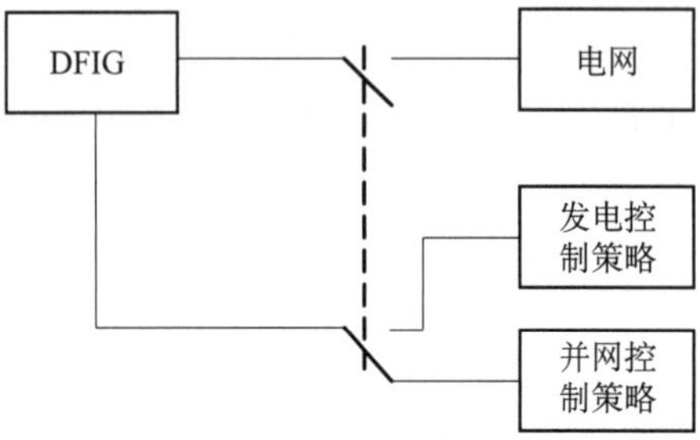

图 5-8　并网时双馈异步风力发电机控制策略切换

两种并网方式的共同点是均采用磁场定向的矢量控制思想，以期对转子电流矢量实现幅值、相位、频率的完整控制，达到理想的无电流冲击安全并网要求。两种方式的差别在于并网前的运行方式不同。空载并网因并网前发电机不带负载，不能参与 DFIG 风电系统的能量和转速调节；为了防止并网前发电机的能量失衡引起的转速失控，只能由风力机来单独控制机组的转速。负载并网则因并网前 DFIG 风电系统已接有负载，发电机可参与整个风电系统的能量控制，一方面可改变负载以调节发电机的能量输出，另一方面可在负载一定的条件下控制转速，以调节能量在 DFIG 系统内部的分配关系。前一功能实现了发电机能量的粗调，后一功能完成发电机能量的细调。由此看出，空载并网方式需要风力机有足够的速度调节能力，对风力机的要求较高；负载并网方式则要求发电机具有一定的能量调节能力，以此配合风力机实现转速的控制，因而降低了对风力机调速能力的要求，但控制较为复杂。因为空载并网控制易于实现，DFIG 大多采用空载并网控制方式。

5.1.5　双馈异步风力发电机的运行控制

DFIG 采用背靠背电压型 PWM 变换器进行交流励磁，以实现变速恒频和最大风能追踪控制。网侧变换器（Grid Side Converter，GSC）主要用以保持直流母线电压稳定、保证输入电流正弦和控制输入功率因数，转子侧变换器（Rotor Side Converter，RSC）主要用以对 DFIG 定子输出功率（有功、无功）控制。目前，对理想电网电压条件下 DFIG 风电系统的转子侧、网侧变换器的控制策略已进行大量研究和广泛的工业应用。考虑到 DFIG 风电系统中网侧、转子侧变换器通过直流母线解耦而相对独立，故可分别讨论其模型特性和运行控制。

5.1.5.1　网侧变换器运行控制

1. 网侧变换器的数学模型

网侧变换器主电路如图 5-9 所示。图中，u_{ga}、u_{gb}、u_{gc} 分别为三相电网的相电压；i_{ga}、i_{gb}、i_{gc} 分别为三相输入电流；v_{ga}、v_{gb}、v_{gc} 分别为变换器交流侧的三相电压；U_{dc} 为变换器直流侧电压；C 为直流母线电容；i_{load} 为直流侧的负载电流。主电路中的 L_{ga}、L_{gb}、L_{gc} 分别为每相进线电抗器的电感；R_{ga}、R_{gb}、R_{gc} 分别为包括进线电抗器电阻在内的每相线路电阻。

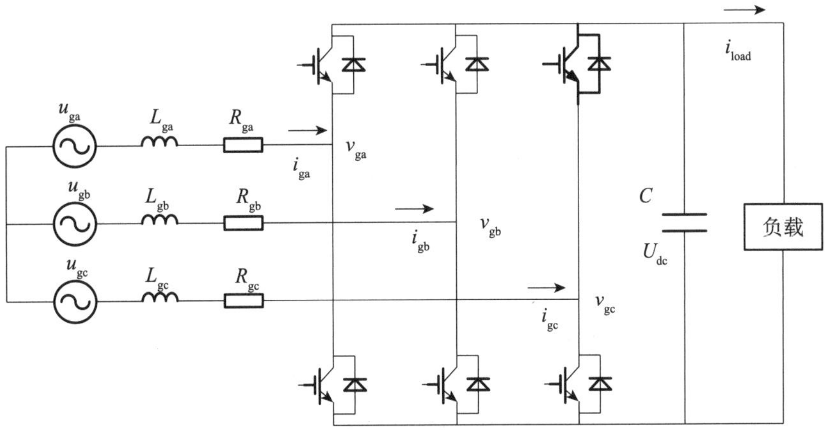

图 5-9　网侧变换器的主电路

设图 5-9 中主电路的功率器件为理想开关，三相静止坐标系中网侧变换器的数学描述为

$$\begin{cases} u_{ga}-i_{ga}R_{ga}-L_{ga}\dfrac{di_{ga}}{dt}-S_{ga}U_{dc}=u_{gb}-i_{gb}R_{gb}-L_{gb}\dfrac{di_{gb}}{dt}-S_{gb}U_{dc} \\ u_{gb}-i_{gb}R_{gb}-L_{gb}\dfrac{di_{gb}}{dt}-S_{gb}U_{dc}=u_{gc}-i_{gc}R_{gc}-L_{gc}\dfrac{di_{gc}}{dt}-S_{gc}U_{dc} \\ C\dfrac{dU_{dc}}{dt}=S_{ga}i_{ga}+S_{gb}i_{gb}+S_{gc}i_{gc}-i_{load} \end{cases} \tag{5-29}$$

式中，S_{ga}、S_{gb}、S_{gc} 为三相 PWM 变换器中各相桥臂的开关函数，且定义上桥臂功率元件导通时为 1，下桥臂功率元件导通时为 0。

励磁变换器一般采用三相无中线方式接线，因此，根据基尔霍夫电流定律，三相电流之和为零，即 $i_{ga}+i_{gb}+i_{gc}=0$。

式（5-29）可改写为：

$$\begin{cases} L_{ga}\dfrac{di_{ga}}{dt}=u_{ga}-i_{ga}R_{ga}-\dfrac{u_{ga}+u_{gb}+u_{gc}}{3}-\left(S_{ga}-\dfrac{S_{ga}+S_{gb}+S_{gc}}{3}\right)U_{dc} \\ L_{gb}\dfrac{di_{gb}}{dt}=u_{gb}-i_{gb}R_{gb}-\dfrac{u_{ga}+u_{gb}+u_{gc}}{3}-\left(S_{gb}-\dfrac{S_{ga}+S_{gb}+S_{gc}}{3}\right)U_{dc} \\ L_{gc}\dfrac{di_{gc}}{dt}=u_{gc}-i_{gc}R_{gc}-\dfrac{u_{ga}+u_{gb}+u_{gc}}{3}-\left(S_{gc}-\dfrac{S_{ga}+S_{gb}+S_{gc}}{3}\right)U_{dc} \\ C\dfrac{dU_{dc}}{dt}=S_{ga}i_{ga}+S_{gb}i_{gb}+S_{gc}i_{gc}-i_{load} \end{cases} \tag{5-30}$$

网侧变换器交流侧的三相线电压与各相桥臂开关函数之间的关系为

$$\begin{cases} v_{gab}=(S_{ga}-S_{gb})U_{dc} \\ v_{gbc}=(S_{gb}-S_{gc})U_{dc} \\ v_{gca}=(S_{gc}-S_{ga})U_{dc} \end{cases} \tag{5-31}$$

转换为相电压关系

$$\begin{cases} v_{ga}=\left(S_{ga}-\dfrac{S_{ga}+S_{gb}+S_{gc}}{3}\right)U_{dc} \\ v_{gb}=\left(S_{gb}-\dfrac{S_{ga}+S_{gb}+S_{gc}}{3}\right)U_{dc} \\ v_{gc}=\left(S_{gc}-\dfrac{S_{ga}+S_{gb}+S_{gc}}{3}\right)U_{dc} \end{cases} \tag{5-32}$$

将式（5-32）代入式（5-30）可得

$$\begin{cases} L_{ga}\dfrac{di_{ga}}{dt}=u_{ga}-i_{ga}R_{ga}-\dfrac{u_{ga}+u_{gb}+u_{gc}}{3}-v_{ga} \\ L_{gb}\dfrac{di_{gb}}{dt}=u_{gb}-i_{gb}R_{gb}-\dfrac{u_{ga}+u_{gb}+u_{gc}}{3}-v_{gb} \\ L_{gc}\dfrac{di_{gc}}{dt}=u_{gc}-i_{gc}R_{gc}-\dfrac{u_{ga}+u_{gb}+u_{gc}}{3}-v_{gc} \\ C\dfrac{dU_{dc}}{dt}=S_{ga}i_{ga}+S_{gb}i_{gb}+S_{gc}i_{gc}-i_{load} \end{cases} \tag{5-33}$$

由于推导式（4-6）中未对网侧变换器的运行条件做任何假定，故该方程适用于各种情况。

若三相进线电抗器的电感、电阻相等，即 $L_{ga}=L_{gb}=L_{gc}=L_g$，$R_{ga}=R_{gb}=R_{gc}=R_g$，根据式（5-22），将式（5-33）转换到两相静止 αβ 坐标系下

$$\begin{cases} u_{g\alpha}=R_g i_{g\alpha}+L_g\dfrac{di_{g\alpha}}{dt}+v_{g\alpha} \\ u_{g\beta}=R_g i_{g\beta}+L_g\dfrac{di_{g\beta}}{dt}+v_{g\beta} \\ C\dfrac{dU_{dc}}{dt}=\dfrac{3}{2}(S_\alpha i_{g\alpha}+S_\beta i_{g\beta})-i_{load} \end{cases} \tag{5-34}$$

式中，下标 αβ 代表两相静止 αβ 坐标系下的分量。

根据式（5-24），将式（5-33）转换到同步速 ω_1 旋转 dq 坐标系下，可得网侧变换器的数学模型为

$$\begin{cases} u_{gd}=R_g i_{gd}+L_g\dfrac{di_{gd}}{dt}-\omega_1 L_g i_{gq}+v_{gd} \\ u_{gq}=R_g i_{gq}+L_g\dfrac{di_{gq}}{dt}+\omega_1 L_g i_{gd}+v_{gq} \\ C\dfrac{dU_{dc}}{dt}=\dfrac{3}{2}(S_d i_{gd}+S_q i_{gq})-i_{load} \end{cases} \tag{5-35}$$

式中，下标 dq 代表同步速 ω_1 旋转 dq 坐标系下的分量。

令 $\boldsymbol{U}_g=u_{gd}+ju_{gq}$ 为电网电压矢量，当 d 轴定向为电网电压矢量时，则有 $u_{gd}=|\boldsymbol{U}_g|=U_g$，$u_{gq}=0$，其中 U_g 为电网相电压幅值，于是式（5-35）可改写为

$$\begin{cases} U_g=R_g i_{gd}+L_g\dfrac{di_{gd}}{dt}-\omega_1 L_g i_{gq}+v_{gd} \\ 0=R_g i_{gq}+L_g\dfrac{di_{gq}}{dt}+\omega_1 L_g i_{gd}+v_{gq} \\ C\dfrac{dU_{dc}}{dt}=\dfrac{3}{2}(S_d i_{gd}+S_q i_{gq})-i_{load} \end{cases} \tag{5-36}$$

稳态运行时，各状态变量的导数等于零，于是，由式（5–36）可得到同步速旋转坐标系中的稳态方程为

$$\begin{cases} U_g = R_g i_{gd} - \omega_1 L_g i_{gq} + v_{gd} \\ 0 = R_g i_{gq} + \omega_1 L_g i_{gd} + v_{gq} \\ 0 = 3(S_d i_{gd} + S_q i_{gq})/2 - i_{load} \end{cases} \tag{5-37}$$

根据上式，网侧变换器稳态电压空间矢量关系如图 5–10（a）所示。图中 φ 为功率因数角，$Z_g = R_g + j\omega_1 L_g$ 为线路阻抗。当功率因数一定时，网侧变换器交流侧电压矢量 $\boldsymbol{V}_g = v_{gd} + jv_{gq}$ 的末端将始终在阻抗三角形的斜边上滑动。如果忽略电阻，且功率因数为 1，则网侧变换器稳态电压空间矢量关系如图 5–10（b）所示。

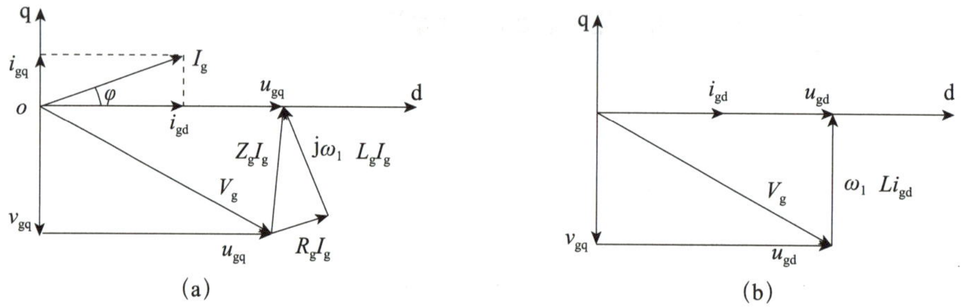

图 5–10　网侧变换器稳态电压空间矢量关系图

（a）一般情况；（b）忽略电阻且功率因数为 1

忽略电阻，即 $R_g = 0$，结合式（5–24）、式（5–32）和式（5–37）可得

$$\sqrt{S_d^2 + S_q^2}\, U_{dc} = \sqrt{(U_g + \omega_1 L_g i_{gq})^2 + (\omega_1 L_g i_{gd})^2} \tag{5-38}$$

即

$$U_{dc} = \frac{\sqrt{(U_g + \omega_1 L_g i_{gq})^2 + (\omega_1 L_g i_{gd})^2}}{\sqrt{S_d^2 + S_q^2}} \tag{5-39}$$

根据电压空间矢量调制原理，在不过调制的情况下，则在恒幅值变换原则下有

$$\sqrt{S_d^2 + S_q^2} \leqslant \frac{1}{\sqrt{3}} \tag{5-40}$$

根据式（5–39）和式（5–40）则有

$$U_{dc} \geqslant \sqrt{3}\sqrt{(U_g + \omega_1 L_g i_{gq})^2 + (\omega_1 L_g i_{gd})^2} \tag{5-41}$$

式（5–41）给出了网侧变换器直流母线电压 U_{dc} 的下限，可以看出 U_{dc} 与电网相电压幅值、进线电感及负载电流有关，只有满足式（5–41）所示关系，网侧变换器才能正常工作。

按照图 5–9 所示，三相输入电流的正方向和恒幅值变换原则，网侧变换器的电网输出有功功率和无功功率分别为

$$\begin{cases} P_g = -\dfrac{3}{2}(u_{gd}i_{gd} + u_{gq}i_{gq}) \\ Q_g = -\dfrac{3}{2}(u_{gq}i_{gd} - u_{gd}i_{gq}) \end{cases} \tag{5-42}$$

当采用电网电压 d 轴定向时，上式可改写为

$$\begin{cases} P_g = -\dfrac{3}{2}u_{gd}i_{gd} \\ Q_g = \dfrac{3}{2}u_{gd}i_{gq} \end{cases} \tag{5-43}$$

在功率以向电网输出为正的正方向规定下，式（5-43）中 $P_g < 0$，表示网侧变换器工作于整流状态，从电网吸收能量；$P_g > 0$，表示网侧变换器处于逆变状态，能量从直流侧回馈到电网。式（5-43）中 Q_g 大于零，表示网侧变换器呈容性，从电网吸收超前的无功功率；Q_g 小于零，表示网侧变换器呈感性，从电网吸收滞后的无功功率。所以电流矢量的 dq 轴分量 i_{gd} 和 i_{gq} 实际上代表了网侧变换器的有功电流和无功电流。

2. 网侧变换器的控制目标

网侧变换器的主要功能是保持直流母线电压的稳定、输入电流正弦和控制输入功率因数。直流母线电压的稳定与否取决于交流侧与直流侧有功功率是否平衡，只有两边有功功率平衡，才可保持直流母线电压的稳定。在电网电压恒定条件下，对交流侧有功功率的控制实际上就是对输入电流有功分量的控制；输入功率因数的控制实际上就是对输入电流无功分量的控制；而输入电流波形正弦与否主要与电流控制的有效性和调制方式有关。由此可见，整个网侧变换器的控制系统应分为两个环节：电压外环控制和电流内环控制，如图 5-11 所示。

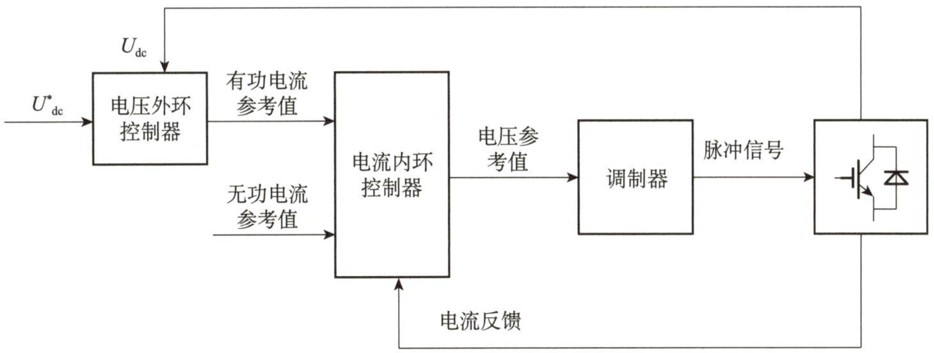

图 5-11　网侧变换器控制系统结构示意图

3. 基于电网电压定向的网侧变换器双闭环控制

根据式（5-35），基于 d 轴电网电压定向，dq 坐标系下网侧变换器的交流侧电压表达式为：

$$\begin{cases} v_{gd} = -R_g i_{gd} - L_g \dfrac{di_{gd}}{dt} + \omega_1 L_g i_{gq} + u_{gd} \\ v_{gq} = -R_g i_{gq} - L_g \dfrac{di_{gq}}{dt} - \omega_1 L_g i_{gd} \end{cases} \tag{5-44}$$

上式表明，网侧变换器dq轴电流除了与v_{gd}、v_{gq}有关外，还受到交叉耦合项$\omega_1 L_g i_{gq}$、$\omega_1 L_g i_{gd}$，电阻压降$R_g i_{gd}$、$R_g i_{gq}$和电网电压u_{gd}的影响。

令

$$\begin{cases} v'_{gd} = L_g \dfrac{di_{gd}}{dt} \\ v'_{gq} = L_g \dfrac{di_{gq}}{dt} \end{cases} \tag{5-45}$$

为了消除静差，引入积分环节，可设计如下的电流控制器：

$$\begin{cases} v'_{gd} = L_g \dfrac{di_{gd}}{dt} = L_g \dfrac{di^*_{gd}}{dt} + k_{igp}(i^*_{gd} - i_{gd}) + k_{igi}\int (i^*_{gd} - i_{gd})dt \\ v'_{gq} = L_g \dfrac{di_{gq}}{dt} = L_g \dfrac{di^*_{gq}}{dt} + k_{igp}(i^*_{gq} - i_{gq}) + k_{igi}\int (i^*_{gq} - i_{gq})dt \end{cases} \tag{5-46}$$

其中，i^*_{gd}、i^*_{gq}分别为dq轴电流参考值，k_{igp}、k_{igi}分别为电流控制器的比例、积分系数。

式（5–46）给出了电流控制器的输出电压，结合式（5–44），可得网侧变换器的交流侧电压参考值：

$$\begin{cases} v^*_{gd} = -v'_{gd} - R_g i_{gd} + \omega_1 L_g i_{gq} + u_{gd} \\ v^*_{gq} = -v'_{gq} - R_g i_{gq} - \omega_1 L_g i_{gd} \end{cases} \tag{5-47}$$

由于引入电流状态反馈量$\omega_1 L_g i_{gq}$、$\omega_1 L_g i_{gd}$来实现解耦，同时又引入电网扰动电压项和电压降项$R_g i_{gd}$、$R_g i_{gq}$进行前馈补偿，从而实现了dq轴电流的解耦控制，有效提高了系统的动态控制性能。为了提高网侧变换器的抗负载扰动性能，还可再加上负载电流的前馈补偿项。

直流环节电压控制器可采取类似式（5–46）所示的电流控制器方式来设计，即：

$$i_c = C\frac{dU_{dc}}{dt} = C\frac{dU^*_{dc}}{dt} + k_{vp}(U^*_{dc} - U_{dc}) + k_{vi}\int (U^*_{dc} - U_{dc})dt \tag{5-48}$$

其中，U^*_{dc}为直流母线电压的参考值，k_{vp}、k_{vi}分别为直流电压控制的比例、积分系数。

根据式（5–46）和式（5–48）可以得出网侧变换器直流环节电压、电流双闭环控制框图，如图5–12所示。图中，通过电流状态反馈来实现两轴电流间的解耦控制，通过电网电压前馈来实现对电网电压扰动的补偿，还可通过对直流侧负载电流i_{load}的前馈来实现对负载扰动的补偿。

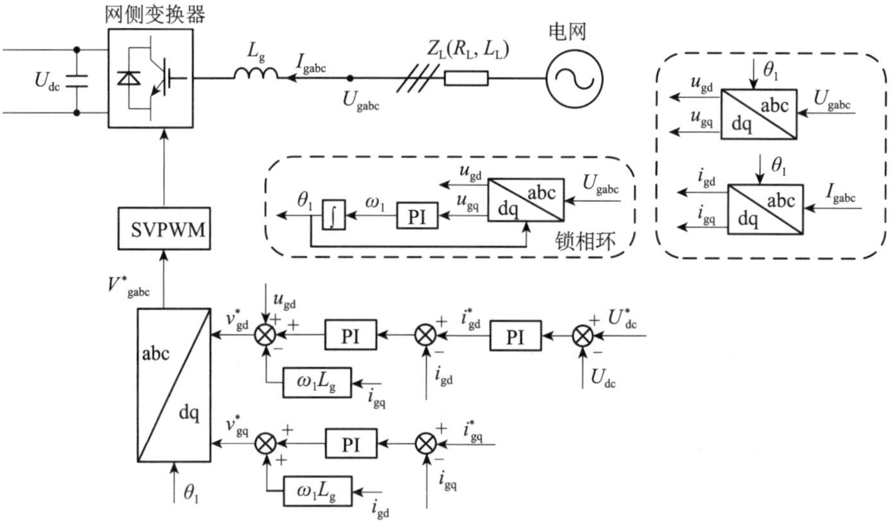

图 5-12　基于 d 轴电网电压定向的网侧变流器双闭环控制框图

5.1.5.2　转子侧变换器运行控制

1. 转子侧变换器的数学模型

如前所述，双馈异步风力发电系统的控制主要是 DFG 的功率控制，这是通过转子侧变换器来实现的。由于直流环节的解耦作用，交流励磁变换器中各变换器的功能独立，其中，网侧变换器主要用于控制直流母线电压的稳定和获得良好的交流输入性能，并不直接参与对 DFIG 的控制；转子侧变换器则是用以实现 DFIG 及整个风电系统的运行控制，其控制性能将直接影响 DFIG 风电系统的运行性能。

DFIG 风电系统的主要运行目标有两个，首先，是变速恒频前提下实现最大风能追踪，关键是 DFIG 转速或者有功功率的控制，其次，是 DFIG 输出无功功率的控制，以保证所并电网的运行稳定性。由于 DFIG 输出有功功率和无功功率与转子的电流 dq 分量密切相关，转子侧变换器的控制目标就是实现对转子两分量电流的有效控制，其控制策略应以转子侧变换器及 DFIG 数学模型为基础来进行设计。

为了获得对 DFIG 的有效控制，必须结合 DFIG 奠定转子侧变换器控制、分析的理论基础。与交流电动机相似，三相静止坐标系中 DFIG 也是呈现为一个高阶、多变量、非线性、强耦合的复杂时变系统，为了实现对其有功、无功功率的有效控制，必须借鉴交流调速传动中的矢量控制技术，通过坐标变换使得转子电流的有功与无功分量获得解耦，再分别控制这两个分量电流，实现对 DFIG 有功和无功功率的解耦控制，从而实现变速恒频发电运行控制目标。因此，转子侧变换器的控制系统设计应结合 DFIG 数学模型来进行分析。

根据 5.1.3 节中已建立的同步速旋转 dq 坐标系中 DFIG 电压方程和磁链方程，转换成矢量形式，即：

$$\begin{cases} \boldsymbol{U}_{\mathbf{s}} = R_{\mathrm{s}}\boldsymbol{I}_{\mathbf{s}} + \dfrac{\mathrm{d}\boldsymbol{\psi}_{\mathbf{s}}}{\mathrm{d}t} + j\omega_1\boldsymbol{\psi}_{\mathbf{s}} \\ \boldsymbol{U}_{\mathbf{r}} = R_{\mathrm{r}}\boldsymbol{I}_{\mathbf{r}} + \dfrac{\mathrm{d}\boldsymbol{\psi}_{\mathbf{r}}}{\mathrm{d}t} + j\omega_{\mathrm{slip}}\boldsymbol{\psi}_{\mathbf{r}} \end{cases} \tag{5-49}$$

$$\begin{cases} \boldsymbol{\psi}_{\mathbf{s}} = L_s\boldsymbol{I}_{\mathbf{s}} + L_m\boldsymbol{I}_{\mathbf{r}} \\ \boldsymbol{\psi}_{\mathbf{r}} = L_m\boldsymbol{I}_{\mathbf{s}} + L_r\boldsymbol{I}_{\mathbf{r}} \end{cases} \tag{5-50}$$

式中，$\boldsymbol{U}_{\mathbf{s}}$、$\boldsymbol{U}_{\mathbf{r}}$ 分别为定、转子端电压矢量，且有 $\boldsymbol{U}_{\mathbf{s}} = u_{\mathrm{sd}} + \mathrm{j}u_{\mathrm{sq}}$，$\boldsymbol{U}_{\mathbf{r}} = u_{\mathrm{rd}} + \mathrm{j}u_{\mathrm{rq}}$，$\boldsymbol{I}_{\mathbf{s}}$、$\boldsymbol{I}_{\mathbf{r}}$ 分别为定、转子电流矢量，且有 $\boldsymbol{I}_{\mathbf{s}} = i_{\mathrm{sd}} + \mathrm{j}i_{\mathrm{sq}}$，$\boldsymbol{I}_{\mathbf{r}} = i_{\mathrm{rd}} + \mathrm{j}i_{\mathrm{rq}}$；$\boldsymbol{\psi}_{\mathbf{s}}$、$\boldsymbol{\psi}_{\mathbf{r}}$ 分别为定、转子磁链矢量，且有 $\boldsymbol{\psi}_{\mathbf{s}} = \psi_{\mathrm{sd}} + \mathrm{j}\psi_{\mathrm{sq}}$，$\boldsymbol{\psi}_{\mathbf{r}} = \psi_{\mathrm{rd}} + \mathrm{j}\psi_{\mathrm{rq}}$；$\omega_{\mathrm{slip}} = \omega_1 - \omega_r$ 为转差电角速度。根据式（5–49）和式（5–50）可得出 DFIG 的等效电路，如图 5–13 所示。

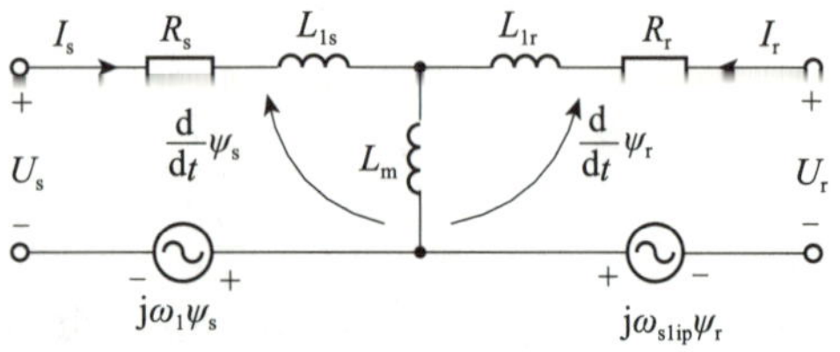

图 5–13　两相同步速旋转 dq 坐标系中 DFIG 等效电路

将式（5–36）改写为矢量形式，则有：

$$\begin{cases} \boldsymbol{U}_{\mathbf{g}} = R_g\boldsymbol{I}_{\mathbf{g}} + L_g\dfrac{\mathrm{d}\boldsymbol{I}_{\mathbf{g}}}{dt} + \mathrm{j}\omega_1 L_g\boldsymbol{I}_{\mathbf{g}} + \boldsymbol{V}_{\mathbf{g}} \\ C\dfrac{\mathrm{d}U_{\mathrm{dc}}}{dt} = \dfrac{P_r}{U_{\mathrm{dc}}} - \dfrac{P_g}{U_{\mathrm{dc}}} = i_{load} - \dfrac{P_g}{U_{\mathrm{dc}}} \end{cases} \tag{5-51}$$

式中，$\boldsymbol{U}_{\mathbf{g}} = u_{\mathrm{gd}} + \mathrm{j}u_{\mathrm{gq}}$ 为电网电压矢量，通常由 $\boldsymbol{U}_{\mathbf{g}} = \boldsymbol{U}_{\mathbf{s}}$；$\boldsymbol{I}_{\mathbf{g}}$ 为网侧变换器输入电流矢量，且有 $\boldsymbol{I}_{\mathbf{g}} = i_{\mathrm{gd}} + \mathrm{j}i_{\mathrm{gq}}$；$\boldsymbol{V}_{\mathbf{g}}$ 为网侧变换器交流侧电压矢量，且有 $\boldsymbol{V}_{\mathbf{g}} = v_{\mathrm{gd}} + \mathrm{j}v_{\mathrm{gq}}$；$P_{\mathrm{g}}$、$P_{\mathrm{r}}$ 分别为网侧、转子侧变换器的输出、输入功率。

根据式（5–49）、式（5–50）和式（5–51），可得到图 5–14 所示的网侧、转子侧变换器的矢量形式等效电路。根据等效电路就可进行转子侧变换器的运行控制研究。

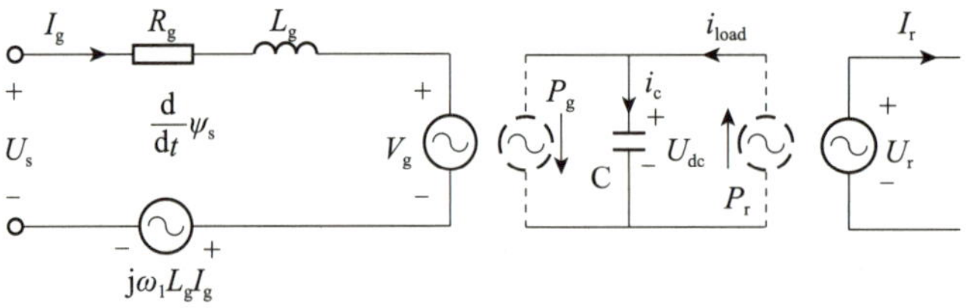

图 5–14　两相同步速旋转 dq 坐标系中网侧、转自侧变换器等效电路

2. 转子侧变换器的控制目标

DFIG 运行中的控制目标有两个：一是对有功功率的控制，用于实现最大风能追踪，或实现对 AGC 调令的跟踪；二是对无功功率的控制。这两个目标都是通过转子侧变换器对转子电流控制来实现的。

根据 DFIG 定子磁链矢量的定义：

$$\boldsymbol{\psi}_{\mathbf{s}} = L_{\mathrm{s}}\boldsymbol{I}_{\mathbf{s}} + L_{\mathrm{m}}\boldsymbol{I}_{\mathbf{r}} = L_{\mathrm{m}}\boldsymbol{I}_{\mathbf{ms}} \tag{5-52}$$

式中，$\boldsymbol{I}_{\mathbf{ms}}$ 为定子的等效励磁电流矢量，$\boldsymbol{I}_{\mathbf{ms}} = \dfrac{L_{\mathrm{s}}}{L_{\mathrm{m}}}\boldsymbol{I}_{\mathbf{s}} + \boldsymbol{I}_{\mathbf{r}}$。

结合式（5–50）和式（5–52），可得：

$$\boldsymbol{\psi}_{\mathbf{r}} = \frac{L_{\mathrm{m}}^2}{L_{\mathrm{s}}}\boldsymbol{I}_{\mathbf{ms}} + \sigma L_{\mathrm{r}}\boldsymbol{I}_{\mathbf{r}} \tag{5-53}$$

式中，$\sigma = 1 - \dfrac{L_{\mathrm{m}}^2}{L_{\mathrm{r}}L_{\mathrm{s}}}$ 为发电机漏磁系数。

把式（5–52）和式（5–53）代入式（5–49），可得：

$$\begin{cases} \boldsymbol{U}_{\mathbf{s}} = R_{\mathrm{s}}\boldsymbol{I}_{\mathbf{s}} + L_{\mathrm{m}}\dfrac{\mathrm{d}\boldsymbol{I}_{\mathbf{ms}}}{\mathrm{d}t} + \mathrm{j}\omega_1\boldsymbol{\psi}_{\mathbf{s}} \\ \boldsymbol{U}_{\mathbf{r}} = R_{\mathrm{r}}\boldsymbol{I}_{\mathbf{r}} + \sigma L_{\mathrm{r}}\dfrac{\mathrm{d}\boldsymbol{I}_{\mathbf{r}}}{\mathrm{d}t} + \dfrac{L_m^2}{L_s}\dfrac{\mathrm{d}\boldsymbol{I}_{\mathbf{ms}}}{\mathrm{d}t} + \mathrm{j}\omega_{\mathrm{slip}}\boldsymbol{\psi}_{\mathbf{r}} \end{cases} \tag{5-54}$$

并网运行中 DFIG 定子直接挂网，定子电压 $\boldsymbol{U}_{\mathbf{s}}$ 即为电网电压 $\boldsymbol{U}_{\mathbf{g}}$。理想电网条件下电压幅值、频率和相位均可认为不变，故在同步速旋转坐标系中电压矢量 $\boldsymbol{U}_{\mathbf{s}}$ 的 dq 分量应为恒定的直流，且定子磁链矢量 $\boldsymbol{\psi}_{\mathbf{s}}$ 也恒定，即 $\mathrm{d}\boldsymbol{I}_{\mathbf{ms}}/\mathrm{d}t \approx 0$。因此，在电网电压恒定的情况下，可忽略定子磁链电流的动态过程，式（5–54）可转化为：

$$\begin{cases} \boldsymbol{U}_{\mathbf{s}} = R_{\mathrm{s}}\boldsymbol{I}_{\mathbf{s}} + \mathrm{j}\omega_1\boldsymbol{\psi}_{\mathbf{s}} \\ \boldsymbol{U}_{\mathbf{r}} = R_{\mathrm{r}}\boldsymbol{I}_{\mathbf{r}} + \sigma L_{\mathrm{r}}\dfrac{\mathrm{d}\boldsymbol{I}_{\mathbf{r}}}{\mathrm{d}t} + \mathrm{j}\omega_{\mathrm{slip}}\boldsymbol{\psi}_{\mathbf{r}} \end{cases} \tag{5-55}$$

式（5–55）中的转子电压矢量 $\boldsymbol{U}_{\mathbf{r}}$ 方程给出了可控量（转子电压）和被控对象（转子电流）两者之间的关系，是 DFIG 传统矢量控制策略中电流内环控制器的设计依据。$R_{\mathrm{r}}\boldsymbol{I}_{\mathbf{r}} + \sigma L_{\mathrm{r}}\dfrac{\mathrm{d}\boldsymbol{I}_{\mathbf{r}}}{\mathrm{d}t}$ 可用来设计控制器的 PI 调节参数，$\mathrm{j}\omega_{\mathrm{slip}}\boldsymbol{\psi}_{\mathbf{r}}$ 可用来设计消除交叉耦合的补偿项。

3. 基于定子电压定向的转子电流环控制

DFIG 矢量控制中可选取的定向矢量很多，有定子电压矢量、定子磁链矢量、气隙磁链矢量以及电网虚拟磁链矢量等，但在 DFIG 发电运行中最常用的是定子电压矢量和定子磁链矢量定向，虽然具体的控制方式不同，但其本质是一致的，本书只介绍定子电压矢量定向控制。

在忽略定子电阻 R_{s} 的情况下，由式（5–54）可知，定子电压矢量和定子磁链矢量之间存在如下近似关系：

$$\boldsymbol{U}_s = R_s \boldsymbol{I}_s + \mathrm{j}\omega_1 \boldsymbol{\psi}_s \approx \mathrm{j}\omega_1 \boldsymbol{\psi}_s \tag{5-56}$$

将同步速旋转坐标系的 d 轴定向于定子电压矢量 $\boldsymbol{U}_s$ 上，有：

$$\begin{cases} u_{sd} = |\boldsymbol{U}_s| = U_s \approx -\omega_1 \psi_{sq} \\ u_{sq} = 0 \approx -\omega_1 \psi_{sd} \end{cases} \tag{5-57}$$

$$\begin{cases} \psi_{sd} \approx 0 \\ \psi_{sq} = \psi_s \approx -\dfrac{U_s}{\omega_1} \end{cases} \tag{5-58}$$

其中，U_s 为定子电压矢量的幅值。

在定子电压定向条件下，DFIG 定子输出有功、无功功率与转子 dq 轴电流之间的关系。

$$\begin{cases} P_s \approx \dfrac{3L_m}{2L_s} U_s i_{rd} \\ Q_s \approx -\dfrac{3U_s}{2\omega_1 L_s}(U_s + \omega_1 L_m i_{rq}) \end{cases} \tag{5-59}$$

可以看出，在采取 d 轴定子电压定向并忽略定子电阻的情况下，DFIG 的有功功率和无功功率也获得了近似解耦，即控制转子电流 d 轴分量就可以控制 DFIG 的有功功率，控制转子电流 q 轴分量就可以控制 DFIG 的无功功率。

将式（5–55）中的转子电压方写成 dq 分量形式，即：

$$\begin{cases} u_{rd} = R_r i_{rd} + \sigma L_r \dfrac{\mathrm{d}i_{rd}}{\mathrm{d}t} - \omega_{slip}\psi_{rq} \\ u_{rq} = R_r i_{rq} + \sigma L_r \dfrac{\mathrm{d}i_{rq}}{\mathrm{d}t} + \omega_{slip}\psi_{rd} \end{cases} \tag{5-60}$$

将式（5–53）中转子磁链表示成 dq 分量形式，即

$$\begin{cases} \psi_{rd} = \sigma L_r i_{rd} \\ \psi_{rq} = -\dfrac{L_m}{\omega_1 L_s} U_s + \sigma L_r i_{rq} \end{cases} \tag{5-61}$$

将式（5–61）代入式（5–60）中，可得

$$\begin{cases} u_{rd} = R_r i_{rd} + \sigma L_r \dfrac{\mathrm{d}i_{rd}}{\mathrm{d}t} - \omega_{slip}(-\dfrac{L_m}{\omega_1 L_s} U_s + \sigma L_r i_{rq}) \\ u_{rq} = R_r i_{rq} + \sigma L_r \dfrac{\mathrm{d}i_{rq}}{\mathrm{d}t} + \omega_{slip}\sigma L_r i_{rd} \end{cases} \tag{5-62}$$

根据式（5–62）可得出基于定子电压矢量定向的转子电流闭环控制框图，如图 5–15 所示。

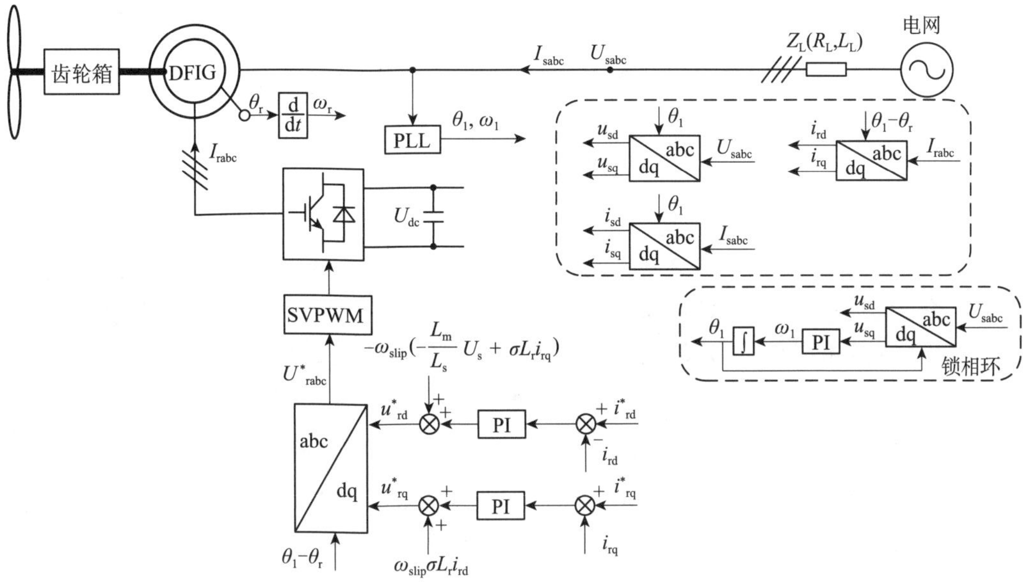

图 5-15　基于定子电压定向的转子电流环控制框图

4. 转子侧变换器的功率环控制

随着风速的变化，风电机组将运行在不同的区域，在设计 DFIG 风电系统时，通常应将最常出现的风速范围作为最大风能追踪的区域，以提高单风机的运行效率，利用转子变换器的功率控制是实现 DFIG 最大风能追踪运行的关键之一。

根据最大风能追踪运行机理，在不计机械损耗的条件下，DFIG 输出总电磁功率参考值为：

$$P_e^* = P_{opt} = K_w(\frac{\omega_m}{N})^3 = K_w(\frac{\omega_r}{pN})^3 \tag{5-63}$$

其中，$K_w = 0.5\rho S_w (R_w/\lambda_{opt})^3 C_{pmax}$ 是与风力机有关的系数；ρ 为空气密度；S_w 为风力机叶片迎风扫掠面积；R_w 为风轮半径；λ_{opt} 为最佳叶尖速比；C_{pmax} 为最大风能利用系数；ω_m 为发电机转速；N 为齿轮箱变速比。

定义 P_e 为 DFIG 输出的总电磁功率，且有 $P_e = P_{es} + P_{er}$，其中 P_{es} 为定子输出电磁功率，P_{er} 为转子输出电磁功率。

$$P_{es} = -\frac{3}{2}\mathrm{Re}[\mathrm{j}\omega_1 \boldsymbol{\psi}_s \hat{\boldsymbol{I}}_s] = -\frac{3}{2}\omega_1 L_m (i_{rd}i_{sq} - i_{rq}i_{sd}) \tag{5-64}$$

$$P_{er} = -\frac{3}{2}\mathrm{Re}[\mathrm{j}\omega_{slip} \boldsymbol{\psi}_r \hat{\boldsymbol{I}}_r] = \frac{3}{2}\omega_{slip} L_m (i_{rd}i_{sq} - i_{rq}i_{sd}) \tag{5-65}$$

其中，$\hat{\boldsymbol{I}}_s$、$\hat{\boldsymbol{I}}_r$ 为定转子电流矢量 $\boldsymbol{I}_s$、$\boldsymbol{I}_r$ 的共轭矢量。根据式（5-64）和式（5-65）可知 $P_{er} = -\frac{\omega_1 - \omega_r}{\omega_1}P_{es} = -sP_{es}$，因此有：

$$P_e = (1-s)P_{es} \tag{5-66}$$

稳态运行时，定、转子磁场不会发生变换，于是，定、转子的输出有功功率可表示为

$$\begin{cases} P_s = -\mathrm{Re}[\frac{3}{2}\boldsymbol{U}_s \hat{\boldsymbol{I}}_s] \approx P_{es} + P_{cus} \\ P_r = -\mathrm{Re}[\frac{3}{2}\boldsymbol{U}_r \hat{\boldsymbol{I}}_r] \approx P_{er} + P_{cur} \end{cases} \tag{5-67}$$

其中，P_{CUS}、P_{CUR} 为定转子绕组铜耗。

由以上两式可以得出 DFIG 定子输出有功功率参考值应为

$$P_s^* = \frac{P_e^*}{1-s} + P_{cus} \tag{5-68}$$

DFIG 定子输出无功功率参考值，需根据电网需求和 DFIG 此时的运行状态来设定。根据式（5–68）和图 5–15，就可以得到最大风能追踪要求下 DFIG 转子侧变换器的功率－电流双闭环控制框图，如图 5–16 所示。

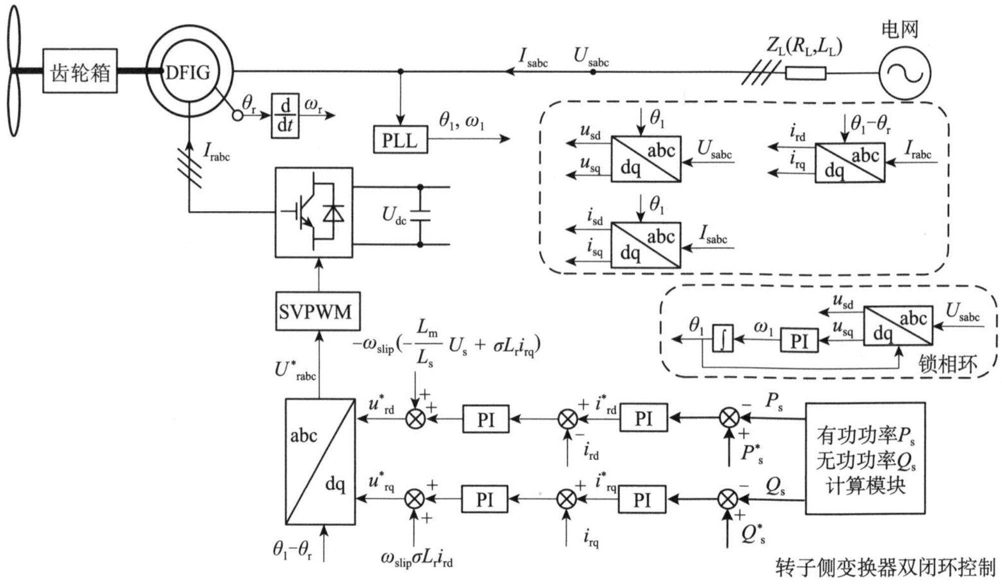

图 5–16　最大风能追踪的转子变换器功率－电流双闭环控制框图

当风电场接受电网调度时，DFIG 的控制结构可保持不变，只将有功功率参考值切换为调控分配的指令即可。

5.1.6　仿真分析

为了验证理想电网电压条件下 DFIG 网侧、转子侧变换器的基本控制策略，本节将搭建仿真模型，进行仿真验证。仿真模型如图 5–17 所示，仿真参数如下。

额定功率 P_N =1.5MW，额定频率 f_N =50Hz，定子额定电压 U_N =690V，极对数 p=2，同步转速 n_1 =1500r/min，定、转子绕组 Y/y 联接，定子漏感 L_{ls} =0.173 p.u.，定子电阻 R_s =0.022 核幺值，转子漏感 L_{lr} =0.167 核幺值，转子电阻 R_r =0.026 核幺值，互感 L_m =2.78 核幺值，进线电抗器电感 L_g =0.3 核幺值，进线电抗器电阻 R_g =0.003 核幺值，中间直流母线电压 U_{dc} =1200V，直流电容 C=10000μF，开关频率 f_{sw} =2kHz。

仿真验证了随转子转速的变化，转子电流频率和幅值随之改变，这是为了保证定子电压频率恒定为 50Hz，如图 5-17 ～图 5-19 所示。

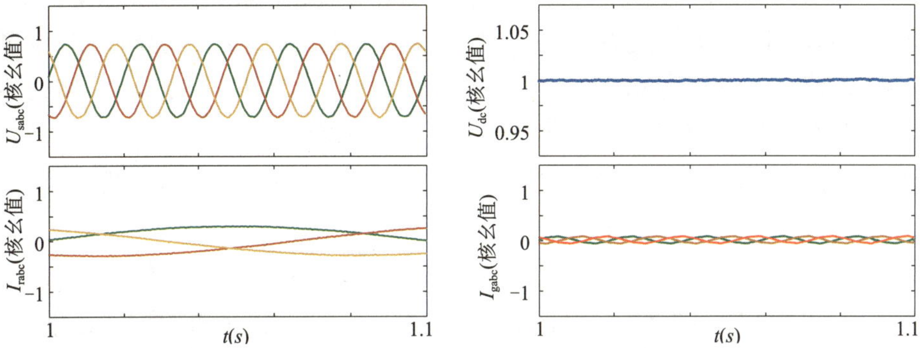

图 5-17　亚同步速下定子电压、转子电流、直流母线电压和网侧变换器电流波形

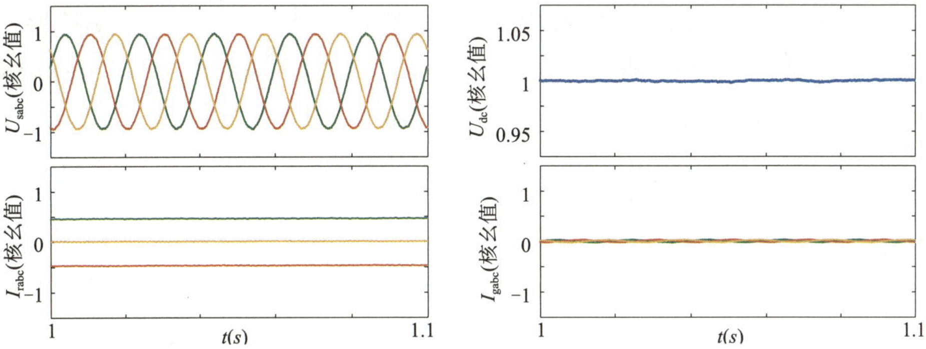

图 5-18　同步速下定子电压、转子电流、直流母线电压和网侧变换器电流波形

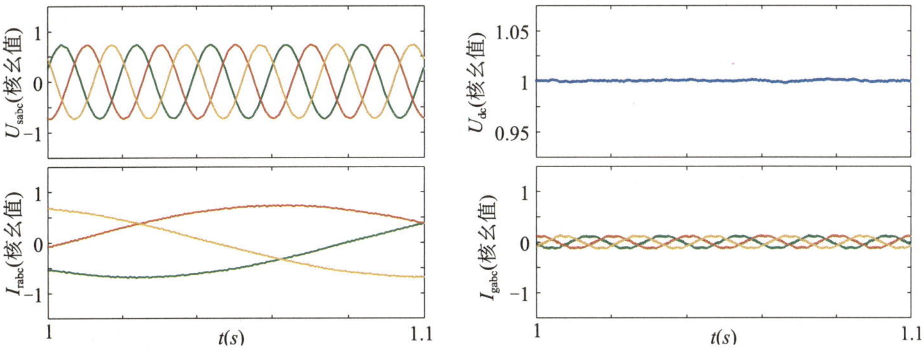

图 5-19　超同步下定子电压、转子电流、直流母线电压和网侧变换器电流波形

5.2 光伏电池数学模型及控制建模

5.2.1 光伏电池的发电原理

光伏电池将光能转换成电能的原理称为光伏效应，该效应在 1983 年由法国科学家贝克勒尔发现，其内容主要是将太阳光照射到半导体器件会产生电能的现象。光伏电池实质是一个 PN 结，PN 结是由 P 型半导体和 N 型半导体组成。其中 P 型半导体带正电，原因是单晶硅通过掺杂部分受主杂质，即加入少量三价元素，进而在其内部产生带正电的空穴和许多带负电荷的电离杂质。N 型半导体带负电，原因是单晶硅通过掺杂部分施主杂质，即加入少量五价元素，进而在其内部产生许多带负电的电子和带正电的离子。当 P 型半导体和 N 型半导体结合，在两者结合的交界面附近的过渡区域就称为 PN 结。

在电场的作用下，P 型半导体中的空穴是可以移动的，而电离杂质不可以移动；N 型半导体中的电子是可以移动的，而离子是固定不动的。P 区的空穴浓度大于 N 区的空穴浓度，而 N 区的电子浓度大于 P 区的电子浓度，故空穴运动方向是 P 区到 N 区，电子运动方向是 N 区到 P 区。空穴和电子为载流子，其中称 N 区空穴为少子，N 区电子为多子，P 区电子为少子，P 区空穴为多子，这种载流子运动由浓度差引起，称扩散运动。这种扩散现象会造成 P 区空穴减少，负离子剩余，N 区电子减少，正离子剩余，这些正负带电离子不能移动，进而形成空间电荷层（耗尽层、阻挡层），建立起内电场，其方向由 N 指向 P。内电强度随扩散运动的进行而增强，但是内电场的形成却抑制多子扩散运动，增强少子的漂移运动，直至这两种运动平衡，才能建立起稳定的内电场，这时的 PN 结处于热平衡状态。

图 5-20 所示为太阳能发电原理示意图，当光照射到 PN 结时，PN 结的热平衡状态被打破，PN 结对光子的能量进行吸收，分为本征吸收和非本征吸收两种方式。能量大于禁带宽度的光子发生本征吸收，能量小于禁带宽度的光子发生非本征吸收。虽然这两种方式都可以产生光生载流子，但是只有本征吸收所激发的少数载流子才能够引起光伏效应。这时 P 区产生光生空穴，N 区产生光生电子，两者都属于多子，被势垒阻挡，不能通过 PN 结，只 P 区的光生电子、N 区的光生空穴以及电子－空穴对（少子）扩散到附近的结电场，在内电场作用下，电子－空穴对被分离，同时 P 区的光生电子穿过 PN 结被拉向 N 区，N 区光生空穴穿过 PN 结被拉向 P 区，使 P 区电势升高，N 区电势降低，在 PN 结两端形成光生电动势，即光生电场，与内电场方向相反，其方向由 P 指向 N。光生电场的产生，如同在 PN 结的两端加上了正向偏置电压，使内电场的场强减小，光生电势差减小，同时势垒高度降低，导致使 P 区的空穴和 N 区的电子彼此向对方流入，从而产生正向电流（又称暗电流），由 P 型半导体流向 N 型半导体，因其方向与光生电流方向相反，故正向电流的存在会抵消部分光生电流，使得PN结的输出电流有所减小。

当 PN 结不与外电路相连接，即处于开路状态下，此时光生电流与正向电流大小相等，PN 结两端会建立起一个稳定的电势差 U_{oc}，此电势差就是光伏电池的开路电压。当 PN 结与外电路相连接，只要有光的照射，PN 处于正常工作状态下，会持续的为外电路产生电流，相当于电源。以上为光伏电池的发电原理。

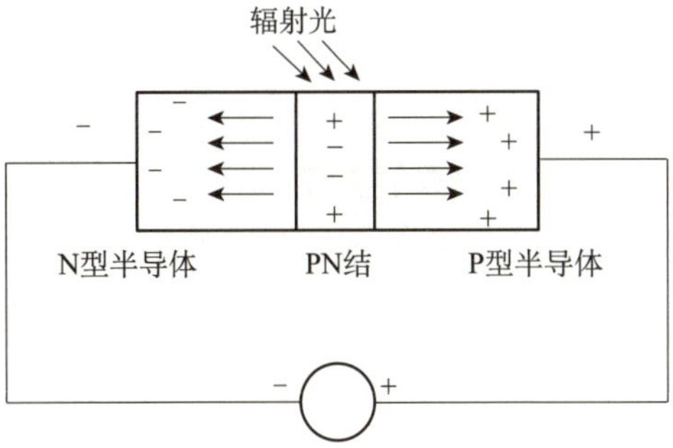

图 5-20　太阳能电池发电原理示意图

5.2.2　光伏电池的数学模型

根据光伏电池的发电原理，光伏电池的本质是 PN 结，将光能转换成电能输出电流时，可将光伏电池看作一个非线性的直流电源，图 5-21 表示的是光伏电池的等效电路图。

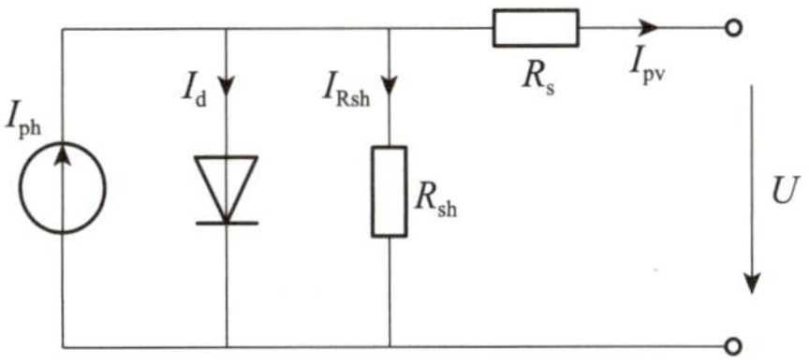

图 5-21　光伏电池等效电路图

其中，R_s 为串联电阻，串联电阻主要来源于半导体材料的体电阻、前电极金属栅线与半导体的接触电阻、栅线之间横向电流对应的电阻和背电极与半导体的接触电阻等，其值非常小，接近于零；R_{sh} 为旁漏电阻，由非理想性 PN 结的漏电流引起，包括绕过电池边缘的漏电流及由于结区存在晶体缺陷和外来杂质的沉淀物所引起的内部漏电，反映了硅片边缘的不清洁或内部缺陷，其值非常大，接近于无穷大。

根据基尔霍夫电流定律可得到，光伏电池的数学表达式为

$$I_{pv} = I_{ph} - I_0\left[e^{\frac{q(U+I_{pv}R_s)}{nKT}} - 1\right] - \frac{U + I_{pv}R_s}{R_{sh}} \tag{5-69}$$

式中，I_{ph} 为光伏电池中激发的电流，其大小取决于太阳辐照度和环境温度；I_0 为

标准温度下 T_0=25℃二极管反向饱和电流；n 为二极管的修正因子；q 是电子电荷数 1.6029×10^{-19}C；K 是 Botzman 系数，1.3819×10^{-23}J/K；T 为热力学温度；U 是光伏电池开路电压；I_{pv} 是光伏电池输出电流。

式（5–67）是建立在物理原理上的实际光伏电池的解析表达式，在光伏电池的理论分析中被广泛应用。尽管 I_{ph} 与光照和温度存在定性关系，但考虑复杂因素的建模将导致数学表达式及其复杂，不利于工程实际应用。工程应强调的是在保证光伏电池技术特性参数精确性的前提下，还要便于计算机分析计算，所以需要在工程要求的精度范围之内对式（5–67）进行简化，建立工程数学模型。

光伏组件的工程数学模型同时兼备实用性和精确性，通常仅采用供应商提供的几个重要技术参数，如短路电流 I_{sc}、开路电压 U_{oc}、最大功率点电流 I_m、最大功率点电压 U_m，就能建立可以近似反映光伏组件输出特性的数学模型，并且便于计算机分析。

一般情况下，R_s 远小于二极管正向导通时的电阻，因此可设定当负载短路时，$I_{ph}=I_{sc}$；当光照充足时，光生电流远远大于 $\dfrac{U+IR_s}{R_{sh}}$，因此上式中忽略该部分经过近似后，公式可简化为

$$I=I_{sc}\left\{1-C_1\left[\exp(\frac{U}{C_2U_{oc}})-1\right]\right\} \tag{5–70}$$

定义在最大功率点时，$U=U_m$，$I=I_m$；开路状态下，$U=U_{oc}$，I=0，代入上式可得两个系数 C_1 和 C_2 分别为：

$$C_1=\left(1-\frac{I_m}{I_{sc}}\right)\exp\left(-\frac{U}{C_2U_{oc}}\right) \tag{5–71}$$

$$C_2=\left(\frac{U_m}{U_{oc}}-1\right)\Big/\left[\ln(1-\frac{I_m}{I_{sc}})\right] \tag{5–72}$$

已知 I_{sc}、U_{oc}、I_m、U_m 四个参数的数值后，即可求出 C_1 和 C_2 的值，再代入公式中去，即可得到光伏组件的输出特性曲线，但这些参数都是在光伏电池工作在标准状态（$S_{ref}=1000\,\text{W/m}^2$，$T_{ref}=25°\text{C}$）下的测试结果。

通过引入相应的补偿系数，可推算出实际光照强度 S 和电池温度 T 下，四个技术参数的数值。

$$\begin{cases} I_{sc}=I_{scref}\dfrac{S}{S_{ref}}(1+a\Delta T) \\ U_{oc}=U_{ocref}\ln(e+b\Delta S)(1-c\Delta T) \\ I_m=I_{mref}\dfrac{S}{S_{ref}}(1+a\Delta T) \\ U_m=U_{mref}\ln(e+b\Delta S)(1-c\Delta T) \end{cases} \tag{5–73}$$

其中，$\Delta S = S - S_{\text{ref}}$，$\Delta T = T - T_{\text{ref}}$，e 为自然对数的底数，补偿系数 a、b、c 为常数，硅材料的补偿系数分别为 a=0.0025/℃，b=0.0005/（W/m²），c=0.00288/℃。根据式（5-71）可以搭建光伏电池的工程模型。

5.2.3　光伏逆变器的控制与建模

按照结构分类，光伏可分为集成式与分布式；根据光伏与电网连接与否，也可以分为独立式与并网型。光伏电池并网系统直流侧容易受到谐波污染，则逆变器是非常关键的一环。本节主要研究三相光伏并网逆变器，首先进行建模，根据数学理论和仿真分析进行深入的研究。

5.2.3.1　光伏逆变器结构分类

光伏并网逆变器是将太阳电池所输出的直流电转换成符合电网要求的交流电再输入电网的设备，是并网型光伏系统能量转换与控制的核心。光伏并网逆变器性能不仅是影响和决定整个光伏并网系统是否能够稳定、安全、可靠、高效地运行，同时也是影响整个系统使用寿命的主要因素。因此，掌握光伏并网逆变器技术对应用和推广隔离型光伏并网系统有着至关重要的作用。根据有无隔离变压器，光伏并网逆变器可分为隔离型和非隔离型等，隔离型具体详细分类关系如图 5-22 所示。以下主要按此分多级类方法，讨论不同结构的基本性能。

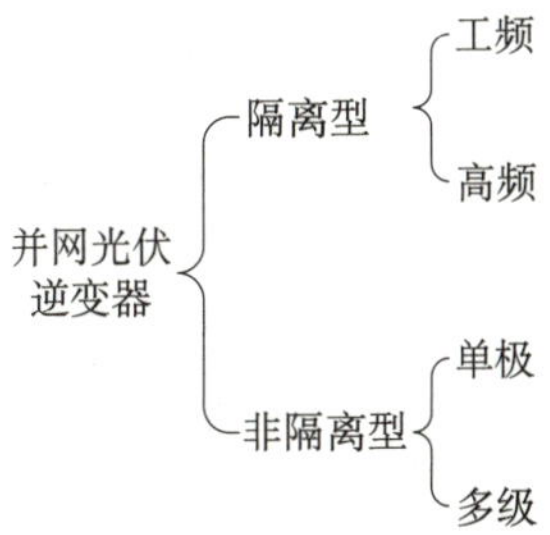

图 5-22　光伏并网逆变器分类

1. 隔离型光伏并网逆变器结构

在隔离型光伏并网逆变器中，又可以根据隔离变压器的工作频率，将其分为工频隔离型和高频隔离型两类。

工频隔离型是光伏并网逆变器最常用的结构，也是目前市场上使用最多的光伏逆变器类型，其结构如图 5-23 所示：光伏阵列发出的直流电能通过逆变器转化为 50Hz 的交流电能，再经过工频变压器输入电网，该工频变压器同时完成电压匹配以及隔离功能。由于工频隔离型光伏并网逆变器结构采用了工频变压器，使输入与输出隔离，主电路和控制电路相对简单，而且光伏阵列直流输入电压的匹配范围较大。由于变压器的隔离方面，可以有效地防止人接触到光伏侧的正极或者负极时，电网电流通过桥臂形成回路对人构成伤害的可能性，提高了系统安全性；另外，也保证了系统不会向电网注入直流分量，有效地防止了配电变压器的饱和。

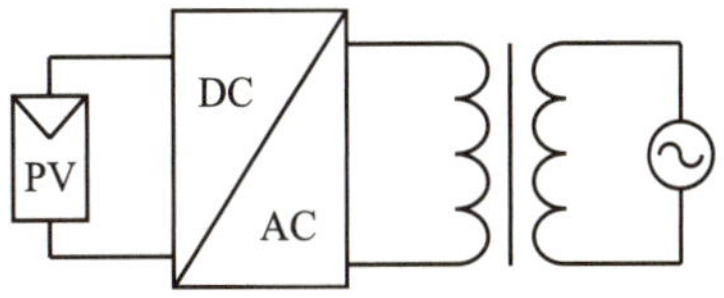

图 5-23　工频隔离型光伏并网逆变器结构

然而，工频变压器具有体积大、质量重的缺点，它约占逆变器总重量的 50% 左右，使得逆变器外形尺寸难以减小；另外，工频变压器的存在还增加了系统损耗、成本，并增加了运输、安装的难度。

工频隔离型光伏并网逆变器是最早发展和应用的一种光伏并网逆变器主电路形式，随着逆变技术的发展，在保留隔离型光伏并网逆变器优点的基础上，为减小逆变器的体积和质量，高频隔离型光伏并网逆变器结构便应运而生。

高频隔离型光伏并网逆变器与工频隔离型光伏并网逆变器的不同在于使用了高频变压器，从而具有较小的体积和质量，克服了工频隔离型光伏并网逆变器的主要缺点。值得一提的是，随着器件和控制技术的改进，高频隔离型光伏并网逆变器的效率也可以做得很高。按电路拓扑结构来分类，高频隔离型光伏并网逆变器主要有两种类型：DC/DC 变换型和周波变换型，如图 5–24 所示。

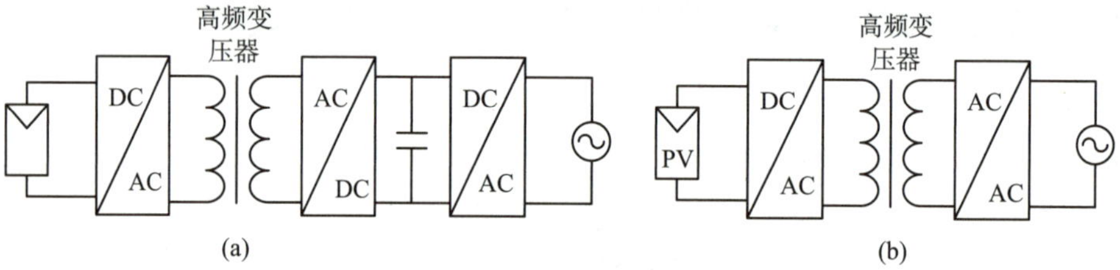

图 5–24　高频隔离型光伏逆变器结构

（a）DC/DC 变换型；（b）周波变换型

2. 非隔离型光伏并网逆变器结构

在隔离型并网系统中，变压器将电能转化成磁能，再将磁能转化成电能，显然这一过程将导致能量损耗。一般数千瓦的小容量变压器导致的能量损失可达 5%，甚至更高。因此，提高光伏并网系统效率的有效手段，便是采用无变压器的非隔离型光伏并网逆变器结构。而在非隔离型系统中，由于省去了笨重的工频变压器或复杂的高频变压器，系统结构变简单、质量变轻、成本降低，并具有相对较高的效率。非隔离型并网逆变器按拓扑结构可以分为单级和多级两类，如图 5–25 所示。

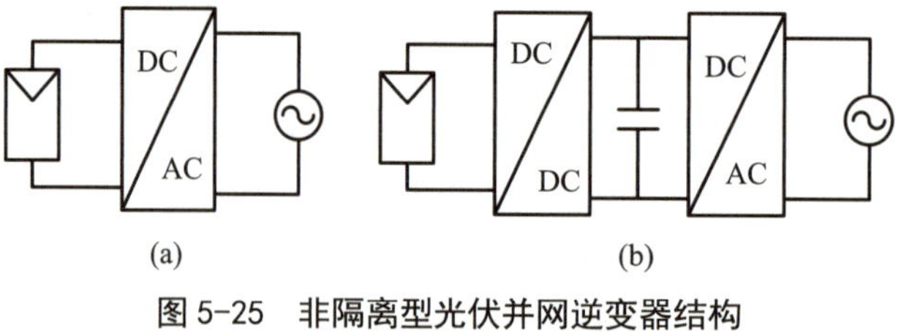

图 5–25　非隔离型光伏并网逆变器结构

（a）单级非隔离型光伏并网逆变器；（b）多级非隔离型光伏并网逆变器

在图 5–25（a）所示的单级非隔离型光伏并网逆变器系统中，光伏阵列通过逆变器直接耦合并网，因而逆变器工作在工频模式。单级光伏并网逆变器只用一级能量变换就可以完成 DC/AC 并网逆变功能，它具有电路简单、元器件少、可靠性高、效率高、功耗低等诸多优点。另外，为了使直流侧电压达到能够直接并网逆变的电压等级，一般要求光伏阵列具有较高的输出电压，这便使得光伏组件乃至整个系统必须具有较高的绝缘等级，否则将容易出现漏电现象。实际上，当光伏阵列的输出电压满足并网逆变要求且不需要隔离时，可以将工频隔离型光伏并网逆变器各种拓扑中的隔离变压器省略，从而演变出单级非隔离型光伏并网逆变器的各种拓扑，如：全桥式、半桥式、三电平式等。

虽然单级非隔离型光伏并网逆变器省去了工频变压器，但常规结构的单级非隔离型光伏并网逆变器其网侧均有滤波电感，而该滤波电感均流过工频电流，因此，也有一定的体积和质量；另外，常规结构的单级非隔离型光伏并网逆变器要求光伏组件具有足够的电压以确保并网发电，因此，可以考虑一些新思路以解决常规单级非隔离型光伏并网逆变器之不足，如基于 Buck– Boost 电路的单级非隔离型光伏并网逆变器、基于 Z 源网络的单级非隔离型光伏并网逆变器等。

在图 5–25（b）所示的多级非隔离型光伏并网逆变器系统中，功率变换部分一般由 DC/AC 和 DC/AC 多级变换器级联组成。由于在该类拓扑中一般需采用高频变换技术，因此，也称为高频非隔离型光伏并网逆变器。需要注意的是：由于在非隔离型的光伏并网系统中，光伏阵列与公共电网是不隔离的，这将导致光伏组件与电网电压直接连接。而大面积的太阳电池组不可避免地与地之间存在较大的分布电容，因此，会产生太阳电池对地的共模漏电流。而且由于无工频隔离变压器，该系统容易向电网注入直流分量。多级非隔离型光伏并网逆变器的设计关键在于 DC/DC 变换器的电路拓扑选择，从 DC/DC 变换器的效率角度来看，Buck 和 Boost 变换器效率是最高的。由于 Buck 变换器是降压变换器，无法升压，若要并网发电，则必须使得光伏阵列的电压要求匹配在较高等级，这将给光伏系统带来很多问题，因此，Buck 变换器很少用于光伏并网发电系统。Boost 变换器为升压变换器，从而可以使光伏阵列工作在一个宽泛的电压范围内，因而直流侧电池组件的电压配置更加灵活；由于通过适当的控制策略可以使 Boost 变换器的输入端电压波动很小，因而提高了最大功率点跟踪的精度；同时 Boost 电路结构上与网侧逆变器下桥臂的功率管共地，驱动相对简单。可见，Boost 变换器在多级非隔离型光伏并网逆变器拓扑设计中是较为理想的选择。实际上，对于非隔离并网系统，只要采取适当措施，同样可保证主电路和控制电路运行的安全性；另外，由于非隔离光伏并网逆变器具有体积小、质量轻、效率高、成本较低等优点，这使得该结构将成为今后主要的光伏并网逆变器结构，本节将重点介绍多级非隔离型光伏并网系统。

多级式光伏并网系统包括光伏电池阵列、升压 Boost 电路、逆变电路及其他辅助器件。首先，为了达到逆变电路的工作条件，需要通过 Boost 电路对光伏阵列输出的直流电进行电压幅值变换。然后，为了抑制母线波动，则需要通过逆变器将直流电变换为交流电。图 5–26 是两级式光伏并网发电系统拓扑图，Boost 电路的主要作用是实现电压的变换和最大功率跟踪，逆变电路的作用是输出符合要求的电压。

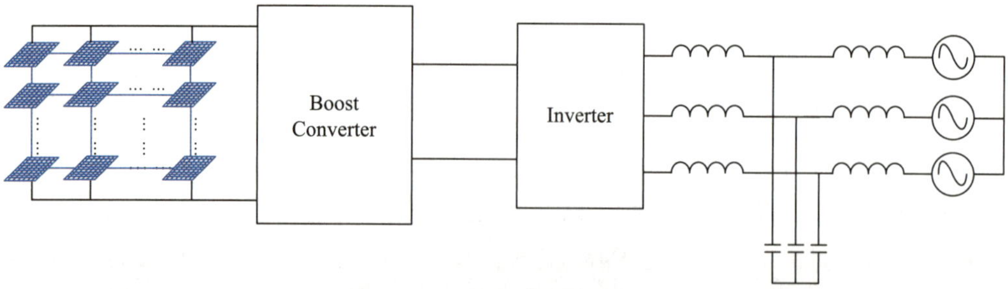

图 5-26　光伏发电运行模型图

5.2.3.2　光伏并网逆变器数学模型

DC/AC 环节采用三相电压全桥逆变电路，其典型拓扑图如图 5-27 所示。

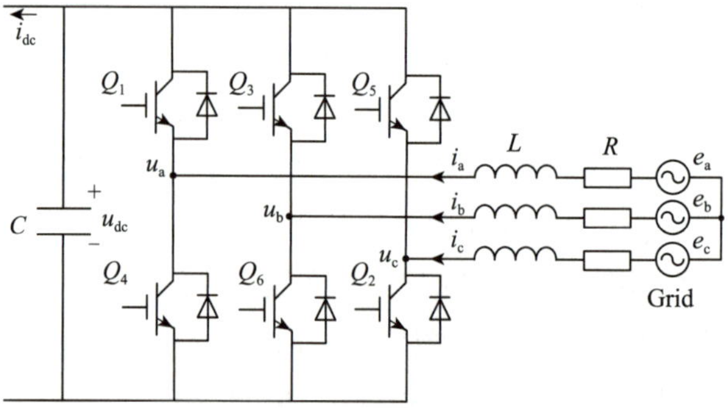

图 5-27　逆变器系统结构图

假定电流参考方向为电网流入逆变器方向，可得三相静止坐标系下的数学模型：

$$\begin{cases} L\dfrac{di_a}{dt}=e_a-Ri_a-u_a \\ L\dfrac{di_b}{dt}=e_b-Ri_b-u_b \\ L\dfrac{di_c}{dt}=e_c-Ri_c-u_c \\ C\dfrac{du_{dc}}{dt}=S_ai_a+S_bi_b+S_ci_c \end{cases} \tag{5-74}$$

其中，e_a、e_b、e_c 为电网电压；i_a、i_b、i_c 为电网电流；u_a、u_b、u_c 为三相网侧逆变器输出电压；L 为等效的滤波电感；R 为等效的电阻；U_{dc} 为直流母线电容电压；i_{dc} 为直流侧输出电流；S_a、S_b、S_c 为各相桥臂的开关函数。

定义开关函数：

$$S_k=\begin{cases} 1 & [\text{上桥臂开通，下桥臂关断}] \\ 0 & [\text{下桥臂开通，上桥臂关断}] \end{cases} \tag{5-75}$$

其中，$k=a$，b，c。

由于三相互相耦合，不利于控制系统的设计，因此采用坐标变换的方法，将三相静止坐标系下的数学模型变换到 dq 旋转坐标系下，得到并网逆变器在 dq 旋转坐标系中的数学模型：

$$\begin{cases} L\dfrac{\mathrm{d}i_{\mathrm{d}}}{\mathrm{d}t}=e_{\mathrm{d}}-u_{\mathrm{d}}-Ri_{\mathrm{d}}+\omega Li_{\mathrm{q}} \\ L\dfrac{\mathrm{d}i_{\mathrm{q}}}{\mathrm{d}t}=e_{\mathrm{q}}-u_{\mathrm{q}}-Ri_{\mathrm{q}}-\omega Li_{\mathrm{d}} \\ C\dfrac{\mathrm{d}U_{\mathrm{dc}}}{\mathrm{d}t}=\dfrac{3}{2}\sum\limits_{k=d,q}S_k i_k-i_{dc} \end{cases} \tag{5-76}$$

5.2.3.3　光伏并网逆变器的控制结构及策略

光伏并网逆变器的控制策略是光伏系统并网控制的关键。由于光伏并网发电系统存在诸如单级式、多级式以及单相、三相等多种拓扑结构，因此，光伏并网逆变器的控制策略应涉及多种开关变换器的控制。然而，无论何种拓扑结构的光伏并网逆变器，都不能缺少网侧的 DC/AC 变换单元，即并网逆变单元。实际上即使对于具有两级变换的光伏并网逆变系统，其前级 DC/DC 变换器和后级 DC/AC 变换器之间一般均设置一个足够容量的直流滤波电容，该直流滤波电容在缓冲前、后级能量变化的同时，也起到了前、后级控制上的解耦作用。因此，对前、后级变换器的控制策略一般可以独立地进行研究。一般而言，在具有两级变换的光伏并网逆变器系统中，前级的 DC/DC 变换器主要实现最大功率点跟踪（MPPT）控制，而后级的 DC/AC 变换器（并网逆变器）则有两个基本控制要求：一是要保持前后级之间的直流侧电压稳定；二是要实现并网电流控制（网侧单位功率因数正弦波电流控制），甚至需根据指令进行电网的无功功率调节。可见，网侧逆变器是光伏并网发电系统的核心。本小节研究的是并网逆变器的变流控制策略，下节讨论有关 MPPT 的控制策略。

对于并网逆变器而言，典型的并网控制策略是通过对逆变器输出电流矢量的控制，实现并网及网侧有功、无功的控制。并网逆变器交流侧稳态的矢量关系如图 5-28 所示。

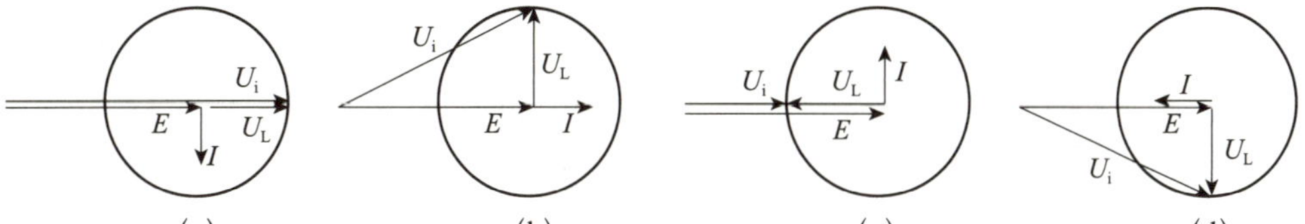

图 5-28　逆变器交流侧稳态矢量关系

（a）纯电感特性运行；（b）单位功率因数逆变运行；（c）纯电容特性运行；（d）单位功率因数整流运行

图中，E 表示电网电压矢量，U 表示滤波电感 L 上电压矢量，U_i 表示逆变器桥臂输出即交流侧的电压矢量，I 表示输出电流矢量，图中忽略了输出滤波电感 L 上的等效电阻 R。

由图 5–28 所示的矢量图不难分析出相应的矢量关系，即

$$\boldsymbol{U}_i = \boldsymbol{U}_L + \boldsymbol{E} \tag{5–77}$$

考虑到稳态时 $|\boldsymbol{I}|$ 不变，则 $|\boldsymbol{U}_L| = \omega L|\boldsymbol{I}|$ 也不变，此时并网逆变器交流侧电压矢量的端点形成一个以矢量 E 端点为圆心和以 $|\boldsymbol{U}_L|$ 为半径的圆。显然，通过控制并网逆变器交流侧电压矢量的幅值和相位即可控制电感电压矢量的幅值和相位，进而就控制了输出电流矢量的幅值和相位（ $\boldsymbol{U}_L = \mathrm{j}\omega L\boldsymbol{I}$ ）。

实际上，当控制并网逆变器的输出电流并使其与电网电压同相位时，便实现了单位功率因数运行；而当控制并网逆变器的输出电流并使其超前于电网电压时，便实现了并网逆变器在并网发电的同时还可向电网提供无功补偿。可见，通过控制逆变器的输出电流矢量，即可实现并网逆变器输出有功功率和无功功率的控制。

总之，并网逆变器并网控制的基本原理可概括为：首先，根据并网控制给定的有功、无功功率指令以及电网电压矢量，计算出所需的输出电流矢量 I^*；再由式（5–75）并考虑到 U_L=jωLI 即可计算出并网逆变器交流侧输出的电压矢量指令 $\boldsymbol{U}_i^*$ ，即 $\boldsymbol{U}_i^* = \boldsymbol{E} + \mathrm{j}\omega L\boldsymbol{I}$；最后通过 PWM 控制或 SPWM 控制，使并网逆变器交流侧按指令输出所需电压矢量，以此进行逆变器并网电流的控制。

上述的并网控制方法实际上是通过控制并网逆变器交流侧电压矢量来间接控制输出电流矢量的，因而称为间接电流控制。这种间接电流控制方法无需电流检测且控制简单，但也存在明显不足：① 对系统参数变化较为敏感；② 由于其基于系统的稳态模型进行控制，因而动态响应速度慢；③ 由于无电流反馈控制，因而并网逆变器输出电流的波形品质难以保证，甚至在动态过程中含有一定的直流分量。

为了克服间接电流控制方案的上述不足，提出了直接电流控制方案。直接电流控制方案依据系统动态数学模型，构造了电流闭环控制系统，不仅提高了系统的动态响应速度和输出电流的波形品质，同时也降低了其对参数变化的敏感程度，提高了系统的鲁棒性。在直接电流控制前提下，如果以电网电压矢量进行定向，通过控制并网逆变器输出电流矢量的幅值和相位（相对于电网电压矢量），即可控制并网逆变器的有功和无功功率，以此实现逆变器的并网控制。由于是相对于电网电压矢量位置的电流矢量控制，因而称其为基于电压定向的矢量控制（VOC）。

可见，VOC 是在电压定向基础上，通过输出电流矢量的控制，实现对并网逆变器输出有功和无功功率的控制。实际上，如果在电压定向基础上，不对输出电流进行控制，而是对并网逆变器的有功和无功功率进行直接控制，也可以实现逆变器的并网控制。这种在电压定向基础上的并网逆变器的直接功率控制（DPC），一般称为基于电压定向的直接功率控制（V–DPC）。

上述 VOC 和 V–DPC 两种并网逆变器控制策略的控制性能，均取决于电网电压矢

量位置的准确获得，获得电网电压矢量位置的一般方法是：首先检测电网电压瞬时值 e_a、e_b、e_c，再由三相静止坐标系（abc）到两相静止坐标系（$\alpha\beta$）的坐标变换，获得其在 αβ 坐标系下的表达式 e_α、e_β，从而获得电压矢量的位置角 γ，即：

$$\begin{cases} \sin\gamma = \dfrac{e_\beta}{\sqrt{e_\alpha^2 + e_\beta^2}} \\ \cos\gamma = \dfrac{e_\alpha}{\sqrt{e_\alpha^2 + e_\beta^2}} \end{cases} \tag{5-78}$$

上述电压定向方法的不足在于：由于实际的电网电压并非是理想的正弦波电压，即电网电压除基波分量外还含有丰富的谐波分量，因此，使得电网电压的检测值中除基波分量外还包含谐波分量，这样就使得基波电压定向出现偏差，从而降低了系统有功、无功的控制性能。

解决以上不足的方法有两种：一种可行的解决方法是，加入基于电网电压基波的锁相环（PLL）技术，以期实现对电网电压基波分量进行定向，但这需要对锁相环进行动态响应与稳态精度的折中设计，定向好坏取决于锁相环的设计性能；另一种简单的解决方法是，采用虚拟磁链进行定向，由于虚拟磁链实际上是电网电压的积分，而积分的低通特性则对电网电压中的谐波分量有一定的抑制作用，从而有效克服了电网电压谐波对矢量定向精度的影响。

总之，根据矢量定向和控制变量的不同，并网逆变器的控制策略可以归纳成如下 4 类：① 基于电压定向的矢量控制（VOC）；② 基于电压定向的直接功率控制（V–DPC）；③ 基于虚拟磁链定向的矢量控制（VFOC）；④ 基于虚拟磁链定向的直接功率控制（VF–DPC）。相应的控制策略的分类关系如图 5–29 所示。

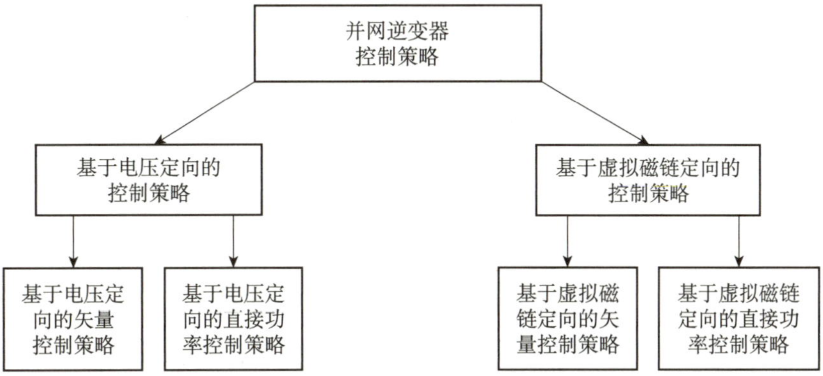

图 5–29　并网逆变器控制策略的分类关系

基于电压定向的矢量控制（VOC）和基于虚拟磁链定向的矢量控制（VFOC），都是基于电流闭环的控制策略，而基于电压定向的直接功率控制（V–DPC）和基于虚拟磁链定向的直接功率控制（VF–DPC），则都是基于功率闭环的控制策略。另外，在光伏并网系统中，对逆变器并网电流的谐波有严格的限制要求，即要求并网电流的总谐波畸变率（THD）足够小（一般要求并网电流的 THD ≤ 5%）。因此，并网逆变器的输出滤波器设计就极为关键，小功率并网逆变器由于开关频率较高，一般常采用 L 型或 LC 型滤波器设计，而大功率并网逆变器开关频率不高，为有效降低滤波器体积和损耗，则常采用 LCL 型滤波器设计。

在光伏系统并网运行过程中，由于伴随着各类工况的存在，比如环境突变、负载突变等，因此，并网系统需要具备一定的抗扰能力，本节采用的是基于电压定向的矢量控制策略，电压外环控制稳定可以直流母线电压，电流内环输入是电网电压的反馈值，可以控制控制输出功率。同时对电压外环和电流内环控制，就可以满足并网实现抗扰的需要。

为了将有功和无功分开控制，令电网电压矢量 E 与 dq 轴同步旋转，使 d 轴与 E 重叠，图 5-30 为系统输出的矢量图。

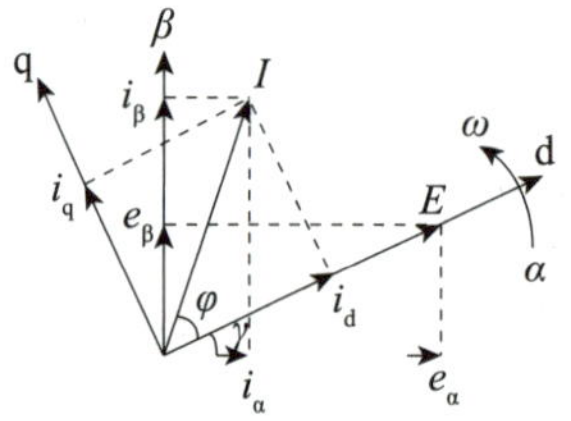

图 5-30　系统输出矢量图

由图 5-30 可得到电网电压在 dq 轴上的投影

$$\begin{cases} e_d = |E| \\ e_q = 0 \end{cases} \tag{5-79}$$

并网逆变器的瞬时输出功率

$$\begin{cases} P = \dfrac{3}{2}(i_d e_d + i_q e_q) \\ Q = \dfrac{3}{2}(i_d e_q - i_q e_d) \end{cases} \tag{5-80}$$

联立上式可得

$$\begin{cases} P = \dfrac{3}{2} i_d e_d \\ Q = -\dfrac{3}{2} i_q e_d \end{cases} \tag{5-81}$$

忽略电网电压的波动，那么电网电压在 d 轴上的分量 e_d 可以当作常数，由式（5-81）可以看出，并网逆变器的瞬时输出功率仅与电流向量在dq轴的分量有关。控制 i_d 就可以控制 P，控制 i_q 就可以控制 Q。若忽略交流侧滤波器、逆变器等损耗，则逆变器直流侧的有功功率表达式为：

$$P = u_{dc} i_{dc} = \frac{3}{2} i_d e_d \tag{5-82}$$

根据上述推导，可构造出并网逆变器的整体控制结构框图：

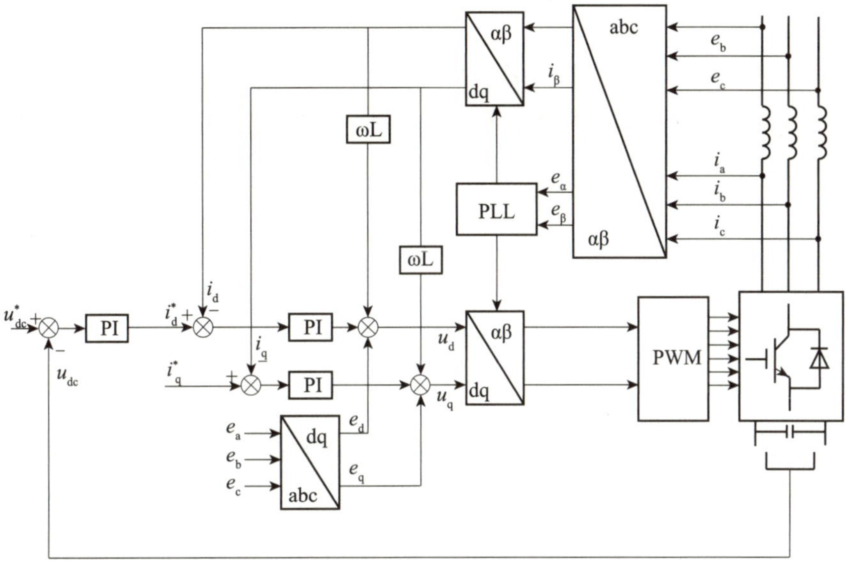

图 5-31　并网逆变器的整体控制结构框图

如图 5-31 所示，逆变器控制结构采用基于电压定向的矢量控制策略，控制结构为双闭环控制，外环为电压环，内环为电流环。结构图输入为直流母线电压给定值 u^*_{dc}，测量实际直流母线电压值，计算得到误差并将误差通过 PI 调节，得到 d 轴电流的给定值 i^*_d。为了提高功率因数，最好使得无功功率为 0，则设置给定值 $i^*_q = 0$，这样可以使逆变器只传输有功功率。最后把电流内环的、分别与实际值相比较经过 PI 调节器、坐标变换送入到脉宽调制（PWM）模块，驱动逆变器的开关元件。

5.2.4　最大功率点跟踪控制策略

光伏电池的利用率受到各种因素的影响，为了使光伏阵列在任何外界条件下，都能输出当前光照下最多的能量，本节提出了光伏阵列的 MPPT 问题。由于光伏发电系统较高的造假和较低的转换效率，对 MPPT 技术的研究愈发重要。MPPT 即实时检测光伏阵列的输出功率，采用一定的控制算法预测当前工况下光伏阵列可能输出的最大功率，通过改变当前的阻抗来满足最大功率输出的要求。虽然光伏电池和电力电子变换器都是非线性器件，但在短时间内可以认为式线性电流。根据电流原理可知，当光伏电池的输出阻抗与负载阻抗相匹配时，光伏电池的输出功率最大。所以，通过调节光伏电池的输出阻抗使其与负载阻抗相匹配，便能实现光伏电池的 MPPT 控制。由于光伏电池的输出阻抗受外界各种因素的影响，利用控制算法实现对负载阻抗的实时调节，是实现 MPPT 控制的关键。

5.2.4.1 最大功率点跟踪原理分析

在光伏发电过程中，理想情况下光伏电池的 PV 输出特性呈现单峰值，这个峰值即为理论追寻的最大功率点。但是外界负载在变化，系统也时刻处在动态变化的过程中，功率最值点时刻在漂移，所以要调整系统，时刻追踪功率最值。最大功率传输电路原理图如图 5-32 所示。

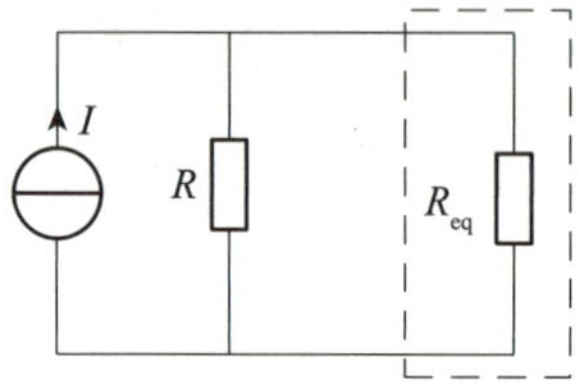

图 5-32 最大功率传输电路原理图

根据最大功率传输定理，当等效电路内阻与负载电阻相等，此时系统输出功率最大。即当 $R=R_{eq}$ 时有：

$$P_{max}=\frac{(IR)^2}{4R_{eq}} \tag{5-83}$$

MPPT 的实质就是两者阻抗动态匹配的过程，最大功率点跟踪是通过控制 Boost 斩波电路的开关信号实现的，如图 5-33 所示为 Boost 斩波电路。

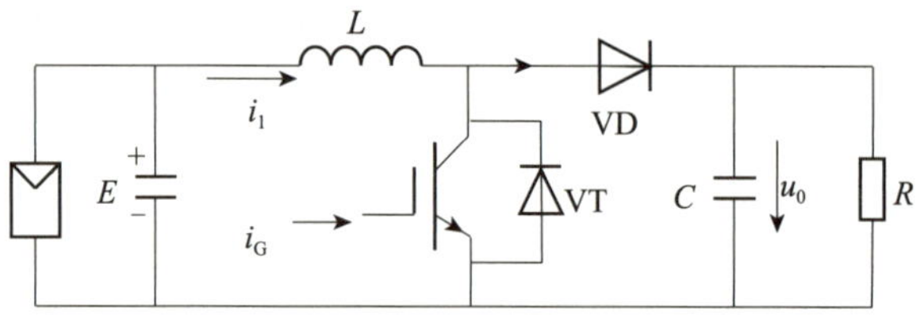

图 5-33 Boost 斩波电路图

其工作原理是，当开关管 VT 导通时，由电源经电感 L、VT 形成回路且对电感供应能量，二极管因承受电容器 C 上的反向电压而截止，将输入级与输出级隔离；当开关管 VT 断开时，二极管承受正向电压导通，由输入端电源与电感向输出级提供能量。

根据流过电感的电流不能突变的基本性质，在一个周期内，稳态时电感电压对时间的积分为零，即

$$Et_{on}+(E-U_o)t_{off}=0 \tag{5-84}$$

整理后得到

$$\frac{U_o}{E}=\frac{T_s}{T_{off}}=\frac{1}{1-D} \tag{5-85}$$

$$I_0=I_L(1-D) \tag{5-86}$$

$$r=\frac{E}{I_L}=\frac{U_o}{I_o}(1-D)^2=R(1-D)^2 \tag{5-87}$$

式中，D 为占空比。当 R 固定不变时，由式（5-85）可知通过改变占空比 D 就可能改变输入阻抗 r 的大小。要实现光伏电池的 MPPT，调节 r 使其与负载阻抗相匹配，根据最大功率传输原理，电源输出的功率最大。

5.2.4.2　最大功率点跟踪控制算法

目前，典型的自寻优类 MPPT 算法有扰动观察法、电导增量法等。扰动观察法基本原理为：光伏阵列间隔一定的时间，然后减少或增加其输出电流或电压，随后观察输出功率的变化方向，进而决定下一步操作。该方法实现比较容易，对硬件要求比较低，控制逻辑比较简单，在光伏系统中应用比较方便。但是在最大功率点附近振荡大，容易造成功率损失，当外界环境突然变化时，会判断得到错误的跟踪方向，甚至导致直流母线电压崩溃。电导增量法避免了扰动观察法的盲目性，具有对 MPPT 控制稳定度高的优点，因此，选用电导增量法作为 MPPT 的控制策略。

电导增量法主要思想是通过分析某一时刻的电导和电导的增量变化关系，来确定系统扰动的方向。在某一时刻的电导和电导的增量的关系，反映了光伏阵列是不是工作在最大功率点（Maximum Power Point，MPP）处，还是运行在 MPP 左边或右边，根据以上关系来改变扰动的方向。最大功率点处功率对电压的导数为零，其输出功率为 $P=UI$，将公式两端对 U 求导，并将 I 作为 U 的函数，在最大功率点处可得：

$$\frac{\mathrm{d}P}{\mathrm{d}U}=\frac{\mathrm{d}(IU)}{\mathrm{d}U}=I+U\frac{\mathrm{d}I}{\mathrm{d}U}=0 \tag{5-88}$$

电导增量法控制流程如图 5-34 所示。当 $\mathrm{d}U=0$，$\mathrm{d}I=0$ 时，此时就是最佳输出运行状态，不需要做任何调整；$\mathrm{d}U=0$，$\mathrm{d}I>0$ 时，此时运行在 MPP 左侧，需要增压以调整其输出在最佳状态；$\mathrm{d}U=0$，$\mathrm{d}I<0$ 时，这时运行在 MPP 右侧，需要减压将其重新回到最佳输出状态；$\mathrm{d}U\neq 0$ 时，当 $\frac{\mathrm{d}I}{\mathrm{d}U}+\frac{I}{U}>0$ 时，运行在 MPP 左侧，增压调整其运行状态；当 $\frac{\mathrm{d}I}{\mathrm{d}U}+\frac{I}{U}<0$ 时，运行在 MPP 右侧，减压将其重新运行在 MPP 处；当 $\frac{\mathrm{d}I}{\mathrm{d}U}+\frac{I}{U}=0$ 时，运行在 MPP 上，不进行调压。

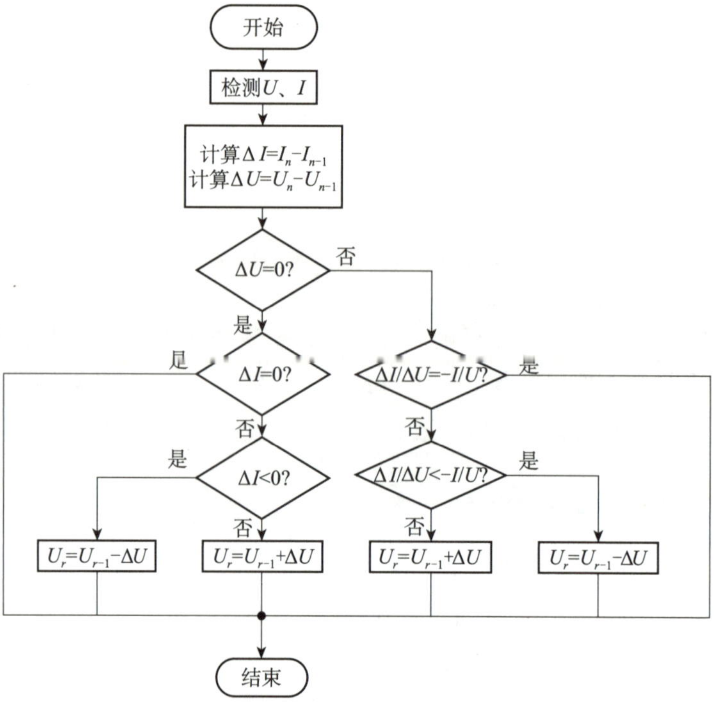

图 5-34　电导增量法控制流程

5.2.5　仿真分析

如图 5-35 所示搭建了 100kW 的三相光伏并网发电系统仿真模型，光伏阵列输出的电压电流经过 Boost 电路升压，再通过逆变器接入变压器。

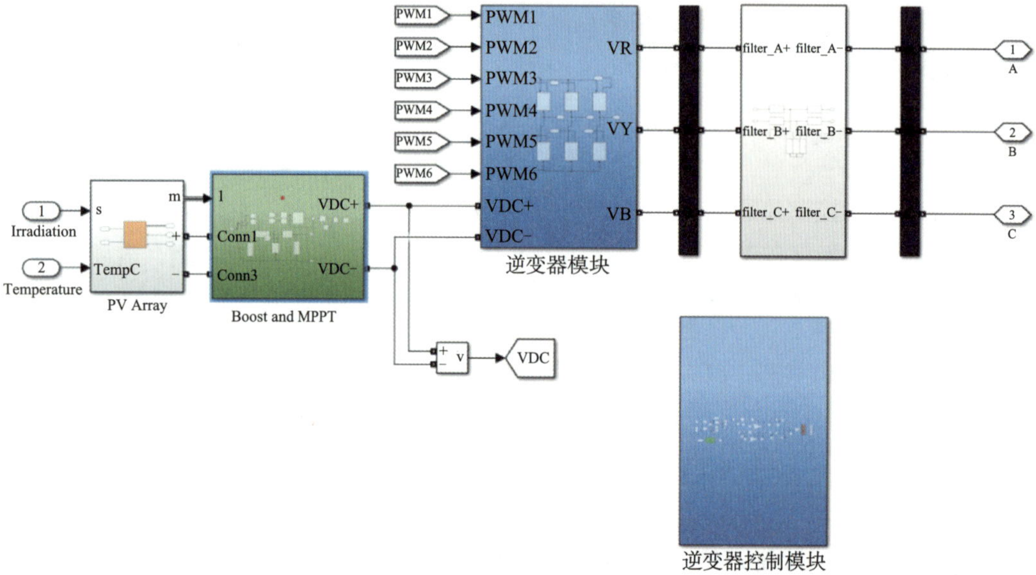

图 5-35　三相光伏并网仿真模型

光伏电池阵列的 IV 特性与 PV 特性曲线如图 5-36 所示，可以看出最大功率处的电压在 300V 左右，最大功率为 100kW。

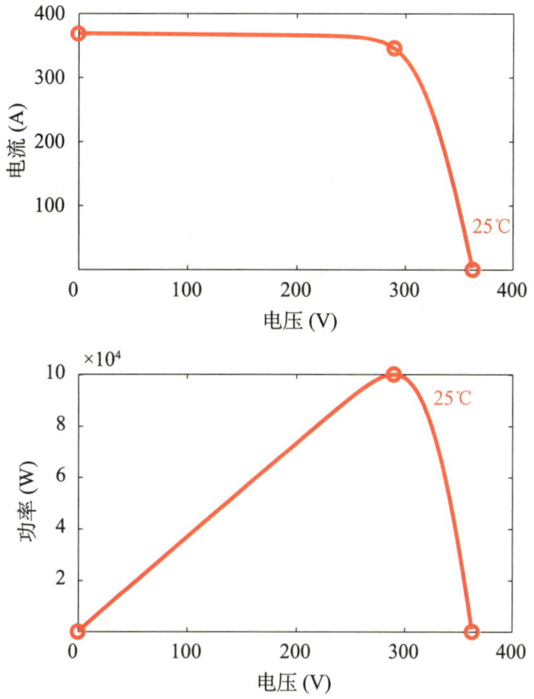

图 5-36 IV 曲线与 PV 曲线

如图 5-37 所示为 Boost 斩波电路图，光伏电池输出的信号经过斩波电路进行升压，最大功率点跟踪算法采用的是电导增量法，控制 Boost 斩波电路中开关管的触发信号从而实现最大功率跟踪。Boost 斩波电路输出的直流母线电压 U_{dc} 如图 5-38 所示，电压经过短暂振荡后稳定在 600V 左右。

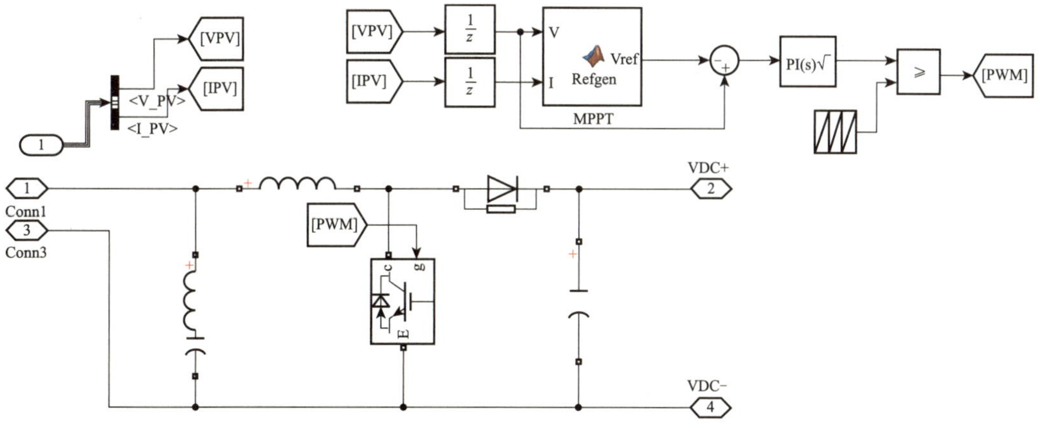

图 5-37 Boost 斩波电路与 MPPT

升压电路输出的直流信号经逆变器输出为三相交流信号，逆变器控制模块采用的是电压电流双闭环控制策略。逆变器侧输出的有功功率如图 5-39 所示，有功功率经过短暂一段时间稳定在 100kW 左右，验证了此仿真模型实现了最大功率点跟踪。图 5-40 显示了并网点电流的波形畸变率，从图中可以看出电流畸变最大偏差不超过 4%，稳定后保持在 0% 左右，证明此三相光伏并网模型输出的信号对电网电流波动较小。

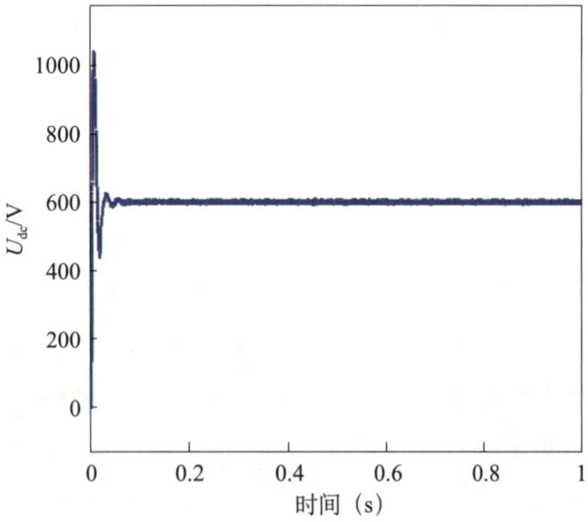

图 5-38　直流母线电压

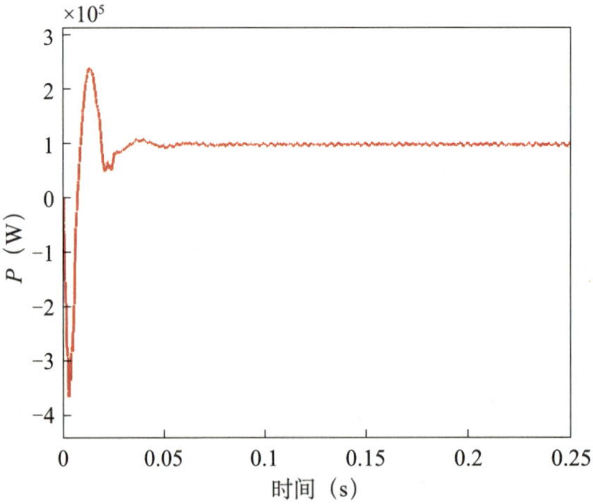

图 5-39　逆变器输出有功功率

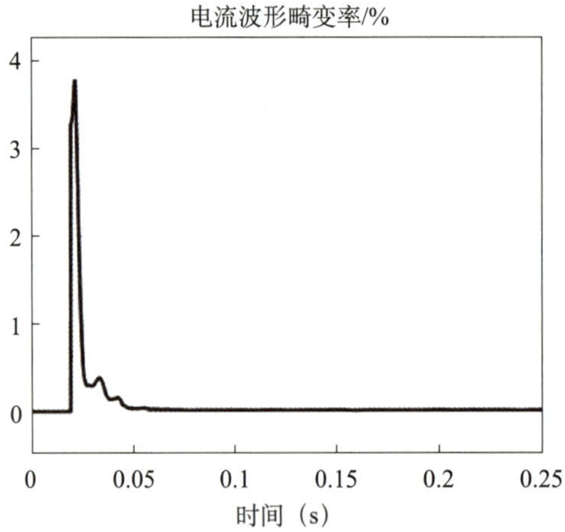

图 5-40　电流畸变率

5.3 储能系统数学模型及控制建模

5.3.1 储能变换器基本原理

5.3.1.1 单级式储能变流器

单级式变流器直接利用 DC/AC 变流器将电池输出能量传递到电网，只需要一级电能变换就可以实现。工作时，放电状态下电池储存的电能经过 DC/AC 变流器逆变为交流电回馈到电网，反之，充电状态下电网电压经过整流变为直流储存在电池中。DC/AC 可以工作在整流和逆变两种状态，从而实现能量的双向流动，单级式储能变流器拓扑如图 5–41 所示。

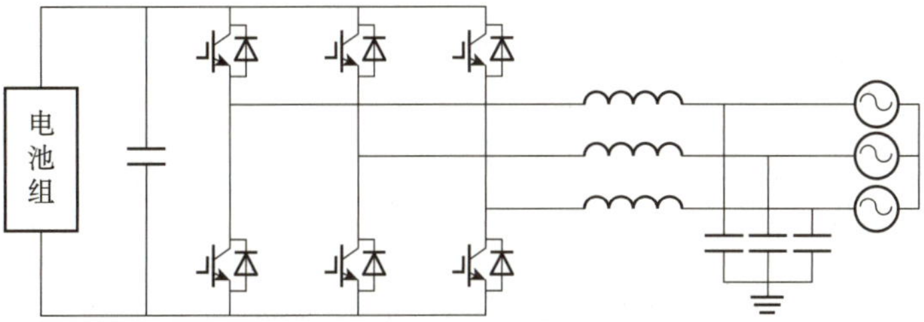

图 5–41 单级式储能变流器拓扑

单级式储能变流器拓扑有很多优点，如电路简单、元器件少、控制方法简单可靠性高和高效低功耗等。但是在实际使用的过程中，单级式储能变流器存在一定的不足：

（1）要根据变流器的容量配置电池的容量，每个变流器容量固定之后配置的电池容量也基本固定，无法做大的改变。

（2）一个变流器只能连接一路电池，存在多路电池时就必须配置相同数目的储能变流器，增加成本的同时，也会给联合控制增加难度。

（3）变流器的直流侧电压要限制在一个较高的范围内，因此电池的电压不能太低，限制了电池电压的工作范围。

（4）当变流器接大容量的电池时，只能控制整个电池的充 / 放电电流，无法控制单组电池的电流，由于电池内阻的差异，造成充 / 放电电流在各组电池内分配不均，会影响系统的效率及电池的寿命。

（5）变流器出现故障后，所接电池都处于停止工作状态，电路可靠性较低。

（6）电网侧发生短路故障有可能在 PCS 直流侧产生短时大电流，对电池系统产生较大冲击，造成电池组的损坏或缩短其寿命。

5.3.1.2 双级式储能变流器

图 5-42 所示为双级式变流器系统结构框图，它需要两级的能量转换，前级是 DC/DC 变换器，用于实现电压大小调整和充 / 放电电流控制：后级是 DC/AC 变换器，用于实现输出电流正弦化并网，根据控制方式的不同，也可以实现控制充 / 放电电流、孤岛效应检测等功能。

图 5-42 双级式变流器系统结构框图

这种结构简化了每一级的控制方法，可以将系统联合控制解耦，使 DC/DC 变换环节和 DC/AC 逆变环节具有独立的控制目标和手段，从而两部分可以分开设计，因此系统的控制环节比较容易设计和实现。但与单级式变流器相比，它使用的开关器件增多，从而导致其开关损耗也略有增大，新增 DC/DC 环节，降低了系统的效率。

典型的非隔离式双向 DC–DC 变换器有半桥型 DC–DC 变换器（又称双向 Buck/Boost 变换器）、双向 Buck–Boost 变换器、双向 Cuk 变换器、双向 Zepic 变换器。双向 Buck/Boost 变换器拓扑结构如图 5-43 所示。

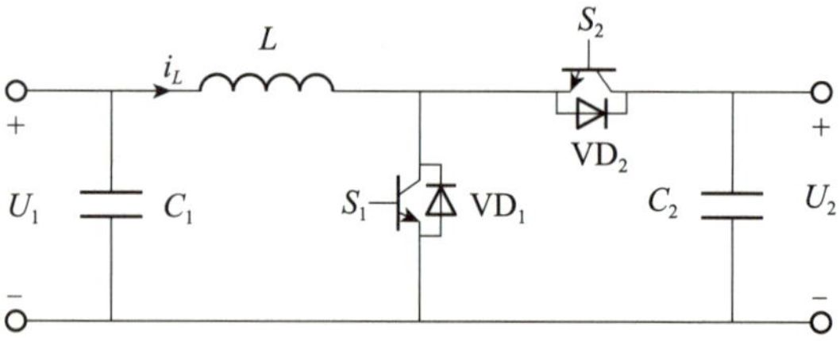

图 5-43 双向 Buck/Boost 变换器拓扑结构

1. 双向 Buck/Boost 变换器

双向 Buck/Boost 变换器是在单向 Buck 或 Boost 变换器基础上构成的，即在原功率管和二极管两端反并联一个二极管和功率管。它有三种工作模式：Boost 模式、Buck 模式和交替工作模式。双向 Buck/Boost 变换器拓扑结构和控制策略相对简单，所需器件少，转换效率高等优点，并且 Boost 模式下转换效率可达 90%，Buck 模式下可达 94%。但由于变换器固有结构限制，输入输出电压转换比较小，因此只适用于小功率、无需电气隔离的场合。双向 Buck/Boost 变换器电感电流波形如图 5-44 所示。

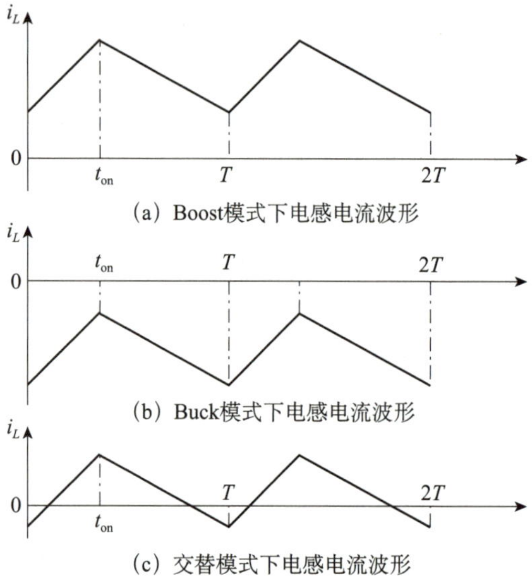

图 5-44 双向 Buck/Boost 变换器电感电流波形

2. 双向 Buck/Boost 变换器

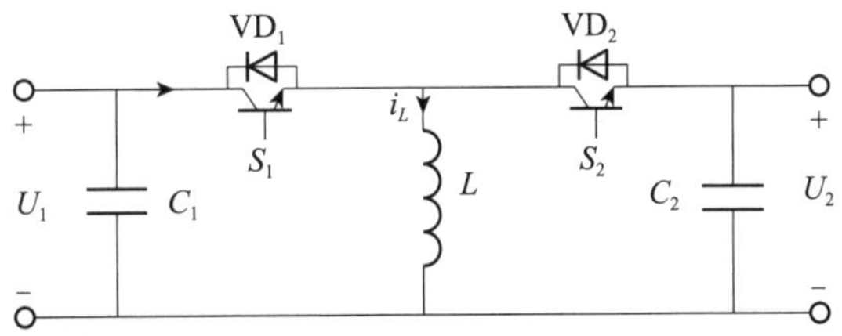

图 5-45　双向 Buck/Boost 变换器拓扑结构

双向 Buck–Boost 变换器是在单向 Buck/Boost 变换器的原功率管上反并联一个二极管、原二极管上反并联一个功率管后构成的，它的拓扑结构如图 5–45 所示。它有三种工作模式，若规定电流从 U_1 侧流向 U_2 侧是正向传输模式，电感电流始终为正；反之为反向传输模式，为了保证电流的双向传输，S_1 和 S_2 不能同时导通；第三种是交替工作模式，在一个周期内电流交替地在 U_1 和 U_2 之间流动，此时的开关模态与半桥型 Buck/Boost 变换器相同，平均能量传输方向取决于电感电流的平均值正负，当平均值为正时，为正向传输，反之为反向传输。

与半桥型变换器相比，双向 Buck/Boost 变换器在同一传输方向中既能实现升压，也能实现降压，调压范围较宽，拓扑结构简单，控制与驱动电路易于设计，适用于小功率场合。

3. 双向 Cuk 变换器

双向 Cuk 变换器的输入和输出端均有电感元件，能减小电流纹波，但其拓扑结构中没有前向通路，能量只能先通过电容 C_3 再传输到负载（见图 5–46），因此增加了电路的复杂程度，能量传输效率低，不宜在大功率场合应用。

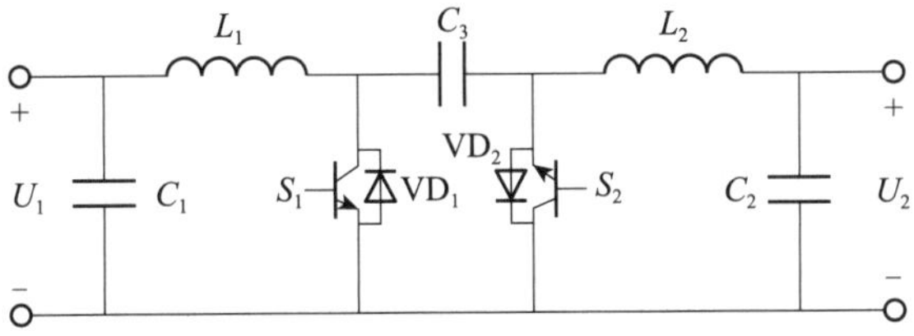

图 5-46　双向 Cuk 变换器拓扑结构

双向 Cuk 变换器是在单向 Cuk 变换器原功率管 S_1 上反并联一个二极管 D_1，原二极管 D_2 上反并联一个功率管 S_2 后构成的。它有三种工作模式：正向传输模式、反向传输模式和交替工作模式。交替工作模式时，在一个开关周期内，功率管和二极管依次流过电流，平均能量传输方向取决于流过电感 L1 和 L2 的电流平均值，若平均值为正则传输方向时从 U_1 侧到 U_2 侧，若平均值为负则传输方向相反。

4. 双向 Zeta-Sepic 变换器

双向 Zeta-Sepic 变换器正向传输时等同于 Zeta 变换器，反向传输时等同于 Sepic 变换器，与双向 Cuk 变换器一样，在交替工作模式中，能量传输方向由两个电感的平均电流决定。双向 Zeta-Sepic 变换器拓扑结构相对比较复杂（见图 5-47），能量传输效率较低，适用于小功率场合。

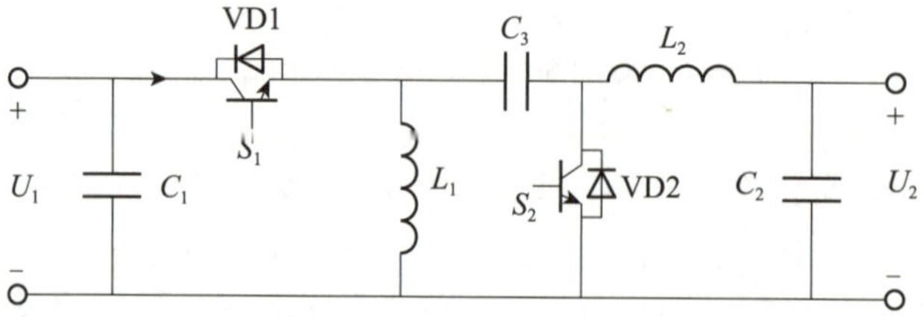

图 5-47　双向 Zeta-Sepic 变换器拓扑结构

非隔离型双向 DC-DC 变换器无电气隔离，拓扑结构简单，易于设计，具有较高的转换效率，适用于小功率场合，以上四种非隔离型双向 DC-DC 变换器的优缺点如表 5-1 所示。

表 5-1　四种非隔离型双向 DC-DC 变换器的优缺点对比

DC-DC 变换器	优点	缺点	适用场合
双向 Buck/Boost 变换器	结构简单，控制和驱动电路易于设计，转换效率高	只能进行单向升压或降压变换，输入或输出端存在电感，电流纹波较大	小功率、无需电气隔离和只需单向升降压的场合
双向 Buck/Boost 变换器	能进行单向升降压变换，驱动电路简单	输入输出极性相反，输入输出端无电感，输入输出电流纹波较大	适用在电动汽车领域，在短时间内容易实现升降压变换
双向 Cuk 变换器	输入输出端由电感滤波，电流纹波较小	电路结构无前向通路，能量需先通过电容再到输出端，增加了拓扑的复杂程度，能量传输效率低，输入输出极性相反	适用在输入输出电感电流纹波要求较高的场合
双向 Zeta-Sepic 变换器	较双向 Cuk 变换器，输入输出极性相同	电路通路中增加了电容，能量需经过多次转换，传输效率低，结构复杂	适用在输出端大电流场合

5.3.2　储能系统数学模型

5.3.2.1　电池储能系统的数学模型

考虑到蓄电池频繁充放电且电流值变化较大的情况，选取 PNGV 模型来当作蓄电池的等效电路。其等效的电路如图 5-48 所示。

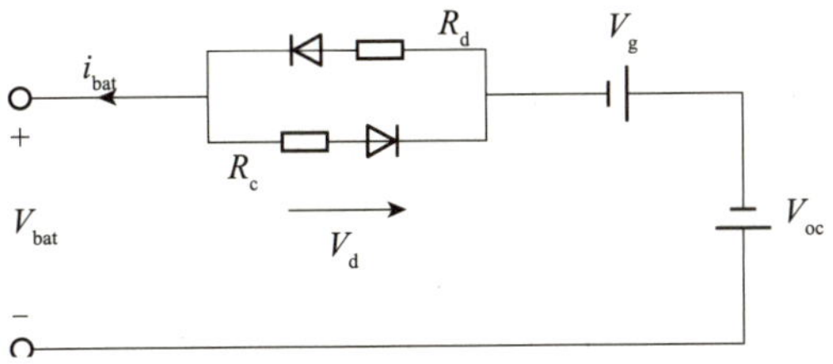

图 5-48　蓄电池的等效电路

V_{bat}—蓄电池电压；i_{bat} 负载电流；R_d 电池的放电内阻；R_c 电池的充电内阻；
V_{bat} 蓄电池开路电压。

根据图 5-48 所示，由基尔霍夫电压定律得电压计算方程

$$V_{bat}=V_{OC}-V_d+V_g \tag{5-89}$$

其中，V_d 为由充放电电流引起的压降，主要包括阻性元件及电压饱和元件；V_g 是在充电最后阶段时电压上升。

影响以上电压的主要参数有充放电电流、荷电状态（State of Charging，SOC）及温度。考虑 Nernst 方程，可得 V_{oc} 与 V_d 的计算如下

$$V_{OC}=E_0+E_1\ln(1-\frac{1-SOC}{S_E}) \tag{5-90}$$

$$V_d=R_{c(d)}i_{bat}+V_a\left(1-e^{-\frac{|i_{bat}|}{I_a}}\right) \tag{5-91}$$

其中，E_0 为充满电时开路电压；E_1 为 SOC 对开路电压的系数；S_E 为 SOC 对开路电压的曲率。

对于放电状态（$i_b>0$），R_d，V_d，V_g 的计算方法如下

$$R_d=R_0+R_1e^{-\frac{SOC}{S_R}} \tag{5-92}$$

$$V_a=V_{a0}+V_{a1}e^{-\frac{1-SOC}{S_a}} \tag{5-93}$$

$$V_g=0 \tag{5-94}$$

对于放电状态（$i_b<0$），R_d，V_d，V_g 的计算方法如下

$$\begin{cases}R_C=R_0+R_1e^{-\frac{1-SOC}{S_R}} & (SOC<S_b)\\ R_C=R_0+R_1e^{-\frac{1-S_b}{S_R}} & (SOC\geqslant S_b)\end{cases} \tag{5-95}$$

$$\begin{cases}V_a=V_{a0}+V_{a1}\cdot SOC & (SOC<S_b)\\ V_a=V_{a0}+V_{a1}\cdot S_b & (SOC\geqslant S_b)\end{cases} \tag{5-96}$$

$$\begin{cases} V_g = V_{ga} e^{-\frac{1-SOC}{S_g}} & (SOC < S_b) \\ V_a = V_{ga}\left(2 - e^{-\frac{S_b - SOC}{S_g}}\right) & (SOC \geqslant S_b) \end{cases} \tag{5-97}$$

其中，

$$\begin{cases} S_b = S_{b0} + \beta_b |i| \\ S_g = S_{g0} + \beta_{gb} |i| \end{cases} \tag{5-98}$$

V_b 为终端电压；V_α 为 V_d 的最大饱和压降；V_{OC} 为开路电压；R_0 为内阻的恒定值；E_0 为充满电时开路电压；R_1 为内阻对 SOC 变化引起的系数；E_1 为 SOC 对开路电压的系数；$V_{\alpha 0}$ 为 V_α 的恒定值；S_E 为 SOC 对开路电压的曲率；S_b 为 SOC 对 V_g 的影响点；V_d 为由电流引起的电压降；S_g 为 SOC 对 V_g 的曲率；R_d 为放电内阻；S_{b0} 为 S_b 的最大值；R_c 为充电内阻；β_b 为 S_g 的最小值；V_g 为充电最后阶段的电压上升；β_{gb} 为 SOC 对 V_g 的曲率最大值；β_{gb} 为 SOC 对 V_g 的曲率最大值。

5.3.2.2 并网变换器的数学模型

并网变换器电路模型如图 5–49 所示。

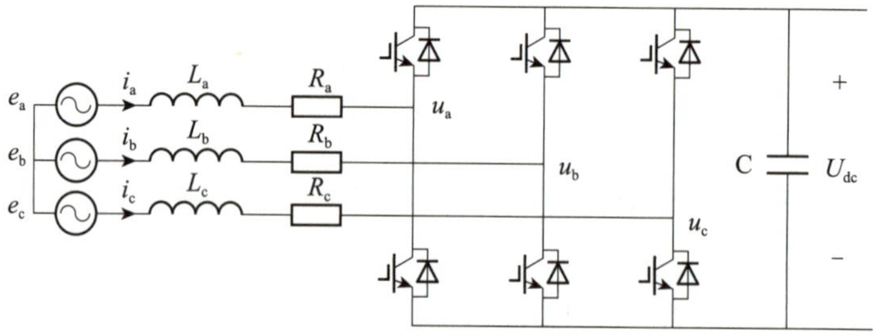

图 5–49　并网变换器电路模型

图 5–49 中开关元件的通断可用开关函数进行描述，如式（5–99）所示。

$$S_k = \begin{cases} 1 & （上桥臂导通，下桥臂关断） \\ 0 & （上桥臂关断，下桥臂导通） \end{cases} \tag{5-99}$$

式中，k=a，b，c。

假设电网是理想电网，功率器件为理想开关，忽略三相间参数差异，三相静止坐标系中变流器的数学模型可以表示为

$$\begin{cases} e_a - Ri_a - L\dfrac{di_a}{dt} - S_a U_{dc} = e_b - Ri_b - L\dfrac{di_b}{dt} - S_b U_{dc} \\ e_b - Ri_b - L\dfrac{di_b}{dt} - S_b U_{dc} = e_c - Ri_c - L\dfrac{di_c}{dt} - S_c U_{dc} \\ C\dfrac{dU_{dc}}{dt} = S_a i_a + S_b i_b + S_c i_c - i_{load} \end{cases} \tag{5-100}$$

考虑到变流器一般采用三相无中线的接线方式，将电网侧等效为一个理想的三相电压源和三相电流源，利用基尔霍夫电流定律可得：

$$i_a + i_b + i_c = 0 \tag{5-101}$$

将式（5-101）代入式（5-100）中可得：

$$\begin{cases} L\dfrac{di_a}{dt} = e_a - Ri_a - \dfrac{e_a + e_b + e_c}{3} - \left(S_a - \dfrac{S_a + S_b + S_c}{3}\right)U_{dc} \\ L\dfrac{di_b}{dt} = e_b - Ri_b - \dfrac{e_a + e_b + e_c}{3} - \left(S_b - \dfrac{S_a + S_b + S_c}{3}\right)U_{dc} \\ L\dfrac{di_a}{dt} = e_c - Ri_c - \dfrac{e_a + e_b + e_c}{3} - \left(S_c - \dfrac{S_a + S_b + S_c}{3}\right)U_{dc} \\ C\dfrac{dU_{dc}}{dt} = S_a i_a + S_b i_b + S_c i_c - i_{load} \end{cases} \tag{5-102}$$

变流器交流出口三相线电压可以表示为：

$$\begin{cases} u_{ab} = (S_a - S_b)U_{dc} \\ u_{bc} = (S_b - S_c)U_{dc} \\ u_{ca} = (S_c - S_a)U_{dc} \end{cases} \tag{5-101}$$

将式（5-102）转换为相电压关系为：

$$\begin{cases} u_a = \left(S_a - \dfrac{S_a + S_b + S_c}{3}\right)U_{dc} \\ u_b = \left(S_b - \dfrac{S_a + S_b + S_c}{3}\right)U_{dc} \\ u_c = \left(S_c - \dfrac{S_a + S_b + S_c}{3}\right)U_{dc} \end{cases} \tag{5-104}$$

将式（5-104）代入式（5-100）中，可得

$$\begin{cases} L\dfrac{di_a}{dt} = e_a - Ri_a - \dfrac{e_a + e_b + e_c}{3} - u_a \\ L\dfrac{di_b}{dt} = e_b - Ri_b - \dfrac{e_a + e_b + e_c}{3} - u_b \\ L\dfrac{di_a}{dt} = e_c - Ri_c - \dfrac{e_a + e_b + e_c}{3} - u_c \\ C\dfrac{dU_{dc}}{dt} = S_a i_a + S_b i_b + S_c i_c - i_{load} \end{cases} \tag{5-105}$$

根据 abc 到 dq 坐标变换可得 dq 坐标系下的数学模型：

$$\begin{cases} u_{d}=Ri_{d}+L\dfrac{di_{d}}{dt}-\omega Li_{q}+e_{d} \\ u_{q}=Ri_{q}+L\dfrac{di_{q}}{dt}+\omega Li_{d}+e_{q} \\ C\dfrac{dU_{dc}}{dt}=\dfrac{3}{2}\left(S_{d}i_{d}+S_{q}i_{q}\right)-i_{load} \end{cases} \tag{5-106}$$

稳态运行时，各状态变量的导数为 0，式（5–104）可以简化为：

$$\begin{cases} u_{d}=Ri_{d}-\omega Li_{q}+e_{d} \\ u_{q}=Ri_{q}+\omega Li_{d}+e_{q} \\ i_{load}=\dfrac{3}{2}\left(S_{d}i_{d}+S_{q}i_{q}\right) \end{cases} \tag{5-107}$$

当系统所接储能电池的功率较大时，单台储能变流器已不能满足要求，会引入了多台变流器并联的问题。单台 DC/DC 的功率等级受限于电力电子功率器件等级和所接电池容量的极限值。因此，在原先双级式储能变流器的基础上，具备多电池组接入能力的双级多 DC/DC 并联式储能变流器也出现实际的应用中，其结构如图 5–50 所示。多组电池通过相应的 DC–DC 变换器连接后并联连接到 DC/AC 的中间直流侧，在分散每个 DC/DC 模块容量的同时也带来其他的好处。

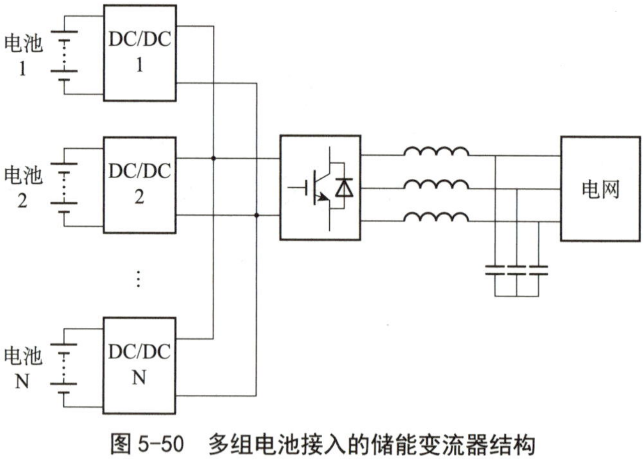

图 5–50　多组电池接入的储能变流器结构

5.3.3　储能系统控制

1. PQ 控制

PQ 控制的作用是当发电系统所连接的交流网络连接点的电压及频率在允许的范围内上下浮动时，保证其输出的功率恒定。

PQ 控制可以在直流母线电压保持稳定时控制储能装置的输入 / 输出功率，根据实际运行需求控制储能装置吸收或者放出功率。

该控制策略是基于同步旋转坐标系下的一种控制策略。根据基尔霍夫定律可列出逆变器两侧的电压方程，由此根据系统公共交流连接点处的电压 E 及电流 I，来求解得出逆变器的交流侧输出的电压 U_i。

$$\begin{cases} u_{id} = L\dfrac{di_d}{dt} - L\omega i_q + e_d \\ u_{iq} = L\dfrac{di_q}{dt} + L\omega i_d + e_q \end{cases} \tag{5-108}$$

调制波和 u_i 的关系式

$$\begin{cases} u_{id} = u_{sd}U_{dc} \\ u_{iq} = u_{sq}U_{dc} \end{cases} \tag{5-109}$$

将式（5–107）代入式（5–106）即可得到调制波电压 u_s。

$$\begin{cases} u_{sd} = \dfrac{L\dfrac{di_d}{dt} - L\omega i_q + e_d}{U_{dc}} \\ u_{sq} = \dfrac{L\dfrac{di_q}{dt} + L\omega i_d + e_q}{U_{dc}} \end{cases} \tag{5-110}$$

式（5–108）是电流内环的控制方程，其中，电流内环给定值是逆变器的输出。从系统的层面来看，我们更关注逆变器所输出的功率，为控制逆变电源输出功率，可以将电流内环给定值通过功率、电压求取后将其代替。

电压电流在取标幺值情况下，有功及无功功率在 dq 坐标系中关系如下

$$\begin{cases} I_{od}^* = \dfrac{P^*}{e_d} \\ I_{oq}^* = \dfrac{P^*}{e_q} \end{cases} \tag{5-111}$$

因为电容器端电压为直流母线电压，在理论上可以认为不变，电容器将无电流流过，从而使得滤波器的流入电流和流出电流相一致，即 $I=I_0$。但实际上，直流母线电压会在一定范围内波动，因此，I 和 I_0 会存在差异，一般用 PI 控制器来替代单纯的除法运算。此时我们便可以得到 PQ 控制策略，如图 5–51 所示。

将有功功率与无功功率的实际值与指定值之间的差值在经 PI 调节后，可得到内环的电感电流 i_d，i_q。参考值 i_{dref}，i_{qref}，将其与实测值进行比较后再经 PI 调节器即可得出调制波电压对逆变器进行 SPWM 控制。

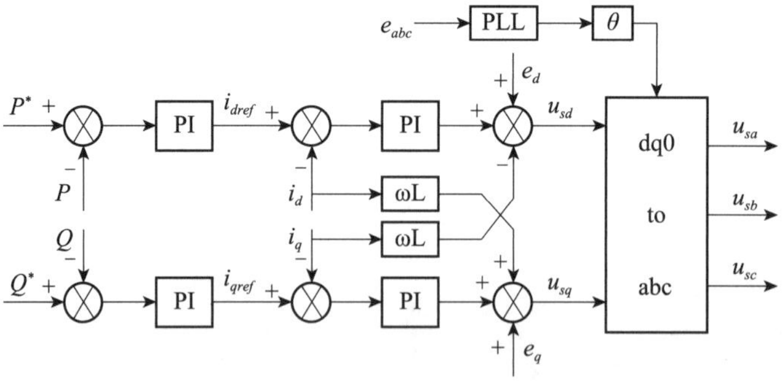

图 5-51　逆变器 PQ 控制策略

2. U/f 控制

系统采用恒压恒频控制策略的目的，是在光伏阵列出力变化时，保证逆变电源连接的交流端电压幅值与频率保持不变，其控制原理如图 5-52 所示。

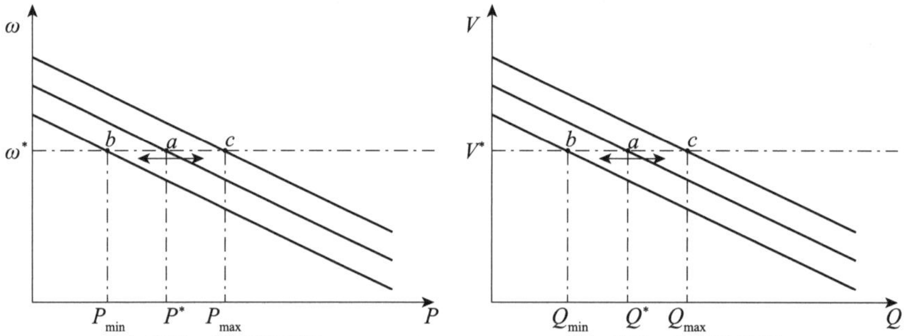

(a) 有功–频率关系图　　(b) 无功–电压关系图

图 5-52　U/f 控制原理图

逆变电源运行在 a 点时，在所给定角频率与母线电压幅值为缈 ω^* 和 V^* 的情况下，逆变电源所对应的输出有功与无功功率分别为 P^* 和 Q^*，为使所给定的频率及电压幅值保持不变，逆变电源就必须通过改变自身输出功率来确保系统功率平衡，但由于逆变电源的容量限制，其输出功率也只能在一定范围内变化（$P_{min} \leqslant P \leqslant P_{max}$，$Q_{min} \leqslant Q \leqslant Q_{max}$）。由此可见，采用 U/f 控制的逆变电源等同于系统中平衡节点，因此，实际系统中需根据逆变电源容量对所输出功率来进行限制，以确保其处于安全稳定运行。

电网在发生故障时，光储一体发电系统可能会在短时间内需要在独立运行模式下工作，此时需要运用恒压恒频控制的逆变电源给系统提供参考电压与频率支撑。电压控制有电压单环控制、电压电流双闭环控制。电压单环控制存在如下这些缺点：只控制电压，不控制电流，在遇到扰动时将产生较大暂态电流，会给电力电子器件带来威胁，而且系统易受负荷电流影响，使其控制性能降低。因此，在电压频率控制时，往往采用电压电流双闭环控制，这样电流内环可提高动态响应以防止系统发生过流现象，增加了暂态响应速度。

V/f 控制器结构理论推导的过程和 PQ 控制器推导的过程相似，均采取相同电流内环控制，但外环控制方式不同。逆变器状态方程：

$$\begin{cases} u_{id}-u_{cd}=L\dfrac{di_d}{dt}-L\omega i_q \\ u_{iq}-u_{cq}=L\dfrac{di_q}{dt}+L\omega i_d \end{cases} \tag{5-112}$$

$$\begin{cases} i_{cd}=C\dfrac{du_{cd}}{dt}-C\omega u_{cq} \\ i_{cq}=C\dfrac{du_{cq}}{dt}+C\omega u_{cd} \end{cases} \tag{5-113}$$

$$\begin{cases} i_d=i_{cd}+i_{od} \\ i_q=i_{cq}+i_{oq} \end{cases} \tag{5-114}$$

在系统独立运行时，逆变器所控制的节点成为一个 *U/f* 平衡节点，此时其电压频率将不是一个恒定值。逆变器在同步旋转坐标下控制结构如图 5-53 所示。

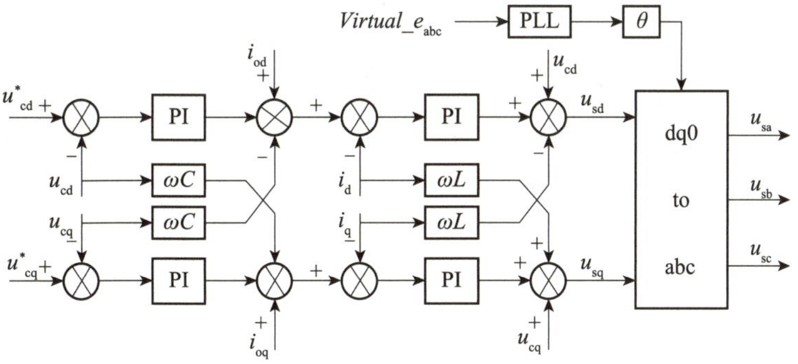

图 5-53　逆变器的 *U/f* 控制

电容电压参考值与实测值经 PI 调节后，所得到的电流内环参考值在与实测值经 PI 调节后，将得到的调制波电压用于 SPWM。控制器需利用 PLL 从虚拟三相正弦波电压 $Virsual\_e_{abc}$ 得到参考相位来进行坐标变换。

5.3.4　仿真分析

通过 MATLAB/Simulink 建立的蓄电池储能系统模型。图 5-54 是蓄电池储能系统模型；图 5-55 是蓄电池 Buck 电路控制模型；图 5-56 是蓄电池 Boost 电路控制模型。

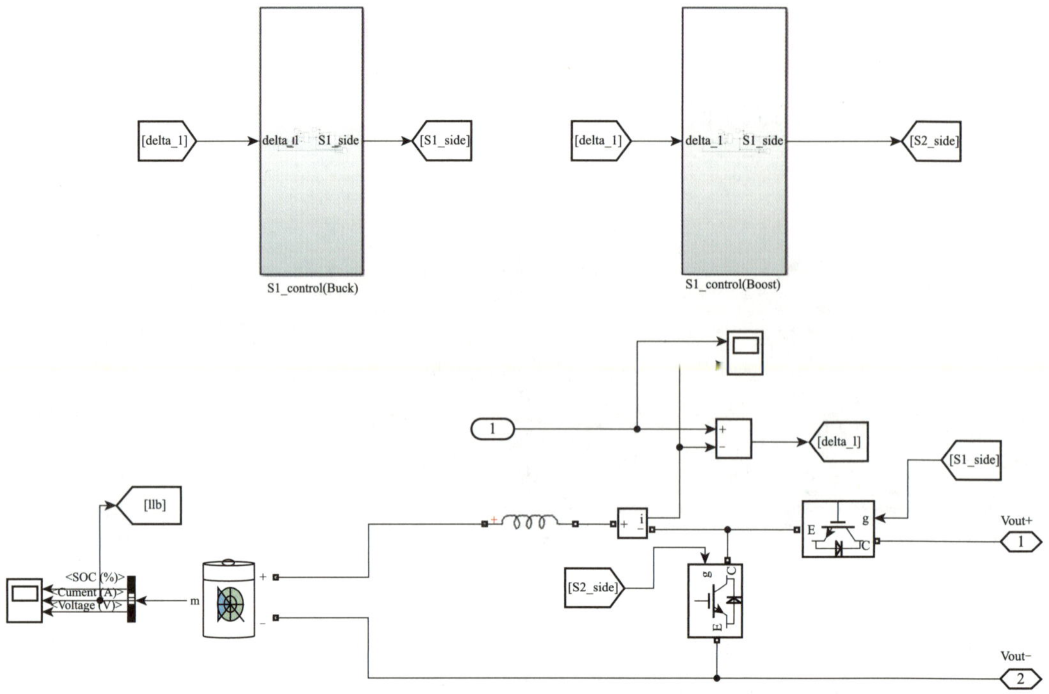

图 5-54　蓄电池储能系统模型

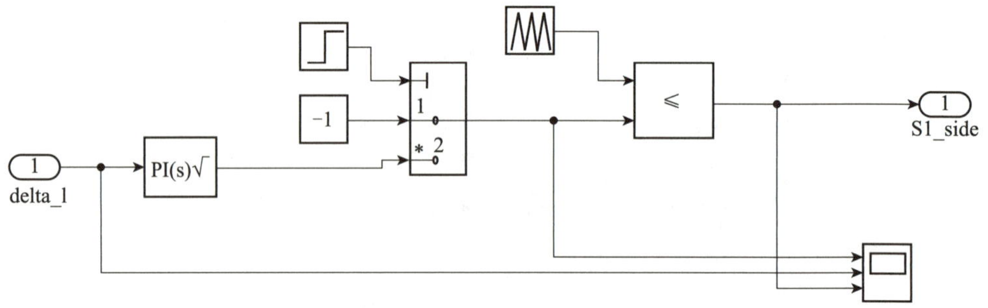

图 5-55　蓄电池 Buck 电路控制模型

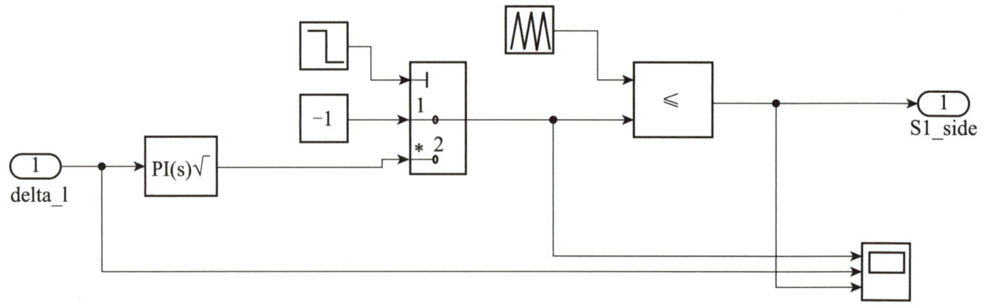

图 5-56　蓄电池 Boost 电路控制模型

仿真参数如下：电池自身参数为 400V、10Ah，DC/DC 变换器电感值为 3mH，直流母线电容值为 3000μF，直流母线参考电压为 600V。在 t=0s 时电池放电，放电功率参考值 5kW；在 *t*=0.5s 时电池停止放电；在 *t*=1s 时电池充电，充电功率参考值 -5kW。仿真结果如图 5-57 所示。

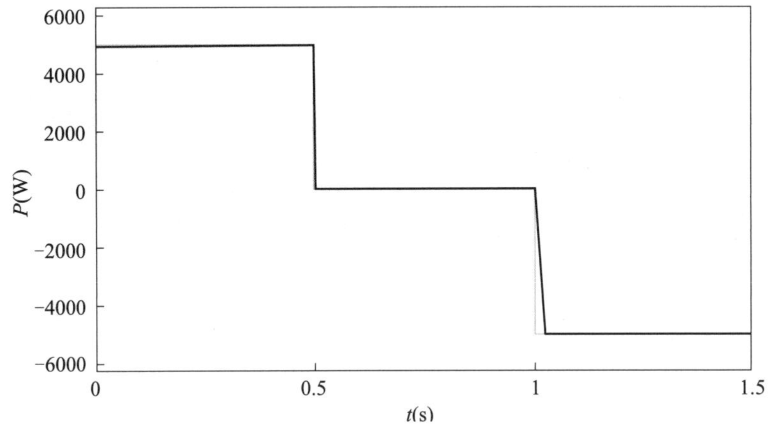

图 5-57　储能充放电功率波形图

经过上述详细的仿真数据和仿真结果可以知道，电池在充放电过程中均可很好地跟随功率参考值，在充放电切换过程中，系统的响应速度较好，说明搭建的储能系统可以很好地并网运行，可以为风光提供有力的功率支撑。

第 6 章 风光储电站一体化集控平台

6.1 总体架构

风光储电站一体化集控平台是应用程序的载体，承担着风光储电站内部及其与电网调度交易中心的通讯功能、风光储电站的联合调控功能、视频分析与自动巡视系统功能等，同时兼具对外展示的功能，是整个风光储电站的中枢大脑。因此，在设计一体化集控平台时，要充分考虑通用性、灵活性、可扩展性，可以兼容不同的设备及操作系统。

6.1.1 平台架构

集控平台系统以“统一平台、全面支撑”为目标，系统总体架构应完全满足大型控制类系统的要求，通过统一支撑平台实现风光储一体化联合调度控制运维功能。系统平台架构示意图如图 6–1 所示。

系统的结构能支持多种架构类型的计算机硬件设备，多种类型的操作系统具备跨平台异构能力、灵活性和可扩展性。

基础平台遵循通用、标准和开放的技术原则进行设计，采用通用灵活、简洁高效的实现机制，提供一个统一、标准、容错、高可用率的环境，能够管理各类应用的开发、运行，以及提供对应用的通用技术支撑，主要支撑包括但不限于：

（1）为应用建立开发环境，提供多层次的软件接口，为应用开发提供数据交换、数据管理、人机交互、公共服务和系统管理功能。

（2）提供实时数据、时序数据和历史数据的统一存储、查询和管理。

（3）提供权限管理功能，根据不同的工作职能和工作性质赋予人员不同的权限和权限有效期，实现层次权限管理、区域配置、权限绑定及权限配置等。

（4）为各类应用提供告警支持，包括告警动作、告警分流、告警定义、画面调用及

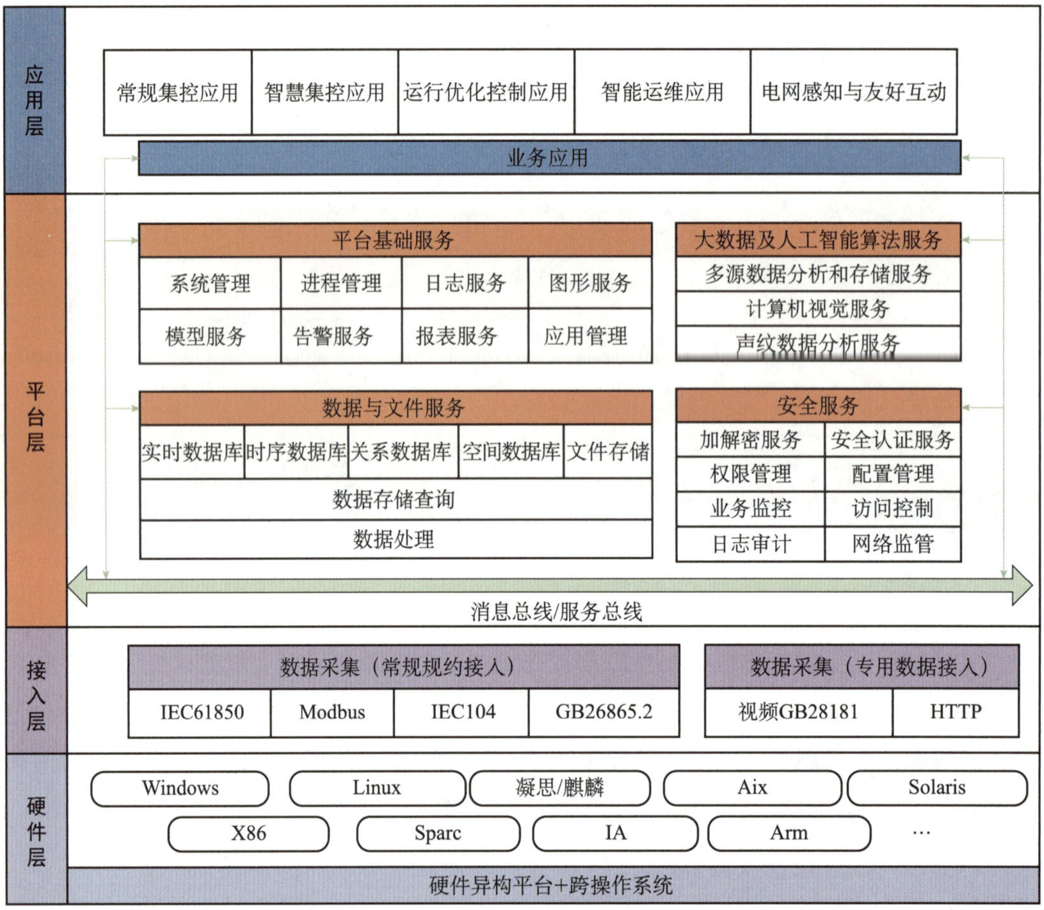

图 6-1 系统平台架构示意图

告警信息存储打印等。

⑤ 为各类应用提供日志服务，统一进行日志信息的存储管理，具有日志写入、查询和导出的功能，可根据配置要求确定日志信息的处理方式。

⑥ 系统通过业务集成模块为软件提供系统集成和业务集成能力，该模块采用消息总线和服务总线计算弧，支持横向、纵向业务的集成和应用、基础信息的共享。

⑦ 提供大数据及人工智能算法服务，支撑多源数据存储与分析，基于图形图像的业务分析，基于声纹数据的业务分析功能。

6.1.2 功能架构

系统采用统一软件平台构建业务应用功能。统一平台包括统一调控平台（CS/BS）、大数据及算法平台、人工智能平台；应用功能包括常规集控功能，也包括本项目创新研发的优化运行控制、智能集控、智能运维和面向点位主动感知和友好互动功能。系统功能架构示意图如图 6-2 所示。

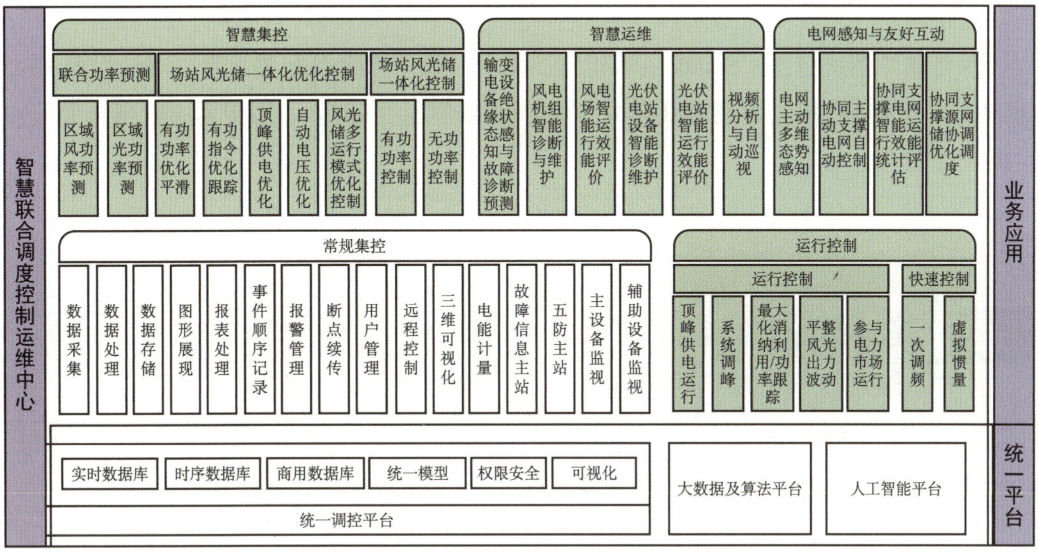

图 6-2　系统功能架构示意图

6.1.3　硬件架构

系统硬件采用双机双网结构，主要硬件设备采用冗余配置，避免单点硬件故障导致系统瘫痪。系统不局限于某种计算机硬件或操作系统类型，适应流行的计算机及软件的发展，采用灵活的配置方式，综合考虑系统稳定性、操作灵活性和应用简便性。无论何种计算机硬件平台、操作系统平台、数据库平台，系统均能提供良好的可移植性、可扩展性和互操作性。

平台主要硬件配置包括：实时数据采集服务器、历史数据服务器、Web 服务器、工作站、网络交换机（100M/1000M 自适应）、防火墙、安全防护等设备。

6.1.4　软件架构

1. 基础软件

风光储电站联合调度控制系统的基础软件架构由接入层、平台层、应用层、展示层四层组成。接入层实现各类数据接入；平台层实现实时数据库、时序数据库、关系数据库、文件存储、模型服务、大数据及人工智能平台、信息安全等基础支撑；应用层实现风光储监控、数据分析、设备诊断、效能评价、视频巡维等功能；表示层实现人机界面展示、智能报警、设备诊断、智慧巡检等功能的展示。

2. 高级应用软件

风光储电站联合调度控制系统在基础软件架构上，要重点研发一系列高级应用软件，实现电网友好功能特性、多运行模式、智慧感知和决策、协调控制运行、智慧运维等功能特性。

平台软件系统包括：Scada一体化监控平台、数据库组态配置工具、图形界面HMI组态工具、通信模块、智慧控制模块、智慧运维模块、实时库、历史库、权限管理、安全防护等模块。

6.2 系统特点

风光储电站一体化集控平台具有以下特点：

1. 多种电网友好功能特性

实现持续性友好供电、提升系统调峰能力、参与系统调频调压、平整风光出力波动、满足电网安全运行要求等方面，提炼出友好绿色电站的关键性能指标及量化功能目标，指导一体化项目建设推广。

2. 与电网友好双向互动

通过集控平台，风光储电站可与电网友好双向互动，具有顶峰供电运行模式、最大化消纳利用/功率跟踪运行模式、系统调峰电站运行模式、参与电力市场优化运行模式等多种调度运行模式，依托大电网主动感知功能，实现调度运行模式的灵活调整切换和参与电力市场交易的辅助决策。

3. 分布开放式架构

平台采用分层分布的配置方式，采用分布式面向对象的设计理念，展现了系统控制器物理分散、控制功能分散、系统管理集中；构建标准化硬件接口与通信软件接口，向电网提供多样性友好支撑服务，支持按实际需求选择和增加功能；开放支持不同设备厂家的软硬件，便于灵活方便集成和运行维护。

4. 灵活配置

集控平台组网和设备配置灵活，且易于进行规模扩展，针对不同装机容量和应用场景，提供多样的组网和设备配置方案。

5. 先进、可靠、冗余网络设计

采用成熟、先进的网络通信技术，采用动态网络和冗余配置，各控制层和控制节点均采用冗余结构，数据存储共享、功能设计兼容，实现电网调度中心、集控中心、风光储子站控制中心的系统功能均衡、分层调度运行，在意外情况下具备上级跨下级直接调度的功能，确保系统安全可靠运行。

6.3 关键技术

6.3.1 监控运维数据模型标准化技术

随着计算机、网络和通信技术的不断发展，电力系统调度运行的信息传输要求不断提高，信息传输方式已逐步走向数字化和网络化。新能源场站监控运维涉及风电、光伏、储能、升压站、各类辅控等不同类别的设备，这些设备制造商使用各自私有的通信协议，其数据在类型、数量、组合方式、功能约束等方面各不相同，导致新能源场站中不同厂家提供的设备之间无法实现互操作，系统集成复杂，无法实现最优控制。采用统一的新能源场站监控运维系统标准，可使社会分工进一步优化，不同厂商专注做最擅长的部分，监控运维系统与设备可由不同厂家提供。至此，有必要对这些设备进行标准化建模，结束现在的混乱局面，方便系统内容各应用功能的对象化访问，实现不同厂家设备互操作。数据模型研究技术路线如图 6-3 所示。

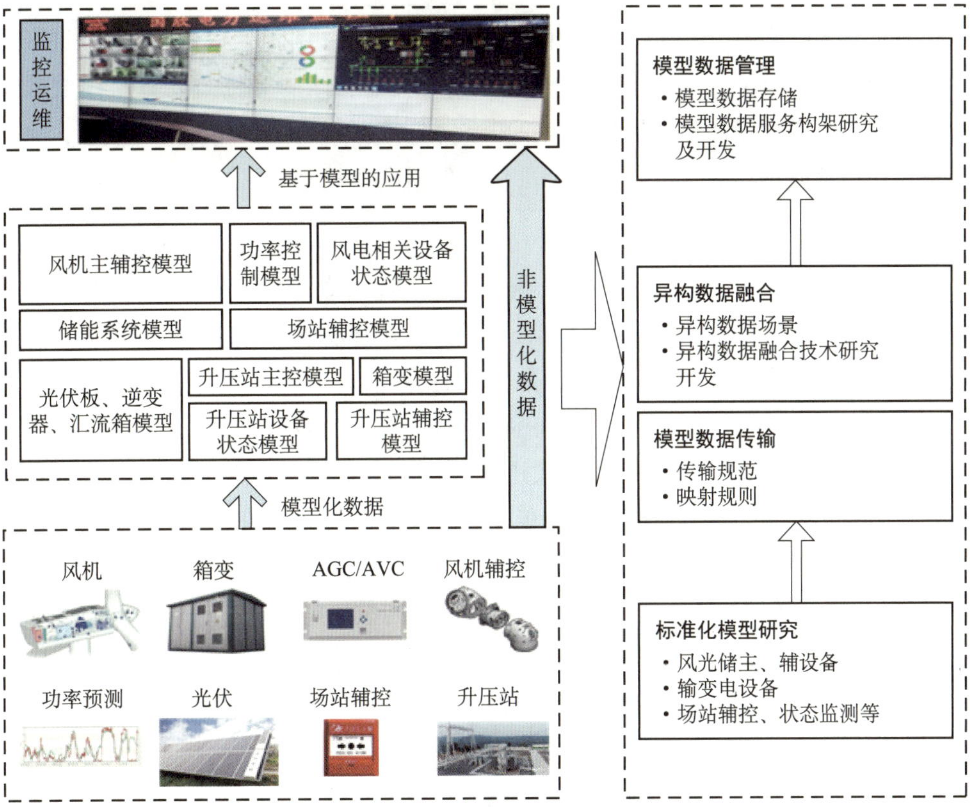

图 6-3　数据模型研究技术路线图

1. 标准化数据模型

将数据模型从通信协议和技术中解耦的概念，被越来越多地应用于电力系统相关的标准化工作中。标准化数据模型可以提高效率和方便应用，有利于系统推广应用，实现数据共享，减少数据采集费用。

IEC 61400 是与风电机组认证标准紧密配套的系统技术标准，它涵盖了设计要求、小型风电机组（SWT）、海上（offshore）风电机组，以及风电机组的主要零部件，如主齿轮箱、叶片等；对整个风电机组的运行测试也颁布了相关的测试标准，包括功率、电质量、噪声等；除此以外，IEC 61400 标准设计涉及风力机的各子系统，如控制和保护机构、内部电气系统、机械系统及支撑结构。

IEC 61850 是新一代的变电站自动化系列的国际标准，它是国际电工委员会（IEC）TC57 工作组制定的《变电站通信网络和系统》系列标准，是基于网络通信平台的变电站自动化系列唯一的国际标准。此标准参考和吸收了已有的许多相关标准，其中主要有：IEC 870-5-101 远动通信协议标准；IEC 970-5-103 继电保护信息接口标准；UCA2.0（由美国电科院制定的变电站和馈线设备通信协议体系）；ISO/IEC 9506 制造商信息规范 MMS。

在 IEC 61400、IEC 61850 以及国内相关标准的基础上，制定风机主控、风机辅控、箱变、集电线、升压站、场站辅控、光伏板、逆变器、储能等各类设备监控数据模型并形成标准，可以使设计具有更大的灵活性，降低数据冗余度以及维护的成本，除此以外，各监控运维应用功能也可以基于标准化的数据模型开展实现。

2. 模型数据传输规范制定

在实际应用中，一个系统可能由很多台互相关联的设备组成，这些设备之间往往通过各种现场总线连接起来。为了使设备之间能够正确有效地进行数据的传输，我们需要制定模型数据传输规范来管理总线上的数据传输。

OPC 统一体系结构是一个不依赖任何平台的标准，借助此标准，各种各样的系统和设备能在不同的网络中以 C/S 的模式进行通信。OPC 统一体系结构通过确认客户端和服务器的身份和自动抵御攻击来支持稳定的、安全的通信。OPC UA 提供了一个一致的、完整的地址空间和服务模型，允许数据以不同的格式暴露出来，包括二进制结构和 XML 文档，信息通过使用标准的和宿主程序定义的数据类型进行表达。OPC UA 可以被映射到一种通信协议上，并且数据可以以不同的形式进行编码，来达到传输便捷和高效的目的。对于地址空间中要被访问的对象，OPC UA 也允许服务器给客户端提供类型定义，这使得标准信息模型可以被用来描述地址空间的内容。

在风力发电方面，国际电工委员会（IEC）出台了重要国际标准 IEC 61400，用来规范风力发电行业建设。该标准专门面向风电场的监控系统之间的通信，通过对风电场信息进行抽象化、模型化、标准化，实现不同厂商设备的互联和集中监控管理，通信是将风电场组件的原始信息处理成符合 IEC 61400–25 标准的信息。IEC 61400–25 标准基于用户机 / 服务器（C/S）模式，信息模型和信息交换模型组成用户机和服务器之间的接口规范。信息模型为暴露的风电场数据提供信息框架，服务器使用信息模型为相关的客户机提供一个统一的、面向组件可视的风电场数据。在风电场监控通信中有 5 种不同类型的信息：过程信息、统计信息、历史信息、控制信息和描述信息。通过这些信息，包括实时数据、历史数据以及信息的准确性，可以方便的知道整个系统的运行情况，并依次对风电场运行情况进行评估。风电场通信的交换机制建立在风电场信息模型标准化的基础上。信息模型以及建模方法是 IEC 61400–25 标准的核心内容。映射是将风电场的服务和信息模型的信息经过信息处理得到符合特定协议栈的通信过程。为了实现信息交换服务，IEC 61400–25 支持 5 种通信映射方式：Web Services、OPC XML–DA 协议栈、IEC 61850–8–1（MMS）协议栈、IEC 60870–5–104 协议栈以及 DNP 3.0 协议栈。在进行信息交换时至少要选择其中一种映射方式。每种映射方式和服务器以及客户机都有规定的接口规范。

IEC 61850 定义了变电站内智能电子设备 IED 之间信息交换的数据模型和互操作规范。在具体的通信过程中，IEC 61850 标准所要求遵循的编解码规范就是 ASN.1。ASN.1 是抽象语法标记的英文缩写，是一种 ISO/ITU–T 标准，描述了一种对结构化信息对象进行表示、编码、传输和解码的数据格式。它提供了一整套正规的格式用于描述信息对象的结构，而不管机器语言上如何执行及这些数据的具体指代，也不用去管到底是什么样的应用程序，或者采用什么规范的接口或通信介质。由于 ASN.1 规范了结构化信息对象的描述和编解码过程，使得在通信协议中传递带有语义的信息对象成为可能，程序设计者所关注的目标，已不再是繁琐的编解码流程，而是如何定义和描述异构系统之间通信过程中的信息对象，至于具体的编解码过程，则有统一的 ASN.1 编码器和解码器来实现。

参考 OPC UA、IEC 61400、IEC 61850 等标准确定模型数据的传输规范，并制定模型数据到具体传输协议的映射规则，可以实现允许相同模型数据映射到不同的传输协议，以达到增强系统的兼容性及扩展能力。

3. 异构数据融合技术

异构数据是数据类型和格式具有高度可变性的任何数据。异构数据整合的目标就在于实现不同结构的数据之间的数据信息资源、硬件设备资源的合并和共享。其中关键的一点就是以分散的局部的数据为基础，通过各种工具和处理逻辑建立全局的统一的数据或视图。对于一些不能直接支持标准化模型及传输协议的设备，通过异构数据融合技术，将异构数据转换为标准化模型，进而开展一体化监控运维应用。该技术可应用到监控运维平台中，实现对 modbus、IEC 104 等传统规约的支持，以增强系统兼容能力。

4. 模型数据管理

模型数据是指数据的逻辑组织方式，包括数据的基本结构和结构的语义。模型数据精确标准的定义为数据提供了一个规范的结构。这种比较精确化的结构和约束成为数据存储和操作的一层基本结构保障，减少了数据存储和操作时发生数据异常的可能性。通过模型数据管理技术，包括模型数据存储、数据服务等，设计模型数据服务，包括实时、历史、事件、参数、属性、操作、外部关联等；结合数据总线等平台技术，实现模型数据服务；基于模型数据服务，实现各类监控运维应用的业务功能。模型数据在数据管理中处于向上承接业务、向下引导数据的关键地位。它是承载着数据需求的元数据、是数据质量校验的对象、是形成数据质量规则的基础、是数据集成与互操作的起点、是数据存储和操作的结构保障、是数据安全管控的对象、是参考数据与主数据的一致性指导。

6.3.2 基于服务总线的应用交互技术

基于总线的设计，借鉴了计算机内部硬件组成的设计思想（通过总线传输数据）。在分布式系统中，不同子系统之间需要实现相互通信和远程调用，比较直接的方式就是“点对点”的通信方式，但是这样会暴露出一些很明显的问题：系统之间紧密耦合、配置和引用混乱、服务调用关系错综复杂、难以统一管理、异构系统之间存在不兼容等。而基于总线的设计，正是为了解决上述问题。总线则作为中枢系统，提供统一的服务入口，并实现了服务统一管理、服务路由、协议转换、数据格式转换等功能。这样能够将不同系统有效地连接起来，并大大降低了连接数（每个子系统只需要和总线建立连接）和系统间连接拓扑的复杂度。

借助标准服务总线、消息传送，利用统一模型，能有效获取风机、光伏、储能各类数据，为协调控制提供对象化访问的机制。

新能源监控运维系统是一个典型的分布式系统，由大量基础服务和高级应用服务构成，应用服务之间需要交互各类信息，应用与服务可能部署在不同的网络节点，并需要对各类应用运行环境进行隔离和有效管理。因此，构建基于面向服务架构的新能源应用交互体系，建立应用的统一运行平台，提供标准的、开放的开发和集成环境，实现广域范围的数据传输和服务访问，是保障新能源监控运维系统高效运行和可持续发展的基础技术架构技术。

面向服务的架构（Service-Oriented Architecture，SOA）正逐渐成为企业应用集成的发展主导方向。SOA 系统有三种基础组件：消息总线、信息转换 / 处理引擎和存储库。消息总线主要应用于异步通信场景（投递消息后立刻返回结果，而不用等待远程系统返回执行成功），可以大大提升响应速度和系统吞吐量。当然，消息总线也同时支持同步通信模式。基于 SOA 架构的服务总线应用交互技术，通过统一封装网络传输和链路管理等网络接口、统一封装多线程管理框架、统一封装异常处理、规范化服务的管理接口等，实现各类应用对服务的注册、远程调用、发布、请求、订阅等标准化流程，规范化业务应用的开发流程，从而提升开发效率，降低开发难度和维护成本。

（1）基于服务总线的应用交换技术主要包括：

① 面向服务的应用程序开发框架，统一封装远程访问接口；

② 通过服务管理技术，实现服务的注册、定位、查询、访问控制策略等功能；

③ 服务的发布、订阅、请求、响应等信息交互技术；

④ 跨安全区的服务访问技术；

⑤ 广域网络的服务代理访问技术。

（2）基于服务总线的应用交互技术的主要优势在于：① 可扩展性。使用消息架构，可以在不影响现有应用的情况下增加或移除应用。② 低复杂度。每个应用只需要和总线通信，只有 1 个连接点，降低了应用程序集成的复杂度。③ 灵活性。对于构成复杂处理的应用程序通信组来说，只需要改变配置和控制路由参数就能满足业务逻辑或者需求变更，而不需要更改服务本身。④ 松耦合。应用程序直接和消息总线通信，不依赖其他应用程序，因此可以替换和修改。⑤ 可扩展性。可以把多个应用程序附加到总线上，进行并发处理，达到负载均衡的目的。

6.3.3　基于中台技术的业务平台架构

中台是对传统软件平台的升级和加强，通过引入新的专业化职能分工、数据唯一性建模等规则，解决了传统软件平台未能解决的软件平台间职能边界划分问题及数据孤岛问题。中台是企业信息化建设及数字化转型的基础，将企业的核心能力随着业务不断发展以数字化形式沉淀到平台，形成以服务为中心，由业务中台和数据中台构建起数据闭环运转的运营体系，供企业更高效地进行业务探索和创新。中台通常可以分为三个层面：业务层面，数据层面和技术底层。

1. 业务中台

业务服务将业务的公共需求组合成服务，比如电商公司、用户、商品、物流，支付就是公共需要，比如汽车制造商、用户、车辆、订单，交付都是公共需求。将这些公共业务组合成统一的业务服务，供各个业务单元使用。

2. 数据中台

数据服务数据时代，业务中越来越依赖于数据，其包含：数据的收集、数据处理、数据算法和分析、报表，以及数据的治理。

3. 技术中台

基础服务通常是底层的服务，面向技术。这些底层技术包括：安全认证、权限管理、流程引擎、门户、消息、通知等。这些组件通常与业务关联度不大，属于每个应用都需要使用的功能。

基于中台技术的业务基础平台和业务应用平台架构，可支撑新能源场站各类数据的统一采集、统一存储、统一建模，规范各类业务模块开发接口和信息交互接口。建设数据中台和业务中台，可实现公用服务，支撑新能源各类业务对数据、模型的统一访问，规范化业务应用的开发流程，提升开发效率，降低开发和维护成本，保障新能源监控运维业务平台的稳定性、可扩展性、可管理性和安全性。

（1）中台技术主要包括：

① 跨电力安全分区的消息总线技术，实现不同业务数据跨安全分区访问，实现信息的无缝交互；

② 通过数据中台技术，实现各类采集数据的清洗处理、时空一致化处理、海量历史数据存储、各类关系数据存储、文件统一存储等数据存储和访问服务；

③ 基于多源输入信息统一管理技术，实现多源数据的时空一致性存储和查询，实现电力系统实时控制、并网稳定控制、谐波分析业务应用对数据时空一致性的要求；

④ 通过业务中台技术，实现统一命名和映射服务、开放的一体化业务建模服务、业务执行引擎、业务服务接口等，支撑各类通用服务和专业应用服务的二次开发；

⑤ 在此基础平台架构上，实现公共通用服务，包括权限服务、文件服务、告警服务、监视服务、控制服务、报表服务等。

（2）中台技术主要有以下几个优点：

① 减少共性功能的重复开发，提升业务标准化。

② 产品结构从紧耦合模式变为松耦合模式，功能提升后可以对各产品线统一提升，出现问题时也大大减少了排查成本。

③ 方便数据收集、统一管理，可以高效对整个平台上的用户行为、业务数据进行管理、分析、二次赋能。

6.3.4 应用的敏捷构建技术

不同能源类型含有多个独立高级应用和多能源协同应用，这些应用来自于不同专业的应用研究团队。由于各种应用的进展不同，涵盖的项目生命周期各异，如何将这些应用整合，为项目提供一致化的应用体验，实现各类新能源高级应用高效率、高质量的快速落地和迭代优化，达到应用 1+1 ＞ 2 的目标，是平台构建的难题。

基于一体化电站监控运维平台的中台技术、基础框架及服务的敏捷构建技术和应用全生命周期管理技术，能根据现场实际情况，调节算法的优化改进，动态调整模型或访问接口，无需修改平台代码。该技术涵盖的内容和关键技术点如图 6–4 所示。

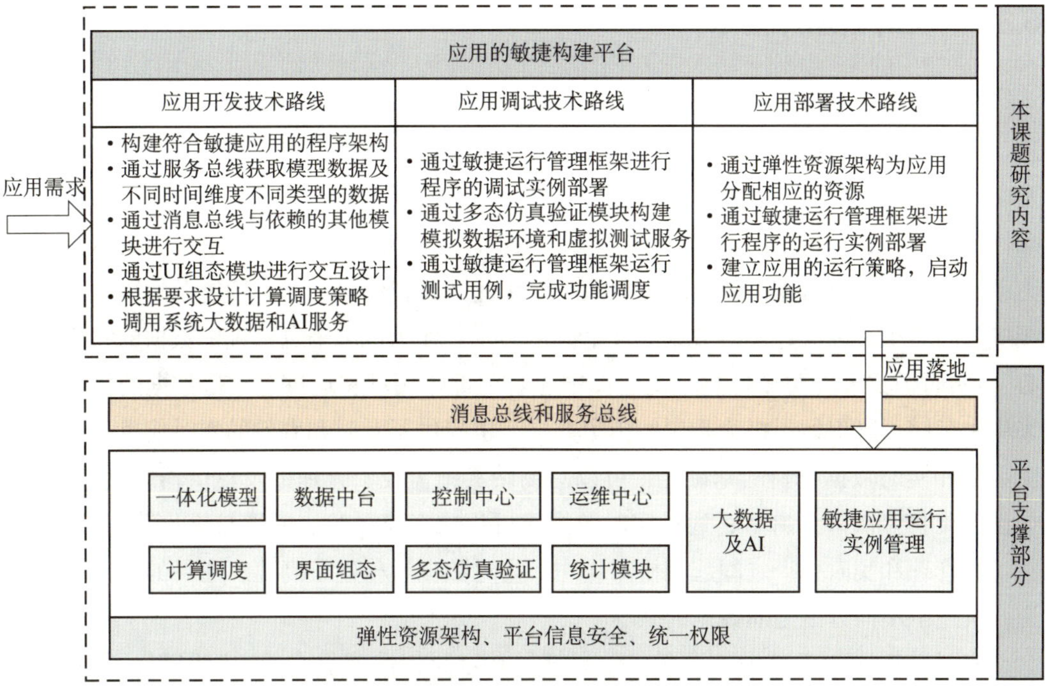

图 6-4　基于平台的应用开发研究技术路线图

从图中可以看出，该技术包含两项重点内容：

（1）一体化电站监控运维平台向应用提供标准接口集，技术路线如下：

① 首先，根据应用分解出需要依赖的平台服务，经对应用的分析，需要依赖如下平台功能组件：一体化模型组件、数据中台组件、控制中心业务组件、运维中心业务组件、计算调度组件、界面组态组件、多态仿真验证组件、统计模块组件、大数据及 AI 组件、应用的运行实例框架管理；

② 制订相应的统一消息和服务标准，包括服务一致性标准设计和消息一致性设计；

③ 基于标准为平台功能组件封装标准的一致性服务接口。

（2）应用敏捷构建平台技术。依托于标准接口集，敏捷构建平台对应用全生命周期中的版本、部署、运行、测试进行一体化管理，具体包括：

① 进行标准高级应用程序架构的定义，提供高级应用开发模板，应用开发者通过确定配置接口功能，可由此开发模板自动形成标准的应用框架程序；

② 根据虚拟测试所需的仿真模型管理、运行数据仿真、虚拟控制反馈、虚拟交互界面等相关技术，对应用在上线前进行虚拟测试；

③ 基于统一的应用管理技术，对不同类型、不同生命周期（测试阶段、运行阶段）的应用模块进行统一管理，实现对应用模块的运行资源分配、调试部署、运行部署、运行时监视、应用卸载和资源释放、冗余部署、版本管理等功能。

6.3.5 实时数据库技术

实时数据库在电力行业的信息化系统中起着重要作用。随着电网运行控制、生产管理、运行维护及营销运营等方面的数据规模越来越大，越来越多的管理与决策迫切需要及时、准确掌握电网综合数据和信息，同时面临着数据的一致性、完整性、实时性和准确性等诸多问题。传统的数据与信息管理模式以关系型数据库技术为基础，难以满足电力系统对海量实时数据高效存取，以及电网优化、经营决策、状态预警及故障分析等高级应用的需求。因此，实时数据库技术应运而生。作为电力信息系统中数据的“生产中心”，实时数据库在整个信息系统建设中起着关键作用：它通过对大量数据的快速实时采集和存储，既保留了极为重要的历史数据，也提供了及时和有效的实时信息；在对历史数据和实时数据分析的基础上，可以对场站实施监控、管理以及提供辅助决策信息，如设备维护和故障预警等；通过实时数据库可集成专家系统、模拟与优化等应用程序，在计划管理和实时生产之间起到桥梁作用；实时数据库构建了高速、通畅的数据交互通道，实现了不同分区之间数据的共享。

实时数据库对于其中的事务和数据都具有定时特性或显式的定时限制，它的正确性不仅依赖于逻辑结果，而且依赖于逻辑结果产生的时间。实时数据库应用到的技术主要包括：① 基于动态数据库族技术实现海量数据处理容量。动态数据库（Dynamic Database）是一个能够被应用程序和其它的 DLL 调用的过程和函数的集合体，里面包含一个或多个已被编译、链接并与使用它们的进程分开存储的函数。多个应用程序可同时访问内存中单个动态数据副本的内容，有助于共享数据和资源，因此，应用动态数据库族大大提高了对于大量数据的访问、处理能力。② 快速检索技术保障海量数据条件下的快速响应。同时，考虑到实时库对于实时性方面的要求，还要采用快速检索技术以提高响应速度。常用的快速检索技术有：基于数据锚定的检索、基于向量的检索、基于索引的检索等。

6.3.6 通信框架技术

随着风光储电站大量新能源设备的接入，数据体量剧增，不仅造成了网络和通信的处理压力，而且也对单一服务器的接入、处理能力提出了更高的要求。因此，采用合理的通信框架技术是十分重要。

第一，可以采用多前置节点无主备冗余技术。数据采集与处理子系统（习惯称为前置机系统）是系统的重要组成部分，是各厂（站）远动信息接入平台的把门关，也是信息交换的瓶颈。为此，前置机系统的功能与作用至关重要。多前置机可以实现数据的分区、分布式接入，从而减轻每个接收设备（即前置机）的通讯压力，再进一步由前置机将汇集的数据发送到一体化平台，从整体上减小了通信链路上的通信和网络传输压力。

第二，可以采用多通道一主多备技术。为提高前置通信的可靠性与数据通道的冗余度，各级子系统与各个厂站通信普遍采用双通道或多通道互为备用的冗余配置方式。平台可以采用多通道一主多备方式，一方面多通道为数据提供了更多的通信选择，提高了可靠性，另一方面一主多备，主备通道同时在线进行实时通信（即互为热备用），数据采用值班通道上传，并通过值班通道下发对时、遥控等命令。当值班通道出现故障或异常时，系统可以自动切换到备用通道，以保证系统的正常运行。

第三，可以采用多通道分组化和负载均衡技术。多个通道为数据传输提供了更多选择，此时就可以采用分组技术，将数据源按照一定的规则进行分组，例如：距离、规约、设备类型等划分原则，每个分组对应不同的通道。负载均衡，英文名称为 Load Balance，其含义就是指将负载（工作任务）进行平衡、分摊到多个操作单元上运行，从而协同完成工作任务。选择合适的分组、负载均衡原则不仅可以提高处理效率，甚至可以减轻通道的处理难度。

第四，统一、规范化的规约开发框架。规约是指在通信中约定的数据传送格式，收发两端对传送速率、同步方式、数据结构等做出约定，并共同遵守。常用的电力规约包括：IEC 62357 电力系统控制和相关通信；IEC 61968 电力企业应用集成配电管理的系统接口；IEC 61850 变电站通信网络和系统；IEC 60870 远动设备及系统等。应用统一的规约可以减少转换过程，提高处理效率；规范化则为外部系统的接入和数据传输提供了可能，有利于后续系统拓展。

6.3.7　历史存储管理技术

在风光储电站一体化集控平台中，母线的电压值、频率值，交流线段端点、变压器绕组、断路器等的有功功率值、无功功率值、电流值等大量设备的历史数据值，均由历史数据服务提供，再以曲线或表格的形式展现历史数据变化，方便进行功率预测、功率分配等决策。然而随着电站规模不断扩大，对于设备状态量记录更加全面，导致历史数据存储规模持续增长，因此，高效、稳定的历史存储管理技术十分必要。

平台需要对海量数据进行统一的存储管理，这就涉及到对于数据的快速压缩存储和管理。首先，考虑从数据量方面对采集到的数据进行控制，采用数据变化判别机制查考数据变化情况，只有当数据发生变化时才对数据进行采集，可以大大减少数据量。另外，也可以利用数据压缩技术减少数据量，提高数据使用率。第一种，采用实时数据库、历史数据库、磁盘文件库三级存储体系，常用方法有：信号变换法、矢量量化法，以及分段线性法。分段线性法实现简单，比较适合历史数据的压缩，主要有：矩形波串法（Boxcar，BC）和向后倾斜（Backward Slope，BS）算法，旋转门（Spinning Door Transformation，SDT）算法等，国内也有很多关于历史数据压缩算法的研究。针对压缩数据的存储策略主要有云存储技术、分级存储策略等。第二种，按照死区、趋势、字节压缩的三级压缩，可以采用 CyberZip 多级压缩技术全息存储历史数据，并通过先进的数据检索方式，使用户能够迅速检索到所需的详细数据信息。

此外，平台数据的存储方面，还应该支持全息记录历史、多表联合存储技术、多时间尺度存储技术。全息记录能够保证实现对于设备、系统状态数据的全部记录，使得用户以此为基础可以复现历史状态，尽可能为后续的数据可视化和决策提供全面的数据支持。同时，由于实时数据库、历史数据库、关系数据库数据的高度重合性，因此，一个记录的修改更新会涉及到多个数据库的多个表格，这时采用多表联合存储技术就十分有必要。多时间尺度存储技术则指平台可以支持常见的日级、小时级、分钟级、乃至更小时间尺度的数据存储。

最后平台还应具备以下几方面功能：① 磁盘阵列存储，提供数据空间监视和备份功能。② 持久化方面，应用统一框架持久化技术，支撑主流商用库例如 Kingbase、达梦、Oracle、PostgreSQL，以便易于业务开发和部署。③ 多维可视化技术：表格展现、趋势曲线展现以及棒图和饼图展现。

6.3.8 图形可视化技术

可视化技术是一种综合了计算机图形学与图像处理于一体的技术，它可以将复杂的数据转化为图像并在屏幕上展示出来。在可视化技术中，融合了以上两种技术的特点，并在多个领域都有应用，随着可视化技术的应用，不仅有效实现了数据表示，还强化了数据处理能力，更对数据决策分析有一定作用。

风光储电站一体化集控平台可视化主要关注了以下类型数据：

（1）电网模型数据。指风机、储能 PCS、光伏逆变器等电器元件的设备信息及拓扑信息等。

（2）遥信、遥测数据。遥信是开关、隔离开关、保护等的状态信息。遥测是有功、无功、电压、电流等各种电气量信息。

（3）计算点。狭义的计算点可认为是由基础的遥测数据经过一些数学计算公式处理后得到的结果，如总有功等，广义的计算点还可以包括各类应用经过复杂计算后得到的分析统计结果，如状态估计合格率、预测功率等。

（4）告警、预警信息。即关于电力生产的行为和状态异常的信息，包括电力设备状态变化、模拟量越限、特别的操作员操作、监视系统中的非正常运行状态等。

在平台中以上数据往往需要以图形、图表形式展示，应用图形可视化可以更快速、直观地掌握设备以及系统的状态，同时还可以对决策提供支持。软件方面，可以应用 3DMax、LiDAR Suite、openlayers、cesium、flash 等技术均为实现可视化的工具。LiDAR Suite、3DMax 等可以作为激光点云处理、三维模型生成制作软件；openlayers、cesium 等二维或三维 GIS 引擎，为实现二维或三维场景及动画效果、地理信息、遥感数据的渲染展示软件；flash 为可实现动画创作与开发应用程序的创作软件。通过应用上述软件，以丰富的动画、详尽的地理信息、精细的设备模型、三维效果、图标等方式展示场站分布等信息。

此外，具有丰富的图库、控件、报表、趋势曲线、报警等功能的组态软件也是常用的图形可视化工具。组态软件在生产数据采样收集与控制监控过程中应用广泛，是处于自动化监控层的软件控制平台和开发应用环境，利用其简洁灵活的组合方式，使用者能在该软件平台上快速构建监测控制系统。组态软件最主要的特点是具有完善的图库，同时还有灵活性、通俗易懂、通用性强等特点，组态软件以图形的形式形象可观地把智能仪器仪表、现场 I/O 控制设备的数据显示出来，同时依照管理操控人员的指令将相关控制数据流传输到下位机的 I/O 控制设备中，而对于执行机构则可实施控制或者参数调整，并将其数据进行存储，以供历史数据查询时使用。

6.3.9　安全防护技术

风光储电站一体化集控平台涉及到监控系统与其他子系统以及多个节点间的信息交互，以及外部用户的数据访问，因此，应用一些安全防护技术进行信息的安全保护很有必要。

首先，考虑到现有系统存在以下特点：① 风光储电站数据关系到电力生产，其数据安全等级较高；② 电能质量关系到生产效率、质量，因此对于电能的电压、频率等电能指标，以及稳定性、可用性和实时性都要求极高；③ 风光储电站生命周期长，一般要求 10 年以上的长期运行；④ 出于稳定性、安全性等要求考虑，应用到的设备、技术等一般都是经过实践运行考验的，存在一定滞后性，在技术兼容性、适用性上受到限制。

在此基础上，风光储电站一体化集控平台可能出现的安全风险主要体现在以下几个方面：

（1）风光储电站一体化集控平台数据缺乏安全保护。为了提高传输和响应速度，平台中许多数据以明文形式直接传输，容易被截获造成数据泄露，甚至被篡改影响正常的电力生产。

（2）用户账号权限管理混乱。由于安全管理和安全意识的薄弱，部分场合存在多个用户共用账号的情况，造成登录、操作日志记录混乱，角色间权限模糊，构成严重的数据风险。

（3）缺少主动检测防御。现有电站集控环境中一般都是被动防御，只有在发生安全威胁时才进行检测防御，这在当前信息技术飞速发展的时代是远远不够的。风光储电站一体化集控平台应该具备数据审计、关联分析能力，检测潜在安全风险，主动防御安全威胁。

（4）风光储电站一体化集控平台存在联网的要求。现在的电网数据不再是信息孤岛，需要支持连接其他系统或数据源等，不可避免地与互联网关联，这样就有可能受到网络攻击，如病毒、木马、DDOS、IP 欺骗等各种形式的攻击。

为了解决以上安全隐患，构建完整的安全保障体系，可以采用信息安全防护技术：

（1）漏洞隔离技术。对于系统存在的漏洞，需要应用隔离技术，常用的做法是安装防火墙。防火墙的信任等级很高，能够很好地保证信息服务的质量。也就是说防火墙是一道有效的屏障，通过在电力系统以及互联网之间设置防火墙，能够筛选网络中的信息，外部用户如果想要访问电力系统，就需要经过防火墙，这就为电力系统营造了一个良好的内部环境，排除了外界不良信息的干扰。

（2）病毒查杀技术。目前，计算机病毒的数量与日俱增，同时种类异常丰富，能够不同程度地攻击计算机系统，严重威胁着信息的安全。通过使用专门的程序对病毒进行查杀，能够对信息进行检测，确定病毒的存在或者是病毒的感染，之后根据查杀情况对信息进行相应的处理。一般而言，安装防病毒程序并不会影响系统的运行速度，而且针对性很强，能够及时发现病毒，并且彻底清除。

（3）入侵监测技术。风光储电站一体化集控平台需要做好入侵监测工作，对任何未经授权和可疑的行为进行拦截。整体而言，入侵监测分为三个方面：第一，对信息进行搜集，也就是要全面监测网络以及用户的行为，保证信息的准确。第二，对数据进行分析，根据已有模型进行匹配，从而做好统计分析工作。第三，对结果进行响应，一般而言，如果对入侵行为进行阻止和控制，就是积极响应，如果只是发出警报，就是消极响应。

（4）加密技术。加密技术可以防范窃取者窃取传输数据，提高数据的保密性。针对平台数据信息，借助密码学技术和算法展开数据加密，可以有效减少数据被盗取的可能。常用的加密算法包括：① 对称加密算法：DES、3DES、AES，② 非对称加密算法：RSA、ECC、DSA，③ 散列算法：SHA-1、MD5。此外，还有国密算法、同态加密、IDEA、多方安全计算、区块链等技术应用于数据的加密和安全保护。

（5）身份认证。为确保数据信息的安全访问，需结合有效身份认证技术，包括对主、客体身份的验证。常用的身份认证方式包括数字证书、常规口令等。常规口令认证以用户名 / 静态口令为主，实现简单却易被破解，且易在网络传输中被截获，安全性不高。数字证书按照存放的位置分为软、硬证书。其中，设备内存或硬盘上存放的是软证书，有成本低、使用方便等优点，但其私钥可被导出，因此存有安全隐患；安全芯片或 USBKey 中存放的是硬证书，无法在导入后导出，具有很高的安全性。具体认证系统构建中可借助操作系统和密码文件认证，通过建立操作系统用户、创建数据库用户并赋予权限结合通过生物识别技术，建立一套多级人员身份库，为不同应用场景提供身份认证服务，为核心业务提供真实身份校验，为用户身份审计、信息传输和责任认定方面提供完整的身份认证服务，实现实名认证，有效解决现有核心业务应用中易被“盗用”“冒用”难题，实现用户权限的可信的、安全管理。

第 7 章 总结与展望

经过多年发展，世界能源转型已从起步蓄力期进入全面加速期，推动全球能源和工业体系不断加速演变重构。我国能源革命方兴未艾，能源结构持续优化，逐步形成了多轮驱动的供应体系，能源系统形态加速变革，分散化、扁平化、去中心化的趋势特征日益明显，提升新能源利用效率和降低运行成本成为了发电企业面临的主要问题。而新型储能的规模化发展有望带动能源系统形态根本性变革，构建新能源占比逐渐提高的新型电力系统蓄势待发，使得能源转型技术路线和发展模式趋于多元。

“十四五”时期作为力争在 2030 年前实现碳达峰、2060 年前实现碳中和打好基础的关键时期，必须协同推进能源低碳转型与供给保障，加快能源系统调整以适应新能源大规模发展，推动形成绿色发展方式和生活方式。根据 2020 年国家发改委发布的《关于开展“风光水火储一体化”“源网荷储一体化”的指导意见》，指出要强化电源侧灵活调节作用，优化各类电源规模配比，确保电源基地送电可持续性。这也标志着两个“一体化”建设将会提上日程并不断加速，对多能源可进行联合协同调控的集控平台要求也会不断提高。

对比国内典型相关工程，冀北张家口国家风光储输示范工程是世界首例集风力发电、光伏发电、储能装置及智能输电“四位一体”的大规模新能源示范项目。通过风、光、储的七种组合发电方式，该工程与平滑出力、跟踪计划、系统调频、削峰填谷四种功能的结合，实现多组态、多功能、可调节、可调度的联合发电运行方式。深圳宝清储能电站是中国第一个兆瓦级电池储能站，具备削峰填谷、系统调频、系统调压和孤岛运行模式。宝清储能电站采用电网直调方式，接受远方调度信息，借助储能监控系统，根据电池健康状况设置的优先级，跟随指令调整出力。2021 年底，全球储能容量配置最大风光储一体化电站—三峡乌兰察布新一代绿色友好电站示范项目一期正式并网投产，实现并配套建设了联合集控平台，充分考虑并利用了储能灵活可调特性，设计了多种调度交互模式，是国内首个实现百万千瓦级风光储场站群可测、可调、可控、可支撑的智慧联合集控系统，有效解决了当前乌兰察布面临电力供应紧缺问题。

现有电站集控系统的对比情况如表 7–1 所示：

表 7–1　电站集控系统对比

容量	乌兰察布新一代电网友好绿色电站示范项目	冀北张家口国家风光储输示范工程	深圳宝清储能电站
风电装机容量（万 kW）	170	50	—
光伏装机容量（万 kW）	30	10	—
储能容量（万 kW）	55	7	1
集控主要功能	场站群集中功率预测；场站实时控制保护；场站群智能协同调控；场站群频率主动支撑	计划功率运行，平滑风电、光伏出力，低电压穿越	削峰填谷、系统调频、系统调压和孤岛运行

可以看出，从单储能电站到风光储配合的一体化电站，新型新能源电站的储能容量配置不断增大；从冀北张家口国家风光储输示范工程储能资源不接受电网调度，到乌兰察布新一代电网友好绿色电站示范项目可进行风光集中功率预测、储能可接受电网调度、可根据实际情况对风光储进行实时联合控制、可主动对并网点电压/频率进行支撑，电站的灵活性在不断提高，新能源发电系统并网可靠性和电网友好程度在不断提高。随着乌兰察布新一代电网友好绿色电站示范项目的建设运行，国内新能源集控系统在平台建设上初步形成了规范性的开发体系，从上层系统零散的功能开发，逐步向发电设备数字化、源端设备智能化、多源数据融合化和多元功能联动化转变。本书对新型风光储一体化电站集控系统的控制技术进行了系统阐述，集控系统的应用具有如下显著的意义：

一是通过对内的风光储联合调度，使得新能源项目可以主动响应电网电压 / 频率的变化，提供顶峰电力支撑和调峰能力，优化并网技术性能指标，具备显著的电网友好特性。

二是可充分发挥自身配置储能的调节能力，大幅提升区域新能源的消纳利用水平，推动地区低碳绿色转型发展。

三是通过智慧联合集控实现大规模风、光、储的协同优化和智能高效运行，有助于探索储能应用新模式，创新推进源网荷储一体化发展。

总体来说，未来一体化电站的智慧集控系统应该具备电站运行模式智能化灵活调整切换功能，通过协调控制策略智能生成各风光储单元的自动发电控制、自动电压控制等指令，实现区域—场站—子站的分层控制；还应具备基于电网模型和约束条件的电力市场交易辅助决策能力，可分析评估各类电源运行对电力系统潮流、节点电价等短期影响和中长期影响，实现辅助服务补偿与考核全模拟和监测，对可能产生的考核进行超前预警并及时调整，优化电站参与调频和调峰等辅助服务市场、参与现货市场的运行和报价策略，最大程度提升项目收益水平。上述的技术在本书中进行了初步的阐述，也为行业在大规模风光储一体化电站等领域的建设发展提供一定的借鉴意义。

参考文献

[1] 贺益康 , 胡家兵 , 徐烈 . 并网双馈异步风力发电机运行控制 [M]. 中国电力出版社 , 2012.

[2] UNDP China. UN Sustainable Development Goals[EB/OL]. https://www.cn.undp.org/.

[3] Mahdi Sharifzadeh, Helena Lubiano–Walochik, Nilay Shah. Integrated renewable electricity generation considering uncertainties: The UK roadmap to 50% power generation from wind and solar energies [J]. Renewable and Sustainable Energy Reviews, 2017, 72(1): 385–398.

[4] U.S. Energy Information Administration. International Energy Outlook 2020 [R]. Washington DC: 2020.

[5] GWEC. Global Wind Report 2021 [EB/OL]. https://gwec.net/global–wind–report–2021/.

[6] 中华人民共和国国家发改委. 可再生能源发展“十三五”规划 [R]. 北京：2016.

[7] 国家统计局. 2020 年国民经济和社会发展统计公报 [EB/OL]. http://www.stats.gov.cn/.

[8] 国家能源局. 2020 年电力工业统计数据 [EB/OL]. http://www. nea.gov.cn/.

[9] International Energy Agency. World Energy Outlook [EB/OL]. https://www.iea.org Oct. 2020.

[10] International Energy Agency. Renewables 2020 [EB/OL]. https://www.iea.org Oct. 2020.

[11] U.K. Government. The Energy White Paper–Powering Our Net Zero Future [R]. London: 2020.

[12] Aslan Alper, Ocal Oguz. The role of renewable energy consumption in economic growth: Evidence from asymmetric causality [J]. Renewable and Sustainable Energy Reviews, 2016 60(1): 953–959.

[13] U.S. Energy Information Administration. Annual Energy Outlook 2020 with projections to 2050 [R]. Washington DC: 2020.

[14] 章建华. 深入贯彻落实能源安全新战略为全面建设社会主义现代化国家提供坚强能源保障 [R]. 北京：2021 年全国能源工作会议 , 2020.

[15] 2020 北京国际风能大会 CWP 2020. 风能北京宣言 [R]. 北京：2020.

[16] 庞博. 双馈风力发电系统并网运行高频振荡抑制策略研究 [D]. 杭州：浙江大学，2021.

[17] MukundR.Patel, 帕特尔 , 姜齐荣 , 等 . 风能与太阳能发电系统 (原书第 2 版)[M]. 北京：机械工业出版社 , 2009.

[18] 东方财富网. 2020 年中国太阳能光伏发电应用现状分析（2020–11–10）[OL]. https://baijiahao.baidu.com/s?id=1682968801571313853&wfr=spider&for=pc.

[19] 赵洋. 柔性晶硅太阳电池研究 [D]. 锦州：渤海大学，2017.

[20] 上官小英，常海青，梅华强. 太阳能发电技术及其发展趋势和展望 [J]. 能源与节能，2019（3）：

60–63.

[21] 张清小，葛庆. 光伏电站运行与维护（第二版）[M]. 北京：中国铁道出版社，2019.

[22] 朱凌志，董存，陈宁，等. 新能源发电建模与并网仿真技术 [M]. 北京：中国水利水电出版社，2018.

[23] 任永峰，薛宇，尹柏清，等. 电网友好型风光储一体化仿真与控制 [M]. 北京：机械工业出版社，2017.

[24] 国际新能源网. 储能技术发展现状与趋势（2020–10–20）[OL]. https://newenergy.in–en.com/html/newenergy–2394096.shtml.

[25] 前瞻经济学人. 预见 2021：2021 年中国储能行业全景图谱（附市场现状、竞争格局和发展趋势等）(2021–9–7）[OL]. http://baijiahao.baidu.com/s?id=1710211297807056990&wfr=spider&for=pc

[26] Zhang X, Li Y, Lu S, et al. A Solar Time Based Analog Ensemble Method for Regional Solar Power Forecasting[J]. IEEE Transactions on Sustainable Energy, 2018, 10(1): 268–279.

[27] 刘瑞叶，黄磊. 基于动态神经网络的风电场输出功率预测 [J]. 电力系统自动化，2012，36（11）：19–22.

[28] Zeng J, Qiao W. Short–Term Wind Power Prediction Using a Wavelet Support Vector Machine[J]. IEEE Transactions on Sustainable Energy, 2012, 3(2): 255–264.

[29] Liu Y, Shi J, Yang Y, et al. Piecewise Support Vector Machine Model for Short–Term Wind–power Prediction[J]. International Journal of Green Energy, 2009, 6(5): 479–489.

[30] Yan J, Liu Y, Han S,et al. Wind power grouping forecasts and its uncertainty analysis using optimized relevance vector machine[J]. Renewable & Sustainable Energy Reviews, 2013, 27(6): 613–621.

[31] Abdoos A A. A new intelligent method based on combination of VMD and ELM for short term wind power forecasting[J]. Neurocomputing, 2016, 203: 111–120.

[32] Duehee L, Ross B. Short–Term Wind Power Ensemble Prediction Based on Gaussian Processes and Neural Networks[J]. IEEE Transactions on Smart Grid, 2014, 5(1): 501–510.

[33] 刘燕华，李伟花，刘冲，等. 短期风电功率预测误差的混合偏态分布模型 [J]. 中国电机工程学报，2015，35（10）：2375–2382.

[34] 丁华杰，宋永华，胡泽春，等. 基于风电场功率特性的日前风电预测误差概率分布研究 [J]. 中国电机工程学报，2013：33（34）：136–144.

[35] 朱思萌，杨明，韩学山，等. 多风电场短期输出功率的联合概率密度预测方法 [J]. 电力系统自动化，2014，38（19）：8–15.

[36] 李智，韩学山，杨明，等. 基于分位点回归的风电功率波动区间分析 [J]. 电力系统自动化，2011：35（3）：83–87.

[37] Gallego–Castilloa C, Bessab R, Cavalcanteb L, et al. On–line quantile regression in the RKHS (Reproducing Kernel Hilbert Space) for operational probabilistic forecasting of wind power[J]. Energy, 2016, 113: 355–365.

[38] 甘迪，柯德平，孙元章，等. 考虑爬坡特性的短期风电功率概率预测 [J]. 电力自动化设备，2016，36（4）：145–150.

[39] Kou P, Gao F, Guan X. Sparse online warped Gaussian process for wind power probabilistic forecasting [J]. Applied Energy, 2013, 108(8): 410–428.

[40] Wan C, Xu Z, Pinson P, et al. Optimal Prediction Intervals of Wind Power Generation[J]. IEEE Transactions on Power Systems, 2014, 29(3): 1166–1174.

[41] 杨锡运，关文渊，刘玉奇，等. 基于粒子群优化的核极限学习机模型的风电功率区间预测方法 [J]. 中国电机工程学报，2015，35（增刊）：146–153.

[42] Sangkeum L, Hojun J, Luiz F V, et al, Short–Term Predictive Power Management of PV–Powered Nanogrids[J]. Nanotechnology Weekly, 2020, 147: 839–857.

[43] Chiou–Jye H, Ping–Huan K. Multiple–Input Deep Convolutional Neural Network Model for Short–Term Photovoltaic Power Forecasting[J]. Ecology Environment & Conservation, 2019, 748: 22–34.

[44] 武明义，焦超凡，瞿博阳，等. 基于相似日算法及集成学习的短期光伏预测模型 [J]. 电气技术，2021，22（4）：33–37.

[45] 王铮，王伟胜，刘纯，等. 基于风过程方法的风电功率预测结果不确定性估计 [J]. 电网技术，2013，37（1）：242–247.

[46] 阎洁，刘永前，张浩，等. 基于风场景识别的动态风电功率概率预测方法 [J]. 现代电力，2016，33（2）：51–58.

[47] 叶林，裴铭，路朋，等. 基于天气分型的短期光伏功率组合预测方法 [J]. 电力系统自动化，2021，45（1）：44–54.

[48] Shi B , Wu Y , Zhu X , et al. Research on wind power prediction considering the correlation of regional multiple wind farms[C]// 2014 IEEE PES Asia–Pacific Power and Energy Engineering Conference (APPEEC). IEEE, 2015.

[49] Yu L , Kai B , Yang C , et al. Advanced evaluation method for regional wind power prediction[C]// 2016 International Conference on Probabilistic Methods Applied to Power Systems (PMAPS). IEEE, 2016.

[50] Wang Y, Lu Z, Qiao Y, et al. Short–term regional wind power statistical upscaling forecasting based on feature clustering [J]. Power System Technology, 2017, 41(5): 1383–1389.

[51] Lobo M G, Sanchez I. Regional Wind Power Forecasting Based on Smoothing Techniques, With Application to the Spanish Peninsular System [J]. IEEE Transactions on Power Systems, 2012, 27(4): 1990–1997.

[52] Focken U, Lange M, Waldl H P. Previento–a wind power prediction system with an innovative upscaling algorithm [C]. EWEC 2001, Copenhagen, 2011.

[53] Chen Y, Sun R, Wu Z, et al. A regional wind power forecasting method based on statistical upscaling approach [J]. Automation of Electric Power Systems, 2013, 37(7): 1–5.

[54] Marinelli M, Maule P, Hahmann A N, et al. Wind and Photovoltaic Large–Scale Regional Models for Hourly Production Evaluation[J]. IEEE Transactions on Sustainable Energy, 2015, 6(3): 916–923.

[55] Xie L, Gu Y, Zhu X, et al. Short–Term Spatio–Temporal Wind Power Forecast in Robust Look–ahead Power System Dispatch[J]. IEEE Transactions on Smart Grid, 2014, 5(1): 511–520.

[56] 王丽婕，冬雷，高爽. 基于多位置 NWP 与主成分分析的风电功率短期预测 [J]. 电工技术学报，2015，30（5）：79–84.

[57] 王慕华，惠建忠，唐千红，等. 风电功率预测预报系统的设计与实现[J]. 计算机与现代化，2013（7）：224–227.

[58] 甄钊. 光伏发电功率多时间尺度预测方法研究 [D]. 北京：华北电力大学，2018.

[59] Zhen Z, Liu J, Zhang Z, et al. Deep Learning Based Surface Irradiance Mapping Model for Solar PV Power Forecasting Using Sky Image [J]. IEEE Transactions on Industry Applications, 2020, 56(4): 3385–3396.

[60] 路志英，周庆霞，李鑫，等．基于地基云图图像特征的光伏功率预测 [J]．电力系统及其自动化学报，2020，32（8）：70–76.

[61] 路志英，李鑫，周庆霞．基于地基云图的 VPER 云团识别方法 [P]．中国专利：CN108509844A，2018–09–07.

[62] Caldas M, Alonso–Suárez R. Very short–term solar irradiance forecast using all–sky imaging and real–time irradiance measurements[J]. Renewable Energy, 2019, 143: 1643–1658.

[63] Hasenbalg M, Kuhn P, Wilbert S, et al. Benchmarking of six cloud segmentation algorithms for ground–based all–sky imagers[J]. Solar Energy, 2020, 201: 596–614.

[64] 高明杰，惠东，高宗和，等．国家风光储输示范工程介绍及其典型运行模式分析 [J]．电力系统自动化，2013，37（1）：59–64.

[65] 任洛卿，白泽洋，于昌海，等．风光储联合发电系统有功控制策略研究及工程应用 [J]．电力系统自动化，2014，38（7）：105–111.

[66] 桑丙玉，王德顺，杨波，等．平滑新能源输出波动的储能优化配置方法 [J]．中国电机工程学报，2014，34（22）：3700–3706.

[67] 宁阳天，李相俊，董德华，等．储能系统平抑风光发电出力波动的研究方法综述 [J]．供用电，2017，34（4）：2–11.

[68] 鲍雪娜，闻伟超．并网光伏电源输出有功功率优化 [J]．东北电力技术，2019，40（11）：5–9.

[69] 乐恩典．风储互补联合控制策略研究 [J]．产业科技创新，2020，2（31）：44–45.

[70] 张文建，褚景春，袁凌，等．南非风电场有功储备模式下的功率滚动平滑控制 [J]．太阳能学报，2019，40（3）：635–640.

[71] 徐晓坤．风光储互补系统并网优化调度研究 [D]．郑州：华北水利水电大学，2019.

[72] 宁阳天，李相俊，董德华，等．储能系统平抑风光发电出力波动的研究方法综述 [J]．供用电，2017，34（4）：2–11.

[73] 钟沁宏，阮毅，赵梅花，等．基于最佳功率 – 转速曲线 DFIG 最大功率点跟踪控制 [J]．电力电子技术，2013，47（4）：49–51，78.

[74] 鲍雪娜，闻伟超．并网光伏电源输出有功功率优化 [J]．东北电力技术，2019，40（11）：5–9.

[75] 张海峥，张兴，李明，等．基于变步长功率跟踪的有功备用式 PV–VSG 控制策略 [J]．电力系统自动化，2019，43（5）：92–100.

[76] Soliman M, Malik O P, Westwick D T. Multiple Model Predictive Control for Wind Turbines With Doubly Fed Induction Generators[J]. Sustainable Energy: IEEE Transactions on, 2011, 2(3): 215–225.

[77] Ruikun Mai, Zhengyou He, Ling Fu, el al. A Dynamic Synchrophasor Estimation Algorithm for Online Application [J]. IEEE Transactions on Power Delivery, 2010, 25(2): 570–578.

[78] Kamwa, A K Pradhan, G Joos. Adaptive Phasor and Frequency–tracking Schemes for Wide–area Protection and Control [J]. IEEE Transactions on Power Delivery, 2011, 26 (2): 744–753.

[79] 申全宇，杨忠礼，宋国兵，等．一种含变流器电力元件的短路电流计算方法 [J]．西安交通大学学报，2015（4）：24–31.

[80] 刘素梅，毕天姝，王晓阳，等．具有不对称故障穿越能力逆变型新能源电源故障电流特性 [J]．电力系统自动化，2016（3）：66–73.

[81] C Wang, G Song, X Kang, et al. Novel Transmission–Line Pilot Protection Based on Frequency–Domain Model Recognition[J]. IEEE Transactions on Power Delivery, 2015, 30(3): 1243–1250.

[82] L Tang, X Dong, S Luo, et al. A New Differential Protection of Transmission Line Based on Equivalent Travelling Wave[J]. IEEE Transactions on Power Delivery, 2017, 32(3): 1359–1369.

[83] 贾科，杨哲，赵其娟，等．适用于新能源场站送出线路的高频突变量距离保护 [J]．电网技术，2019，43（9）：3271–3280.

[84] 马晓伟，徐海超，刘鑫，等．适用于西北送端大电网新能源场站快速频率响应功能的入网试验方法 [J]．电网技术，2020，44（4）：200–207.

[85] 蔡国伟，孔令国，潘超，等．风光储联合发电系统的建模及并网控制策略 [J]．电工技术学报，2013，28（9）：196–205.

[86] 李建林，郭斌琪，牛萌，等．风光储系统储能容量优化配置策略 [J]．电工技术学报，2018，33（6）：1189–1196.

[87] 任洛卿，白泽洋，于昌海，等．风光储联合发电系统有功控制策略研究及工程应用 [J]．电力系统自动化，2014，38（7）：105–111.

[88] KAABECHE A. IBTIOUEN R.Techno–economic optimization of hybrid photovoltaic/wind generation together with energy storage system in a stand–alone microgrid subjected to demand response[J]. Applied energy, 2014, 103: 171–182.

[89] 中国国家标准化管理委员会．GB/T 19963—2011 风电场接入电力系统技术规定 [S]．北京：中国标准出版社，2012.

[90] 中国国家标准化管理委员会．GB/T 19964—2012 光伏发电站接入电力系统技术规定 [S]．北京：中国标准出版社，2013.

[91] 中国国家标准化管理委员会．GB/T 36547—2018 电化学储能系统接入电网技术规定 [S]．北京：中国标准出版社，2019.

[92] Xu Dianguo, Li Rui, Liu Yicheng, et al. Reactive power analysis and control of doubly fed induction generator wind farm[C]//2009 13th European Conference on Power Electronics and Applications. Barcelona, 2009: 1–10.

[93] 葛虎，毕锐，徐志成，等．大型光伏电站无功电压控制研究 [J]．电力系统保护与控制，2014，42（14）：45–51.

[94] 刘双，张建周，王汉林，等．考虑多无功源的光伏电站两阶段无功电压协调控制策略 [J]．电力系统自动化，2017，41（11）：120–125+168.

[95] Kanna B, Singh S N. Towards reactive power dispatch within a wind farm using hybrid PSO[J]. International Journal of Electrical Power & Energy Systems, 2015, 69: 232–240.

[96] 周林，任伟，廖波，等．并网型光伏电站无功电压控制 [J]．电工技术学报，2015，30（20）：168–175.

[97] 王松岩，朱凌志，陈宁，等．基于分层原则的风电场无功控制策略 [J]．电力系统自动化，2009，33（13）：83–88.

[98] 王琦，袁越，陈宁，吴华仁，等．多风场接入局部电网的无功协调分配方法 [J]．电力系统保护与控制，2012，40（24）：76–83.

[99] 杨明．大型光伏电站逆变器并网控制策略及稳定性分析 [D]．重庆：重庆大学，2014.

[100] 徐斌，李珊．基于双馈机组分散协调控制含储能风电场无功优化研究 [J]．电气应用，2018，37（21）：22–28.

[101] 荣飞，李培瑶，周诗嘉．双馈风电场损耗最小化的有功无功协调优化控制 [J]．电工技术学报，

2020，35（3）：520–529.
[102] 王杰，方日升，温步瀛．风储联合系统参与能量市场和调频辅助服务市场协同优化 [J]．电器与能效管理技术，2019（20）：51–57，63.
[103] 徐国栋，程浩忠，马则良，等．考虑电网调峰能力限制的风储联合系统概率综合效益评价方法 [J]．电网技术，2015，39（10）：2731–2738.
[104] 杨朋朋，张修平，王明强，等．论及调峰能力的风光储联合系统优化调度 [J]．电力建设，2019，40（9）：124–130.
[105] 谢云云，谷志强，王晓丰，等．光储系统参与实时能量－调频市场的运行策略 [J]．电网技术，2020，44（5）：1758–1765.
[106] 郁江远．储能技术在光伏并网系统中的应用研究 [J]．通讯世界，2017（20）：113–114.
[107] 丁明，施建雄，韩平平，等．光储系统参与电网调频及调峰的综合控制策略 [J]．中国电力，2021，54（1）：116–123.
[108] 刘世明，郭韬，吴聚昆，等．适用于频率偏移情况下同步相量测量的 DFT 算法研究 [J]．电网技术，2016，40（5）：1522–1528.
[109] 金涛，陈毅阳，段小华，等．基于改进 DFT 的电力系统同步相量测量算法研究 [J]．电工技术学报，2017，32（17）：1–10.
[110] 刘灏，李珏，毕天姝，等．一种自适应同步相量测量方法 [J]．中国电机工程学报，2018，38（17）：5063–5071.
[111] 符玲，韩文朕，麦瑞坤，等．基于频域动态模型的同步相量测量算法 [J]．中国电机工程学报，2015，35（6）：1371–1378.
[112] 卢达，林繁涛，白静芬．四分之三基波周期最小二乘相量估计算法 [J]．电网技术，2015，39（4）：1139–1145.
[113] Derviskadic A, Romano P, Paolone M. Iterative–Interpolated DFT for Synchrophasor Estimation: A Single Algorithm for P– and M–Class Compliant PMUs[J]. IEEE Transactions on Instrumentation and Measurement, 2018, 67(3): 547–558.
[114] Zhan L, Liu Y, Liu Y. A Clarke Transformation–Based DFT Phasor and Frequency Algorithm for Wide Frequency Range[J]. IEEE Transactions on Smart Grid, 2018, 9(1): 67–77.
[115] Petri D, Fontanelli D, Macii D. A Frequency–Domain Algorithm for Dynamic Synchrophasor and Frequency Estimation[J]. IEEE Transactions on Instrumentation and Measurement, 2014, 63(10): 2330–2340.
[116] Belega D, Fontanelli D, Petri D. Dynamic Phasor and Frequency Measurements by an Improved Taylor Weighted Least Squares Algorithm[J]. IEEE Transactions on Instrumentation and Measurement, 2015, 64(8): 2165–2178.
[117] Radulovic M, Zecevic Z, Krstajic B. Dynamic Phasor Estimation by Symmetric Taylor Weighted Least Square Filter[J]. IEEE Transactions on Power Delivery, 2020, 35(2): 828–836.
[118] Bertocco M, Frigo G, Narduzzi C, et al. Compressive Sensing of a Taylor–Fourier Multifrequency Model for Synchrophasor Estimation[J]. IEEE Transactions on Instrumentation and Measurement, 2015, 64(12): 3274–3283.
[119] 段刚，李海峰，武二克，等．基于 PMU 和缓变功率的发电机组运动方程参数在线辨识 [J]．电力自动化设备，2020（6）：198–203.

[120] 李东东，张佳乐，徐波，等. 考虑频率分布特性的新能源电力系统等效惯量评估 [J]. 电网技术，2020，44（8）：2913–2921.

[121] Tuttelberg K, Kilter J, Wilson D, et al. Estimation of Power System Inertia From Ambient Wide Area Measurements[J]. IEEE Transactions on Power Systems, 2018, 33(6): 7249–7257.

[122] Sun M, Feng Y, Wall P, et al. On-line power system inertia calculation using wide area measurements[J]. International Journal of Electrical Power & Energy Systems, 2019, 109: 325–331.

[123] Schiffer J, Aristidou P, Ortega R. Online Estimation of Power System Inertia Using Dynamic Regressor Extension and Mixing[J]. IEEE Transactions on Power Systems, 2019, 34(6): 4993–5001.

[124] Lugnani L, Dotta D, Lackner C, et al. ARMAX-based method for inertial constant estimation of generation units using synchrophasors[J]. Electric Power Systems Research, 2020, 180: 106097.

[125] Xu T, Jang W, Overbye T J. Investigation of inertia’s locational impacts on primary frequency response using large-scale synthetic network models[C]. 2017 IEEE Power and Energy Conference at Illinois (PECI), 2017: 1–7.

[126] Pulgar-Painemal H, Wang Y, Silva-Saravia H. On Inertia Distribution, Inter-Area Oscillations and Location of Electronically-Interfaced Resources[J]. IEEE Transactions on Power Systems, 2018, 33(1): 995–1003.

[127] 曾繁宏，张俊勃. 电力系统惯性的时空特性及分析方法 [J]. 中国电机工程学报，2020，40（1）：50–58，373.

[128] Zeng F, Zhang J, Zhou Y, et al. Online Identification of Inertia Distribution in Normal Operating Power System[J]. IEEE Transactions on Power Systems, 2020, 35(4): 3301–3304.

[129] 吴瑞涛，常澍平，肖利民. 电网调度侧一次调频在线监测系统的开发与应用 [J]. 河北电力技术，2008，27（3）：15–22.

[130] 杨建华. 华中电网一次调频考核系统的研究与开发 [J]. 电力系统自动化，2008，32（9）：96–99.

[131] 郑涛，高伏英. 基于 PMU 的机组一次调频特性参数在线监测 [J]. 电力系统自动化，2009，33（11）：57–61，71.

[132] 于达仁，郭钰锋. 电网一次调频能力的在线估计 [J]. 中国电机工程学报，2004，24（3）：72–76.

[133] 李端超，陈实，陈中元，等. 发电机组一次调频调节效能实时测定及补偿方法 [J]. 电力系统自动化，2004，28（2）：70–72.

[134] 刘凯，刘克天，王晓茹，等. 基于 FNET 实测数据分析川渝电网频率动态特性 [J]. 电力系统保护与控制，2014，42（3）：134–140.

[135] 何晨颖，耿天翔，许晓慧，等. 利用电动汽车可调度容量辅助电网调频研究 [J]. 电力系统保护与控制，2015，43（22）：134–140.

[136] 张艳军，高凯，曲祖义. 基于发电机组出力曲线特征的一次调频性能评价方法 [J]. 电力系统自动化，2012，36（7）：99–103.

[137] JALEELI N. NERC’s new control performance standards[J]. IEEE Transactions on Power Systems, 1999, 14(3): 1092–1099.

[138] 贺颖，潘杨，陶骞，等. 考虑调频死区的电网一次调频能力评价指标 [J]. 电力系统保护与控制，2016，44（19）：85–90.